U0271877

Digestive System Disease Analysis of 100 Cases in Pets

宠物消化系统病例分析 100 例

山根　义久　监修 ｜ 赵德明　尹晓敏　译

动物临床医学研究所　编 ｜ 夏兆飞　审

中国农业科学技术出版社

图书在版编目（CIP）数据

宠物消化系统病例分析 100 例 / 动物临床医学研究所编；
赵德明 , 尹晓敏译 . –– 北京 : 中国农业科学技术出版社 , 2014.8
　　ISBN 978-7-5116-1553-4

　　Ⅰ . ①宠… Ⅱ . ①动… ②赵… ③尹… Ⅲ . ①宠物 – 消化系统疾病 – 诊疗 Ⅳ . ① S856.4

中国版本图书馆 CIP 数据核字 (2014) 第 040804 号

HANRYO DOUBUTSU NO SHOUKAKI SHINRYOU
© YOSHIHISA YAMANE 2012
Originally published in Japan in 2012 by Midori Shobo Co.,Ltd.

责任编辑　徐　毅　张国锋
责任校对　贾晓红

出 版 者　中国农业科学技术出版社
　　　　　北京市中关村南大街 12 号　　　　邮编：100081
电　　话　（010）82106636（编辑室）　　（010）82109702（发行部）
　　　　　（010）82109709（读者服务部）
传　　真　（010）82106631
网　　址　http://www.castp.cn
经 销 者　各地新华书店
印 刷 者　北京卡乐富印刷有限公司
开　　本　787mm×1 092mm　1/16
印　　张　24
字　　数　580 千字
版　　次　2014 年 8 月第 1 版　2014 年 8 月第 1 次印刷
定　　价　258.00 元

■ 监修者简介

山根 义久

　　1943 年，生于日本鸟取县。1968 年从鸟取大学农学系兽医专业毕业后到冈山县农业互助会联合会家畜诊疗所任职。1970 年开设山根动物医院，曾担任冈山大学温泉研究所康复医学院副手等职。1991 年到财团法人设立的鸟取县动物临床医学研究所担任理事长兼所长，1994 年辞职。1994 年 3 月以后到东京农工大学农学院兽医学科兽医外科学教研室担任教授，2009 年 3 月在该大学退休，现任名誉教授。

　　1996 年，再度任财团法人鸟取县动物临床医学研究所理事长。2005 年任社团法人（2012 年后为公益社团法人）日本兽医师协会会长。2011 年任公益财团法人动物临床医学研究所理事长。此外，还兼任多种学会、团体职务。医学博士、兽医学博士。

注意事项

　　本书认真记载了最新的兽医学知识，但因兽医学进展迅速，不能保证记载的内容能够涵盖所有的知识点。在应用于实际的临床病例时，请在各兽医的责任范围内、谨慎诊疗。对于因本书记载的兽医学内容引起的意外事故，作者、监修者、编辑和出版社不承担责任。另外，转载的有些照片因年月较久，在清晰度和颜色上存在一些不足之处，敬请谅解！

译校人员

章节	翻译者	单位	校对者	单位
■前言	赵德明	中国农业大学	■尹晓敏	中国农业大学
■1	尹晓敏	中国农业大学	■彭 云	中国农业大学
■2	龚海燕	中国农业科学院上海兽医研究所	■党志胜	中国疾病预防控制中心
■3	宋学雄	青岛农业大学	■党志胜	中国疾病预防控制中心
■4	党志胜	中国疾病预防控制中心	■郭志宏	青海畜牧兽医科学院
■5	郭志宏	青海畜牧兽医科学院	■宋学雄	青岛农业大学
■6	岳秉飞	中国食品药品检定研究院	■王靖宇	大连医科大学
■7	王福金	大连医科大学	■崔成都	延边大学
			■许应天	延边大学
■8	赵 卉	云南大学	■何伟勇	中国农业大学
■9	刘恩岐	西安交通大学	■龚海燕	中国农业科学院上海兽医研究所
■10	王福金	大连医科大学	■崔成都	延边大学
			■许应天	延边大学
■11	党志胜	中国疾病预防控制中心	■刘恩岐	西安交通大学
■索引	彭 云	中国农业大学	■党志胜	中国疾病预防控制中心

编者一览表

■藤田桂一　　动物临床医学研究所　评议员　　　　　　　 ·························· 第 1 章
　　　　　　　藤田动物医院　院长
　　　　　　　兽医学博士

　　　　　　　　　　　　　　　　　　　　　　　　　　　　 ·························· 第 2 章

■高岛一昭　　动物临床医学研究所　所长　　　　　　　　 ·························· 第 3 章
　　　　　　　仓吉动物医疗中心 / 山根动物医院　院长
　　　　　　　医学博士、兽医学博士

　　　　　　　　　　　　　　　　　　　　　　　　　　　　 ·························· 第 4 章

■下田哲也　　动物临床医学研究所　常务理事　　　　　　 ·························· 第 5 章
　　　　　　　山阳动物医疗中心　院长
　　　　　　　兽医学博士

　　　　　　　　　　　　　　　　　　　　　　　　　　　　 ·························· 第 6 章

■宇野雄博　　动物临床医学研究所　理事　　　　　　　　 ·························· 第 7 章
　　　　　　　宇野动物医院　院长
　　　　　　　兽医学博士

■小出和欣　　动物临床医学研究所　评议员　　　　　　　 ·························· 第 8 章
　　　　　　　井笠动物医疗中心 / 小出动物医院　院长
　　　　　　　兽医学硕士

　　　　　　　　　　　　　　　　　　　　　　　　　　　　 ·························· 第 9 章

■松本英树　　动物临床医学研究所　理事　　　　　　　　 ·························· 第 10 章
　　　　　　　松本动物医院　院长
　　　　　　　兽医学博士

前　言

临床兽医学就是病例的积累，这一点怎么说都不夸张。尤其是在学会上交流的病例报告，均经过反复推敲审定和精雕细琢，具有重要学术价值。

即使是同一疾病，其临床症状也是各式各样，而其结果也是有的获救，有的死亡。而且，即使是疾病症状相似的病例，其预后也不尽相同。也就是说，不管是什么样的病例报告，在某些地方总存在与其他病例不同的新颖性。因此，收集这些病例，进行比较研究，可以为诊断和治疗提供大量有用的信息。

而且，通过比较研究大量的相似病例，可以进一步形成新见解，有时会激发建立新的诊断和治疗方法。因此，绝对不应该轻视病例报告。有时，回顾自己经历的病例并与其他病例进行比较分析，意义重大。

这次，在绿书店的策划下，本书得以出版。其内容全部是从"动物临床医学会"上发表的病例报告中，精选的 100 例消化器官疾病的病例。全书由"牙齿"、"口腔"、"食管"、"胃"、"小肠"、"大肠"、"肛门和肛周组织"、"肝胆系统"、"胰脏"、"腹腔与腹膜"和"其他"共 11 章构成，覆盖了大多数消化系统的疾病。

为了使在兽医师看来想当然的事情便于大家理解，本书刊载的照片多为彩色，而且，各章均设有总论，由各领域的专家级兽医师对其解剖、生理和机能进行解释说明，对各病例报告进行了详细描述。

令人感慨的是，仍然存在尚未经历过的病例，或者即使是经历过的病例，结果却差异显著等情况，所以说本书是一本发人深省的书。

近几年，随着畜主动物饲养管理意识的提高，使得饲养环境的改善和彻底预防变得可行。而且，动物医疗也日臻完善。于是，动物不断高龄化，伴随着年龄的增加，消化器官肿瘤等消化系统疾病呈增加趋势。同时，针对这些疾病，越来越需要借助先进的技术和知识来进行诊疗。

衷心希望本书能对那些每天在临床实践中，面临消化系统疾病病例的临床医生们，在诊疗上多少提供些帮助。

2012 年 11 月吉日

山根　义久

目　　录

第4章 胃 总论 ·················**76**

第 8 章　肝胆系统 *总论* ·································**238**

12

总 论

藤田动物医院
藤田桂一

||| 牙和牙周组织的解剖、生理 |||

● 牙和牙周组织的构造（图1）

牙从牙床上长出来的部分称为牙冠，存在于颌骨内的部分称为牙根，介于牙冠和牙根间、位于牙龈中的部分称为牙颈。

牙冠由覆盖在最外侧的牙釉质、内侧的牙本质和牙髓构成。牙根由牙骨质和牙本质构成，中心部存在细小的根管。牙骨质通过牙周膜和牙槽骨相连。牙组织由牙釉质、牙本质和牙髓构成，其周边的牙周组织由牙龈、牙骨质、牙周膜和牙槽骨构成（图1）。

犬的切齿、犬齿和第1前臼齿有1个牙根。其余的前臼齿和后臼齿中，除上颌第4前臼齿、上颌第1后臼齿和上颌第2后臼齿有3个牙根外，其余牙齿均有2个牙根。猫的切齿、犬齿、上颌第2前臼齿、上颌第1后臼齿为1个牙根，上颌第4前臼齿有3个牙根，其余的有2个牙根。

1.牙釉质

95%以上牙釉质由磷酸钙结晶（无机质）构成，厚度100 μm，是体内最硬的组织，覆盖在牙冠的表面，保护牙本质和牙髓。成釉细胞在生长结束后退缩为牙釉上皮，从口腔里萌出后，如果脱落则不能再生。通常，随着年龄的增加，经咬耗和磨耗而逐渐减少。

2.牙本质

牙本质由胶原纤维和磷酸钙结晶构成，牙本质小管内分布着成牙质细胞的突起（牙本质纤维）。出生后，牙齿萌出时形成的牙本质称为第1牙本质或原生牙本质。伴随着生长和年龄的增加生成的牙本质称为第2牙本质，经咬耗、龋蚀等刺激形成的牙本质称为修复牙本质或第3牙本质。

3.牙髓

牙髓是包含有血管、神经和淋巴管的结

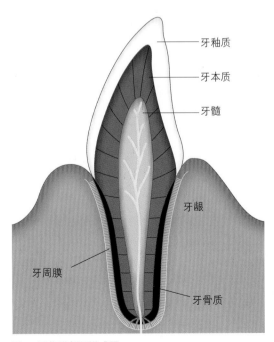

图1 牙的纵剖面模式图

牙釉质
牙本质
牙髓
牙龈
牙周膜
牙骨质

缔组织。牙髓的最外侧存在有成牙质细胞，一生持续形成牙本质。因此，伴随着年龄的增加，牙本质逐渐增厚，牙髓腔变窄。另外，在牙髓内侧的结缔组织内存在着未分化的间质细胞和成纤维细胞。

给牙齿施加刺激后，经成牙质细胞的突起传递给牙髓内的成牙质细胞周围的神经组织（成牙质细胞下神经丛、边缘神经丛），从而感知疼痛。由于断裂而导致牙髓露出的情况称为露髓，若放置不管则可发展为牙髓炎、牙髓坏死，进一步形成根尖周围病灶。

4.牙龈

牙龈是被称为角化上皮的具有较强保护力的黏膜组织，通过结缔组织与下部的牙槽骨结合。因此，牙龈受损后会很快治愈。附着于牙齿的部位称为附着牙龈，游离的边缘部位称为游离牙龈。牙龈以黏膜牙龈交界处为边界，与脆弱的牙槽黏膜相连接。

牙颈部和牙龈中间的沟称为牙龈沟，发生牙龈炎时称为牙龈袋，发展为牙周炎时称为牙周袋。该袋的深度大概与牙周病的程度呈正比。犬正常的牙龈沟深1~3mm，猫约0.5mm。

5.牙骨质

牙骨质由成牙骨质细胞形成，组织学上与骨组织类似。牙骨质分为无细胞牙骨质（多数分布在牙颈部的附近）和有细胞牙骨质（多数分布在根尖部）。牙骨质伴随着年龄的增加而增厚，受炎症刺激后增加。

6.牙周膜

牙周膜为结缔组织，有缓和冲击的作用，不让牙齿受到的刺激直接伤害到牙槽骨。实际上并非膜样结构，而是通过胶原纤维将牙和骨连接在一起。

7.牙槽骨

支持牙齿的头盖骨的一部分称为牙槽骨，分为包含牙周膜胶原纤维的固有牙槽骨和其余的支持牙槽骨（板层骨）。

● 齿的数量（表1，图2）和机能

肉食动物（犬或猫）的上颌第4前臼齿和下颌第1后臼齿称为裂肉齿，剪断力较强。牙齿的机能各有分工：犬齿负责捕捉、撕裂，前臼齿负责切割、捕捉和剪断，后臼齿负责研磨和剪断。

表1 犬、猫的牙列

		犬		猫	
		上颌	下颌	上颌	下颌
乳牙	切齿	6 颗	6 颗	6 颗	6 颗
	犬齿	2 颗	2 颗	2 颗	2 颗
	臼齿	6 颗	6 颗	6 颗	4 颗
		合计 28 颗		合计 26 颗	
恒牙	切齿	6 颗	6 颗	6 颗	6 颗
	犬齿	2 颗	2 颗	2 颗	2 颗
	前臼齿	8 颗	8 颗	6 颗	4 颗
	后臼齿	4 颗	6 颗	2 颗	2 颗
		合计 42 颗		合计 30 颗	

● 牙齿的萌出和替换

乳牙从生后3~6个月按照切齿、臼齿和犬齿的顺序出牙，牙冠长成后，约有牙根长度1/3伸长的牙胚在口腔内萌出。牙齿从口腔内萌出后仍继续生长，犬和猫的犬齿直至生后1年的时间内，牙根的长度都在增加，之后根尖闭锁。牙本质持续形成，伴随着年龄增加而增厚，牙周膜腔变窄变厚。

恒牙牙胚的钙化几乎在出生后立即开始，从生后11~12周龄到20~24周龄大概按照切齿（下→上）、前臼齿（下→上）、后臼齿（下→上）、犬齿（下→上）的顺序萌出。刚萌出的牙齿牙根尚未完全形成，牙本质壁较薄。因此，断裂后的乳牙应尽早拔掉，以免伤害恒牙的牙胚。

通常，犬或猫的换牙期为：中型犬、大型犬和猫在生后4~6个月，小型犬5~7个月。人在乳牙脱落后恒牙萌出，犬猫则在恒牙萌出后乳牙脱落。犬乳牙和恒牙并存的时间：上颌齿约2周，下颌齿约1周，其余的切齿和臼齿却仅数日。另外，乳犬齿通常在恒犬齿长至乳犬齿高度的1/2~2/3时脱落。这样，犬或猫都有乳牙列和恒牙列同时存在的混合牙列的时期。

●咬合

正常的咬合，犬上颌切齿轻度覆盖下颌切齿咬合，猫则为上颌切齿和下颌切齿的尖端咬合。下颌犬齿与上颌第3切齿和上颌犬齿之间的位置咬合。上颌前臼齿和下颌前臼齿交错咬合，上颌第4前臼齿和下颌第1后臼齿呈剪状咬合。

▌▌▌牙和牙周组织的疾病 ▌▌▌

● 猫的龈口炎（第1章-1）

猫的龈口炎，是一种伴随着剧烈疼痛的口腔黏膜的慢性炎症。一般病变呈左右对称，炎症波及牙龈、颊黏膜、口颊部黏膜，另外，也可波及咽、扁桃体周围、舌、口唇和腭。牙龈和口腔黏膜上可见发红、糜烂、溃疡、黏膜的增生等病变。而且，血液检查多见高γ球蛋白血液病和CD8T淋巴细胞增多。

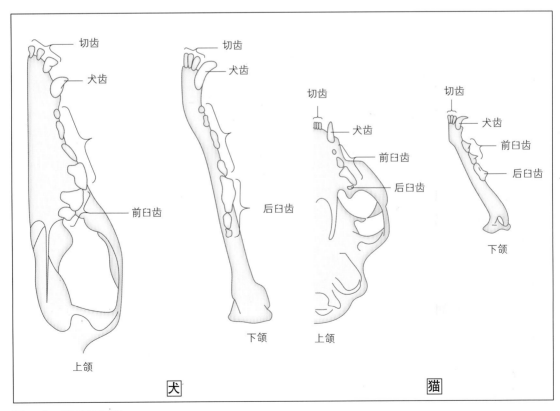

图2　犬、猫的恒齿牙列

本病的病因不明，基于免疫机能障碍，牙垢内和口腔内细菌的条件感染，猫杯状病毒、免疫缺陷病毒、猫白血病病毒等相关感染而可能发病。

因原因不明，尚未建立明确的治疗方案。但是，有报道在全身麻醉状态下，可通过去除牙垢、牙结石，给予抗生素、戊酸酯类醋酸盐、干扰素、乳铁蛋白、激光治疗、免疫抑制剂、放射线疗法、全臼齿拔牙、全颌拔牙等方法治疗。其中，全臼齿拔牙或全颌拔牙的治疗效果较好。

● 牙周病（第1章-2）

3岁以上的犬和猫约有80%患牙周病，在各疾患中所占比例最大。牙周病是由牙垢中的细菌引起的牙周组织（牙龈、牙周膜、牙槽骨和牙骨质等）的炎症性疾病。

牙垢吸收了唾液中的钙和磷，数日后转变为牙结石。牙结石中的细菌虽已死亡，但牙垢容易吸附在牙结石的表面，而牙垢中的细菌很多。最初，仅在牙龈处发生炎症，放任不管炎症则会波及牙周组织，形成牙周炎。

牙龈炎和牙周炎统称为牙周病。通常，牙周炎的病原菌为革兰氏阴性厌氧杆菌卟啉单胞菌（*Porphyromonas sp.*）等。在牙龈炎阶段如果治疗可以完全治愈，但发展成齿周炎后不可能完全恢复到原来状态。牙周病如果不加以治疗则会形成根尖周围病灶，进而形成瘘管、外齿瘘、内齿瘘、口鼻瘘管等。进而，牙周病菌或炎性细胞因子从牙周袋等处进入全身血液，在心内膜、肾脏和肝脏处也可发生炎性细胞浸润。最终，牙齿脱落，牙周病终止。

牙周病检查时，根据牙龈炎症的严重程度、牙垢和牙结石的附着程度、牙的动摇度、牙根分支处病变、附着丧失程度、牙袋的深度、口腔内经X射线检查的齿槽骨的吸收状态等来把握疾病的程度。

主要治疗方法为牙垢、牙结石去除，根部平整、研磨或拔牙等。之后，让畜主进行家庭牙齿护理。

● 咬合不正和矫正（第1章-3）

牙齿位置异常、颌的长度和宽度异常时称为咬合不正，有以下几种情况。

● 齿性咬合不正

倾斜、丛生、旋转等齿的位置异常的情况。

● 骨骼性咬合不正

颌的长度、宽度不均衡的情况，有以下几种情况。

咬合不正给动物带来疼痛和不快感，可能成为口腔疾患的原因，因此，咬合不正的早期诊断非常必要。相对于考虑美观而言，治疗目的更重要的是保证咬合机能正常，个体能够舒适地生活。

牙齿埋藏于齿槽骨中，靠牙周膜纤维支持。骨在物理和内分泌的作用下，不断地重塑，受压迫侧骨吸收，牵引侧发生骨添加，同时牙周膜纤维的再构筑也在进行。影响齿移动的必要因素有牵引力的大小、方向、作

0级咬合不正	正常咬合
1级咬合不正	上下颌的长度适当，但伴有单数或复数齿性咬合不正
2级咬合不正	下颌短或上颌长，伴有单数或复数齿性咬合不正
3级咬合不正	下颌长或上颌短，伴有单数或复数齿性咬合不正（短头犬即使为3级状态也为正常）
4级咬合不正	上颌或下颌的一侧比另一侧短，上下颌的正中不吻合

为固定源的牙根表面积的大小，以及可移动的空间等，矫正时应考虑这些因素。

常见的咬合不正及其治疗方法如下。

● **吻侧（前方）交叉咬合**

多数为骨骼性咬合不正，为1齿或1齿以上的切齿的相反咬合（上颌切齿比下颌切齿更靠近舌侧）。

不造成障碍的情况下可原样观察，或用扩展设备、弓形杆等治疗。

● **尾侧（后方）交叉咬合**

上颌前臼齿或后臼齿比下颌更靠近舌侧咬合，多见于颌狭长的长头品种动物。

若不造成机体损伤可不进行治疗，如果第1后臼齿触碰到口腔黏膜则可以切削掉头。

● **下颌犬齿的舌侧错位**

常见于下颌狭长的小型犬，通常为下颌乳犬齿残存而致恒犬齿从舌侧萌出，顶到上颌牙龈或硬腭。

治疗时，拔掉乳犬齿，将其齿根插入到下颌恒犬齿的舌侧，将下颌恒犬齿向外侧倾斜，安装上用丙烯酸树脂等材料制备的倾斜板，这样，咬合时使下颌犬齿向外侧倾斜。

● **上颌犬齿的吻侧错位**

上颌犬齿向吻侧错位，多见于苏格兰粗毛牧羊犬等品种。

可通过在犬齿和上颌第4前臼齿及第1后臼齿处安上托架和弹性链，使犬齿向后方倾斜等方法治疗。

● 牙的萌出障碍和更换异常（第1章-4）

牙齿萌出时，存在不能正常萌出或牙齿更换期没有适当替换的情况。

● **埋伏齿**

埋伏齿是指过了正常萌出期仍不萌出，滞留在牙龈或颌骨内的齿。多见于上下颌犬齿、下颌第1~第4前臼齿。通过口腔内X射线

检查确认埋伏齿的位置，牙冠整体完全埋伏的情况称为完全埋伏，牙冠的一部分萌出的情况称为不完全埋伏。

埋伏的原因为：齿的萌出方向异常、齿的形态和大小异常、萌出部位的空间不足、牙釉质形成不全等形成障碍，牙龈肥厚、囊肿和肿瘤、外伤等。

如果对埋伏齿放任不管，则可能发生邻接齿错位、邻接齿齿根吸收、周围神经压迫、囊肿和肿瘤发生等情况。不完全埋伏时，特别是若处于萌出过程，则可以切除周围的牙龈（冠盖切除术），暴露牙冠，促进萌出。而对于完全埋伏的情况，根据埋伏齿的部位和埋伏程度，通过后续观察或者切削牙槽骨、切除牙冠部等方法治疗。

● **乳牙残留**

过了牙齿更换期乳牙仍残存的例子并不少见，尤其是小型犬。乳牙残留会导致恒齿的萌出方向异常并伴发齿周病。相对于乳犬齿而言，恒犬齿位于舌侧，乳牙残留常导致恒犬齿的舌侧错位、顶触口腔上腭，甚至穿孔。猫的乳牙残留情况并不少见。

原则上进行口腔内X射线检查，若发现过了牙齿更换期仍有乳牙残留，且该部位若有恒牙存在，则应拔除乳牙。但若后继的恒齿不存在，则尽可能保留乳牙使其发挥恒牙作用。拔除乳牙时，要在恒牙周围插入牙挺以避免损伤。

● 兔子的根尖周围脓疡（第1章-5）

兔子的牙为二生齿性，乳牙齿式为203/102，恒牙齿式为2033/1023。全部切齿和臼齿为常生齿，一生持续生长。

安静时，下颌切齿与上颌第1切齿和第2切齿之间的位置咬合。切齿咬合时，上下齿颌的臼齿轻度分离，相对平行排列。通常，

野生的兔子在低地生活，用切齿切断牧草，用臼齿研磨，然后咽下。其咀嚼形态主要为动用切齿的侧方切断草类。而家养兔子吃干燥的饲料团时，颌的上下方向以及前后方向均施加颌运动，施加于咬合面的压力可能超过了生理咬合压。因干燥饲料团中含有的植物纤维已被切短，咀嚼时间短，上颌臼齿的舌侧和下颌臼齿的颊侧被削尖了。

因牙齿经常形成、萌出，下颌臼齿的牙冠向舌侧、上颌臼齿齿冠向颊侧倾斜。其结果导致不能正常咀嚼，下颌臼齿在舌、上颌臼齿在颊黏膜上形成溃疡，引起疼痛而使食欲下降。而且，因上颌臼齿齿根伸长而导致上颌骨颊骨突起及眼窝底损害、眼球突出、流泪、结膜充血等；下颌臼齿齿根的伸长引起下颌下缘发生膨隆。如果再加上牙周病，则会在上颌发生眼窝下脓疡、在下颌形成下颌部的脓疡。因兔子的面骨薄，也可从牙周炎演变为根尖周围脓疡，进而形成骨髓炎。

对于像这样因咬合不正形成的过长部位（牙棘），在全身麻醉状态下用球钻等进行切削和整形。切开脓疡，用洗净液清洗干净，给予抗生素等。兔子的根尖周围脓肿比较难治，不能完全治愈的情况很多。因此，为了防止本病的发生，应让兔子尽可能吃与大自然接近的、对于牙齿的摩擦性高的干草、牧草和蔬菜。

1. 对32例猫龈口炎病实施臼齿部全拔牙的长期观察

Long-term follow up of all premolar and molar teeth extraction in 32 cats with gingivostomatitis

阿米卡宠物诊所

山冈佳代、八村寿惠、久山朋子、鸟越贤太郎、白石加南、网本昭辉

作为猫龈口炎的治疗，对实施臼齿部全拔牙的32例猫进行术后1个月的短期评价，之后又进行6个月甚至最长为7年的后续追踪观察。短期内完全治愈的猫一般预后良好。短期评价较术前改善的病例，经长期观察发现约有半数彻底治愈。也可见到恢复过程中复发的情况，对于复发病例即使继续进行内科治疗，之后也不会好转。短期评价未改善的病例，之后能够完全治愈的可能性微乎其微。而对于臼齿部全拔牙后效果不太明显的13例病例，对其中5例进行全颌拔齿，4例完全治愈，1例可见好转。

关键词：猫龈口炎，臼齿部全拔牙，短期和长期评价

引言

猫龈口炎（图1），又称为难治性口腔炎或淋巴细胞浆细胞性龈口炎，作为牙龈和口腔黏膜的慢性炎症性疾病，伴有剧烈疼痛，表现为采食困难、流涎、体重减轻等症状。其原因有口腔内细菌和病毒的参与、免疫反应异常等，但尚有许多不明之处。治疗方法为，保持口腔内卫生，去除牙垢和牙结石，给予抗生素、类固醇药物、免疫抑制剂等，可暂时减轻症状，但多数情况下难以治愈。

因此，最近推荐采用臼齿部全拔牙或全颌拔牙，并进一步开展内科治疗。迄今，我们共对14例猫龈口炎病例实施了臼齿部全拔牙，报告了其在术后1个月时的治疗效果。这次，病例数增加，我们对术后的经过进行了

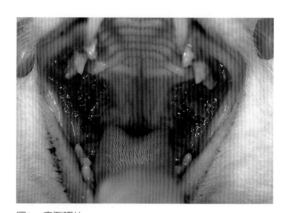

图1 病例照片
呈现龈口炎的猫

长期跟踪，得出了一些见解，将其概要报告如下。

表1　术后1个月时的短期评价

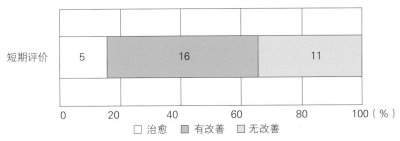

短期评价	5	16	11

0　　　20　　　40　　　60　　　80　　　100（%）

□ 治愈　■ 有改善　□ 无改善

材料与方法

炎症越过齿龈黏膜边界扩展到口峡部，形成龈口炎（图1）。至2005年10月为止，本院对实施臼齿部全拔牙的32例猫进行了追踪调查。

异氟醚全身麻醉，臼齿部全拔除术。口腔内消毒、去除牙结石，通过口腔内X射线检查确认齿和齿槽骨的状态，对于多根齿将牙冠分割后拔去全部臼齿。将拔齿后的齿槽骨弄平滑，通过外侧的压迫使牙龈充分靠近或将拔齿窝较大的部位的牙龈剥离，形成片翼，用可吸收线缝合。另外也有些病例，咽门部黏膜增生严重的可切除增生部位，出现炎症的地方联合应用CO_2激光烧烙。

治疗效果方面，通过将临床症状，即疼痛程度以及必要的内科治疗后减轻的有无等，与术前比较、确认。评价分为术后1个月时的短期评价和术后6个月以上最长为7年的长期评价。

成效

术后1个月的短期评价时（表1），彻底治愈的有5例（15.6%）、改善的有16例（50%）、未改善的有11例（34.4%）。短期评价时治愈的病例长期观察时也状态良好。

短期评价时改善的16例中，长期观察时

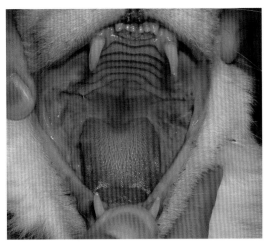

图2　图1的病例：臼齿部全拔牙19个月后的照片完全看不到疼痛和炎症

炎症逐渐消失、最终治愈者（图2）有8例，疼痛改善的有3例，一时可见症状改善但渐渐炎症又有复发，症状同术前无区别的有5例。复发病例即使后续进行内科治疗也没有改善。

短期评价时未见好转的11例中，在长期评价时痊愈的有1例；初期几乎没什么好转的病例在长期观察时与术前相比症状或治疗程度减轻的有2例，症状和治疗程度没有变化、未见改善的有8例。

在长期评估结束时，痊愈的有14例（43.8%），改善的有5例（15.6%）、未改善

表2　术后6个月以上最长7年的长期评估

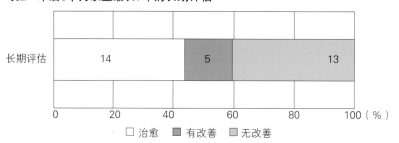

的有13例（40.6%）（表2）。

另外，在臼齿部全拔牙效果不十分显著的13例中，对5例实施了全颌拔牙后，有4例痊愈、1例可见改善。

讨论

猫龈口炎是一种难以治疗的疾病，仅靠内科治疗多数较难治愈，推荐进行臼齿部全拔牙或全颌拔牙。本院从手术时间或侵袭度的高低来看，多数为首先进行臼齿部全拔牙，治疗效果不佳的情况下再进行全颌拔牙。

本次，经过臼齿部全拔牙，长期观察有43.8%的病例痊愈，加上好转的病例，手术有效率为59.4%。此外，臼齿部全拔牙效果不太显著的情况下，进一步实施全颌拔牙后可获得更佳治疗效果。因此，可以认为臼齿部全拔牙或全颌拔牙是针对龈口炎的有效治疗方法。

另外，在实施臼齿部全拔牙的病例中，短期评估再加上长期评估，有所好转且没有复发倾向的病例继续进行内科治疗有可能治愈。但是，中途有复发倾向的病例，以及术后未见好转的病例，即使继续治疗也不太可能治愈，这样的病例早期应考虑全颌拔牙较好。今后，将随着病例的增加继续研讨。

出处：第28届动物临床医学会（2007）

2. 犬牙龈炎和牙周炎治疗中CO_2激光法的临床应用

Use of the CO_2 laser in soft tissue and periodontal surgery for a dog

汤本宠物诊所、汤本宠物诊所·日本大学生物资源科学院、藤田动物医院、北川动物医院、日本大学生物资源科学院

汤本哲夫、松本隆志、紫藤哲生、岩上由美子、藤田桂一、山村惠积、酒井健夫

采用了比色皿CO_2激光治疗牙龈炎和牙周炎。激光法可以缩短手术时间、减少出血量；充分改善牙周病的治疗效果，具有临床应用价值。

关键词：牙龈炎、CO_2激光、牙菌斑

引言

在牙龈炎和牙周炎的发展过程中，存在于牙龈缘上和牙周袋中牙龈缘下的牙菌斑中的革兰氏阴性厌氧杆菌与牙周病的形成密切相关。而且，牙周病的病情不仅与细菌增殖有关，还受宿主的免疫应答和平衡情况的影响，变化复杂。一般的牙科预防措施为去除牙垢和牙结石或平整牙根，对于牙周袋深、牙龈增殖的病例，可通过牙龈切除术去除龈缘下的牙菌斑，这对于牙周病的治疗非常有效。本次，采用比色皿CO_2激光切除牙龈，缩短了牙周外科手术的时间，减少了出血量，取得了与用手术刀同样的牙周病治疗效果，现简要报告如下。

材料与方法

病例为经口腔检查发现牙垢、牙结石重度附着，牙龈发红、重度肿胀、排脓，有3~5mm的牙周袋以及经口腔X射线检查确认了齿槽骨的吸收水平，诊断为有必要进行牙周外科手术的12例病例（雄5例、雌7例）。均为过去接受过牙科处置但病情未能好转且牙龈增殖的病例（图1）。

异氟醚全身麻醉，用CO_2激光法进行牙龈切除，并根据牙龈形成情况进行牙周外科手术（图2）。其中，有5例按照分体式鼠标的方法，一侧用手术刀片，对侧用激光进行牙龈切除。对于各病例的激光照射，牙龈切除时一个部位以3~4W连续照射5s，连接上皮及牙釉质附近部位用2W断续或持续照射。全部病例，在治疗前后1周给予抗生素治疗。

关于临床的病情改善效果，对治疗前、后1周、1个月以及6~14个月后的牙垢、牙结石的附着、牙龈的炎症、牙周袋的深度以及牙周病的程度等进行了跟踪调查（图3）。

成效

比较手术刀和CO_2激光两种方法的治疗效果，发现处置后1周激光法治疗的病例牙龈炎

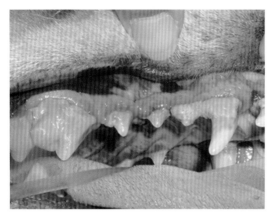

图1　处置前的口腔照片

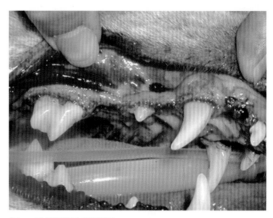

图2　处置后的口腔照片

症的治愈有些延迟倾向，之后3~6个月的检查过程未见病情改善效果的差异。

此外，与仅进行去除牙垢处理的病例相比，经CO_2激光法切除牙龈或牙龈形成的任何牙周病治疗病例，均取得了较好的长期治疗效果。

讨论

对于牙周病的治疗，有给予抗生素的化学方法，以及去除牙垢或刷牙、联合应用牙龈切除或牙龈形成术去除牙周袋从而去除牙垢、或者根部平整等机械方法。但是，需要接受机械治疗的牙周病患犬中，多数为全身免疫机能衰退的老龄犬，有的还伴发心脏、肝脏和肾脏疾病。鉴于这种情况，虽然激光照射对于牙釉质和牙本质等硬组织、牙龈和

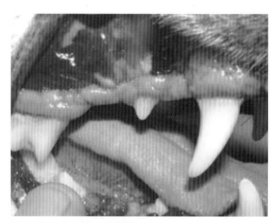

图3　处置1年后的口腔照片

牙周膜等软组织的影响有待进一步研讨，但可以缩短手术时间和减少出血量，且十分有望改善牙周病的病情，可以认为CO_2激光法具有临床应用价值。

出处：第24届动物临床医学会（2003）

3. 22例犬前齿部咬合不正的矫正治疗

Orthodontic treatment for malocclusion of front teeth in 22 dogs

阿米卡宠物诊所

鸟越 贤太郎、八村寿惠、山冈佳代、久山朋子、白石加南、网本昭辉

犬的咬合不正日常多见，如果不处理则会对牙齿或软组织造成损伤。本次，对实施矫正治疗的前齿部咬合不正的22例犬病例进行了调查研究。矫正器具主要采用了弹性链和盘簧。施加于牙齿的矫正力为65～150g，矫正时间为14～54天，移动距离为1.0～10.7mm，移动速度为0.03～0.53mm/天。关于矫正力有各种各样的报告，根据犬的品种、牙的种类、施加力的牙齿的位置等，针对病例的最合适的力量也不相同。因此，一边观察牙的移动速度和临床症状一边决定矫正力的大小，没有发现矫正齿的有害反应。这显示本次矫正处于合适的力度范围内。

关键词：咬合不正、矫正治疗、最适矫正力

引言

犬的咬合不正为常见病，多由乳牙残存而致。若不及时治疗，则不仅仅是外观问题，还会造成牙齿和软组织的损伤。对这些疾病的治疗，有拔牙、外科的牙齿移动、牙冠切断短缩处理、矫正治疗等多种方法。本次，对实施了矫正治疗的咬合不正的犬进行了调查研究，报告如下。

材料与方法

在本院实施矫正治疗的22例犬从犬种、年龄、矫正部位、矫正方法、联合治疗以及病程经过等方面进行了调查研究。

结果

● 犬种

小型犬17例、中型犬3例、大型犬2例。

● 年龄

5~11月龄，平均为7月龄。

● 矫正部位

5例共有23颗切齿的矫正，17例共有33颗犬齿的矫正。上颌切齿全部向吻侧、下颌切齿全部向舌侧移动。上颌犬齿全部向远心端移动，左上颌犬齿有1颗同时也向颊侧移动。下颌犬齿左右一起向颊侧移动的有7颗，向远心端移动的有2颗，向舌侧移动的有1颗。

● 矫正方法

按照口腔内检查、X射线检查、取模，矫正器具的制作、安装和去除、清扫和治疗后X

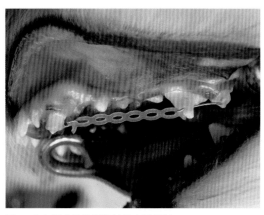

图1　左上颌犬齿的弹性链的安装照片

射线检查的顺序进行（器具制作容易时可不进行取模）。远离固定源时采用盘簧，邻近固定源时采用弹性链，进行牙齿的移动（图1）。施加于牙齿的矫正力为65~150g。

●联合治疗

对于切齿，矫正时均未进行联合治疗。对于犬齿，矫正时同时进行乳齿拔牙的有3颗，未进行联合治疗仅进行矫正治疗的有30颗。

●经过

所有病例的不正咬合均有改善。相对于犬齿，切齿矫正时间和移动距离短、速度慢（表1）。

对人而言，矫正力过大时，可见对疼痛、打针的反应、动摇、牙龈的退缩和移动速度的减少等。因此，对所有病例，针对矫正齿重点观察有无这些反应。矫正期间，未见矫正齿有害反应，但在1例中发现作为切齿矫正固定源的犬齿向舌侧发生了移位（经外科的牙齿移位修正）。

治疗1年后的观察中，除2例未追踪外，全部病例均未见异常。而且，治疗后通过X射线检查，重点对牙周组织的破坏和牙根尖吸收的有无情况进行了观察，均未见异常。

讨论

当今，关于倾斜移动、牙体移动和齿根部的最适矫正力有各种各样的报告（表2）。但实际上根据犬种、牙的种类和矫正力施加于牙齿的部位等，针对不同病例的最适矫正力不同。而且，测定施加于牙根的矫正力几乎不可能。因此，观察牙齿的移动速度和临床症状后决定矫正力很必要。本次调查研究的矫正均为倾斜移动，根据报告，有几例的矫正力过大，但所有矫正齿的病例均未见有害反应。因此，可以认为本次进行的矫正处于适当的、合理的范围。

但是，发现有1例作为固定源的犬齿发生了移动。一般情况下，切齿移动时以犬齿作固定源，犬齿移动时以臼齿作固定源，像本例中作为固定源的牙齿发生移动的情况也

表1　矫正时间、移动距离和移动速度

	切齿	犬齿
矫正时间	14~34 天（平均 25 天）	12~54 天（平均 32 天）
移动距离	1.0~2.0mm（平均 1.6mm）	下颌：1.0~3.2mm（平均 2.4mm） 上颌：1.0~3.2mm（平均 2.4mm）
移动速度	0.05~0.11mm/ 天（平均 0.08mm/ 天）	0.03~0.53mm/ 天（平均 0.2mm/ 天）

表2 对倾斜移动、牙体移动、根部移动的最适矫正力

最适矫正力			
倾斜移动	$35\sim60g^{2)}$ $50\sim75g^{6)}$ $50\sim100g^{1)}$		
牙体移动	$50\sim200g^{3)}$ $100\sim150g^{2)}$ $80g/cm^{25)}$ $25\sim150g/cm^{24)}$		
牙根部	$20\sim25g/cm^{22)}$		

会出现。因此，有必要对矫正力、待移动牙齿、作为固定源的牙齿的牙根表面积以及矫正时间进行综合判断，是否有必要将固定源和其他的牙齿用线连接等，均要充分考虑。

今后，将随着病例数的累加，继续研究讨论对不同犬种或不同大小牙齿的最佳矫正力。

出处：第28届动物临床医学会（2007）

参考文献

• Crossley DA, Penman S（奥田绫子 訳）：小動物の歯科診療マニュアル, 200-201, ファームプレス, 東京（2003）
• 後藤尚昭, 宇都宮 宏光, 横山和良：矯正歯科技工学, 全国歯科技工士教育会議編集, 23, 医歯薬出版, 東京（2006）
• Harvey CE, Emily P（奥田绫子 訳）：小動物の歯科学, 291-292, LLL. Seminar, 鹿児島（1995）
• 桑原洋助, 酒井信夫：歯科矯正, 38-39, 医歯薬出版, 東京（1993）
• 与五沢 文夫：歯牙移動, 17-20, 医歯薬出版, 東京（1990）
• Surgeon TW, Saunders veterinary clinics small animal practice, Holmstrom SE, 犬と猫の歯科学, 小動物矯正歯科学の基礎（藤田桂一 訳）, 100-101, インターズー, 東京（2006）

牙齿矫正不仅仅局限于使用矫正装置，就像被称为抑制矫正的乳牙拔牙那样，在发育期预测、发现不正咬合，或者在出现可疑情况时早期发现并及时处置，这也是矫正方法的一种。

关于矫正时引起的牙齿移动，如果不了解牙周膜和牙槽骨的生理变化就不可能进行牙齿的矫正。骨在不断地重塑，压迫侧骨吸收，牵引侧发生骨添加，这样，牙周膜纤维得以重建。活体从牙周膜细胞或组织等不断获得生理力量得以运转，如果受到超过生理水平的力量则会导致局部缺血，使周围的组织发生坏死。

矫正牙齿时，在必要的矫正力（大小、方向和时间）、固定源和空间条件下，牙齿一点点通过溶解骨而移动。因此，在力量的分布上，倾斜移动、牙根移动、牙体移动、旋转、挺出和嵌入等，分别需要施加多大的力度，在某种程度上已经明确。在保证作为固定源的牙齿比移动齿的牙根表面积大，支持皮质骨的牙周膜健全的条件下，有必要持续给予轻度的力量。

希望在处置前认识到上述情况再行治疗。本病例均为没有引起有害后果的强制性力量。今后，随着病例数的增多，有必要对矫正力、矫正时间、移动距离或速度等进行更深入的研讨。

（藤田桂一）

4. 1例犬的左上颌埋伏齿外科移动手术

The surgical orthodontic movement of the impacted canine teeth

阿米卡宠物诊所、加藤宠物医院

白石加南、八村寿惠、山冈佳代、久山朋子、鸟越 贤太郎、加藤吉男、网本昭辉

埋伏牙齿是指乳齿和恒齿同时发生，多见于小型犬，如果放任不管则会引起多种症状。本次，我们对7月龄的卷毛狮子狗的左上颌恒犬齿的埋伏齿进行了牙龈切开术和牙齿移动，结果埋伏齿向正常方向萌出，经过良好。

关键词：埋伏齿、牙龈切开术、外科牙齿移动

引言

埋伏齿是指本应萌出但过了萌出期仍停留在颌骨或牙龈下的牙齿。埋伏齿多见于小型犬，有必要通过X射线检查与缺失牙进行区分。本次，我们对左上颌犬齿（204：三位数编号法表示，以下标记同此）的埋伏齿病例进行牙龈切开术及外科牙齿移动，使牙齿向正常方向萌出，现概要报告如下。

病例

病例为小卷毛狮子狗（toypoodle），避孕雌性，7月龄，体重2.0kg。6天前拔除了左上颌乳犬齿（604），但恒齿不萌出，故来院就诊。此时，右上颌恒齿（104）已经萌出。肉眼可见左上颌犬齿部的牙龈膨隆（图1）。

在麻醉状态下进行了口腔内X射线检查。

·X射线检查

从侧方拍摄的X射线照片显示左上颌第3切齿（203）缺失，以及左上颌犬齿埋伏于牙龈下，根尖呈开放状态（图2）。从前方拍摄的X射线照片则显示不但左上颌犬齿埋伏，而且左右齿不对称。

●治疗和经过

在X射线照片上确认左上颌埋伏齿的位置，切开牙龈，用骨膜剥离器从齿槽骨分离牙龈，暴露出牙冠，用牙挺向颊侧进行外科牙齿移动，用尼龙线缝合犬齿部颊侧的牙龈。

1个月检查，左上颌犬齿从正常位置萌出，未发现动摇、咬合错位或齿冠变色等异常情况。X射线检查结果，上颌犬齿左右两侧均生长顺利，根尖比处置前变窄。可以观察到牙髓腔的狭小化和牙根的伸长，左上颌犬齿经外科牙齿正畸后也正常生长。

7个月检查，左上颌犬齿较上回伸长，未出现动摇或咬合错位。X射线检查显示，左上颌犬齿的根尖与上回相比发生了闭锁，牙髓腔变窄。

1年后检查，左上颌犬齿未出现动摇或咬合错位，与右上颌犬齿相比没有变化，已萌出（图3）。X射线检查发现，上颌犬齿左右两边的根尖均封闭，萌出完成（图4）。而且，从前方拍摄的X射线照片显示，左上颌犬

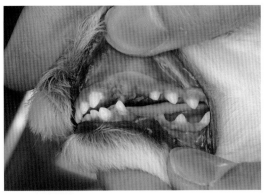

图1 治疗前的左上颌犬齿部外观照片
可以看到牙龈的膨隆

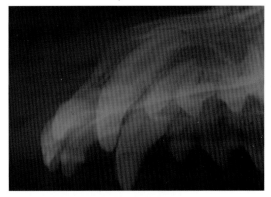

图2 治疗前的左上颌犬齿部X射线照片
根尖处于大幅开放状态

图3 治疗1年后的左上颌犬齿外观照片
未见动摇、咬合错位或牙冠变色

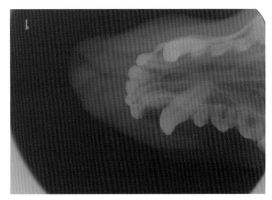

图4 治疗1年后的左上颌犬齿X射线照片
根尖封闭了

齿向颊侧方向萌出，左右犬齿对称。

讨论

埋伏齿的症状为牙龈增厚、膨隆、肿胀、变色、囊胞形成和压痛等。肉眼上与缺失牙难于区分，需通过X射线检查确诊。埋伏齿若放任不管会出现系列继发症，如形成齿源性囊胞、脓疡、鼻漏（埋伏齿处于上颌时）、颌骨骨折（埋伏齿在下颌时）等，邻近的牙根吸收可能会引起牙齿的脱落或动摇。

埋伏齿发生的原因多种多样，治疗方法有牙龈切断术、开窗术、拔牙等，也可根据具体情况不加治疗持续观察。在这些治疗方法的选择上，动物的年龄、埋伏齿的位置或牙根的状态是重要的指标。一旦埋伏齿的齿根封闭，则不可能再有牙齿萌出，因此，在这之后的牙龈切除、开窗术、外科的牙齿移位等的选择将变得很困难。埋伏齿发现得越早越有助于治疗方法的选择，因此，大概从疫苗接种时的幼年期就积极进行口腔检查，发现异常时进行口腔X射线检查，对埋伏齿的发现和保存治疗十分必要。

出处：第28届动物临床医学会（2007）

5. 兔根尖周围脓疡引起颜面脓疡的 CO_2 激光治疗法

Radical cure of face abscess treated with CO_2 laser in three rabbits

加藤动物医院

加藤 郁

兔子的根尖周围脓疡引起的颜面脓疡多为慢性，预后不良，若治疗不及时则复发率很高。仅采用拔牙、洗净消毒以及内科治疗等常规的治疗方法不能治愈，但是，在此基础上再采用 CO_2 激光法就有可能治愈该病。

关键词：兔子，脓疡，CO_2 激光

引言

兔子的切齿和臼齿的根尖周围脓疡，是由于牙冠或牙根的伸长和牙周炎导致牙根周围细菌感染时，进而在眼窝下或下颌形成颜面脓疡。其主要病原菌为多杀性巴氏杆菌（*Pasteurella multocida*）和金黄色葡萄球菌（*Staphylococcus aureus*）。本次，对发现的3例兔的因根尖周围脓疡引起的颜面脓疡病例，通过兽医科用的 CO_2 激光（图1和图2）方法进行治疗，取得了良好效果。

治疗方案

①经口腔检查或X射线检查确定病齿，在全身麻醉状态下尽可能拔除病齿。

②对于闭塞性脓疡采用 CO_2 的F-50机头（F-50）或耳鼻喉机头（ENT）+直探头，以20～30瓦特（W）连续照射（CW），做成脓疡排泄口；对于开放性脓疡，直接用其排泄口进行排脓。

③向拔牙窝内插入探头，确认从脓包到排泄口畅通，用酸性水洗净消毒。不能拔牙的情况下，向排泄口插入探头洗净消毒。

④将ENT＋直探头或90°弯曲的探头插入排泄口，薄组织用CW2W、肥厚组织用CW5W向脓包腔内全面照射。重复③～④操作，直至脓汁排尽。

⑤处置后，皮下投予抗生素和止血剂。内服同样药剂，直至治愈。

⑥每隔1周复诊，若有排脓或脓包，则在局部麻醉下以CW5W照射蒸散。

⑦排脓、脓包终止，排泄口闭锁，治疗结束。

病例

【病例1】杂种兔，雄，4岁。主诉1个月前在其他医院接受内科治疗，因左颊的肿胀不能治愈而来院就诊。以左下颌为中心颊部肿胀。精神正常，不吃草球，可以吃蔬菜或兔用曲奇饼等食品。

●初诊日一般临床检查

向畜主说明左颊的肿胀为脓疡，原因多为齿病，入院处置。

·口腔内检查

左下颌第2后臼齿牙冠为茶褐色，怀疑萌出形成停止。

·X射线检查

左下颌牙齿椎骨的钙化和破坏、左下颌第2后臼齿根尖的融解像、第3后臼齿的变形和钙化。其余臼齿有根尖炎倾向，出现切齿咬合错位。

●手术

左下颌第2后臼齿和第3后臼齿拔牙。在左颊部用F-50、CW20W作成排泄口，脓包腔内用ENT+直探头和90°弯曲探头，以CW2W全面照射。次日确认食欲后出院（图3、图4）。

·细菌学检查

巴氏杆菌属细菌。

●治疗和经过

在住院后第10天看到排泄口痂皮处有排脓现象，进行腔内洗净，用ENT+90°弯曲探头以CW5W再次照射（图5）。有少量脓疡。在住院后第17天左颊部的肿胀改善，因仅在排泄口周边发现脓包，采取局部麻醉，用ENT+直探头以CW5W散焦照射。在住院后第24天可见排泄口痂皮形成，脓包消失。第31天痂皮脱落，脓包好转了。以后定期对咬合错位进行调节（图6）。

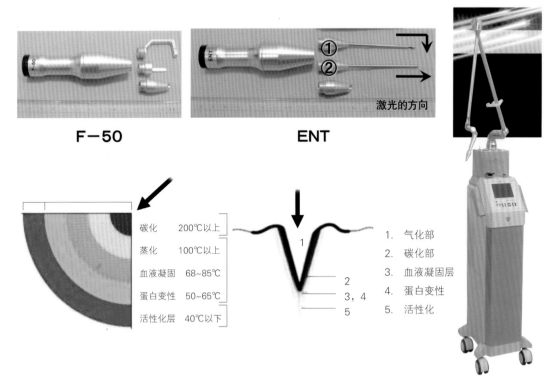

F—50

ENT

激光的方向

①直探头
②

碳化	200℃以上
蒸化	100℃以上
血液凝固	68~85℃
蛋白变性	50~65℃
活性化层	40℃以下

1
2
3,4
5

1. 气化部
2. 碳化部
3. 血液凝固层
4. 蛋白变性
5. 活性化

图1 CO_2 激光器（DS-40U）
①直探头
②90°曲折探头

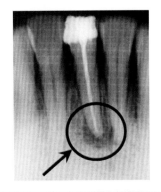

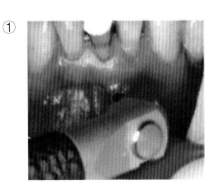

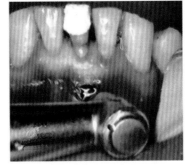

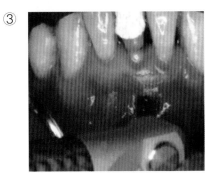

图2　人的根尖性牙周组织炎
①CO_2激光：以CW2W直达骨面蒸散。
②用球钻开窗、用涡轮根切。
③蒸散残存的脓包上皮后，插入牙科锥。创面2～3周后闭锁

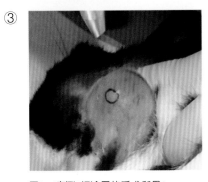

图3　病例1初诊日的手术所见1
左下颌第2后白齿、第3后白齿的拔牙。在左颊部用灭菌的皮肤用记号笔标记的地方，以F-50、CW20W作成排泄口

①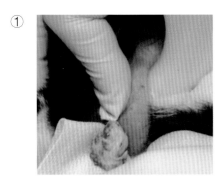

②

③

④

图4 病例1：初诊日的手术所见2
从排泄口进行排脓处置，向拔牙后的齿槽中插入探头，用酸性水洗净。用CW20、ENT＋直探头和90°曲折探头对脓包腔内进行全面照射。反复洗净和照射，直至排脓消失

①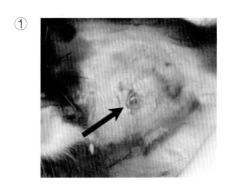

②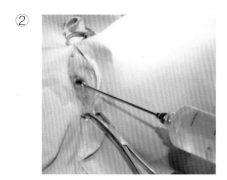

③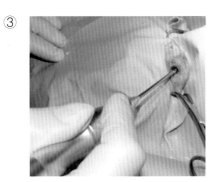

④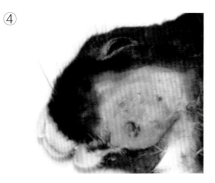

图5 病例1：住院后第10天的手术所见
发现从排泄口痂皮处有排脓，再次全身麻醉用酸性水洗净。用CW5W、ENT＋90°曲折探头照射腔内，反复操作，直至排脓消失。有少量脓疡

33

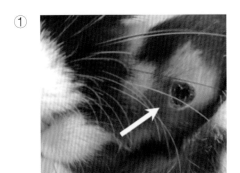 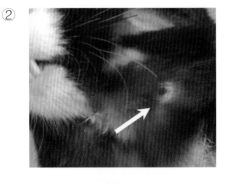

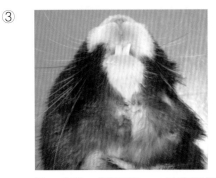 

图6 病例1：住院后第24～31天的经过照片
住院后第24天（①），排泄口处出现痂皮，脓包消失
住院后第31天（②～④），痂皮脱落、脓包消失、改善。治愈后不定期调节咬合错位

【病例2】杂种兔、雄性、1岁零3个月。在幼儿园饲养的兔子在颜面部出现脓疡，接受治疗。

●初诊日一般临床

·身体检查

精神、食欲正常，左眼窝下和左下颌发现开放性的脓疡。采取了与病例1同样的入院处置方法。

·口腔内所见

可见左上颌第2后臼齿伸长和第3后臼齿动摇。

·X射线检查

可见左上颌第2后臼齿根尖和第3后臼齿根尖的尾侧变位、左下颌后臼齿根尖炎和左下颌骨的破坏、切齿咬合错位。

●手术

左上颌第2及第3后臼齿的拔牙、左下颌后臼齿拔牙未成功。洗净脓包、用ENT+直探头和90°曲折探头、CW2~5W照射脓包腔。次日出院（图7）。

·细菌学检查

巴氏杆菌属细菌。

在住院后第13天，左眼窝下脓疡改善，左下颌脓疡开放创闭锁，仅看到少量痂皮。住院后第35天，左下颌脓疡改善，以后定期调节咬合错位（图8）。

【病例3】杂种兔，雄性、4岁零6个月。治疗咬合错位时，看见下颌右侧先端有脓包。

现病史为切齿和臼齿的咬合错位。约8个

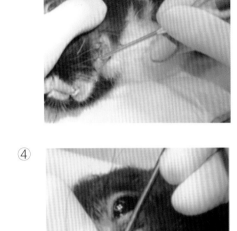
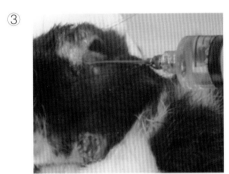
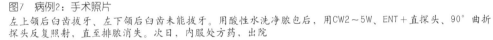

图7 病例2：手术照片

左上颌后臼齿拔牙、左下颌后臼齿未能拔牙。用酸性水洗净脓包后，用CW2~5W、ENT＋直探头、90°曲折探头反复照射，直至排脓消失。次日，内服处方药，出院

月前发现下颌右侧切齿根尖周围脓疡导致舌下脓疡，拔牙、排脓、用酸性水洗净并进行了内科治疗。

● 出诊日一般临床

· 身体检查

精神、食欲正常。

· X射线检查

下颌右侧拔牙切齿的高度钙化，怀疑复发。可见切齿和臼齿咬合错位。

● 治疗和经过

住院后第1天用ENT＋直探头、CW30W条件下在下唇和牙龈的分界部作成排泄口，排脓、洗净、ENT＋直探头、CW2~5W条件下照射脓包腔。内服处方药，当天出院（图9）。

· 细菌学检查

金黄色葡萄球菌属菌。

住院后第7天，虽然因下颌钙化导致的肿胀残存，但脓疡已改善。以后对咬合错位进行定期调整。住院后第28天，下颌尖端良好，未见复发（图10）。

讨论

由兔子根尖周围脓疡引起的颜面脓疡多为慢性，在皮下脓疡疾病中预后不良的情况最多，而且，被称为是延误治疗后复发率最高的疾病。若不拔牙则不能完全治愈，一旦根尖周围的齿槽骨发生骨增生、愈合则可能会导致拔牙困难。在本病例中，病例2的左下颌后臼齿拔除困难；病例3过去因下颌右侧切齿的根尖脓疡引起颜面脓疡，拔牙后用酸性水洗净，进行了内科治疗，但颜面脓疡仍然复发。这可能是在脓疡周边的黏膜组织中残

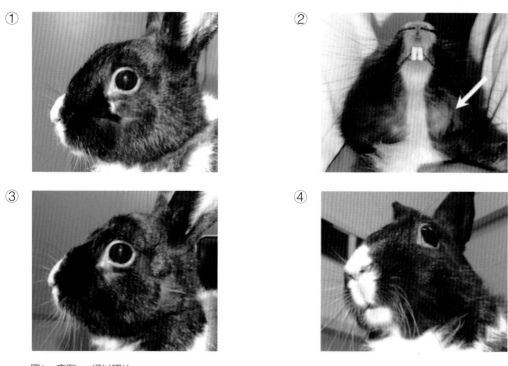

图8　病例2：经过照片
住院后第13天（①、②），左眼窝下脓疡改善，左下颌脓疡开放创闭锁，仅见有少量痂皮
住院后第35天（③、④），左下颌脓疡也改善，治愈后定期矫正咬合错位

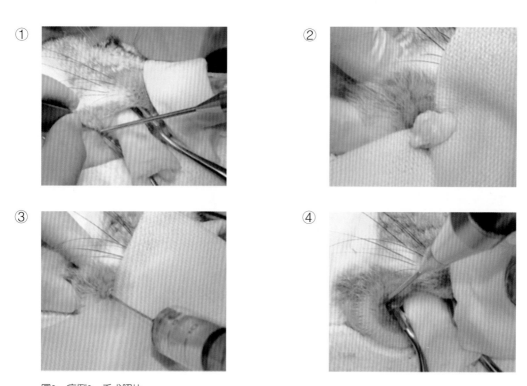

图9　病例3：手术照片
ENT＋直探头、在CW30W条件下在下唇和牙龈的临界处作成排泄口，排脓，用酸性水洗净。用ENT＋直探头，在CW2～5W条件下反复照射，直至排脓消失

图10 病例3：经过照片
住院后第7天（①、②），下颌钙化引起的肿胀残存，脓疡改善
住院后第28天（③、④），经过良好。治愈后，定期矫正咬合错位

存着感染灶的原因。由此可见，传统方法不能根治该病，应在此基础上考虑新方法。

CO_2激光在人的牙科领域用途较多，加上利用红外线的蒸散、切开，具有物理疗法的附加效果。在功能上可以加温、改善毛细血管和淋巴管的微循环、消炎、止痛和促进创伤治愈等。最新的CO_2激光机器功率高、选择性也丰富。应用于人的耳鼻科和口腔外科的 ENT＋直探头和90°曲折探头对本病例的脓疡内腔的杀菌和蒸散十分有用。而且，照射后的病变部位发红和肿胀也少，止痛效果好，麻醉苏醒后的食欲无变化。另外，向口腔周围进行CO_2激光照射时，一定要十分注意防止酸性水引起的失火。

在本病例中，传统治疗方法的基础上，再采用CO_2激光疗法，经1周~1个月的时间根治了本病。但是，对于根尖脓疡残存的切齿或臼齿还有可能复发，今后，与牙齿正畸处置一起进行定期的X射线检查和早期治疗十分重要。

出处：第27届动物临床医学会（2006）

第 2 章
口腔

总 论

藤田动物医院
藤田桂一

||| 口腔的解剖与生理 |||

● 口腔的构造

● 口腔

　　口腔，起始于由唇和牙槽嵴（被牙龈覆盖的腭骨鼓起的部分）之间的空隙构成的口腔前庭，中央有上唇系带，齿龈和口腔黏膜之间有黏膜牙龈界。口唇两侧后方内面的口腔黏膜叫颊黏膜。口腔黏膜薄而软，但齿龈厚而硬。在上腭臼齿部的口腔黏膜中有唾液腺（腮腺和颧骨腺）的开口。在下颌的犬齿周围，由下唇系带支撑着下嘴唇。上颌的齿列内侧中央有切齿管开口通向鼻腔底部，后方的上腭以硬质的腭褶为特征形成宽大的硬腭。硬腭上部有骨组织，后部无骨组织的柔软上腭被称为软腭。在下颌，舌下唾液腺（舌下腺和颌下腺）开口的部位是舌下阜。舌头被和舌下阜连接的舌系带从舌底部支撑，位于口腔中央。猫下颌的最里面的臼齿内侧可见稍微膨大的小唾液腺。此外，舌的根部两侧有腭扁桃体。整个口腔由舌、颊黏膜和腭黏膜所包围（图1）。

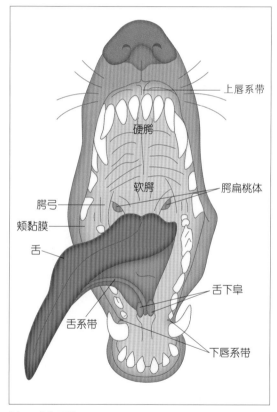

上唇系带
硬腭
软腭
腭扁桃体
腭弓
颊黏膜
舌
舌下阜
舌系带
下唇系带

图1　犬的口腔

●唾液腺

犬和猫的唾液腺由颌下腺、舌下腺、腮腺和颧骨腺等4大唾液腺组成（图2），腺体经导管于各开口部分泌唾液。除了几大唾液腺之外，口腔黏膜上还散在有小唾液腺（腭腺、舌腺、唇腺和臼齿腺等）。这些大唾液腺和小唾液腺均为混合腺。唾液不断湿润和清洗口腔黏膜（自净作用）并对吞咽等具有促进功能。唾液中含有IgA、溶菌酶、乳铁蛋白、过氧化物酶等，具有抗菌作用。此外，进食中由于唾液的分泌量增加更利于咀嚼和吞咽。但肉食动物的唾液中不存在淀粉酶。由于狗和猫的唾液呈碱性，因此仅几日时间，齿垢就有可能转化为牙结石。

●口腔的功能

口腔是外界异物进入体内的关口，嘴唇、腭和舌通过感觉识别异物，腭和咽黏膜下的扁桃体则对异物进行免疫学识别。食物经腭、舌和颊黏膜的运动与唾液混合，经牙齿咀嚼后通过咽部进入食道（下咽）。此外，在颌骨、牙齿、周围组织、咀嚼肌等的作用下进行食物摄取、咬断、破碎后与唾液混合形成食块（咀嚼）。人的口腔是发出语言的部位，而动物的口腔则用于犬吠或者鸟鸣从而传达信息。而且，对于肉食动物，口腔还是捕获并撕裂猎物、抵御外来攻击、梳理毛发、互相舔舐以达到交流或性行为目的的手段。

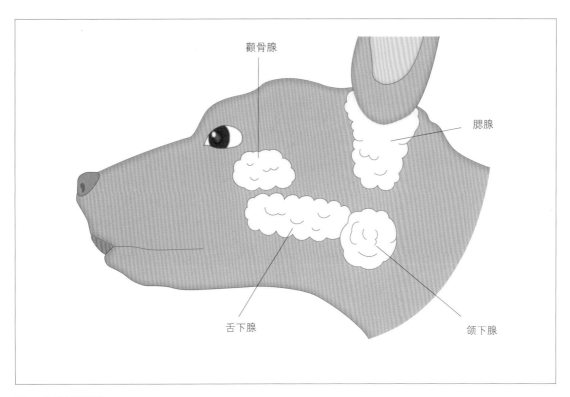

颧骨腺

腮腺

舌下腺

颌下腺

图2　犬的大唾液腺

▌▌▌口腔可见疾病▌▌▌

● 腭缺损

　　腭缺损的造成有先天和后天因素，胚胎期上颌突起和内侧鼻突起的愈合不全被称为唇裂（兔唇），前腭（切齿骨部）与腭突愈合不全称为腭裂。

　　先天性腭裂多发于腭正中，通常为硬腭和软腭同时开裂，但也有硬腭或者软腭仅一方开裂的情形。后天性腭缺损是由于牙周病或伴随拔牙产生的上颌骨吸收而形成口鼻瘘。此外，咬伤、交通事故、跌落、触电、摄入异物、慢性感染和对腭肿瘤进行放射疗法等也是引起腭裂的主要原因。腭缺损表现为流鼻涕、咳嗽、打喷嚏和呼吸困难等症状。

　　正中腭裂的手术方法有重叠皮瓣法和两瓣术。此外，作为腭缺损修复法的还有腭皮瓣旋转法、扩展旋转皮瓣法、腭U形皮瓣法，还有将舌背侧与腭临时缝合的报道。一般地，腭缺损手术要注意以下事项。

　　①结缔组织与新切创面同时缝合。
　　②尽可能进行双层缝合。
　　③缝合线尽可能不要位于缺损部位上。
　　④保持瓣膜的血液流通。
　　⑤封闭时不要产生过大的张力等。

　　腭缺损经修复后仍裂开的情况下，可以按第2章-1中的介绍装上腭盖，在缺损部进行聚丙烯等安置和封闭手术。

● 口腔肿瘤

　　犬和猫的口腔内已确认的肿瘤分为牙组织（成釉细胞、成牙质细胞和间质细胞等）的细胞癌化而来的牙源和非牙源性肿瘤。

　　牙源性肿瘤多为良性，但也有表现强侵袭性症状的肿瘤。这种肿瘤不发生转移，但对局部的颌骨和结缔组织的浸润性高。牙源性肿瘤中，发生最多的是成釉细胞瘤。其他的良性肿瘤还有纤维瘤性龈瘤、牙瘤。恶性瘤有恶性成釉细胞瘤、成釉细胞性纤维肉瘤等。此外，龈瘤是局部齿龈膨胀的临床医学名，包括炎症性龈瘤和肿瘤性龈瘤，与口腔内整个牙龈过度生长或者齿龈增生不同。

　　另外，非牙源性肿瘤中少数为良性瘤，在犬表现为黑色素瘤（第2章-2，3）、鳞状上皮癌（第2章-4）和纤维肉瘤。在猫多为鳞状上皮癌（第2章-5），其次为纤维肉瘤，再次为恶性黑色素瘤。除此以外，还有淋巴瘤和骨肉瘤、平滑肌肉瘤、血管肉瘤、肥大细胞肿、组织细胞瘤和神经鞘瘤等。

　　口腔常常是细菌大量存在的部位，因此，多数情况下口腔难以发挥自净作用以防止肿瘤和牙周病。由此建议先清洗口腔和除去牙垢及牙结石，再进行口腔病理组织检查。而且由于口腔内的细胞有时发生激烈转化，通过细胞检查不能准确诊断的情况也不少。因此，建议取楔子状深层组织进行活检。此外，需要确认病变是否向局部淋巴结和远端转移。

　　口腔内的肿瘤有很多发生颌骨浸润，一般多依赖于外科治疗。而且，考虑到安全切缘而切除颌骨的情况也逐渐增多。牙源性肿瘤的手术切缘约1cm，非牙源性肿瘤1.5~2cm。相较而言，发生于吻侧的小于2cm的肿瘤，多预后良好。通常，对于舌部生长的恶性肿瘤，犬的可切除范围为舌的2/3，猫的为1/3。外科手术时要注意缝合部位开裂和感染、唾液腺黏液囊肿的发生、腭部不稳定、齿与口腔黏膜的接触、舌下垂、流涎、出血、疼痛、对眼球以及结膜的伤害。此外，外科手术未能将肿瘤沿切缘完全清除或个别肿瘤细胞残留的情况下，根据肿瘤的种类和部位，有可能在手术后进行化疗或放射治疗。也有先用放射治疗将肿瘤缩小，再外科手术的情况，但这种方法可能有伴发后遗症的危险。最近，国外在治疗黑色素瘤方面，手术后接种黑色素瘤疫苗（连接了对人的黑色素瘤分化有重要作用的特异抗原基因的质粒DNA），由此可大大延长寿命。

1. 适用于犬后天性上腭缺损的腭盖治疗法

Use of palate cap for repair of acquired palatal defect in a dog

公益财团法人动物临床医学研究所

大野晃治、山根刚、野中雄一、藤原梓、杉田圭辅、横山望、井上春奈、佐川凉子、高岛一昭、小笠原淳子、水谷雄一郎、才田祐人、和田优子、冢田悠贵、宫崎大树、丹野翔伍、山根义久

后天性腭缺损的迷你型腊肠犬，雄性，10月龄，用手术试图将裂孔封闭但未成功，制作腭盖终获成功。制作的腭盖未突出于口腔一侧，而是做成鼻腔内前后伸长的形状，因此可长期佩戴。我们认为，结合具体病例在腭盖的形状上做不同选择很重要。

关键词：犬、上腭缺损、腭盖

引言

后天性上腭缺损由交通事故、触电和口腔内异物引起的外伤，以及对口腔肿瘤实施放射治疗等原因造成。因上腭缺损还可能引起鼻炎或者吸入性肺炎等继发感染，且多数情况下畜主必须照顾其进食。因此推荐用外科整形手术进行根本性治疗。但是裂孔太大或者肿瘤造成的缺损等情况下难以治愈。

本次，对用手术无法封闭上腭缺损的病例，表明腭盖安置比较适用且预后良好，因此进行简要报告。

病例

小型腊肠犬，雄性，10月龄，体重4.5kg。4个月前啃咬电线时口腔内被火烧伤。虽经他院治疗，但是腭的烫伤部分坏死脱落，与鼻腔连通，来院治疗。

● 初诊时普通临床检查

全身状态良好，确认无鼻涕和咳嗽。观察口腔内，硬腭上可见1.0cm×1.5cm的裂隙与鼻腔连通。裂孔跨越硬腭的正中线，距离牙齿非常近，认为封闭困难，但在与畜主商量之后，决定在第8天尝试用手术封闭。

● 手术（第8天）

用腭黏膜制作膜瓣，尝试封闭裂隙。但是，仅用腭黏膜无法封闭，因此还用了唇黏膜。

● 治疗及追踪

第9天（术后第1天）膜瓣部分变成白色，第11天脱落。裂隙很大，考虑到再次进行手术封闭也很困难，决定采用腭盖封闭裂隙。

在第18天制作了腭盖。腭盖采用假牙床

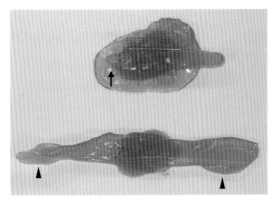

图1　首次和第二次制作的盖子的比较图
上：首次制作的盖子，口腔一侧有突出部分（箭头符号所示），下：第二次制作的盖子，鼻腔一侧（箭头）在制作时向前后方延长了

用的持久性弹性材料（Sofreliner Tough）制作。将材料注入裂隙，X光胶片修剪到可以放入到口腔的大小，紧压贴着腭，固定4分钟直到硬化。硬化后取下，修剪多余部分，完成制作。同时，准备多个大小和厚度稍有变化的腭盖备用。

次日（第19天）早上安装腭盖，但下午观察发现口腔内腭盖脱落。第20天安装了其他腭盖，但在给食后帽子脱落。考虑到盖的大小和形状不合适，决定再次制作腭盖。

第23天再次制作腭盖。腭盖的口腔侧如果太厚，随舌头运动会使其脱落，因此材料硬化的时候X光胶片强力按到腭上，使腭盖在口腔侧不突出出来（图1）。而且，在鼻腔前后大量注入材料，使前后伸长留出一截，这样制作防止了腭盖脱落。此时，为确保鼻腔内留出空间，在鼻腔内插入食导管后注入材料，硬化后，修剪以调节鼻腔一侧的厚度。

给食后，观察腭盖无脱落，也无鼻涕和喷嚏等。因全身状态良好，第30天出院。第71天复诊时，有鼻涕，右眼有轻度眼屎和流

泪，但腭盖部分肉眼观察无问题，血液检查表明白细胞数和C反应蛋白（CRP）无上升，使用消炎剂后继续观察。

此后情况良好，但第113天注意到口鼻有问题。观察发现口腔中腭盖移位，来院治疗。查看口腔内时，发现腭盖陷入鼻腔一侧。因此，决定麻醉后替换腭盖并进行清洗。第120天，全身麻醉后取下腭盖，发现腭盖上附着污浊的脓液。从鼻孔插入食导管，用生理食盐水清洗时，有大的脓块排出。鼻腔洗净后，观察发现裂隙比上次扩大，因此用同样方法制作了新腭盖。

术后数日仍见鼻涕，但此后缓解，从替换腭盖到现在经过约1个月，正处于良好恢复中。

讨论

第1次制作的腭盖，给食后因舌头舔口腔而造成腭盖脱落，因此不能长期佩戴。考虑到腭盖在口腔侧有突起是造成腭盖脱落的一个要因，因此在第2次制作腭盖的过程中，材料硬化时将材料强力按压到腭部，使其在口腔一侧无突起。此外，制作时鼻腔侧前后加长从而防止了腭帽脱落。因此，这样的腭盖可用于长期使用。制作时，由于强力向腭部按压，材料向鼻腔一侧的流入过多，因此不推荐，但是像本病例一样因舌的运动引起盖子脱落的情况下，口腔侧无突起的腭盖是有用的，我们认为重要的是要改变形状以适应患畜。

本病例中，冲洗鼻腔时，发现裂隙扩大。初诊时，病犬8月龄，为青年犬，此后体格增长，我们认为裂隙的扩大很可能是由于患者体格增长所致。但也可能由于佩戴腭盖引起刺激所致，必须观察此后的情况做出判断。

此外，经鼻腔冲洗从鼻腔排出大的脓

块。为了防止脱落，制作时鼻腔侧加长。但由于这样脓可能容易积在鼻腔内，因此有必要在术后定期清洗。像这次的病例，以前有经过2年以上也不用取下腭盖的报告，因此我们认为，今后在腭盖鼻腔侧的形状上还要进一步研究。

出处：第32届动物临床医学会（2011）

短　评

　　在腭缺损中，有的是先天性的腭裂，也有的如本病例一样由于事故等外力而致。症状表现为哺乳困难、打喷嚏、咳嗽和呼吸困难等。因此，有必要尽可能修复受损的腭部以维持生活的质量。考虑到缺损部的大小，在进行皮瓣修补术时，必须要有足够的供血和黏膜的皮瓣。此外，因为要对裂隙周围清创而需去上皮，能使用的黏膜变得更少。据报道，手术方法有重叠皮瓣法、双皮瓣法、皮瓣旋转法、皮瓣扩张法和分裂U瓣法等。因各种原因不能手术修复腭裂隙的情况下，有报道用非外科的方法即牙科用丙烯硅胶或假牙用素材等封闭腭裂隙。但是，这样安装不可避免地对鼻黏膜和腭软膜产生一些损伤。而且有的出现流泪、流鼻涕、摄食困难、流口水、腭盖脱落等现象。本病例则是腭盖陷入鼻腔，从鼻腔排出脓液。终身佩戴一个腭盖相当困难，就算长期可以维持也会在腭盖表面形成生物胶膜，从而导致慢性炎症。因此，我们认为应定期取下腭盖清洗，每次根据裂隙的大小重新制作合适的腭盖等，适当应对以维持患者的生活质量。

（藤田桂一）

2. 犬恶性黑色素瘤的下颌骨切除术

Oral malignant melanoma treated with hemimandibulectomy in two dogs

舞鹤动物医疗中心
赤木洋祐、吉冈永郎、横山夕美子、真下忠久

　　根据切除组织的活检诊断出2例犬的口腔内发生恶性黑色素瘤。为了拟定手术方案，进行CT检查后，一侧实施下颌骨切除术，并将同侧黑化的下颌淋巴结彻底清除。2个病例根据TNM分类法均认为是T2BN1aM0 II期，术后用卡铂、博莱霉素和吡罗昔康3种药物联合化疗。过去5个月了，肿瘤无转移，生活质量（QOL）维持正常。

关键字：恶性黑色素瘤，单侧下颌骨切除术，博莱霉素

引言

　　众所周知，恶性黑色素瘤为骨浸润性、局部复发性和远端转移性（特别是肺）强的疾病，且预后不良。本次，我们对发生在口腔内的恶性黑色素瘤实施了下颌骨切除术。术后用卡铂、博莱霉素和吡罗昔康维持治疗。在此，将相关情况进行概述。

病例

【病例1】小型腊肠犬，雌性，年龄10岁零7个月，体重4.0kg。因咬合不正来院治疗。

● 初诊时的临床检查

· 身体检查

可见下颌不整齐（图1）。

· X光检查

右侧下颌骨第1后臼齿部分发生骨折。

· CT检查

肿瘤越过正中线生长，同侧下颌淋巴结显得肿大。

● 治疗及过程

　　发现右侧第1臼齿部分牙龈肿胀，且口腔黏膜变黑（图2），切除组织，活检。下颌骨骨折诊断为恶性黑色素瘤引起的病变而致。

　　入院第13天，CT检查后进行了单侧下颌骨切除，清除了同侧的下颌淋巴结（图3，图4）。为了缓和术后的摄食障碍，置入了咽瘘管。病后第15天开始进食流质食物并出院。

图1　病例1：患畜照片

图2　病例1：病变部位肉眼所见

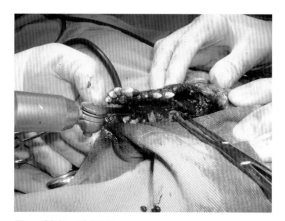

图3　病例1：手术照片

图4　病例1：肉眼所见

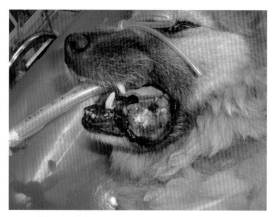

图5　病例1：患畜照片

术后，作为辅助性的化学疗法，于19天开始用吡罗昔康（0.3mg/kgEOD），第25天开始用卡铂（250mg/m²，每疗程3周），第32天开始用博莱霉素（10mg/m²，每疗程1~2周）。

5个月过去了，肿瘤无局部复发和转移，预后良好。

【病例2】杂种犬，雄性，12岁零6个月，体重19.3kg。因左侧第2前臼齿被拔除来院治疗。

●初诊时的临床检查

·身体检查

患部的齿龈异常肿胀（图5）。

●治疗及追踪

因发现齿龈异常肿胀，麻醉后切除口腔内肿瘤，活检，诊断为恶性黑色素瘤。入院第5天，术前CT检查（图6、图7）确认肿瘤未向肺部转移，进行左侧下颌骨全部摘除，右侧吻部下颌骨部分摘除，并彻底清除该侧肿大的下颌淋巴结（图8）。病例2与病例1同样，辅助以吡罗昔康、卡铂和博莱霉素3种药物联合化疗。术后至现在4个半月，无局部复发和转移，生活质量正常（图9）。

·病理组织检查

病例1和2均为恶性黑色素瘤。按TNM分类为T2bN1aMO，按期分类为第Ⅱ期。病理

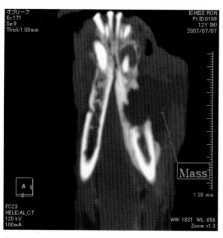

图6 病例2：CT照片

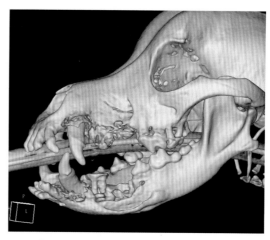

图7 病例2：CT照片

图8 病例2：手术照片

图9 病例2：术后照片

检查发现手术切缘中没有明显的肿瘤组织，但肿瘤外层的手术切缘中有一小部分肿瘤组织。下颌淋巴结中可见大量吞噬黑色素的巨噬细胞。病例2也同样。

讨论

对口腔内发生的恶性黑色素瘤的治疗，推荐用手术切除和放射疗法。此次，在进行积极手术切除的同时，辅以CT检查从而可确认肿瘤的浸润性及是否向局部淋巴结或肺转移，这非常有用。还有，病例2的手术需要实施变更，这个也是术前CT检查后才能完成。

有关术后治疗，与化学单独疗法相比较，有报道认为放射与化学组合疗法更能延长平均存活时间。但因放射疗法受到各种限制，对于局限性或转移性小的肿瘤细胞，本案例用卡铂组合以阻碍COX2的吡罗昔康辅助治疗。在报道的15例恶性黑色素瘤中有9例发现COX2与肿瘤的增大趋势相关。此外，有报道称最近引起关注的博莱霉素用于治疗淋巴瘤和鳞状上皮癌，可缩小肿瘤。恶性黑色素瘤的相关病例报道还比较少，但有报道表明，博莱霉素用于癌症电化学疗法有长期疗效，期待其成为今后的辅助疗法之一。

此案例中，我们发现了术前CT检查和积极手术切除的有效性。关于术后辅助化疗的长期有效性，我们想在以后的治疗中跟随报道。

出处：第28届动物临床医学会（2007）

参考文献

• Freeman KP, Hahn KA, Harris FD, King GK:Treatment of dogs with oral melanoma by hypofractionated radiation therapy and platinum-based chemotherapy（1987-1997）. J Vet Intern Med, 17:96-101（2003）
• Mohammed SI, Khan KN, Sellers RS, Hayek MG, DeNicola DB, Wu L, Bonney PL, Knapp DW:Expression of cyclooxygenase-1 and 2 in naturally-occurring canine Cancer, Prostaglandins Leukot Essent Fatty Acids, 70:479-483（2004）
• Spugnini EP, Dragonetti E, Vincenzi B, Onori N, Citro G, Baldi A:Pulse-mediated chemotherapy enhances local control and survival in a spontaneous canine model of primary mucosal melanoma. Melanoma Res, 16:23-27（2006）

短　评

　　口腔内的恶性黑色素瘤，是犬口腔内肿瘤中最常见的一种，57%浸润入骨。不治疗平均能活65天，是发展很快的肿瘤。治疗上以外科治疗为基本，原则上至少需要2cm的手术切缘，由齿龈产生的黑色素瘤建议将整个腭切除。但是像本病例这样，因口腔内狭窄而难以将切缘充分去除的情况并不少见。对本病例进行黑色素瘤切除，实施化疗后情况良好。

　　最近，有数据显示，放射疗法在局部控制率和延长存活时间上与外科手术有相似功效。铂化合物用于全身治疗，可能一时有效。因国外报道，对Ⅱ期和Ⅲ期的口腔恶性黑色素瘤进行外科手术后，用商业化的在人的黑色素瘤分化中起作用的黑色素瘤特异抗原基因连接的质粒DNA黑色素瘤疫苗，可显著延长存活寿命，所以我们也期待今后能应用。

（藤田桂一）

3. 犬舌上无色素恶性黑色素瘤

A case of amelanotic malignant melanoma of tongue in a dog

白井犬猫医院

白井茂雄

杂种犬，雄性，11岁龄，因左舌下缘有肿瘤而来院治疗。通过对摘除的病理组织检查，诊断为无色素恶性黑色素瘤。术后14个月未发现局部复发，或向局部淋巴结或肺部转移。

关键字：犬，舌，无色素恶性黑色素瘤

引言

犬的口腔恶性黑色素瘤在口腔恶性肿瘤中所占比例最多，为52%，雄性发病率多于雌性，有黑色黏膜的犬种（苏格兰犬等）易发。好发部位为齿龈、唇和腭，舌头上较少。通常为色素沉着性（黑色、灰色、褐色），非色素沉着性的肿瘤中，无色素或者乏色素性黑色素瘤的报道较少。

本次，遇到发生于白色被毛犬舌上的乏色恶性黑色素瘤病例，因此将其概要进行报道。

病例

病例为杂种犬，雄性，11岁龄，体重14.5kg。发现舌的左下部有肿瘤并逐渐增大，因此来院治疗。

●初诊时的普通临床检查

·身体检查

精神和食欲正常。前臼齿附近舌的左下缘，肉眼可见与舌同色、表面凹凸不平的小指头大小的肿瘤（图1）。肿瘤有蒂，由于增生形成单一的外观上有突起的块状病变。非

图1 肉眼可见
舌的左侧病变部位下缘的小指头大的肿瘤

色素沉着性，有光泽，未见坏死和出血，也不形成溃疡。触诊未见局部淋巴结异常。

·血液检查

除红细胞比积（PCV，61%）增加外，肝肾功能、电解质和乳酸脱氢酶（LDH）等均无异常。

●手术

入院后第15天，全身麻醉，用高频电动手术刀摘除肿瘤，兼顾止血而灼烧术部边缘。摘除肿瘤大小为10mm×9mm×8mm，不规则表面有凹凸，肉眼可见有光泽，有弹性，牢固附着于舌上（图2）。

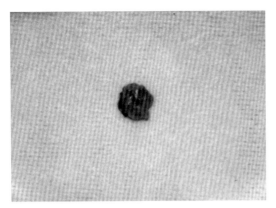

图2　摘除的肿瘤肉眼所见（10mm×9mm×8mm）

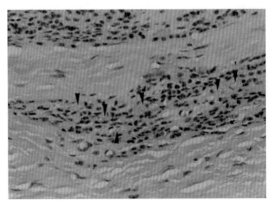

图3　病理组织照片（HE染色×400）
肿瘤细胞的细胞质中的颗粒状物（箭头）全部为黑色素

·病理组织检查

黏膜固有层中有极度缺乏黑色素的异型性较强的类表皮和纺锤形细胞，伴有分裂象，多块状具充实性，呈条索状增生（图3）。根据这个病变，诊断为乏色素性黑色素瘤。

●治疗及过程

术后第42天复诊，未见局部复发和局部淋巴结异常，也没有疑似向肺移行的咳嗽等呼吸道症状。此后也未发现特别异常，术后14个月，未发现局部复发和向远处迁移。

讨论

口腔的恶性黑色素瘤多发于10岁龄以上犬，进展迅速且具浸润性。临床诊断时如发现向局部淋巴结和肺部转移，多预后不良。且通常于齿龈和口唇频发，呈现为球状或无蒂状，黑到灰色色素沉着，出现一般性坏死，出血甚至形成溃疡。

但是，本病例的肿瘤发生于舌上，单一性突起，有蒂，有增生性，为非色素沉着性肿瘤，难以凭肉眼推测为黑色素瘤。因此，未进行胸部X射线检查以明确肺部转移情况，也未取出足够的切缘而仅摘除了肿瘤。

所幸的是病理组织检查发现肿瘤未侵袭血管。术后14个月，临床检查未出现局部复发和远处迁移，结果极为幸运。

本病例按TNM分类为T1aN0M0，按WHO分类为I期的早期黑色素瘤，缺乏局部浸润性。因此，摘除肿瘤和灼烧边缘就可防止局部复发和远端转移。

皮肤恶性黑瘤，恶化程度越高，色素沉着越少，早期可通过血管和淋巴向局部淋巴结或肺部等转移，但口腔黑色素瘤在这点上尚不清楚，其情况还在持续观察中。

出处：第24届动物临床医学会（2003）

参考文献
· Harvey HJ : THE VETERINARY CRINICS OF NORTH AMERICA, Vol.15/ No.3腫瘍学に関するシンポジウム, 31-37, 学窓社, 東京（1987）
· 泉 憲明, 竹内 茂, 松尾 呼野美ら:犬の口腔悪性黒色腫の1例, 第9回中部小動物臨床研究発表会プロシーディング, 210-211（2000）
· 益本友成, 金本 勇, 浅野宏美ら:犬の口腔内に発生した悪性黒色腫の1例, 第16回小動物臨床研究会年次大会プロシーディング, 80-81（1995）
· 斎藤大輔, 井田 龍, 竹市明子ら:犬の無メラニン色素性黒色腫の1例, 第16回小動物臨床研究会年次大会プロシーディング, 82-83（1995）
· Theilen GH, Madewell BR:獣医臨床腫瘍学（竹内 啓監訳）, 199-206, 337-345, 学窓社, 東京（1987）
· 牛尾宣夫, 信田卓男, 川村穂子ら:リンパ節浸潤を伴う下顎悪性黒色腫に対し, 外科, 化学療法を併用した犬の1例, 第23回動物臨床医学会年次大会プロシーディング, 87-88（2002）
· 山岡新生, 山村穂積:イヌの口腔内メラノーマ6例の検討, 第11回中部小動物臨床研究発表会プロシーディング, 110-111（2002）

4. 因鳞状上皮癌切除舌的2/3后犬饮食行为的变化

Progress of feeding in a dog removed 2/3 tongue for the treatment of squamous cell carcinoma in a tongue

藤田动物医院
岛田雅美、户野仓 雅美、小林 渚、田熊大佑、马场亮、井原麻里子、杉本洋太、藤原香、诸熊直、藤田桂一

长毛牧羊犬，10岁5个月，因流口水入院治疗。身体检查发现舌中央有菜花样肿瘤，因此将舌头的2/3切除。经病理组织检查，诊断为鳞状上皮癌。切除后，自行采食和饮水，术后状态良好。

关键词：鳞状上皮癌，舌切除，饮食行为

引言

对动物而言，舌头是重要的消化器官之一。其机能是获取食物（即采食行为），将食物弄碎并与唾液混合产生咀嚼运动，此后将食块集中送入咽喉的吞咽运动。此次，犬舌上因发生鳞状上皮癌而呈现流口水和采食困难，手术切除后，发现犬可自行采食和饮水，故将其进行简要的报告。

病例

长毛牧羊犬，雌性，10岁5个月，体重12.4kg。半月前开始流口水，采食困难，来院治疗。

●初诊时普通临床检查

·身体检查

体况评分（BCS）为1~2，明显消瘦。舌的吻侧中央有轻度的弥漫性红色肿瘤，1周后出现2.5cm×2.5cm×2.0cm的菜花样病变。肿瘤表面出现腐烂和溃疡，一部分有蛆寄生。此外，整个牙齿出现轻度到中度的牙结石。淋巴结无肿胀。

·血液检查

白细胞数量（19 300/μL）轻度增加，胆固醇（T-Cho，256mg/dL）轻度上升。

·X射线检查

无头部、胸部、腹部发生肿瘤的同步转移，未见显著变化。

·细胞检查

多数鳞状细胞孤立散在或者不聚集成团，细胞核多为圆形，多角形和非纺锤状的不规则形，胞浆丰富，各个细胞都出现轻度的核质分离等异常形态。核的异形性虽然不那么明显，但将临床症状包括在鉴别诊断来看很可能是鳞状上皮癌。左右的下颌淋巴结均可见增生样反应，无恶性肿瘤发生转移。

●手术情况

咪达唑仑、丙泊酚和布托啡诺前处理，用安乐宁250（GOI）维持麻醉下，进行气管插管。先用中性水洗净口腔后，用超声波除去全部牙垢和牙结石。在舌中线上对着肿瘤尾部呈V字楔状切开舌体，将舌黏膜和肌肉组织分离，通过血管结扎、超声刀等止血，切除含肿瘤的部分。将其余的舌切断面与正中线重合，用可吸收性缝合线将肌肉与背腹侧的黏膜单纯结扎缝合以封闭创面。

·病理组织检查

切除的肿瘤由复层鳞状细胞的肿瘤性增生形成，肿瘤细胞异形性稍有增强，核分裂象稍微增多，诊断为鳞状上皮癌。虽在与切缘邻接部位仍能发现部分肿瘤细胞，但是切缘的肿瘤细胞显示阴性。

●治疗及过程

患畜术后24h绝食，绝水。术后持续静脉输液并注射抗生素（青霉素）。术后第2天给予流食（Hillsa/d罐装牛奶）。但由于犬有食欲但无法采食，因此强制给食。强制给食后口水增多。术后第3天可使用上下切齿采食黏稠状食物，食物虽漏出很多，但可确认犬能使用舌头将食物成团咽下。此外，犬多次尝试饮水，但舌头无法触及水面，似乎没有喝到水。因进食后流口水，采食和饮水时面部被毛污浊严重，故将脸周围的被毛剔除。术后第4天到第8天出院为止，食物吃洒的量慢慢减少，食皿里装的食物大部分被吃掉。而且，采食所需时间变短。能一点点开始饮水，舌头肿胀消退，术后第8天出院。

出院后可见采食及饮水都有改善。对干粮采食也无障碍，与正常的采食状态无区别。为防止鳞状上皮癌复发，畜主提出进行放疗和化疗。但是，希望只给予吡罗昔康（3mg/kg），现在还在持续给药。病犬在舌切除后，未出现常见的脱水现象，体重增加。

讨论

舌头的肿瘤不仅是鳞状上皮癌，即使是良性瘤也会降低舌对食物的咀嚼和下咽机能。而且，舌头的肿瘤如果是良性的，则为乳头瘤等。但如果是恶性瘤的话，除了鳞状上皮癌外，还有报道的恶性黑色素瘤、肥大细胞瘤和纤维肉瘤等。特别应强调的是，犬的舌的鳞状上皮癌，只做外科手术，平均寿命为8个月，38%会局部复发；只进行放射治疗，平均寿命为4个月，大部分病例会局部复发。舌上因有丰富的血管及淋巴管，恶性肿瘤可快速侵袭局部组织和转移。实际上，本病例初诊1周后比初诊时的病变明显扩大，与1周前的病变似乎完全不同。因此，对于舌的肿瘤应尽可能早治。

本病例因舌整体的2/3被切除，最初引起咀嚼和下咽障碍，但慢慢习惯后，可以采食和饮水。有报道称舌的吻侧仅1/3能切除，也有报道称即使大部分切除，犬也可能完成采食。本患犬的舌的吻侧2/3被切除后，每天练习，努力自行采食。最终采食和饮水障碍逐渐消失。由此，我们发现对犬而言，即使舌体的2/3被切除后，也可在相对较短的时间内适应采食和饮水。虽然舌的前端对味道最敏感，但是对主要靠嗅觉选择食物的犬来说，舌切除不会引起味觉上的问题。然而，舌的机能除了采食和饮水以外，还有散热和理毛等，关于这一点，畜主应帮助控温和整理毛发。

出处：第26届动物临床医学会（2005）

 短 评

　　犬的口腔恶性肿瘤以恶性黑色素瘤最多见，其次是鳞状上皮癌，再次是纤维肉瘤。而猫的口腔恶性肿瘤约75%是鳞状上皮癌，所占比例最大，其次是纤维肉瘤。犬的鳞状上皮癌约40%发生于齿龈，其次依次为口腔黏膜、硬软腭、舌和咽。犬的鳞状上皮癌有非扁桃性鳞状上皮癌和扁桃性鳞状上皮癌之分，非扁桃性鳞状上皮癌中，发生于吻侧则犬的寿命较长，吻侧与尾侧两边同时扩大的话寿命就相对短。此外，报道表明齿龈上发生的鳞状上皮癌有5%～10%向淋巴结转移，而扁桃性鳞状上皮癌的大部分会向淋巴结转移。猫的齿龈部发生的鳞状上皮癌向淋巴结转移的比较罕见，但会导致浸润性骨质破坏。

　　像本病例一样发生在舌上的犬鳞状上皮癌，在鳞状上皮癌中占比例不超过1.2%～4.3%。有报道称其局部再发、局部浸润和转移比较迅速。因肿瘤可切除犬的2/3舌体，在猫可切除舌尖的1/3以下。像本患畜一样进行切除后，确实带来采食和饮水障碍，但此后会逐渐习惯。但是，猫的舌切除后，无法梳理毛发，因此容易产生皮肤病。

（藤田桂一）

5. 患口腔鳞状上皮癌的猫因服用双磷酸盐类而使生活质量得到改善的病例

A case of ferine osteolytic oral squamous cell carcinoma treated with chemotherapy and bisphosphonate

藤田动物医院

市桥弘章、户野仓雅美、马场 亮、田熊大祐、松木菌麻里子、高桥 香、鸭田真弓、原沙衣子、押田智枝、山地七菜子、藤田桂一

杂种猫，14岁，因流口水和采食疼痛入院治疗。经X射线和细胞检查，诊断为伴随骨质增生性病变的口腔鳞状上皮癌。未进行外科手术，用卡铂和唑来膦酸化疗为主的缓和疗法。伴随进行性疼痛和采食困难，需要积极的支持疗法。病后的初到中期情况良好，生活质量得到改善。

关键词：口腔鳞状上皮癌，双磷酸盐类，唑来膦酸

引言

猫的口腔鳞状上皮癌是发生于口腔黏膜表面的恶性肿瘤，局部侵袭性强，侵袭颌骨后呈增生性的骨质病变。患病猫出现疼痛、流口水和采食困难等，生活质量显著降低，间接性导致快速死亡。已知的治疗方法有腭骨切除术、放射治疗和化学疗法等，但多数情况复发。另外，伴随积极治疗而产生的并发症，也是降低生活质量的原因之一。

双磷酸盐类药物因有强烈抑制骨吸收的作用，在人医上被广泛用于治疗骨吸收方面的疾病，且有效性已得到认可。近年来，作为抗瘤药物，其效果也引起关注。曾有报道表明，双磷酸盐类药物对恶性肿瘤引起的骨并发症的预防和治疗均有效果。将双磷酸盐类作为兽药用于治疗猫的报道不多，我们期待其在控制骨瘤引起的疼痛上有辅助性的治疗效果。

这里，我们对1例肿瘤浸润下颌骨，未进行手术切除的猫的口腔鳞状上皮癌，采用化学疗法。用属于双磷酸盐类的唑来膦酸和卡铂静脉注射后，骨疼痛被抑制，生活质量得到改善，因此简要进行报道。

病例

杂种猫，绝育，雌性，14岁龄，体重3.5kg。2周前开始口水增加，口腔出血，采食时有不协调感，因此来院诊治。

●初诊时普通临床检查

· **身体检查**

左下颌的犬齿到前臼齿之间，包括下颌骨在内有坚硬的肿瘤性病变，触知直径约1.8cm。体表淋巴结无肿大，其他身体检查无异常。

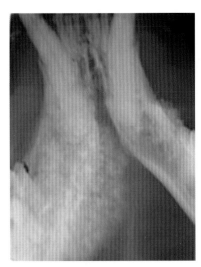

图1 口腔内的X射线照片
可见伴随有下颌骨损坏的肿瘤病变

· 血液检查

肌酐（Cre，2.3mg/dL）和钙（Ca，12.6mg/dL）均轻度上升。

· X射线检查

镇静状态下摄影，经头部X射线检查，发现有肿瘤。与左下颌前臼齿部并列的右下颌前臼齿部伴随有骨破损性病变（图1）。胸腹部X射线检查，无明显变化。

· 超声波检查

未发现特别异常的情况。

· 细胞检查

镇静后，进行细胞穿刺（FNA），采集到大量伴有异型性的新生鳞状细胞和破骨细胞。综上情况，诊断为伴随下颌骨破坏的鳞状上皮癌。

● 治疗及过程

虽然我们认为此病例适合进行左侧和右下颌吻侧的颌骨切除，但畜主不希望用外科手术或放射治疗，因此决定进行积极的缓和治疗。

根据诊断情况，开始给予美洛昔康

（0.1mg/kgSID）口服，但对流口水和疼痛无大的改善。为缓解流涎水和疼痛，第16天静脉注射卡铂（200mg/m²），可见口水轻度减少，但采食时依然疼痛。第29天静注唑来膦酸（0.07mg/kg），次日口水完全消失，采食时的疼痛得到改善。此后的4周内每天给予卡铂，且在3~4周内每天持续给予唑来膦酸（0.07~0.11mg/kg）。虽然可见肿瘤慢慢长大后自我破溃，但是唑来膦酸给药后Ca值在参考范围内降低，连续2~3周给药后唾液分泌和疼痛均得到减轻。

到第164天中止卡铂给药，以后3周内给予唑来膦酸。第220天唑来膦酸给药1周后，血液检查，发现天冬氨酸转氨酶（AST，245IU/L）和谷丙转氨酶（ALT，126IU/L）上升，此后给药后发现肝素酶有一过性的上升。第263天因出现采食困难和体重明显减少，插入了胃管。

至现在已过去347天，肿瘤仍趋于严重，但我们用美洛昔康和芬太尼贴剂控制疼痛的同时，实施唑来膦酸每天给药，已持续3~4周。

讨论

猫的口腔鳞状上皮癌为恶性肿瘤，对下颌骨的浸润性高，继续发展出现痛性的骨病变，因而显著降低生活质量。然而，因初期症状较轻，在病情发展之后才诊断出来的情况不少。因此，在根治比较困难的情况下，以改善生活质量和延长寿命为目的进行缓和治疗，从诊断时开始恰当控制疼痛。

本病例，在诊断为鳞状上皮癌时考虑过外科手术。但是，因下颌骨切除而失去大部分下颌，估计摄食行为会明显受限。因此应畜主的要求「只要尽可能延长寿命，就想口服治疗」，决定不实施手术，用卡铂化疗的同时，治疗以缓解疼痛为主。此后，肿瘤慢慢扩大。但是，从唑来膦酸给药开始的约8个月时间里，口水明显减少，摄食行为改善。因此，可认为疼痛得到有效缓解。然而，此后因出现采食困难和体重明显减少不得不使用胃管，所以有必要采取更积极的措施缓解疼痛。

以过去的报道作为参考来决定唑来膦酸的用量、使用间隔，从低剂量开始用药。自第220天检查时，可能由于副作用，肝素酶呈一过性上升，但电解质未出现大的变化，也无肾功能衰竭等严重的并发症。经过给药期间，患畜表现出状态良好。还有其他报道，称对猫的口腔鳞状上皮癌，使用0.2mg/kg唑来膦酸，3~4周内每天给药取得良好效果。但迄今，对猫的相关报道仍较少，适当的给药剂量是今后探讨的话题。

对鳞状上皮癌，全身化疗效果不明显，用卡铂单剂治疗对疼痛缓和的效果也不理想。一般认为，因各种原因不能积极治疗的情况下，就像本病例一样，并用卡铂与双磷酸盐类制剂，从初期开始以缓和疼痛为目的进行辅助性治疗，可取得效果。

本病例表明，通过给予双磷酸盐类制剂，即使肿瘤仍然扩大也可改善生活质量。因此，对于猫的伴随骨侵袭性的口腔鳞状上皮癌，双磷酸盐类制剂对于病变的发展效果不佳，但是在疾病的初、中期对缓和疼痛非常有效。

出处：第32届动物临床医学会（2011）

6. 因犬第4前臼齿后面的软组织肉瘤而对其进行下眼眶切除手术

Maxillary soft tissue sarcoma site at medial caudal offourth premolar treated with inferior orbitectomy

松原宠物医院

井上理人、小山田和央、中川正德、三宅刚史、辻田裕规、齐藤秀行、萩清美、神吉刚、佐藤辽

对上颌第4臼齿后面发现肿瘤的犬进行楔形活检，在2个实验室进行了检查，结果不能判断为恶性肿瘤。但此后在病情经过和CT造影的基础上诊断为软组织肉瘤，为了根治切除了部分眶骨。病理组织检查结果为软组织肉瘤，术后2年无复发，但因其他原因突然死亡。

关键词：软组织肉瘤，下眼眶切除，骨消溶

引言

口腔内肿瘤占犬恶性肿瘤总数的6%，在恶性肿瘤中居于第4位。各种肿瘤表现各异，因而必须在治疗上恰当应对。另外，良性瘤相对较多，细胞性龈瘤、肉芽性龈瘤、纤维性龈瘤等属于此类。口腔内发生的软组织肉瘤有纤维肉瘤、未分化肉瘤、血管肉瘤、神经鞘瘤等。病变越靠近咽喉侧越难以确保手术切缘。纤维肉瘤的上颌骨切除后复发率为46%，平均寿命12个月。对本次发生于上颌骨后侧的软组织肉瘤病例，实施包括颧眶骨在内的上颌骨切除，术后良好，在此进行报道。

病例

金毛猎犬，雄性，10岁龄，体重35.5kg。

病史：2年前在右上腭切齿内侧有鳞状上皮癌（实施了右侧上颌骨吻侧切除）。甲状腺机能低下，正服用甲状腺素。

●在初诊时普通临床检查

·身体检查

发现左上腭第4前臼齿内侧后面有3cm大的硬质肿瘤。

同日用8mm直径的皮肤活检夹取深部组织，到2个实验室进行检查。

·病理组织检查

结果为纤维性龈瘤，且部分口腔上皮上可见纤维组织增生。

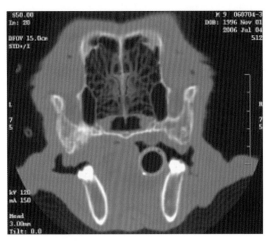

图1　CT检查照片
可见左上颌骨颊骨的骨消溶和骨增生

· **血液检查**

无特别异常。

· **X射线检查**

头部X射线检查，未见骨质发生病变。胸部X射线检查，也无可疑的肿瘤转移迹象。

此后，观察发现肿瘤有慢慢增大倾向，因此在第52天进行了CT造影。结果发现上颌骨和颧骨发生骨破坏和骨增生（图1）。根据肿瘤的增大倾向，骨破坏和病理检查结果临时诊断为软组织肉瘤T2bN0M0。为了根治肿瘤扩大，在第53天将部分颧骨切除。

● **手术（第53天）**

进行左侧卧位保定。首先，暴露右总颈动脉并用脐带胶带系上以控制临时出血。从眼球下方开始切开颧骨上的皮肤，将咬肌和侧头肌从颧骨上分离，将眼睑韧带从眶骨上分离并将眼球保温存放。然后，从眼窝吻侧开始用振动锯将上颌骨背侧切开，从第3臼齿吻侧开始切开垂直连接。在颧弓中央将骨切

开，为确保上颌外侧齿龈的切缘将脸颊黏膜切开。从第3臼齿吻侧开始向硬腭中线切开腭骨，沿正中切到软腭，将末端的咬肌部分切除，上腭动静脉结扎分离后，切除颧骨眶骨和上颌骨。此后，将眼球下侧的皮肤缝合，唇黏膜的创面用皮瓣封闭。

· **病理组织检查**

结果诊断为软组织肉瘤。纺锤形细胞出现肿瘤性增生，肿瘤细胞轻度异型，有的增殖部分产生胶原蛋白，有的部分不形成明确的细胞质而是充实性增殖。细胞密度因部位不同而异，肿瘤深处细胞密度高的部位多数呈现细胞分裂象。有类似齿源性纤维组织的组织增生。有与高分化型纤维肉瘤不同的组织形态。还发现在石灰质标本中的肿瘤细胞呈现末梢神经类似的增殖状态。切缘肿瘤细胞呈阴性，未向血管入侵。

● **治疗及经过**

术后定期体检，因甲状腺机能低下症继续激素补充疗法，无复发，2年后，因其他原因突然死亡。至死亡当天食欲和活动均无异常。

讨论

发现口腔内肿瘤，必须进行生检。然而，根据检查材料的大小和深部病变材料采集的有无，诊断的正确度有所不同。因存在与高分化型纤维肉瘤样的病理组织检查表现不同的恶性肿瘤，必须通过病情发展及是否有骨质病变来判断是否为恶性肿瘤。对于骨质病变的检查，如果用X射线检查，只有皮质骨的40%以上发生骨消融后才能检测出来，宜

用CT检查，在此后制定手术计划中也是必需的。另外，此次进行的下眼眶切除术，即使在上颌骨咽侧发生肿瘤，也能确保较大范围的手术切缘，因此我们认为是不错的方法。

出处：第30届动物临床医学会（2009）

第2章

口腔

第3章
食管

总　论

（公财）动物临床医学研究所
高岛一昭

||| 食管解剖与生理 |||

● 食管结构

食管是自咽起始至胃为止的管状器官，依解剖学位置分颈部、胸部和腹部食管。颈部食管起始于气管背侧，由长的肌肉连接，向后逐步偏向气管左侧，在胸腔入口处已完全位于气管左侧，进入胸腔后又移行到气管的背侧，经心脏背侧，通过横膈膜食管裂孔，进入腹腔后经肝脏背侧连接胃。

食管由黏膜、黏膜下层、肌层和外膜组成，与其他的消化器官比较，食管的重要结构特征之一是缺乏浆膜（图1）。食管的神经支配有咽喉食管神经、迷走神经、咽返神经及侧返浸透神经等。另外，前后甲状腺动脉

和气管支气管动脉等分布于颈部和胸部食管的前2/3部分，它们接受大动脉、背侧肋间动脉及左胃动脉的血液供应。

● 食管功能

食管是运送食物至胃的器官，与吞咽活动关系密切。所谓吞咽，是指将食物经口腔、咽和食管运送至胃的活动。吞咽的神经中枢位于延髓，吞咽活动通过神经反射实现。

吞咽活动分3个时相：第一时相称口腔-咽时相，包括摄食后关闭口唇和通过舌的上举将食物自口腔向咽部移动等过程。吞咽活动是随意活动，三叉神经、面神经和副神经等参与；第二时相称咽-食管相，包括通过上举软口盖阻断鼻腔和咽之间通道，同时通过上举舌根部阻断口腔与咽之间通道，进而通过喉头盖下降阻断咽与喉之间通道等过程，使食物进入食管；第三时相称食管相，即通过食管的蠕动将食物运送入胃（图2）。

||| 食管疾病 |||

临床常见的食管疾病有，食管内异物、食管炎、食管狭窄、食管扩张症（巨食管症）、吞咽机能不全、胃食管逆流、食管迟缓、食管溃疡等。

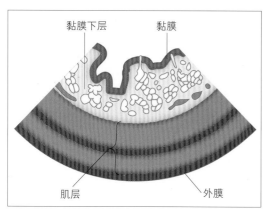

黏膜下层　　黏膜

肌层　　　外膜

图1　犬的食管横断面图像

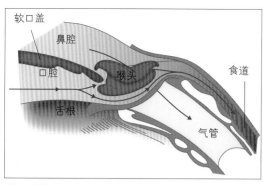

软口盖
鼻腔
口腔
喉头
食道
舌根
气管

图2　鼻腔和口腔

● 食管内异物

食管内异物多见鱼钩、黏糕、石头、骨等，其中常见部分鱼钩刺入食管。另外，由于异物多位于胸廓的入口、心脏的基底部及胃贲门的头侧，在出现流涎和呕吐等怀疑食管内异物存在时，应对口腔及从颈部到胸腹部的整个食管进行X射线检查。

在异物突然堵塞食管时，可出现口腔内泡沫状唾液和呼吸困难症状，严重时可造成急性死亡，因此应进行迅速诊断和治疗。

食管内异物可用内视镜辅助取出，但误咽鱼钩或锐利物品而怀疑食管壁受损时，应注意纵膈气肿、气胸及皮下气肿等并发症的发生。特别是，即使能用内视镜取出异物，但是内视镜操作使空气进入食管，食管内产生气压，可出现术前未见的气胸，所以术后应进行X射线检查。在出现紧张性气胸时，要立即进行胸腔穿刺，释放空气。食管内异物用内视镜无法取出时，要尝试用内视镜将异物推移到胃中。如果是小异物或易消化异物，只要将异物推移到胃中，就达到治疗目的。如果异物体积大而无法通过排便排除，或是无法消化的异物，就需进行胃切开手术取出异物。胃切开手术相对容易做，而食管由于没有浆膜，手术容易引起愈合不全，所

以应尽可能将异物推入胃中。但是，如果推移异物有可能造成食管损伤时，就应考虑实施食管切开术。

如果能够迅速取出食管内异物，食管壁可能只有轻微发红，此时无需治疗可自然痊愈。但是，如果食管壁受损程度已慢性化，往往出现异物和食管壁粘连、食管壁充血或出血、糜烂、溃疡、食管狭窄、食道穿孔等合并症。另外，如果用内视镜取出或向胃推移异物都比较困难，而不得不采用外科手术治疗时，应采取对策应对皮下气肿或气胸、纵膈气肿及感染。特别是，使用内视镜时空气进入食管，如果有食管穿孔空气可漏出到胸膜下或胸腔内，可引起纵膈气肿或紧张性气胸。所以，如果怀疑食管穿孔，就要特别注意患畜的呼吸状态。另外，治疗后随着食管的糜烂或溃疡的治愈过程可形成伤口瘢痕化，这可能是出现食管狭窄和吞咽困难等症状的原因。

● 食管炎

食管炎的病因有频繁呕吐、术前使用肌肉弛缓药、术后呕吐及食管内异物等。食管炎的症状有吞咽疼痛，严重时不能吞咽食物和饮水，更甚者不能吞咽唾液，可见口唇流涎。

食管炎的治疗，常使用消炎镇痛剂或H2受体拮抗剂、质子泵抑制剂、硫糖铝（胃溃宁）和抗生素等。另外，给大型犬手术、用肌肉弛缓药进行手术、胃肠手术、升高腹压手术等时，为防止食管炎合并症，手术前常使用H2受体拮抗剂等抑酸抑吐药。

在第3章-1病例中描述的是内科治疗的病例，本病例病因是大量摄取布洛芬。对于多数的非类固醇类消炎药，要注意它们引起胃肠障碍合并症。另外，不仅是药物，单纯的

慢性呕吐也可引起食管炎，而且要认识到可引起食管狭窄的危险性。由于非类固醇类消炎药对不同动物的敏感性完全不同，如相同病例将人用药物用于动物就非常危险，因为不仅可引起胃肠障碍，还可引起肾功能不全或血凝异常，所以在治疗中要格外注意。

●食管狭窄

重度食管狭窄时，内科治疗无效，应使用内视镜气囊扩张术。实施气囊扩张术时，应全身麻醉后插入内视镜，到达狭窄部时引导气囊扩张。根据动物的种类，也可用血管扩张用气囊，但食管用气囊直径较大，又比较经济。由于扩张用气囊是由双层内腔气管内导管（double-lumen endotracheal tube，DLET）组成，所以当重度狭窄而无法将气囊引导到狭窄部位时；先用导向管引导到狭窄部，然后将气囊通过导向线引导到狭窄部进行扩张。在重度食管狭窄，无法放入大直径气囊时，先用小直径气囊将狭窄部扩张一定程度，然后再换大直径气囊。因此，初次进行气球扩张时，要预先准备几个不同尺寸的气囊。最好让专卖店多准备几根，然后按需要购买比较方便。即使现在气囊便宜一些，但一根也要数万至数十万日元。由于食管扩张时伴有强烈的疼痛感，所以必须要使用镇痛药。在气囊扩张部位涂上利多卡因润滑剂，既有局部麻醉效果，又有缓缓解术后疼痛作用。气囊扩张术可以通过一次处置进行多次扩张。由于术后有再狭窄的可能性，有必要间隔一定时间进行重复扩张。

食管扩张后应使用抗生素、镇痛剂、消炎镇痛剂、硫糖铝等药物进行治疗。另外，由于狭窄部位也可能并非一处，在实施气球扩张术之前，每次都要进行食管造影，明确狭窄部位。术后应少量多次给予流食。

如同第3章-2病例，患畜自离乳就开始呕吐并可见呕吐物，此症状可怀疑为右主动脉弓残留症（Persistent Right Aortic Arch，PRAA）等血管异常疾病。由于血管异常，食管被压迫，在心脏的头端引起食管扩大。虽然表现最多的疾患是PRAA，但绝大多数呈动脉管索，残存血流的情况非常稀少。PRAA以食管狭窄和其头端食管扩大为特征，呈现误咽性肺炎，多导致死亡，所以应尽早诊断。切割动脉管索，扩张食管狭窄部（气囊扩张、食管肌层切开术等），如有必要应切除扩张的食道部。如果只注意食管狭窄，诊断为单纯食管狭窄，进行气囊扩张术非常危险。如同本病例，动脉管疾患，由于气囊扩张时引起动脉管断裂，有可能引起出血死亡。另外，PRAA病例由于在术后多呈现食管运动低下，术后要充分注意误咽性肺炎的发生。

●食管扩张症

在呈现食管扩张症或吞咽困难时，应与甲状腺机能低下症或重度肌无力症鉴别诊断。通过血液检查，检测T4或FT4、抗乙酰胆碱抗体等的含量。甲状腺机能低下症有原发性，也有其他疾病术后的暂时性发生，所以呈现精神萎靡、低体温、低心率等非特异性症状。食管扩张用X射线检查易诊断，但吞咽困难时，可用吞咽造影剂结合X射线透视观察。由于造影剂喂动物比较困难，所以用Hill's® a/d或犬猫兼用治疗食物等食物与造影剂混合，以流食状态自动摄食时用X射线透视检查，可详细掌握病情。此时，最应该注意的是误咽性肺炎，饲喂动物必须要细心注意，防止误咽的发生。促使动物自动摄食，能够减少误咽的危险性。另外，由于普通摄食时也能引起误咽，畜主应该使动物呈站立姿势摄食，食后也要使动物站立十多分钟。如果确诊为甲状腺机能低下或重度肌无力症，应对症下药。处于成长期的仔犬，有时可见一过性的食管扩大，此时应观察症状的变化，一般可自然痊愈。

在第3章–3病例描述了由胃液逆流而引起的巨食管症。胃液向食管逆流而引起的疾病称为胃食管逆流症（GERD），以呈现食管炎为特征，不呈现食管炎时称为非腐蚀性GERD。在人医，质子泵抑制剂作为第一选择药。在本病例，Nissen法作为外科性的对应方法用于治疗，这个方法是一种全周性贲门形成术，是人医的最普通手术方法。另外，作为非全周性贲门形成术，也有紧缩2/3周边的Toupet法或1/2周的Dor法等。在本病例，对于伴随巨食管症的下部食管括约肌机能障碍，用Nissen法实施治疗，是一个获得良好结果不可多得的病例。

如同第3章–4病例，患有重度肌无力症动物的特征是运动后呈现萎靡不振、步行或起立困难，休息后上述症状可以得到缓解。

食管扩张症（巨食管症）也是同样的症状，只表现食管扩张的重度肌无力症也被人们所知。在成年犬可见的巨食管症的25%~40%是这种局部型的重度肌无力。作为诊断的内容之一，有抗乙酰胆碱抗体的测定，85%的犬或猫重度肌无力症呈现异常。但是，即使抗乙酰胆碱抗体检测值低，也不能否定本病。投予氯化腾喜龙，可见动物恢复，如果用所谓的腾喜龙测试可见动物症状迅速得到恢复，就可以强烈支持本病例的诊断。但是在急性剧症型重度肌无力症状，50%病犬对腾喜龙测试不敏感。伴有胸腺肿的病例也很多，必须要进行鉴别诊断。另外，抗乙酰胆碱抗体的测定值，并不一定是判定本病重症度的标准，定期测定抗体效价，可能与病程的进度或缓解率相关。

参考文献
• 望月公子:犬の解剖学,学窓社,东京（1992）
• Ettinger:Textbook of veterinary internal medicine,6th ed.Elsevier Saunders,St.Louis（2005）

第3章

食管

1. 布洛芬摄取过量引发的犬逆流性食管炎诱发食管狭窄

Esophageal striction caused by ibuprofen-induced reflux oesophagitis in a dog

东京农工大学农学院兽医学科家畜外科教研室、朝霞台动物医院
加藤 小枝子、岛村俊介、清水美希、小林正行、平尾秀博、宗像 俊太郎、田中 绫、山根义久

8月龄小型达克斯猎狗，因失误造成布洛芬过量摄取，呈现呕吐、晕眩、四肢紧张、瞳孔放大等症状。用静脉输液及胃炎治疗使症状得到缓解，但不久后呕吐，经各种检查，诊断为逆流性食管炎诱发的食管狭窄。

关键词： 逆流性食管炎；食管狭窄；非甾体抗炎药（NSAIDs）

引言

在小动物临床，NSAIDs作为抗炎镇痛剂被广泛应用。报道的副作用有胃肠障碍、肾障碍、出血倾向等，其中胃肠障碍发生率高，时常也诱发胃穿孔等重症。我们遇到了相关病例，因过量摄取NSAIDs之一的布洛芬，使逆流性食管炎诱发食管狭窄，这里报告其治疗过程。

病例

8月龄雌性小型达克斯猎狗，体重4.75kg。约1个月之前大量摄取布洛芬，出现呕吐、晕眩、四肢紧张及瞳孔放大等症状。畜主开始就近求医，经静脉输液和胃炎治疗，症状曾经得到改善，但不久又呕吐。经血液检查，各项指标未出现特别异常。但食管造影X射线检查发现，食物通过食管存在障碍，采用流

食饲喂，呕吐症状也没有消失，因此畜主为了更精细检查，来本院就诊。

●初诊一般临床检查

·身体检查
体温39.2℃，没有发现特别异常。

·血液检查
发现K和TP轻度下降。

·X 射线检查
未发现特别异常。

·食管造影透视检查
发现胸部食管下部运动能力下降(图1)。

·内视镜检查
从胸部食管到胃贲门部，黏膜白色化及凹凸明显，特别是在贲门附近，食管丧失伸缩性及黏膜痉挛。另外，胃内插入内视镜比较困难，但胃黏膜显示正常。在贲门附近采集食管组织，发现黏膜硬化程度高，达到用

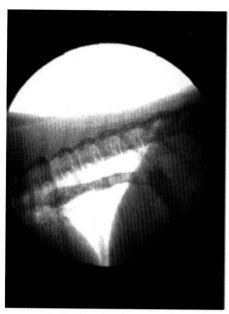

图1　透视下食管造影照片
由于重度瘢痕形成，食管运动性消失，食物通过时见不到食管蠕动

镊子夹不住程度。

·病理组织学检查

诊断为食管炎诱发的炎症后瘢痕形成。

根据以上检查结果，诊断为逆流性食管炎引起的食管狭窄症。

●治疗及经过

在投入消炎剂和钙拮抗剂的同时，持续给予流食并观察症状变化。2个月后复诊，内视镜检查，发现食管黏膜的白色化、黏膜凹凸不平及贲门附近的黏膜紊乱等现象明显好转，内视镜插入胃也变得容易，且观察到贲门附近食管的收缩运动。根据以上检查结果，终止了药物治疗，动物食物由流食逐步转换成固体。现已经可以自动摄取固形食物，呕吐现象完全消失。

讨论

NSAIDs具有抑制环氧化酶（COX）的

作用。COX是合成类花生酸的酶，目前发现COX1和COX2两种亚型。COX1存在于全身细胞，含量恒定，参与合成前列腺素（PG）或凝血噁烷和前列环素，与维持微循环或血液凝集相关。COX2在炎症状态下表达，参与合成PG或凝血噁烷，与疼痛的增幅和发热症状相关。

因NSAIDs通过抑制COX2达到抗炎镇痛效果，所以需要有对COX2特异性更高的抑制剂。但是，目前使用的抑制剂对COX2的特异性有一定的局限性，它们同时抑制了COX1，因而带来各种副作用。实际上，在本病例中也同样，由于对胃COX1的抑制作用，使承担黏膜血液循环，黏液、胃酸和重碳酸盐（HCO_3）分泌作用的PG的合成减少，引起胃酸分泌的亢进和胃黏膜防御机能的下降。

另有报告显示，因布洛芬具有引起胃黏膜的细胞呼吸和代谢障碍，减少胃黏液疏水性的作用，加重胃酸和胃蛋白酶对黏膜损伤，增强嗜中性白细胞与血管内皮的接触，减少黏膜血流量，且嗜中性白细胞释放的活性氧或蛋白酶使黏膜受损。这些复合作用的结果导致胃黏膜炎症。

在食管，已有报告显示，$PGF2\alpha$参与食管下部扩约肌收缩，因布洛芬对$PGF2\alpha$的抑制作用，能够弛缓下部食管括约肌，从而促进食物逆流。另外，由于PG对于食管黏膜的作用与胃黏膜的作用一样，参与血流的维持、黏膜障壁的形成、HCO_3的分泌等作用，所以布洛芬能降低食管黏膜的保护机制。因此，布洛芬能直接刺激胃黏膜，而且进入血液中布洛芬刺激中枢，进而从胃黏膜炎症中释放出的炎性分泌物的刺激共同引发呕吐，加重食管黏膜的损伤。

另外，即使布洛芬被分解而丧失对COX1

抑制后，由胃炎引发的慢性呕吐使食管暴露于胃酸，引起最初的食管黏膜损伤，呈现逆流性食管炎。进而，炎症降低食管的蠕动，逆流的胃酸在食管内停滞加速炎症恶化。

随着胃炎的治愈，呕吐减少，食管炎也不再加重，转向治愈，但是损伤严重的贲门部食管黏膜，因瘢痕组织的形成而形成黏连，使食管变狭窄。

NSAIDs的一般副作用在于胃肠炎或肾障碍，而引起食管狭窄的动物病例尚无报道。在人医界已有报道，慢性NSAIDs投入与食管狭窄相关联，且逆流性食管炎发展为食管狭窄的病例多见。本病例显示，动物投服NSAIDs也可产生食管狭窄。为了预防，在投服NSAIDs时，推荐合用质子泵抑制剂、H2阻断剂和硫糖铝等，但是畜主应格外注意动物误食或过量摄取上述药品。

出处：第25届动物临床医学会（2004）

短　评

通常食管炎的发生是因为强酸强碱溶液或过热食物摄取、食管内异物刺激、胃内容物向食管逆流等原因造成。本病例系因误食过多的NSAIDs引起逆流性食管炎而发生。最近，在小动物临床界较多应用NSAIDs，虽然需要对COX2特异性更高的药品，但是什么程度的特异性能够最大限度降低胃肠障碍或肾机能障碍等副作用，是今后要进一步探索的问题。

治疗逆流性食管炎，应该将胃内pH向碱性转换，从而修复食管黏膜。已有报道显示，抑酸剂、H2阻断剂、液体硫酸铝等具有良好的效果。本病例由于过多摄入NSAIDs，使贲门附近的食管产生如此坚硬的炎性性瘢痕组织，这是一篇对NSAIDs的使用敲响警钟的病例报告。顺便提一下，最近在使用NSAIDs时，常合用作为PGE1诱导体的米索前列醇，预防胃损伤。

（藤田桂一）

2. 犬动脉导管未闭症相伴的右大动脉弓残存症

Persistent right aortic arch with Patent ductus arteriosus in a dog

（财）鸟取县动物临床医学研究所

山根 刚、高岛一昭、野中雄一、山根 香菜子、大野晃治、藤原 梓、横山 望、杉田圭辅、
小笠原 淳子、水谷 雄一郎、松本郁实、才田祐人、和田优子、山根义久

1月龄德国牧羊犬因呕吐来院就诊，经检查，诊断为动脉导管未闭症（patent ductus arteriosus，PDA）相伴的右大动脉弓残存症（PRAA）。因畜主对手术治疗采取消极态度，所以嘱咐畜主对患犬采取站立姿势给予流食观察病情。但因呕吐次数逐渐增多，畜主以手术治疗为前提来院复诊。经胸部正中切开探诊，切离动脉管，剥离食管狭窄部周围组织，同时切除了食管扩张部。术后恢复顺利，5个月以来状态仍然良好。

关键词: 食管切除、动脉导管未闭症（PDA）、右大动脉弓残存症（PRAA）

引言

右大动脉弓残存症（PRAA）是遗传性疾病，多发于德国牧羊犬和爱尔兰长毛猎犬。PRAA是由于原本应该退化消失的右动脉弓残留，而左动脉弓退化消失，因而产生血管环异常。大部分血管环异常是右大动脉弓、肺动脉及动脉管（动脉管索）缠绕食管发生食道狭窄，呈现以呕吐为主的临床症状。呕吐通常始于动物断奶后开始摄食固形物，但是根据食管的狭窄程度，在断奶之前也有呕吐现象的发生。PRAA的治疗以外科治疗为第一选择，但外科手术之后也有长期出现呕吐现象。本文报告动脉管未闭症（PDA）相伴的PRAA病例及治疗过程。

病例

1月龄雌性德国牧羊犬，体重2.0kg，在其他医院初步诊断为PRAA，因而来本院做进一步确诊和治疗。畜主反映患犬出生后吃母乳就有呕吐症状，同窝9头仔犬中有3头出生后不久死亡。

● 初诊一般临床检查

· 身体检查

与同窝仔犬比较，发育不良，体况分数（Body Condition Score，BCS）为1，重度消瘦，呼吸状态不良，心杂音有无不大清楚。

· 食管造影X射线检查

心基底部前方食管扩张。

根据以上临床症状及食管造影X射线检查

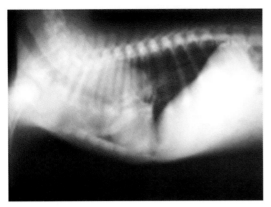

图1 术前胸部X射线照片（右侧卧）
前胸部食管重度扩张

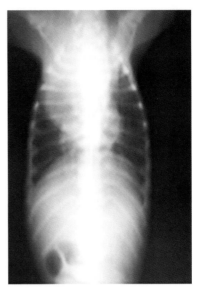

图2 术前胸部X射线照片（背腹）
与右侧卧相同，食管重度扩张

结果，怀疑血管环异常，向畜主提出以手术治疗为前提的进一步精密检查要求，但因畜主不希望手术，所以让畜主回去后采取站立姿势喂饲流食，观察症状。

●第14病日一般检查

· 身体检查

因呕吐次数增加，故以手术治疗为前提来院复诊。体重2.2kg，比初诊略增加，呼吸状态进一步恶化。

· 血液检查

虽然相当消瘦，但TP（6.6g/dL）及Alb（3.3g/dL）正常，除白细胞数上升（37 200/μL）外，未发现其他异常症状。

· X射线检查

肺脏部分呈不透明性亢进，怀疑为误咽性肺炎。食管造影X射线检查，与初诊时比较，食管扩张恶化（图1、图2）。

· 心脏超声波检查

在肺动脉分支部前端可见疑似动脉管的短路血流（4.05m/s）（图3）。

根据以上检查结果，诊断为PDA相伴随的血管环异常，以手术为前提进行住院管理。

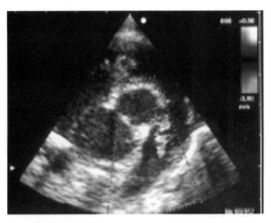

图3 超声波照片
在心基底部断面，从肺动脉分支部前方向肺动脉瓣可见短路血流

●治疗及经过

入院当天尝试了插入鼻导管，但导管不能通过食管狭窄部，故取消了。入院第2天，经麻醉安装了胃瘘管。然后，用内视镜检查发现心基底部前方食管狭窄，而且在狭窄部前方有食管扩张。即使胃瘘管给食，也持续出现黏液状的呕吐物，体重逐步减轻，因此在呼

吸状态有所稳定的第25病日实施了手术。

●手术

第25病日切开胸骨正中探诊，在确认食管狭窄部后发现，右大动脉、左大动脉及肺动脉的缠绕是食管狭窄的原因。将动脉管分离、结扎和切离后，进行了与食管和周围组织间的分离，然后将气囊导管插入食管扩张狭窄部。另外，将食管扩张部位与周边组织剥离后，把扩张食管下部，留有正常食管直径的1/3程度，进行切除。

术后第2天开始经胃瘘管给食，未出现呕吐症状。在第30病日，由于胃瘘管脱落，采用站立姿势经口给食（用犬猫兼用高营养免疫食品），也没有出现呕吐症状。第38病日开始，食喂用水溶解的Hill's®a/d罐头后，偶尔出现呕吐症状，但呕吐次数逐步减少，第59病日出院。

出院当天仅出现一次呕吐症状，到第66病日复诊时精神状态和食欲都良好，呼吸也稳定。术后5个月，体重增加到11kg，无呕吐症状，病情好转。

讨论

本病例是在犬猫中被认为发病最多的右大动脉弓和左动脉管由来的血管环异常。血管环异常是与PDA或其他心血管异常相伴随的情况比较多，本病例也是术前发现了PDA。在初诊和复诊时，通过听诊未发现因误咽性肺炎引起呼吸状态恶化而产生的心杂音，但通过超声波检查确认有PDA，重新认识到了术前检查的重要性。本病例在解除食管狭窄的同时，实施了食管扩张部位的切除。因血液供应不足，且持续性的运动，食管易引起愈合不全等合并症。另外，由于存在食管神经受损而引起的食管麻痹的可能性，像本病例这样存在重度食管扩张时，因术后呕吐持续存在，应进行长期的给食管理。在本病例中，我们将切除的食管进行了病理组织学检查，发现肌层变形，在切除组织中没有见到神经节。这些结果表明，重度扩张的食管可能丧失了食管的机能，切除它们能够防止食物停滞，这与减轻呕吐相关。

实际上，本病例尽管确诊为重度食管扩张，但术后1个半月几乎未见到呕吐症状。结果提示，在解除狭窄的同时进行食管切除术，能够减轻术后的呕吐和给食管理。但是，本病例在术后早期发现了食管切除的前方及狭窄部的后方有食管扩张现象，这是否与食管切除相关尚不清楚，需要今后进一步探讨食管切除的可行性。

另外，超过1个月的住院生活，通过适量的给食，减少了呕吐次数，体重微量增加。出院后尽管实施同样的给食管理，但体重急剧增加。结果表明，动物生长期的饲养环境对其生长非常重要。

出处：第28届动物临床医学会（2007）

第3章

食管

3．用Nissen贲门形成术治疗犬巨食管症

Nissen fundoplication in a dog with megaesophagus

东京农工大学农学院兽医学科家畜外科学教研室

朽名裕美、平尾秀博、岛村俊介、清水美希、小林正行、田中绫、山根义久

10月龄拉布拉多犬，因呕吐来院就诊。X射线检查发现食管扩张，内视镜检查食管内有积留物，呈现重度食管炎，诊断为胃食管逆流症（gastro esophagea l reflux disease：GERD）。另外、由于确诊有贲门部迟缓，采用了人医用于GERD外科治疗的Nissen贲门形成术，改善了贲门机能，防止了逆流。术后没有呕吐和合并症的发生，恢复顺利。

关键词：胃食管逆流症、巨食道、Nissen贲门形成术

引言

到20世纪中叶为止，人类医学认为胃食管逆流（gastro esophageal reflux disease：GERD）仅伴随食管裂孔疝气发生，因此Nissen贲门形成术作为裂孔疝气时的胃管逆流防止术而被应用。但是，目前已明确，由于下部食管括约肌（lower esophageal spincter：LES）机能障碍而发生的GERD在增加，当保守疗法无效时，选择Nissen法效果较好。

另外，在动物医学中，有数例Nissen法适用于裂孔疝气的报告，但未见适用于LES诱发的GERD的临床病例报告，所以对术后并发症等尚不明确。这里，我们对LES机能不全诱发的GERD病例，实施Nissen法，是以下部食管形成高压带为特点，获得了良好的效果。

病例

拉布拉多犬，10月龄，雄性，体重15.9kg。因呕吐在3个月龄时就近就诊，但没有查明原因。后来，在其他医院经X射线检查发现有食管扩张，诊断为巨食管症。用站立姿势给食和营养补充，虽然体重增加若干，但症状没有改善，呕吐频率增加，故来院就诊。

●初诊一般临床检查

·身体检查

频繁呕吐，咳嗽，流涎，喘鸣，被毛粗糙，重度消瘦。精神状态和食欲没发现问题。

·血液检查

白细胞数上升，TP下降。

·X射线检查

在颈部和胸部RL及DV像中，可见显著的食管扩张及食管壁肥厚。另外，肺脏的透明度下降，呈现误咽性肺炎。消化管造影X射

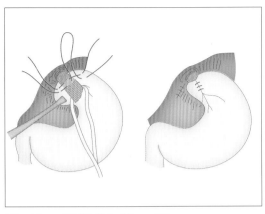

图1 Nissen贲门形成术（Nissen法）

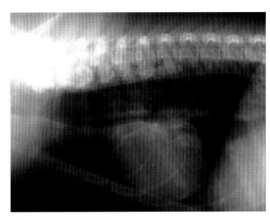

图2 初诊时X射线照片

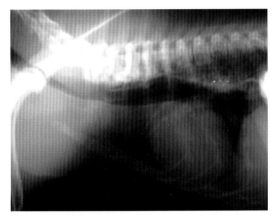

图3 术后7周X射线照片

线检查，可见造影剂流向胃内。

·内视镜检查

食管显著扩张，食管全长都可见液状物潴留及少量的固形物。食管黏膜出血，可认定为重度食管炎。

根据以上的检查结果，诊断为LES机能不全诱发的慢性GERD，因而实施了Nissen法。

●手术

用阿托品和酒石酸布托诺菲进行前处理，然后投入异丙酚，术中用异氟烷吸入麻醉，间歇投予氯化琥珀胆碱调节呼吸。

在腹部正中切开，牵引胃体，确认横膈膜食管裂孔及贲门部。横膈膜食管被膜在裂孔下方切开后，在横膈膜附着部分离走行于食管背侧及复测的迷走神经，用丝线固定。用胶带吊挂贲门，将胃底部头侧壁暂时贴在食管背侧。胃底部袖口状卷起在下部食管上，用非吸收丝线缝合。此时，食管内滞留气囊导管，适当保留食管下部内腔。另外，裂孔用非吸收丝线在腹侧紧缩，留有胃瘘管和胸腔诱导管，用常规方法缝合腹壁。

●经过及治疗

术后1天，经胃瘘管注入造影剂，确认没有贲门部逆流，开始导管给食。术后7天，经食管造影X射线检查，确认贲门部的通过性和未发生逆流，后改为浆糊状的处方食品（Hill's a/d）经口给食，也未发现呕吐症状。术后10天拔掉胃瘘管，术后14天出院。

术后7周造影X射线检查确认，无贲门部狭窄，食物流入顺畅，食管蠕动能力比术前得到改善。术后4个月的现在，状态仍然良好。

讨论

本病例在本院就诊的数月期间，频繁呕吐，因慢性胃酸逆流，食管损伤严重。在本院就诊时，考虑其患有的巨食管症的病因，可能是特发性的，也可能是GERD的慢性化使食管内神经丛受损而产生蠕动降低及食管内积留物的物理或化学负荷使食管扩张。可是，导致巨食管症的特定因素难以确定。由于从症状发生开始呕吐次数逐步增加，我们考虑是因为慢性GERD进一步导致食管机能恶化。

近年来在人类医学，本方法是用于内科治疗不能维持的GERD治疗的手术方法之一。在动物医学，也有研究报告用于食管裂孔疝气及相伴随的GERD的治疗。但是，如同本病例这样，用于LES机能不全诱发的GERD的治疗，尚未见研究报告，因此这次治疗经历非常可贵。

本法用于裂孔疝气症治疗后，可引起的合并症有贲门狭窄和胃扩张等。为此，在手术时食管内滞留导管，可防止贲门部过度紧缩。另外，术后用胃瘘管给食，避免采食引起的食管和胃的负担。然后，实施了造影X射线检查观察，确定了改换经口给食的时期，这些措施可能对防止合并症的发生发挥了作用。

在动物医学，食管疾病的外科治疗成果报道较少，因而不明确的地方较多。对于采用适合的手术方式和术后管理，在动物医学中应推荐Nissen法作为LES机能不全诱发的GERD的根治手术方法。

出处：第25届动物临床医学会（2004）

4．对犬重度肌无力治疗引起暂时性反应的巨食管症

A case of megaesophagus which responded to medical treatment for myasthenia gravis temporarily in a dog

白长动物医院、小宫山动物医院

本山祥子、羽迫广人、小见山刚英、白永纯子、白永伸行

3岁6个月龄，雄性，英国可卡犬，因呕吐和食欲不振来院就诊。依据X射线检查及造影X射线检查，诊断为巨食管症。在进行误咽性肺炎治疗后，第5病日装置了PEG管。追加检查发现，抗乙酰胆碱受体抗体（AchR抗体）值高，诊断为重度肌无力症，用臭化吡斯的明治疗，状态好转，AchR抗体值也正常，第86病日拔除PEG管，第119病日结束了臭化吡斯的明治疗。第256病日发现食管扩张再发，AchR抗体轻度上升，重复臭化吡斯的明治疗无效，第303病日再次装置PEG管，并实施了食管牵引和胃固定术。到第442病日的现在，AchR抗体值已降到基准范围，在无药物治疗情况下，用导管给食，状态良好。

关键词：抗乙酰胆碱受体抗体（AchR 抗体）；重度肌无力症；
　　　　巨食管症；食管牵引及胃固定术

引言

所谓巨食管症是由于食管的非慢性扩张，呈现运动性下降，因呕吐并发误咽性肺炎，一般预后不良。其原因有甲状腺机能低下或重度肌无力症等可诊断的病例，但多数病例被认为是特发性病因。如果基础病因清楚，就可以进行支持疗法和对症疗法。

我们遇到了重度肌无力症诱发的巨食管症犬病例及治疗机会，报告其治疗过程及结果。

病例

英国可卡犬，3岁6个月龄，雄性，体重7.7kg。室内饲养，无预防史。2~3天前开始呕吐，呕吐前日开始食欲不振、喘鸣和流鼻液。

●初诊一般临床检查

·身体检查

身体状态指标（BCS）为1，喘鸣、流涎及流鼻液，呼吸状态还比较稳定。

·血液检查

白细胞数、TP、Alb、CRP上升，甲状腺激素T4和fT4都在基准值内。

·X射线检查

可见扩张的食道阴影（图1）。

●治疗及经过

在第2病日的食管造影X射线检查发现，食管全域可见造影剂的停滞和显著的扩张。

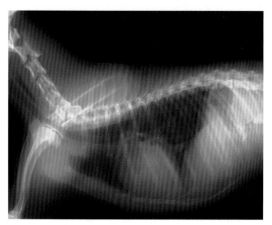

图1　X射线照片
扩张的食管

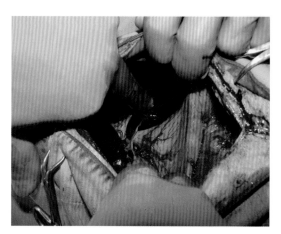

图2　手术照片

另外，X射线检查发现，右肺中叶发现前一次检查没有的肺野不透明区域，因而在进行误咽性肺炎治疗的同时，检查乙酰胆碱受体抗体（AchR抗体），并进行了暂时性的臭化吡斯的明治疗。第5病日，因发现CRP降低及肺野不透明区域的改善，装置了PEG管。同时，内视镜检查，食道黏膜无肉眼可见的异常，食管全域迟缓扩张。第6病日，肺炎再次恶化，采用了经鼻导管的吸氧呼吸，静脉营养输液。第13病日，AchR抗体仍处于高水平。PEG管开始给食后，到第10病日症状得到改善，所以改为导管供给营养和内服治疗，第14病日出院。

其后经过良好，第70病日，进行钡餐造影X射线检查，无食管扩张和食物停滞现象。AchR抗体检查，抗体价达到基准值范围，第86病日拔除PEG管。后来一直状态良好，第119病日结束了臭化吡斯的明治疗。

第256病日，食管扩张再发，再次开始了臭化吡斯的明治疗。第262病日，因不能正常采食，再次装置了PEG管，AchR抗体轻度上升。第293病日，因导管装置不良，虽然尝试了经口摄食，但食物在食管内完全停滞，第303病日重新设置导管及实施了食管牵引及胃固定术（图2）。第442病日至今，虽已停药，但AchR抗体在基准范围内（图3），通过PEG管给食维持良好。

讨论

在本病例，发病初期AchR抗体价呈高值，诊断为重度肌无力症，用臭化吡斯的明治疗。经治疗，抗体价降低到基准值范围，且食管扩张也得到恢复，所以取消导管给食及臭化吡斯的明的治疗。以结束药物治疗为时间界点，观察了抗体价的变化曲线，进行了食管X射线检查，并以患犬对治疗的反应作为基准。结果表明，AchR抗体值并不一定与临床症状直接相关。因此，我们认为，即使症状得到改善，臭化吡斯的明治疗应中长期持续进行为好。

另外，疾病复发与初发不同，对臭化吡斯的明的敏感性下降，现在即使不用药，AchR抗体价也稳定，所以初诊时因重度肌无力症而诱发的状态，当再次复发时可能由于特发性病因。另外，犬的重度肌无力症也存在自然缓解的可能，也有可能是由于单纯食管平滑肌弛缓而引起。

本病例长期依赖PEG管到现在，疾病

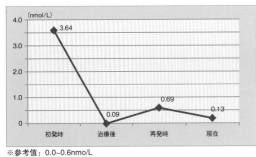

※参考值：0.0~0.6nmo/L

图3　AchR抗体变化曲线

改善良好。另外，作为对导管给食不良的对策，实施了食管牵引术。但是，术后检查发现，由于手术食管向后方被牵引，所以能够期待减轻误咽性肺炎的危险。但是，由于畜主担心误咽性肺炎的复发，不希望取消导管给食，至今尚未实施经口给食，所以经口给食的效果如何尚未检测，今后机遇合适时将逐步改换给食方式。

出处：第32届动物临床医学会（2011）

参考文献
• 宇塚雄次:解説・重症筋無力症, infoVETS, 6, 8, 12-14, アニマル・メディア社, 東京（2003）
• 大野耕一:巨大食道症－鑑別診断と治療計画のためのエビデンス, J-VET, 5-13, インターズー, 東京（2010）
• 末松正弘:猫の巨大食道症に胃の牽引腹壁固定術を実施した3症例, CLINIC NOTE, 64, 73-79, インターズー, 東京（2010）

第3章

食管

总 论

（公财）动物临床医学研究所
高岛一昭

||| 胃的解剖与生理 |||

● 胃的构造

　　胃是与食道相连的消化器官。胃的入口处为贲门，然后依次为胃底、胃体、胃窦（幽门窦）和幽门，并和十二指肠相连。胃的后端是大弯，前端靠近肝脏一侧是胃小弯。大网膜在胃大弯一侧，小网膜在小弯一

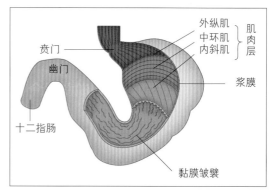

图2　犬胃的肌层

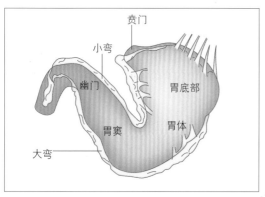

图1　犬的胃

侧（图1）

　　胃自外向内，基本上是由表面覆盖的浆膜和肌肉层（外纵肌、中环肌、内斜肌）、黏膜下层和黏膜层4层构成（图2）。

　　胃腺由位于贲门部的贲门腺、胃底部和胃体部间的固有胃腺（胃底腺）以及幽门部的幽门腺3部分组成。

　　贲门腺和幽门腺分泌胃黏液，胃底腺分

泌胃酸、胃蛋白酶原和黏液等。胃底腺的壁细胞能分泌胃酸和内因子，主细胞能分泌胃蛋白酶原、肾素以及脂肪酶，颈黏液细胞分泌黏液。G细胞主要存在于幽门腺和十二指肠，分泌刺激胃酸的激素胃泌素（图3）。

● 胃的功能

　　胃不仅有储存食糜的功能，也是消化食物的器官。因胃酸（盐酸）的分泌，胃内pH值保持在1~2。随食物进入的微生物基本上都被胃酸杀死。主细胞分泌的胃蛋白酶原在胃酸作用下被活化为胃蛋白酶，消化食物。

　　目前已知有3个因素调节胃液分泌。首先是脑，对食物香气和味道发生条件反射，刺激迷走神经，分泌胃液（胃酸和胃蛋白酶原）。然后是胃，食糜进入胃内，刺激壁细胞和G细胞，促进胃酸的分泌。然后是肠，

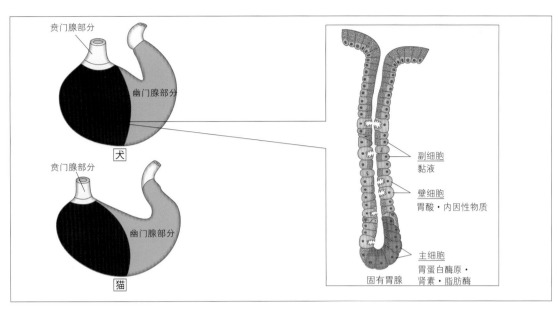

贲门腺部分

幽门腺部分

犬

贲门腺部分

幽门腺部分

猫

副细胞
黏液

壁细胞
胃酸·内因性物质

主细胞
胃蛋白酶原·
肾素·脂肪酶

固有胃腺

图3　犬和猫的胃腺分布和构造

食糜进入十二指肠后，肠内pH值升高，十二指肠壁的S细胞分泌泌激素，后者抑制胃泌素和胃酸的分泌，促进胰腺分泌胰液（重碳酸盐）和胆汁的分泌。

胃酸被中和时，十二指肠内的pH值就会上升，从而抑制泌激素的分泌。

和胃酸分泌相关的因子包括组胺（H2）受体、毒蕈碱（M3、M1）受体、胃泌素受体和质子泵等。根据能抑制这些因子的原理，开发出治疗胃酸分泌亢进引起的各种疾病的药物，如H2受体拮抗药、质子泵抑制剂、毒蕈碱阻断剂、抗胃泌素药等。

▌▌▌胃的疾病 ▌▌▌

胃最常见的疾病就是呕吐。急性呕吐常见于摄入食物、异物和有毒物而引起的急性胃炎。这里的食物摄入多指食用了在垃圾箱放置过久的腐败食物，有时也会出现食物中毒的症状。异物摄入多发在幼犬，偶在成年犬和猫中发生。毒物摄入主要是误食了像硼

酸等杀虫剂、灭鼠药、除草剂以及香烟等在动物身边放置的生活用品。有时也包括误食有毒植物和动物而引起呕吐。因此，应根据发病的原因制定不同的治疗方案。针对性治疗之外，可配合以止吐剂和H2受体拮抗药，进行输液以补充水分和电解质。但应与犬细小病毒等传染病，以及急性胰腺炎、肾功能障碍、肠阻塞、中毒等病因鉴别。

慢性呕吐的情况下，有必要鉴别诊断慢性胃炎、肿瘤、炎症性胃肠炎、胰腺炎、肾功能障碍、肉芽肿性胃炎、幽门狭窄、肠梗阻、胃弛缓、肝脏和胆囊疾病等。为此，要进行血液检查、X射线检查、消化道硫酸钡造影（钡餐检查）X射线检查、腹部超声波检查、内视镜检查等。

另外，在短头型犬和暹罗猫等发生的胃窦肥厚综合征，即幽门慢性肥厚引起幽门管腔梗阻，在腊肠狗中也会出现。因此，在发现慢性呕吐、消瘦、胃扩张的情况下，要进行幽门部超声波检查、消化道硫酸钡造影X射线检查和内视镜检查。如果检查结

果显示幽门狭窄，那么要实施Y-U幽门扩大成形外科手术。

●胃扩张胃捻转综合征 (GDV)

胃扩张胃捻转综合征是犬的急性疾病。胸部较深的大型犬和老龄犬易发。腊肠犬等小型犬中也时有发生。一次性给食过多或者进食后的运动导致GDV发生的危险性提高。发病初期虽有呕吐，但干呕较明显，主诉多为"想吐就是吐不出来"。急性腹部膨胀，病情可急剧恶化，以至于休克。典型的病例中，腹部X射线检查可见胃部充满气体，胃被切断一样有"棚状构造"的胃的捻转轴线。确诊为GDV后，要针对休克进行治疗，并进行胃内减压。待病情稳定后，尽早实施开腹手术，恢复胃的正常生理解剖位置。此后进行洗胃，并实施胃固定术。值得注意的是，据报道GDV的死亡率是20%~45%，发病超过5小时后预后不良。

●胃内异物

犬误食石头、玩具、小物品的事常有发生，幼犬尤为常见。误食物品多通过呕吐和排便排出体外，但是无法从胃排出的情况下会引起慢性呕吐，造成胃溃疡和胃穿孔等。此外，还会引起幽门部的阻塞和肠梗阻。因此，在误食异物的情况下，虽然有时需要观察一段时间，但是应采取积极的催吐措施，借助内视镜或开腹手术取出异物。对于有毒性的物质或较小的物品，催吐是最简单易行的方法。笔者采用经口服0.5~1g碳酸纳的方法来催吐。该法无需注射，即便是具有攻击性动物也容易通过投食粉末来治疗，是非常值得借鉴的方法。多数情况下，投药数分钟后就会呕吐。若未呕吐可进行第二次催吐，甚至第三次催吐。若仍然没有吐出东西，则考

虑改用其他药物。但是猫在催吐后可能呕吐不止，需要配以点滴等辅助治疗。在怀疑误食硼酸或除草剂、饲养主正服用的药物等情况下，一般都需要采取催吐措施。但是，在误食了强酸性或强碱性物质以及尖锐的东西，或动物无意识等状态下要注意禁忌催吐的情况。

催吐失败或者不适合催吐时，请参考第4章第1节方法，在内视镜辅助下试着取出异物。一般情况下会取出异物，如果确定不能借助内视镜取出时，就应该实施手术。如果胃中大量食物和异物混杂，内视镜的视野就会受到影响，取出异物相当困难。不过，在异物是X射线不能透过的物体时，结合使用C型臂（手术用X射线透视装置）和内视镜，取出异物会比较容易。然而，也有如果异物量多或者表面光滑无法用钳子、异物太大无法用圈套器取出等情况。另外，线状物等已经进入十二指肠的情况下，内视镜不再适合，应尽早实施开腹手术。

在第4章第2节中提到的误食竹签的病例也经常发生，但是根据在食道的位置，有时候会观察到线状阴影。如果全部在胃中时，实施消化道造影在胃内能观察到线状的填充阴影或缺损。如果能进行CT检查，竹签较易检查出，但是在大型犬中X射线检查比较困难。本病例这样的竹签从体表穿出的情况下，会形成瘘管，竹签也已经脱落。

在第4章第3节中介绍的和犬一样，鼬因误食异物也常出现这种疾病。如出现慢性呕吐症状，首先应考虑本症。该病例是毛球引起的幽门部完全阻塞，但是，误食塑料和布等X射线透过性异物的情况也很多。可用超声波检查和消化道造影X射线检查结合起来进行确诊。犬和猫等动物可以借助内视镜取出胃内异物，但鼬这样的小动物，需要更小的内视镜，因此建议进行外科手术。

●胃溃疡

造成胃溃疡的原因一般包括精神性的、药物、异物、外伤、肿瘤等。第4章第4节确诊为胃溃疡的病例中，由于胃穿孔引起了腹膜炎。究其病因，疑似某种植物所致。为了治疗腹膜炎，进行了开腹和胃切除手术，最终挽救了生命。

胃溃疡有吐血的临床症状，临床上无吐血症状时，由于消化道的出血引起黑色便等出现不典型的症状，即便有少量出血，很难注意到有血便。另外，虽然X射线或者超声波检查有可能诊断该病，但一般较难。最可靠的检查法要属内视镜检查。内视镜检查不但能找到溃疡部位，且通过溃疡部位病理检查可以和肿瘤等进行鉴别。治疗胃溃疡通常投服H2受体拮抗药、质子泵抑制剂、硫糖铝等，若要使用非甾体抗炎药NSAIDs，要停止使用其他药物。

第4章第5节里讲到的病例被怀疑为精神性胃溃疡，采用H2受体拮抗药后完全治愈。精神性的胃溃疡使用药物治疗固然重要，但是关键还是应去除病因。本病例的原因是和其他的猫一起同居，如能和平相处则已，如互相排斥，就需采取隔离措施。若精神一直处于紧张状态，还可能再发。

在内科疗法无法达到治疗效果的情况，以及伴有贫血的重度溃疡、怀疑胃穿孔的情况下，应及时进行胃溃疡切除术。手术一般

切除包括溃疡的胃的一部分，但是如果要切除包含幽门部的部分胃时，应按第4章第6、7节的毕氏I型或者II型法进行胃的再建手术。

●胃的肿瘤

犬和猫的胃肿瘤的发生率占其整个肿瘤发生率的1%以下，是非常罕见的一种疾病。雄性多发，一般有腺癌（第4章–8~10节）、平滑肌肉瘤（第4章–11节）、淋巴瘤、平滑肌瘤、消化道间质瘤（第4章–12节）等。

犬常发的肿瘤为胃腺癌，主要临床症状是慢性呕吐和体重减轻。据报道，犬胃的恶性肿瘤47%~72%是胃腺癌，发病高峰为11~12岁。淋巴瘤以外的胃的肿瘤，一般选择外科手术治疗，但是胃腺癌在诊断出来时往往已发生了转移，外科手术比较困难。胃的恶性肿瘤除非早发现早治疗，否则即使进行了外科手术，也会在术后6个月内发生死亡。目前除了淋巴瘤，还没有针对胃的肿瘤的有效的化学疗法。

猫的胃的肿瘤很少见，据报道，最常见的是淋巴瘤。第4章13节提到的恶性纤维组织细胞瘤是软组织肿瘤的一种，胃中发生概率较低。主要治疗法是手术切除，建议手术时切除肿瘤边缘2cm以上的组织。术后再发率较高，需要严密跟踪检查。

参考文献
• Ettinger:Textbook of veterinary internal medicine,6th ed.Else-vier Saunders,St,Louis(2005)

1. 内视镜下去除胃内异物的病例70例
——关于内视镜下取出胃内异物限度的讨论

Investigation of endoscopic removable gastric foreign body sizes in 70 cases

高桥宠物诊所、锻冶动物诊所、安房中央动物医院

高桥雅弘、池口聪子、古贺悠、锻冶伸光、作佐部有人

我们曾对70例胃内异物病例进行了内视镜下异物去除手术。手术成功率为94.3%（66/77）。内视镜下无法除去的包括直径4cm以上的球形物（如生土豆、犬用玩具）3例、吞入大量的人造草皮和部分球的1例。对于较大的异物，有强力抓持力的息肉切除套圈器非常有用。

关键词：胃内异物、内视镜下异物去除、息肉切除套圈器

引言

在动物临床上，误食异物的病例时有发生。对于胃内的异物，一般采取催吐、内视镜取出，必要时进行外科胃切开手术清除。内视镜法和胃切开术相比对身体的伤害较小，是非常好的一种方法。但是哪些情况适合在内视镜下取出异物呢？目前这方面的资料还很少。在此，我们对实施了内视镜下异物取出的70个病例和对较大异物的取出法，内视镜下取出异物的限度问题进行讨论。

材料与方法

我们把从2004年1月到2008年6月间，内视镜检查确诊为胃内异物的犬67例，猫3例共计70例病例作为研究对象。

对于那些通过超声波检查，肠道呈"手

风琴状"、诊断为扭状异物的病例不在本次研究范围。

内视镜装置采用奥林巴斯（株式会社）公司的光源设备（CLV－U40D）和图像处理系统（CV－240）。使用先端部的外径为9.0mm，钳道孔径为2.8mm，有效长度为1030mm电子范围的内视镜。异物取出用的钳子都用2.8mm，开幅20mm的三角形握钳、开幅35mm的篮式钳、13mm的W字形钳、4.7mm的V字形钳、19.5mm的鳄口形异物钳和直径30mm的息肉切除圈套器等。根据异物的类型选择使用了不同的手术器具。

结果

本次胃内异物病例的犬中最多的是小型腊肠犬为10例，其次为拉布拉多猎犬8例、吉娃娃7例、贵宾犬6例、西施犬5例、金毛猎犬

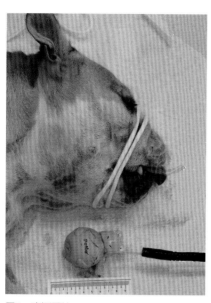

图1 病例图片
比较大型的异物，在细的部位套上息肉切除
圈套器后拉紧牵引取出

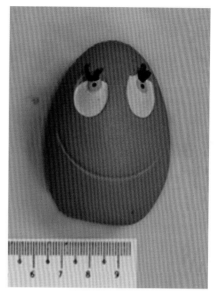

图2 2例内视镜下无法取出的异物图片
2例都是误食了这种犬玩具，都是通过胃切开
手术取出

第4章

胃

4例，约克夏、马尔济斯和杂种猫各3例。

诊断为胃内异物的犬的体重在1.1~49kg，平均11.6kg。年龄在4个月~16岁，平均3岁8个月。雄性30例，雌性40例。

内视镜下成功取出异物的病例在70例中有66例，成功率为94.3%。所有犬在排除异物处理后均未表现合并症。

胃内异物病例最多的就是吞食犬玩具（图1），或者是其中的一部分，有10例。吞食种子的9例、石头的6例。其他的如针类（打标针、裁缝针、鱼钩等）5例、竹签3例、大型犬吞食毛巾3例，饰品、银币、橡皮擦各2例。有些犬还吞食塑料、胶囊铝箔、电插头的一部分、高尔夫球、纽扣、棉棒、铃铛、生土豆、高尔夫手套、勺子、玻璃珠、象棋棋子、牙签、狗绳外皮、人工草、订书针、铝铂纸、大量的草、车钥匙、乒乓球、大量的纸巾、尼龙袋等。

根据异物不同使用不同的异物钳。对于

4例立体、轻量的异物使用了三角形异物钳，20例小型的球形异物使用了篮式钳，17例竹签和银币等扁平的异物使用了W字形钳，5例针类异物使用了V字形钳，对于需要较强的把握力的3例异物使用了鳄口形异物钳，对于17例需要非常强的把握力的球形或大型异物使用了圈套器。

在内视镜辅助下无法取出的异物病例有4例。有喜乐蒂牧羊犬吞食生土豆的，斑点狗和金毛猎犬误食了鸡蛋大小的球，这3例都是误食了类似的异物（图2）。

第4例是误食了大量的人工草和一部分球的拉布拉多犬通过胃切开手术取出。取出该犬胃内异物的1/3，花费了1个多小时，转为胃切开手术取出了剩余的2/3。

讨论

圈套器用来取出胃内大型的异物在人医中不被采用。但是，因圈套器对异物有较强的束缚力,对取出较大的、需要把持力的异物非常有用。

这次在需要实施胃切开手术的4例病例中,有3例是没有地方可以抓到的、比高尔夫球大、直径在4cm以上的硬球形物。因此,取出球形异物的界限,蓝式钳最大适用于直径

3.5cm的乒乓球大小的异物,而圈套器可用于最大直径在4cm的高尔夫球大小的异物。

现在使用的都是人用的异物钳。动物比起人往往能误食更多种类的异物,因此人用异物钳子有时不适合于动物使用,今后应开发专用于动物的异物钳,扩大适用范围。

出处:第27届动物临床医学会(2006)

短 评

目前配合内视镜使用的异物取出器具主要是握钳,包括三爪形异物钳(三角形图1)、篮式钳(图2)、鳄口形异物钳(图3)和V字形钳(图4)等。此外,还有本病例中使用了不是取出异物用的高频圈套(图5)。

(松本英树)

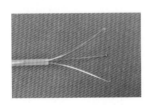

图1　三爪形(三角形)

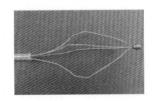

图2　篮形

图3　鳄口形

图4　V字形

图5　高频圈形

2. 胃内异物引发犬胸部和腹部皮下脓肿病例

A case of abscess in the subcutance of chest and abdomen occurred by intragastric foreign body in a dog

藤原动物医院

志村严己、藤原明、藤原元子

主诉左侧胸部和腹部皮下肿胀的腊肠犬，来院治疗。切开皮肤进行了排脓处理和抗生素治疗。第4天，犬主人发现病患处有竹签并再次来诊治，左侧后胸壁处有竹签突出。病犬并无呕吐等消化器官的症状。据主人说在第1次来看病的大约1周前给犬喂食了带竹签的烤鸡串。X射线检查未发现胸膜炎和腹膜炎，造影X射线检查后，也未发现有造影剂从穿孔漏出。实施开腹手术取出竹签和其他异物，术后皮下脓肿消失，恢复良好。

关键词：皮下脓肿、胃内异物、竹签

引言

胃内异物病例多发生在幼龄动物。异物分为X射线不透过性（金属片、石头、沙子、骨头等）和透过性异物（木片、布、竹签、绳、尼龙、塑料制品等）。这些种类繁多的东西只要能从口中进入的大小，就能成为胃内异物。一般从临床上表现为急性呕吐，但是异物种类不同症状也会有所不同。

这次报告的1例，虽然胃内存在异物，但无呕吐等消化器官的症状，在胸部和腹部出现皮下脓肿后来院治疗，病犬为高龄犬，现报告如下。

病例

小型腊肠犬，雌性，11岁，体重6.4kg。主诉：从第2天、第3天前开始胸部肿胀、行动迟缓，来院治疗。排便和尿正常，无呕吐，食欲从第2天，第3天前开始减少，但来院当天早上能正常进食。

既往病历：乳腺肿瘤、二尖瓣闭锁不全、甲状腺机能低下，正在投服盐酸贝那普利和左甲状腺素钠。另外，由于肝酶偏高，正在投服S-腺苷甲硫氨酸，长期使用宠物食物Hill's®i/d。

● 初诊临床症状

· 身体检查

体温39.2℃。左侧腋下淋巴节肿大，左侧胸部从前胸部到腹部肿胀。

前胸有硬结感，前胸部和后腹部有波动感，触摸有疼痛反应。

● 治疗经过①

第1天：触诊疑为脓肿，进行了切开、排脓和清洗处理，局部注射恩诺沙星，皮下注射氢化波尼松（1.1mg/kg）和恩诺沙星（5mg/kg）。

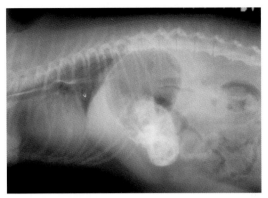

图1　X射线造影检查（RL）

处方开出口服氢化波尼松、头孢氨苄和奥比沙星。第3天：体温38.2℃，食欲正常，排脓减少，肿胀及疼痛均减轻。体况渐好。同上继续治疗。

第4天，犬主反映出现了竹签，又来院检查。发现左侧第10肋间有竹签突出。仔细询问得知，发病大概一周前给犬吃了带竹签的烧鸡串。突出的竹签看上去比较牢固。为了把握竹签在体内的状况以及穿孔部位，进行了X射线和造影X射线检查。

· **X射线检查**

竹签的大部分在胃内，从胃内突出的竹签贯通到体外。未有渗出性胸膜炎和腹膜炎的发生。

· **造影X射线检查**

碘造影剂X射线造影检查，未发现穿孔部位有造影剂漏出（图1、图2）。

除竹签外，疑似还有其他异物，故实施开腹手术。

● **手术**

手术在确保不损伤血管的同时，用咪达唑仑（0.15mg/kg）和阿托品（0.05mg/kg）进行预处理，布托啡诺（0.2mg/kg）和氯胺酮（10mg/kg）麻醉，在人工呼吸状态下，用吸入异氟醚维持麻醉状态。

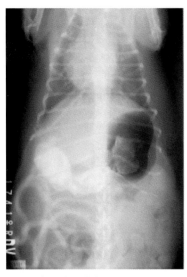

图2　X射线造影检查（VD）

开腹后看的情况与术前推测一致，未见横膈膜的损伤。穿孔的胃浆膜与大网膜发生粘连。未见腹膜炎发生。切开胃后拔出竹签，对穿孔部位未进行缝合，对胃切开部位实施了2层的伦孛特缝合，关闭胃壁。温生理盐水冲洗腹腔，注入抗生素后按常规方法缝合腹腔。

● **治疗经过②**

病犬在术后24小时开始饮水，48小时开始吃流质食物。术后给予葡萄糖加醋酸林格氏液（头孢唑啉、速尿、氨茶碱、肝强剂、组织活化剂、氨基酸制剂、维生素）输液治疗。术后第6天再次进行造影X射线检查，未发现造影剂漏出，病情恢复良好，准予出院。术后第8天胸部穿孔愈合，血液检查显示白细胞数量增加，肝酶升高，但是现在已经趋于安定并逐渐转向正常值。

讨论

尽管误食竹签引起胃穿孔，但是未发生腹膜炎，因此术后预后良好。究其原因，可能是胃穿孔部位的浆膜面和大网膜粘连，腹腔内的污染比较轻的缘故。

此外，胃内除竹签之外还有竹筒、泡白菜以及其他多种异物。询问犬的主人得知，在通常食物以外并没有给其他吃的东西。因此，本病例中没有获得吞食异物的准确信息。主诉胸壁部有脓肿形成，无呕吐等消化器官症状，平时也有食欲轻微减退的症状，所以认为食欲和平常没有区别。直到就诊第3天还未确定皮下脓肿的原因就是胃内异物。第4天竹签突出体外，初步确诊脓肿的原因就是胃内异物。但是在无竹签突出体外的情况下，找出原因会比较晚，会导致严重后果。因此，外部无损伤但是皮下有脓肿的情况下，应该意识到消化管内异物可能是引起炎症的病因之一。

出处：第28届动物临床医学会（2007）

笔者在胃和小肠的外科手术之后的管理中，对于开始给水和给食的时间上，尚有不明确之处。本病例中，实施胃切开手术之后24小时开始给水，48小时后给予流质食物。我以前也采取同样的做法。有报道表明术后早期给水和给食对病畜恢复有益，我现在采用术后12小时开始给水，24小时开始给予少量的流质食物。稍早的资料中有术后8～12小时开始给予低脂肪食饵，术后12～24小时开始给食饵的记载，也有术后24小时内不给水、给食和投药的记载。这与动物的体况和术者的技术以及缝合线的材料相关，但是长时间的绝食和断水对病畜的恢复肯定无益。

（松本英树）

• Rasmussen LM:Stomach. In:Slatter,Textbook of small animal surgery 4th ed,624,WB Saunders,Philadelphia（2003）
• FossumTW:Surgeryofthestomach. In:Fossum,Smallanimalsurgery.281,Mosby,StLouis（1997）
• Dulisch ML（山根義久監訳）:胃切開,小動物外科臨床の実際,171,興仁舎,東京（2002）

第4章

胃

3. 鼬的胃内异物

Gastric foreign body in a ferret

藤原动物医院
藤原 明、藤原元子

1～2个月前鼬开始时有呕吐，雄性，4岁4个月。主诉有频繁的呕吐和严重食欲不振。上消化道钡餐X射线造影检查发现，由胃内异物引起了幽门部不完全闭锁，实施胃切开术取出异物。术前和术后输液，病情逐渐好转，治疗后约1年6个月恢复良好。

关键词：鼬、胃内异物、胃切开术

引言

对于鼬来说消化道异物是常见疾病。鼬的好奇心强，有啃噬癖，因此误食异物的可能性高。一般的异物为毛巾、塑料、橡胶制品等，鼬将这些东西作为玩具玩耍时误吞的机会较多。1岁以上的鼬误吞异物的病例会减少。此外，误吞毛球类在两岁以上的鼬中较常见。

在此，笔者简要报告因误食毛球而引起幽门部不完全闭锁，实施胃切开术取得良好结果的病例。

病例

鼬（塞弗尔），去势雄性，4岁4个月龄，体重1.4kg。1~2个月前开始时有呕吐，食欲一般。昨天晚上到今天早上呕吐5~6次，食欲减退、精神不振，饮水同平常。来院治疗。

●初诊时的临床检查

·身体检查

呼吸稍微急迫，有轻度脱水。触诊胃部有膨胀感，听诊有轻度腹鸣音。体温38.9℃，心率204回/分。

·X射线检查

确定在胃和小肠内有大量的气体，大肠的一部分内也有气体贮留。VD（腹背位）拍片可见胃内有钩玉状异物的阴影。

·血液检查

WBC（白细胞）9800/μL，PCV58%，BUN25.1mg/dL，ALT145U/L，ALP108U/L，TP7.2g/dL，无明显异常。

●治疗经过①

第1天，建议入院进行上消化道钡餐X射线造影检查，但是畜主不同意。所以皮下注射乳酸林格氏液，口服头孢类抗生素、消气散、盐酸甲氧氯普胺。第2天：精神稍有恢复，食欲只有平常的1/5，每天1次呕吐。畜主同意病畜入院治疗。做好静脉输液准备后，X射线造影检查。

·X射线造影检查

口服70%钡盐约10mL后，从胃流到肠道

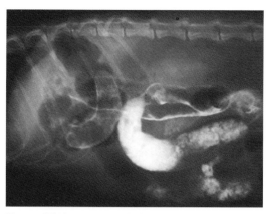

图1　口服钡餐8小时后的X射线造影照片（RL）
钡盐移向肠管，胃部可见钩玉状异物

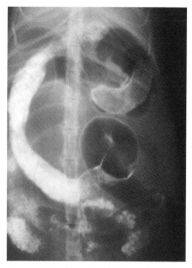

图2　服用钡盐8h后X射线造影检查照片和
VD
（这里应该是RL，译者注）照的结果一样

的时间约8小时（一般为2~3h），发现胃内钩玉状异物（图1、图2）。诊断为异物性幽门不完全闭锁症，次日进行手术。

● 手术

在乙酰丙嗪、阿托品预麻醉后，点滴0.1%盐酸氯胺酮、氧异氟醚维持麻醉状态。

从剑突的尾侧开始到脐尾进行开腹手术，肉眼观察的同时用手触摸找出胃内异物部位。选择胃血管少的部位，画2条线标记出约3cm宽的区域，切开并取出异物。切开部分用4-0的薇乔（Vicryl），缝合针不要刺入胃腔进行单纯结扎缝合，然后用同样的线进行伦字特缝合。腹壁用常规方法闭合，取出的异物是毛球。

● 治疗经过②

术后24小时喂食软化的专用食饵和水，食欲逐渐恢复正常。第4天终止输液。抗生素和非甾体类消炎药连续治疗7天。术后第8天抽线，现在术后已过1年6个月，恢复良好。

讨论

鼬的体格不但小，发出声音也不大，并且也比较容易训练上厕所，因此适合在我国的居住条件下饲养。另外，鼬性格温顺，行为可爱，作为宠物饲养的人数在大大增加。

该动物本来是夜行性的，白天一般长时间睡眠（占白天时间的70%~75%）。鼬比较顽皮，有偷盗癖和啮癖。喜欢毛巾、塑料和橡胶制品等。因此，很容易误吞这些东西引起消化道梗阻。1岁以上误吞概率会有所减少。误食毛球常见于2岁以上的鼬，较大不易通过消化道的异物将停留在胃内引起慢性消耗性疾病。一般会引起呕吐、食欲低下、黑色焦油状便等症状。

该病例的鼬是4岁4个月。在1~2个月前时有呕吐症状，可能是胃内毛球的位置发生变化时便呈现出了急性症状。造影X射线检查发现，钡盐从胃流到肠道的时间大大延迟，异物附着的钡餐确定了其形状和位置，并引起了幽门部的不完全梗阻。

鼬是一种小型的，能够承受外科手术的动物，因此应采取积极的手术治疗措施。半途而废的内科疗法会大大消耗体力，所以要尽量避免。作为辅助治疗，必须输液。一般可以从头静脉输液，如果不能顺利进行，这时可以考虑骨髓内输液。具体方法是：将骨关节背侧周围毛剃掉，用洗必泰醇和碘酒消毒后，在大腿骨和髋关节间的骨髓腔内旋转插入22~23G×1注射针，接上延长输液管（0.7mL，50cm:TopCorporation:×1–50®）用亚龙阿尔法固定于皮肤上。

出处：第22届动物临床医学会（2001）

短评

　　鼬在2岁以上时要注意误食毛球。在换毛期要特别注意梳理毛发和洗澡，仔细打扫笼子。主要症状和犬、猫一样除呕吐和食欲不振之外，还表现为腹泻，及前肢蹭口，有时还有磨牙现象。一般，毛发会随着粪便排出。特别是中高龄的动物（有记载平均为43个月），毛发有时就会因排出困难而越积越大。毛发由于吸附了蛋白黏液，缠连在一起很难解开。因此，可以采取用蛋白分解酶把表面的蛋白质黏液消化溶解，通过食物纤维等清理消化道，可预防毛球的形成。目前人们常用一些食物辅助添加剂（猫用的轻松杀吞等）等进行预防。但是，这种方法对已经变大、需要手术取出的毛球症不适用。

（松本英树）

4. 犬巨大胃溃疡病变

A case of massive gastric ulcer in a dog

山阳动物医疗中心
长崎铁平、松本秀文、安川邦美、大东勇介、政次英明、下田哲也

主诉：金毛猎犬，雄性，11岁。前天开始精神不振，无食欲。X射线检查后疑为腹膜炎。实施紧急开腹手术，可见大网膜坏死和胃穿孔，并有大面积的硬结。考虑到有肿瘤的可能性，切除胃的3/4并实施切口端端缝合。病理检查结果为穿孔性胃溃疡。

关键词:胃溃疡、腹膜炎、吞食植物

引言

胃溃疡常常是医源性（非甾体抗炎药、大量类固醇药物的使用）和基础疾病（肥大细胞瘤、休克、肿瘤、肝功能衰竭等）引起的疾病。如果发生胃穿孔则有引起腹膜炎的可能性。这里我们简要报告一例犬因吞食植物后刺入胃壁，再由慢性刺激造成胃溃疡的病例。

病例

金毛猎犬，雄性，11岁，体重24.85kg。每年注射9联疫苗，并进行了狂犬病及犬丝虫病的预防。既往病历：急性湿疹、皮肤炎。前天开始精神不振，无食欲。此外，1周前曾有一次无食欲，3周前开始排黑色便。

●初诊临床检查

·身体检查

身体状况指数（BCS）为1，非常消瘦。体温39.6℃，有发烧。触诊发现两侧下颌淋巴结呈核桃大肿大。

·血液检查

中性粒细胞（Band-N429/L、Seg-N23,881/L）和单核细胞（Mon1，859/μL）的增多引起白细胞数（28 600/L）增多和轻度贫血（PCV32%）。

·血液化学检查

总蛋白TP（5.4g/dL）、血清白蛋白Alb（2.3g/dL）有所减少。另外，血清铁（19μg/dL）、运铁蛋白饱和度（7.39%）显著下降，而乳酸脱氢酶LDH（1 070U/L）显著升高。LDH同功酶谱正常。

·X射线检查

胸部X射线检查发现，肺呈现间质型支气管型的混合型，肺叶的不透过性增加。腹部X检查发现，腹腔内有游离气体以及显著的胃扩张（图1、图2）。

疑似腹膜炎病例，同日进行紧急开腹手术。

●手术

安定、阿托品、布托啡诺、美洛昔康麻醉前处理，快速点滴输入0.1%氯胺酮后用异丙酚麻醉诱导、异氟醚吸入和0.1%氯胺酮

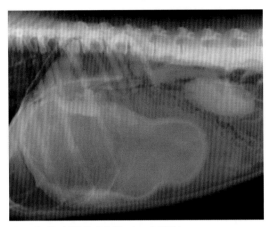

图1　腹部X射线检查照片（RL右侧卧）

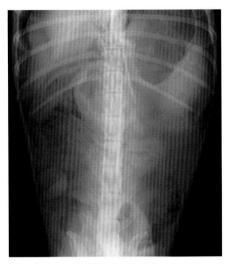

图2　腹部X射线检查（VD腹背位）

持续点滴，间歇性给予溴化琥珀酰胆碱维持麻醉。

　　开腹后可见坏死的大网膜将脾脏周围血管包裹缠绕。取出胃后看见贲门和脾脏连接部分的胃有穿孔，周围有人面积的硬结。由于硬结面积非常大，考虑是肿瘤，切除了胃的3/4后进行了切口端端吻合。脾脏和坏死的大网膜也实施了切除。腹腔用温热生理盐水冲洗后，按常规方法关闭腹部。

·病理组织检查

　　未见肿瘤性变化，胃黏膜的肌层都有溃疡。有严重的组织坏死和中性粒细胞浸润。溃疡周围肉芽组织丰富，其中有少量的巨嗜细胞和中性粒细胞等的炎性细胞的浸润。因此诊断穿孔性胃溃疡。此外，还观察到肌肉层的肉芽组织内有较多疑似植物的异物。

●治疗经过

　　第1~3天用甲磺酸加贝酯治疗，第1~29天用盐酸雷尼替丁治疗。

　　第1~4天断食，第5天开始给食。最初，用1/4量的浸泡软化处理的消化器官疾病专用食饵，逐渐增加到规定量。第5~9天，每天给食4次，出院后（第10天）每天7次以上分开给食。另外，给食开始的第5~9天中补充硫糖铝，第15天开始补充消化酶类制剂。

　　现在无呕吐，体重增加到26kg（BSC2），预后良好。

讨论

　　该病例中的犬被确诊为胃溃疡。病理组织检查发现有类似植物的异物。从肌层等的肉芽组织中发现较多，应是植物刺入胃壁，慢性刺激引发了胃溃疡。因此，带宠物散步时，要意识到吞食植物后的危险性。

出处：第27届动物临床医学会（2006）

5. 猫胃溃疡

Gastric ulcer in a cat

加藤动物医院
加藤 郁

可能是因为精神刺激引起的猫的胃溃疡，用法莫替丁制剂治疗，取得了良好的效果。虽然用药结束时发现有白细胞、红细胞和血小板数的减少，但在治疗结束1个月后逐渐趋于正常。

关键词：精神刺激、胃溃疡、法莫替丁

引言

各种各样的疾患都有可能引起胃溃疡，多种因素更易引起发病。在此，我们报告1例猫因精神紧张刺激而引起胃溃疡的病例。法莫替丁治疗后取得良好效果。

病例

波斯猫，雄性，6岁，体重4.25kg（图1）。主诉：数周前开始呕吐，2天前呕吐频繁。2个月前因频繁呕吐而在其他动物医院诊治，点滴治疗后一时好转，但病因不明。通过问诊得知，3个月前和不到1岁的雄猫同室饲养。

转院后主人希望能查明病因。我们在进行消化道X射线造影检查和内视镜检查后，进行了血液检查和腹部X射线检查。

● 初诊时一般临床检查

· 身体检查

心音、心律、体温等无异常。

图1 病例照片

· 血液检查

白细胞数低下，Hb、MCHC、ALT均轻微上升。

· X射线检查

胸部无异常。腹部检查发现左肾轻度肿大，肠道空虚，结肠内有气体贮留（图2，图3）

● 治疗经过①

第1天，在进行内视镜等检查前进行了对症治疗。皮下注射氨苄青霉素（20mg/kgSC）、氢化波尼松（1mg/kgSC）、盐酸甲氧氯普胺

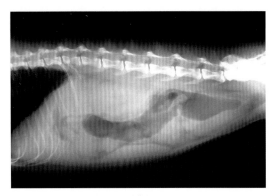

图2 X射线检查影像（RL右侧卧）

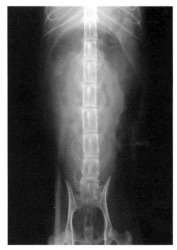

图3 X射线检查影像（VD腹背位）

（胃复安，0.2mg/kgSC）；然后开了盐酸甲氧氯普胺（胃复安，0.2mg/kgBIDPO，3天）的处方。第4~5天，每天进食后约1小时就开始呕吐，再次来院诊治（体重3.95kg）。追加了血液检查和泛影葡胺钠制剂消化道X射线造影和内视镜检查。检查的前一日由于频繁呕吐有脱水症状，所以为了补充钾用醋酸格林溶液和钾制剂进行点滴治疗。

· 血液检查

钠和钾离子浓度稍微低下。

· X射线造影检查

未见梗阻。

· 内视镜检查

胃壁全体都有溃疡，特别是从胃角部到幽门窦（胃窦）附近的黏膜浮肿，出现许多边缘明显的弹坑状溃疡（图4）。用活检钳采取胃部组织后，胃黏膜容易出血。

虽怀疑为肿瘤，但主诉慢性呕吐是从和幼年雄性猫同居时开始，内视镜检查确认有胃溃疡。从第5天开始进行了对症治疗。

使用组胺H2受体拮抗剂法莫替丁口腔内粉剂（Gasport-D，1mg/kgBIDPO）。食物仅为爱慕思的肠道辅助剂。同时和其他猫分开单独饲养，减轻心理压力。

· 病理组织检查

结果疑似胃癌。在正常黏膜上皮中有一部分小型的染色质较丰富，核质比（N/C）略高，形成了小腺管构造。相同部位的细胞核大小稍有差异，发现一处核分裂相（图5）。有胃癌可能性的猫极其少见，可能只是黏膜上皮的部分异型性增加。因此，还有必要考虑其他的临床检查和临床过程。

●治疗经过②

第11天（法莫替丁治疗开始的第7天），体重4.15kg，呕吐有所好转，食欲基本正常。虽然从病理检查结果也怀疑为胃癌，因临床症状好转，法莫替丁粉剂的给药量减为1天1次持续治疗。第33天（法莫替丁治疗开始的第29天），体重4.25kg，呕吐停止，食欲正常。

进行了血液和内视镜检查以确定胃壁的修复状况。

· 血液检查

红细胞、白细胞、血小板数减少，电解质浓度略低。

· 内视镜检查

胃壁溃疡消失，黏膜正常（图6）。活检钳采取组织后胃黏膜未有出血。胃溃疡得到改善，终止了法莫替丁的治疗。

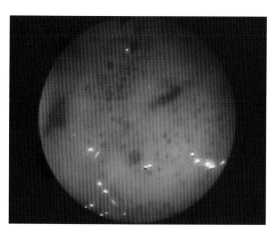

图4　第5天内视镜检查
胃全体呈现溃疡病灶，特别是在胃角部到幽门窦周围的黏膜浮肿，多处见边缘清楚的弹坑状的溃疡

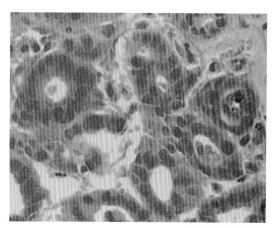

图5　第5天的病例组织照片

第4章

胃

图6　第33天内视镜检查
胃壁未见溃疡病灶，黏膜正常

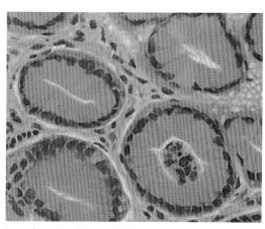

图7　第33天的病例组织图片

·病理组织检查

表层黏膜上皮和腺上皮细胞都无异型性发展，细胞形态均一。固有层中无炎性细胞浸润，无恶性的增殖和浸润。无异常细菌增殖。未观察到前次发现的具有异型核的上皮细胞（图7）。

讨论

各种各样的疾患都有可能引起胃溃疡。

多种因素更易发病，机理就是引起胃黏膜壁的直接损害，胃酸分泌亢进，胃黏膜上皮代谢更新的减弱，胃黏膜血流量的减少等。对于猫来讲，猫幽门螺杆菌（Helicobacterfelis）、海尔曼螺杆菌（H.heilmannii）、幽门螺杆菌（H.pylori）等的胃螺旋菌以及盘头线虫（Ollulanus）和原虫都有一定关联。本病例在初次的病理组织检查时曾怀疑为胃癌。法莫替丁制剂治疗1个月后，病理组织学上表现良好，故诊断为胃溃疡。胃溃疡的发病因素，可以认为是和新近饲养的幼猫同居引起的心因性的紧张有关。通过检查未找到其他病因。法莫替丁的治疗效果是西咪替丁的20~50倍。在本病例中，初期治疗使用量为1.0mg/kg，每天给药2次。此后每天给药1次也能得到很好的治疗效果。在人医中，虽然不了解副作用发生的频度有多高，但是会引起过敏性反应、泛血细胞减少症、粒细胞缺乏症、再生不良性和溶血性贫血、肝肾功能障碍等症状。在本病例中出现红细胞、白细胞和血小板数减少。但是，在药物治疗结束后约1个月的血液检查中，均趋于正常，目前无再发，预后良好。

出处：第26届动物临床医学会（2005）

短评

　　本病例猫的照片就能看出故事，对其内心的不安和不满，主人居然没有注意到。该病例主要表现为慢性呕吐状，也呈现了其他需鉴别的一些症状。胃溃疡和胃炎之外，胰腺炎、十二指肠炎（溃疡）、胆管炎等要正确诊断非常困难。治疗药物除了胃酸抑制药H2受体拮抗剂外，还有质子泵抑制剂（奥美拉唑，0.75mg/kg，每天1次；兰索拉唑，1mg/kg，每天1~2次）、抗胆碱药（东莨菪碱）、抗酸药（氢氧化铝、碳酸氢钠、氢氧化镁）、前列腺素制剂（米索前列醇）等。对于呕吐，可以用黏膜保护制剂（硫糖铝）、促进消化道蠕动药（甲氧氯普胺、枸橼酸莫沙必利、红霉素）和止吐药（氯丙嗪、昂丹司琼、马罗匹坦）。

　　另外，本病例初期配合使用了氢化泼尼松。在人医中，对于氢化泼尼松（类固醇类）的作用机理有这样一种假说，即类固醇能抑制磷脂质上结合了酯的花生四烯酸游离阶段起作用的磷脂酶A2的活性，使胃黏膜上的前列腺素减少，胃黏液分泌减少。这样，胃黏膜对胃液或胃蛋白酶的抵抗性开始减弱。在这个过程中，类固醇对胃酸分泌的促进作用造成了类固醇性胃溃疡。在与本病例一样伴有呕吐的情况下，并用氢化泼尼松的同时，也应考虑并用H2受体拮抗剂和硫糖铝等。

（松本英树）

6. 对伴有大量出血的胃溃疡病例进行毕罗氏 Ⅱ型胃部分切除后的长期观察

Long term evaluation of a dog's case treated with Billroth against massive gastric ulceration and bleeding

动物医疗中心、北大阪动物医疗中心

渡部裕介、小松广宗、柳田 洋、北尾美佳、北尾贵史、宫岛真弓、角野弘幸、北尾洋子、北尾 哲

马尔济斯犬，6岁，慢性胃炎反复发作，出现急性消化道大量出血，伴有重度贫血的胃炎症状。保守治疗无显著改善。内视镜检查见胃内病变，实施了毕罗氏（Billroth Ⅱ）Ⅱ型胃部分切除术。病例组织检查后诊断为胃溃疡。术后未再发急性胃炎。术后数周至数月出现间歇性呕吐和食欲不振，有时出现胃内滞留，但维持了良好的QOL。

关键词： 胃溃疡、毕罗氏Ⅱ型胃部分切除、幽门螺旋杆菌

引言

引起犬胃溃疡的主因有内分泌、代谢的紊乱、肿瘤、药物诱发等。另有报道，对雪橇犬等来说，紧张、压力和免疫介导、幽门螺杆菌等因素也是引起胃溃疡的原因。针对这些病因有各种各样的内科治疗方法。但对有胃穿孔的危险和内科治疗效果不佳的重症病例，有时做外科手术更理想。

该病例除慢性呕吐和食欲不良症状外，还伴有重度贫血，我们实施了早期内视镜检查。在疑似胃溃疡的情况下，实施了毕罗氏Ⅱ型胃部分切除术。此后进行了长期的观察。胃切除部位病理学检查表明是胃溃疡，确定胃底腺部有幽门螺旋杆菌感染。

图1 病犬照片

病例

马尔济斯犬，避孕雌性，6岁，体重2.1kg（图1）。出生后周期性的食欲低下和慢性呕吐，但当时的营养状况良好。

95

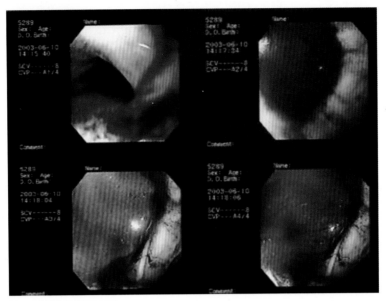

图2 术前内视镜检查图

●初诊时一般临床检查

· 身体检查

2天前开始呕吐黑色的东西，持续的黑色水样便，伴有腹痛。

· 血液检查

白细胞数稍有增加，PCV和TP轻度下降。

●第10天的一般临床检查

· 身体检查

身体颤抖，可视黏膜苍白。

· 血液检查

WBC27 400/μL、RBC1.80×10^6/μL、Hb4.7/dL、PCV13%、Plat41.5×10^3/μL、TP3.2g/dL。白细胞数稍有增加，PCV和TP急剧下降。

●治疗经过①

初诊后进行皮下补液和输液。使用阿莫西林、H2受体拮抗剂、胃复安、氨甲环酸等内科治疗无明显好转。第10天出现色便等病情急剧恶化，进行输血。此后PCV29%，TP4.4g/dL，均有上升。进一步内视镜检查。

图3 胃部分切除部位的肉眼所见
确认了溃疡病变

· 内视镜检查

胃内有大量出血和许多溃疡病灶（图2）。保守疗法未见效。第12天实施了手术治疗。

●手术（第12天）

从胃体部到幽门部可见较多溃疡病灶（图3）。因实施端端吻合术较困难，故实施毕罗氏Ⅱ型胃部分切除术。胃的幽门部和胃体部切口采用TA订书机式缝合技术（图4）。胃和空肠部分的缝合用手进行

图4 手术照片①
TA订书机式的端端缝合

图5 手术照片②
用手将胃和空肠切口缝合

（图5）。

·病例组织检查

溃疡深入胃的肌肉层，有幽门螺杆菌感染，但无炎症反应。因此，幽门螺杆菌与溃疡形成的相关性无法确定。

●治疗经过②

后贫血和低蛋白血症得到改善。1个月后PCV40%、TP6.8g/dL。无大量出血性胃炎症状。但是，每隔几周就有1次的呕吐，几个月到几年中出现食欲低下、频繁呕吐、吐出胆汁和吐血等的胃炎症状和胃停滞等。术后至今已5年，目前营养状态良好，出现胃炎症状时进行H2受体拮抗剂、硫糖铝、甲氧氯普胺、抗生素治疗及少食多餐的Hill's® a/d食饵等进行持续治疗。

讨论

迄今，已经查明很多因素与犬胃溃疡的形成有关。该病例未见与胃溃疡形成直接相关的基础疾病。因此，还要考虑应激原因、幽门螺杆菌与其他因素。用22mg/kg的阿莫西林连续治疗10天无明显效果，反而出现伴有急剧贫血的胃溃疡。病例组织检查结果，认

为幽门螺杆菌也不是本病例的主因。

和这次病例一样，在切除大部分胃的情况下应注意晚期并发症，如吻合部狭窄、溃疡、输入祥综合征、幽门功能障碍引起的胃逆流综合征等。我们认为本次的病例也出现了后面两种并发症，出现了胃停滞等症状。虽然现在有上消化道的状况不稳定，但是伴有重度失血的胃溃疡得到了有效的控制。人的医疗中，对胃逆流综合征的控制采取食物疗法。少量多次给予高蛋白低碳水化合物的食物，服用抗五羟色胺剂、抗组胺药、食前服用自律神经安定剂。对输入祥综合征采取外科手术，有报道用布劳恩吻合手术，对输入祥和输出祥进行吻合缝合。以后要对这类病例进行收集和积累，对其在兽医治疗中的效果进行评价。

出处：第29届动物临床医学会（2008）

参考文献
• 山口俊晴, 高橋俊雄：胃癌手術（吻合術），消化器外科4月臨時増刊号Vol.17 No.5,730-731,ヘルス出版,東京（1994）
• Ettinger SJ,Feldman EC:Textbook of Veterinary Internal Medicine（6th）,1310-1331（2005）
• Clark NG（藤永 徹 監訳）：サージカルステイプリング機器を用いた胃外科,Vet Clin North Am（日本語版）,24（2）,47-66,学窓社,東京（1996）

7. 平涂猎犬幽门切除术

Two cases of pylorectomy in flat-coated retriever

白永动物医院

小见山 刚英、石川浩三、本山祥子、白永纯子、白永伸行

我院诊治了2例幽门·十二指肠流通障碍的平涂猎犬。病例1是呕吐和食欲不振。消化道X射线造影检查时钡餐从胃内流出迟缓。开腹手术发现明显的幽门硬结，空肠内发现袜子。病例2出现疑似急性腹膜炎症状，开腹手术发现近端十二指肠有铅笔大小的穿孔。对病例1和2实施了毕罗氏（Billroth）Ⅰ型和Ⅱ型手术。预后良好。由于消化道排出压引起消化道黏膜的器质性病变，怀疑是引起胃内排出障碍的共同原因。

关键词：平涂猎犬、幽门切除术、毕罗氏Ⅰ法、毕罗氏Ⅱ法

引言

胃和十二指肠的吻合是对胃或十二指肠近端部的器质性或者功能因素造成的狭窄等，以幽门部为中心的胃部分实施切除手术后，进行的和近端小肠的缝合手术。分为胃和十二指肠吻合术的毕罗氏Ⅰ法、胃和空肠吻合的毕罗氏Ⅱ法2种。与会引起大的解剖位置变化的Ⅱ型相比，更希望进行Ⅰ型手术。这次我们对2只胃流出障碍的平涂猎犬分别实施Ⅰ型和Ⅱ型手术，均取得良好效果。简要报告如下。

病例

【病例1】平涂猎犬，雄性，8岁，体重17.4kg。1周前开始呕吐，食欲不良，在别的医院诊治无明显改善，来我院诊治。

● 初诊时一般临床检查

· 身体检查

身体状况指标为BSC1，明显消瘦。

· 血液检查

电解质低下（Na135mmol/L、K2.9mmol/L、Cl197mmol/L）。

· X射线检查

腹部X射线检查无显著异常。

· X射线造影检查

钡餐排出到了肠道，但排出速度明显迟缓。

根据以上结果，判断是幽门不完全梗阻。点滴进行水分和电解质补充。入院第3天实施开腹手术。

● 手术

开腹后触诊发现幽门硬结（图1）。在空肠触摸到15cm长的异物。

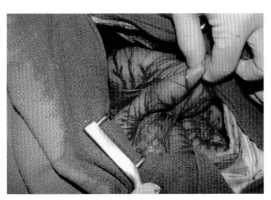

图1 幽门肥厚部的照片

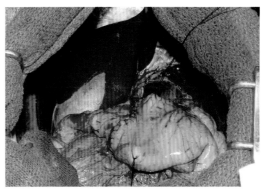

图2 手术照片 胃
十二指肠吻合（毕罗氏 I 型）

取出的异物是袜子。然后切除幽门狭窄部位，胃和十二指肠实施毕罗氏 I 型缝合（图2）。通过幽门狭窄部的病理组织检查，查明狭窄的原因是幽门过度增生所致。

病犬术后食欲恢复，身体状况逐渐好转，体重达到32kg。目前只食用易消化的食饵（Hill's® i/d）进行食物疗法，预后良好。

【病例2】平涂猎犬，避孕雌性，2岁，体重30.2kg。主诉：晚餐数小时后散步时，突然不能动了。既往病历：1年前误食袜子，有肠梗阻表现。当时消化道X射线造影检查时袜子被排泄出。半年后，呈现不明原因的十二指肠穿孔的急性腹部病症。实施了十二指肠再建术。穿孔病变部位是炎症性肉芽组织。

●初诊时一般临床检查

・身体检查

上腹部紧张。

・血液检查

血液黏稠，AST（117U/L）、ALP（273U/L）有轻微上升。

・X射线检查

上腹部磨砂玻璃状阴影。

・超声波检查

上腹部有腹水潴留。腹腔穿刺所得腹水

为血样渗出液，含较多嗜中性粒细胞和巨噬细胞。

根据以上检查结果认为是腹膜炎。同日实施开腹手术。

●手术

开腹后腹腔内充满血样渗出液，大网膜变性并和上腹部消化道粘连。为确定是否有肠道穿孔，将肝脏和大网膜粘连部分剥离，见十二指肠周围有硬结，确认到铅笔大小的穿孔（图3）。该种情况下，仅靠对穿孔部位的修复无法实现肠道再构建。此外，通过毕罗氏 I 型手术感觉到无法对十二指肠近端进行再建。因此，实施了毕罗氏 II 型吻合术。首先，在确保胆汁排泄通道完整的前提下，以穿孔部位为中心切除十二指肠到幽门的部分。然后，对幽门窦和十二指肠的切口进行闭锁缝合，将胃和近端空肠循环进行对拢缝合，对缝合线附近各自进行纵向全层切开后，再实施侧侧吻合（图4）。充分冲洗腹腔，常规法缝合闭腹。术后进行高能量输液。

●治疗经过

术后第2天开始，身体状况逐渐恢复，第3天进行胃石墨消化道X射线造影检查，胃的液体排出未见异常，开始经口给予少量饮水。

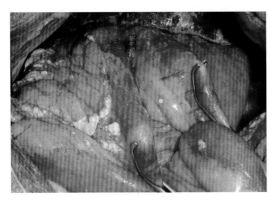

图3 近端十二指肠穿孔部位肉眼所见

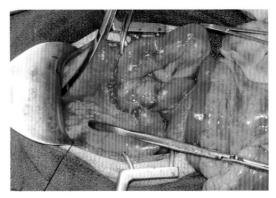

图4 手术照片
胃·空肠缝合（毕罗氏Ⅱ法）

当时在喂食不加水的罐头和干性食物时会出现嗳气和呕吐，故随后数日喂食加水的易消化性流食（Hill's®i/d）。此后开始改用固体食物。术后第8天身体状态良好，无呕吐和嗳气，出院。

· 病理组织检查

诊断为溃疡和伴有纤维化的化脓性肉芽肿性肠炎。

出院后口中排出腐败酸臭的气味，作为碱性返流性胃炎处理，服用H2受体拮抗剂后，病情迅速改善。现在离手术完成虽有1年时间，一直喂食易消化食物（Hill's®i/d）和口服H2受体拮抗剂，维持良好。

讨论

2个病例均呈现幽门·十二指肠梗阻。根据主诉、临床症状和犬种的特质，还是怀疑异物引起的消化道梗阻。病例1中的犬空肠内有异物，经过一定时间肠道无异常变化，因此很难和肠梗阻相联系。从幽门部排出障碍的直接因素是幽门的肥厚增生来看，极有可能是袜子在幽门停留和通过时黏膜发生了变化。病例2存在十二指肠穿孔，伴有溃疡、肠炎和腹膜炎。这次肠道穿孔的直接原因无法查明，但是穿孔部位和半年前穿孔的部位相同，因此可能是旧病复发。

两个病例都是误食了如袜子这样的异物。异物从幽门到十二指肠排出过程中产生了较大的压力，异物移动过程中引起二次性的黏膜的器质性病变。同时，这种病变也有发展为肠梗阻和穿孔的可能。对于那些有误食异物既往史的病例，不同的异物造成的影响有所不同。但是，在考虑异物本身的影响之外，还应注意异物对消化管器官带来的器质性病变的影响。

一般来说，食量较大的大型犬容易引发胃扭转和胃扩张症候群。从这些病症考虑，对平涂猎犬这样具有异嗜癖的胸壁较深的大型犬，也应该考虑会有本病例一样的潜在危险。

出处：第30届动物临床医学会（2009）

参考文献
· Fossum TW（浅野和之 訳）:胃の手術,Small Animal Surgery,3rd ed,462-470,インターズー,東京（2008）
· 浅野和之:胃と小腸の吻合術,Surgeon,46,6-17（2004）

8. 犬胃腺癌

Two dogs with gastric adenocarcinoma

地球动物医院、美幌动物医院
高良广之、关真澄、高良和惠

出现间歇性呕吐和食欲不振的杂种犬（13岁）和金毛猎犬（9岁），来院治疗。X射线检查、消化道X射线造影检查、腹部超声波检查和内视镜检查后怀疑为胃的恶性肿瘤。杂种犬进行超声波检查时发现肝脏有肿瘤病变，已发展到临床4期。未做手术，入院第5日实施了安乐死。剖检后，病理组织学检查，诊断为低分化型胃腺癌（T2N1M1）。金毛猎犬在入院第10天进行了手术。浆膜和小网膜粘连，局部淋巴结肿大。由于小弯中央病灶较小，故实施了边缘切除术。其他脏器无显著变化，病理组织学检查显示是低分化型胃腺癌（T2N1M0）。术后病情稳定，但是在第8个月后呕吐再发，第259天死亡。

关键词：犬，胃腺癌，级别分类

引言

　　犬的胃肿瘤病例中恶性较多。大部分都是病程有所发展后才得以确诊。主要症状是喜好性变化、食欲低下、体重减少、呕吐以及其他非特异性的症状。对于中高龄犬，一般对症疗法无明显效果的情况下，应考虑胃肿瘤。在此，我们简要报告2个胃腺癌病例。

病例

【病例1】杂种犬，去势雄性，13岁，体重15.4kg（4个月前17.6kg）。主诉：1周前开始呕吐和食欲不振。

● 初诊时一般临床检查

· 身体检查

　　肥胖（BCS4），腹围胀满。从高龄及症状疑为胃肿瘤，进行了各种检查。

· 血液检查

　　轻度的碱性中毒症以外，无特别异常。

· X射线检查和消化道X射线造影检查

　　从右侧卧及腹背位胶片可见不规则胃扩张（图1、图2）。X射线造影检查时，右侧卧像显示胃体部有阴影，而腹背位像显示幽门窦造影剂停留，确定为造影剂从胃排出迟缓（图3、图4）。

· 超声波检查

　　胃的运动性低下，胃壁肥厚，肝脏内确认有高回声的肿瘤病变。

· 内视镜检查

　　胃壁全体肥厚，小弯部有巨大的溃疡病灶。溃疡周围的皱襞增厚，充气未见胃扩张或皱襞消失。

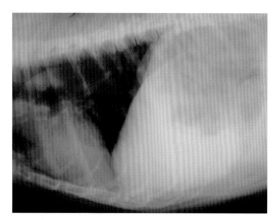

图1 病例1：X射线影像（右侧卧）

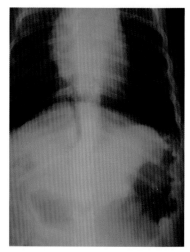

图2 病例1：X射线影像（腹背位）

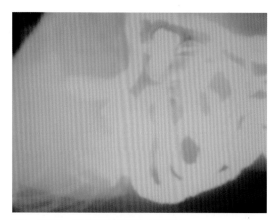

图3 病例1：X射线造影影像（右侧卧）

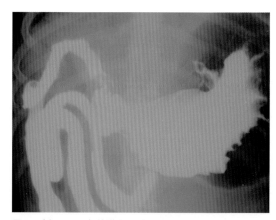

图4 病例1： X射线造影影像（腹背位）

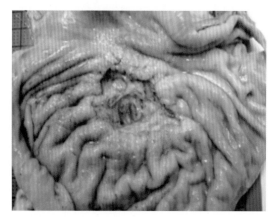

图5 病例1：胃内肉眼所见图片

性较高，暂时诊断为胃的恶性肿瘤4期。向犬的主人建议手术以缓和病情，但未被采纳。第5天实施了安乐死。

· 剖检

胃整体扩张和胃壁肥厚硬化，小弯部有直径约4cm的溃疡灶形成（图5），浸润至浆膜。此外，还有小网膜粘连和局部淋巴结肿大。肝脏和脾脏有大量红豆大到核桃大小的红白色的肿瘤病变（图6至图8）。

· 病理组织检查

伴有淋巴结、肝脏、脾脏转移的低分化型胃腺癌（T2N1M1）。

●治疗经过

初诊后输液，止吐处理后病情无好转。进行各种检查，认为已经向肝脏转移的可能

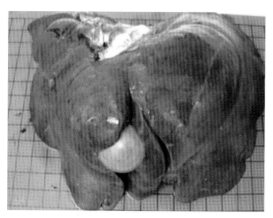

图6　病例1：肝脏肉眼所见

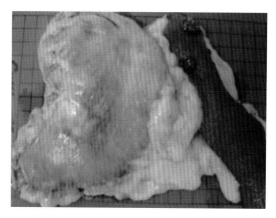

图7　病例1：肝脏切面肉眼所见

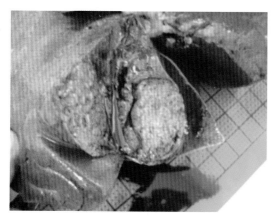

图8　病例1：胃、脾脏肉眼所见

【病例2】金毛猎犬，雄性，9岁，体重40.8kg（1周前43kg）。主诉：3周前开始每天呕吐2次，食欲不振。

● 初诊时一般临床检查

· 身体检查

BCS3，未见特别异常。考虑到年龄为中年以及临床症状，疑为胃肿瘤。进行了各种检查。

· 血液检查

包括异型淋巴球的总淋巴球数增多，其他无特别异常。

● 第8天临床检查

· X射线以及消化道X射线造影检查

无特别异常。造影剂从胃部排出也无迟缓现象。

· 超声波检查

胃的运动性无异常，未能检测到肿瘤病变。此外，肝脏、脾脏也无异常。

· 内视镜检查

胃的运动性很好，小弯部有溃疡病变。溃疡周围只有局部胃壁增厚。

● 治疗经过①

初诊日根据血液检查结果曾考虑是淋巴瘤，但是后来经讨论，认为可能产生了应激性的淋巴球波动，处方开出内服止吐剂。第8天出现贫血。进行内视镜检查，认为是胃的恶性肿瘤。第10天进行手术。

● 手术（第10天）

开腹后可见胃小弯的中央部分约有3cm×4cm肥厚增生。黏膜一侧有直径约1cm的溃疡（图9）。同一部位的浆膜面和小网膜粘连，局部淋巴结肿大。由于肿瘤病灶较小，将病灶和周围约3cm的范围切除。其他腹腔脏器无显著异常。腹腔冲洗后实施闭腹缝合。

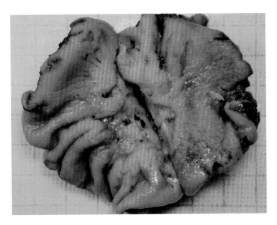

图9　病例2：胃病变部位的肉眼所见

·病理组织检查

结果为低分化型胃腺癌并有淋巴结浸润。手术切除的周边未发现肿瘤细胞。

●治疗经过②

术后无呕吐，贫血得到改善，病情稳定。但是在8个月后再次呕吐，判定为肿瘤临床2期（T2N1M0）。建议实施辅助性化学疗法，但犬主人未采纳。持续观察病情，在第259天时死亡。未剖检。

讨论

这次我们经历了处于不同临床发展阶段的犬胃腺癌病例。怀疑是胃肿瘤进行了各种检查，首先病犬是中高龄犬，且内科治疗没有良好的疗效，出现慢性呕吐、体重减少、食欲减退等临床症状。病例1中的犬虽然较肥胖，但是体重减少明显，初诊时就怀疑是胃肿瘤。和临床检查的第2个病例不同，X射线检查病例1呈现胃的不规则扩张，而病例2基本正常。病例1中X射线检查看到的胃的不规则扩张，正是内视镜检查和剖检中所见的胃壁的大范围硬化、肥厚增生的体现，也出现了胃内大范围的浸润。超声波检查对于术前的肿瘤发展进程的判断有一定作用，但是本次病例胃小弯部肿瘤的检测，在技术上还需要进一步探讨。病例2在选择手术方法上，由于肿瘤不在幽门部，而是在小弯中央部，且病灶较小，所以切除了部分胃。在即使实施毕罗氏Ⅰ型或Ⅱ型外科手术后，大部分还是在术后6个月内死亡。因此，这次手术后犬能生存8个半月，是有一定的参考价值。手术采用了对病犬伤害较轻的手法，病变部位和扩大范围的切除，我们认为比较合适。

出处：第25届动物临床医学会（2004）

参考文献
· 端村 崇, 小儀 昇, 山崎順三:犬の胃腫瘍の2 症例（低分化型腺癌と悪性リンパ腫）内を中心として, 2003年日本小動物獣医師会年次大会プロシーディング, 268-269（2003）
· 真下忠久, 地堅二, 名治, 白永伸行, 下田哲也:胃腺癌の犬の1例, 第19回物臨床医学会プロシーディング, 126-127（1998）

9. 犬胃腺癌病例

Gastric adenocarcinoma in a dog

舞鹤动物医疗中心

赤木洋祐、光田昌史、吉冈永郎、真下忠久

哥顿雪达犬，间歇性呕吐，诊断为胃腺癌伴有淋巴结转移。开腹手术切除1/2的胃，同时切除胰腺左叶和淋巴结。此后，进行卡铂化学疗法。第60天病情恶化，实施安乐死。

关键词：间歇性呕吐、胃腺癌、影像诊断

引言

犬的胃腺癌，多数在病情发现时已经有了相当的发展。但是，若在胶片上看不到巨大的溃疡，早期的诊断也非常困难。

本病例中，犬有间歇性的呕吐症状。虽然进行了各种检查，但是在确诊上付出了不少辛劳。在影像诊断上有了一些见解，现报告如下。

病例

哥顿雪达犬，雄性，7岁5月龄，体重31.2kg（BCS3）。已经采取了心丝虫防治及疫苗免疫措施。主诉：间歇性呕吐。

●初诊时临床检查

· 身体检查

无特别异常。

· 血液检查

无特别异常。

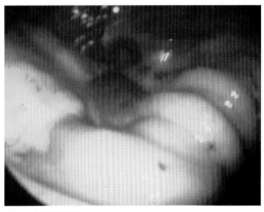

图1　内视镜检查

●治疗经过

初诊时精神和食欲正常，实施对症疗法。第6天，呕吐次数增加，进行X射线检查未见异常。第8天，X射线造影检查，未见钡餐从胃内排出延缓等通过障碍症状或异常阴影。第9天，进行内视镜检查和CT检查。内视镜检查可见幽门部轻度溃疡（图1），CT检查可见胃黏膜部非常清晰的阴影（图2）。第13天，针对不断的呕吐，开腹并在十二指肠置留导管。

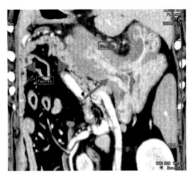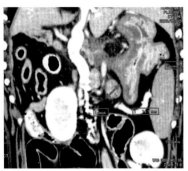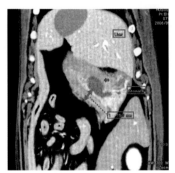

图2 腹部CT影像

确认到对造影剂反应明显的胃黏膜层和缺损的一部分

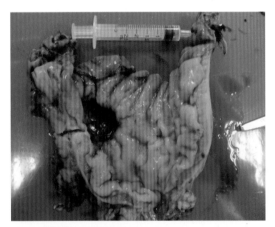

图3 切除胃的远端部照片

确认到胃壁肥厚和幽门洞的狭窄

图4 手术照片①

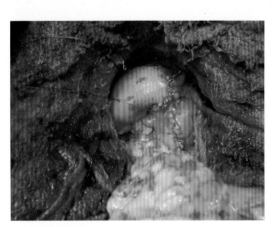

图5 手术照片②

●手术（第13天）

　　胃远端部有硬结及内腔狭窄（图3）。切除有硬结部位胃的1/2，和十二指肠进行毕

罗氏I型缝合并在十二指肠置留导管（图4，图5）。同时切除胰腺左叶、清除周围淋巴结，缝合腹腔。术后第2天，从导管送进流质食物和水，术后第3天出院。

　　·病理组织检查

　　肿瘤细胞向周围脂肪组织浸润，向局部淋巴结转移，淋巴管内细胞浸润。胃的前后切除边缘无明显的肿瘤组织。但是，在和切除边缘接近的淋巴管内有浮游的肿瘤细胞。

　　拆线后，从来院第30天进行化学疗法。化学疗法采用卡铂，第1次200mg/m²，第2次（第51天）用180mg/m²静脉注射。在就诊后第49天再次出现呕吐，第53天呕吐次数增加，进行了超声波检查。

·超声波检查

胃的形态不太清晰，无法确定。胰腺肿大，少量腹水。怀疑为癌性腹膜炎。

第60天，由于呕吐引起的精神不振，食欲减退加剧，实施安乐死。剖检未能确诊，实施了CT检查。

·CT 检查

胃内腔狭窄，肺肿瘤和结节形成，确认到癌症已经向腹腔内转移。

讨论

胃腺癌的早期没有特异性临床症状，确诊需要X射线检查（X射线造影）、超声波检查和内视镜检查等。本病例中，虽然进行了钡餐X射线造影检查，但未发现正常的黏膜皱褶阴影的消失和显著的曲折、胃壁的肥厚和钡餐填充后出现阴影，未发现异常。据此，我们认为应该还有必要考虑空气的充入、摄影的方向、造影剂的剂量、摄影的时间等。超声波检查，有时候也能发现胃壁的异常肥厚增生（局部或者全体）、运动性消失等，局部胃壁肥厚，通过超声波检查来判断的话需要一定的技术水平。

内视镜检查在人的医疗中，对病变部位的组织进行多次活检，正确诊断的概率很高。但是，在本病例中，通过内视镜检查只发现了幽门窦的轻度溃疡。如果不存在巨大的溃疡，内视镜检查有一定局限性。

另外，CT检查对胃癌的病期诊断是有用的。通过CT检查，可以对肿瘤直径、发生部位以及范围、胃壁的肥厚度、肿瘤和邻近脏器间有无脂肪组织等进行确认。也可以诊断淋巴结的肿胀、血管侵袭、肿瘤向腹腔内的浸润程度等。但是，由于CT检查无法准确获得胃壁的层构造，对早期癌和晚期癌的鉴别诊断是非常困难的。本病例中，CT检查所见的病灶范围、淋巴结的肿大等和肉眼观察到的情况是一致的。因此，尽管对医务人员的读片能力有所要求，但是，CT检查对早期诊断还是有用的。

出处：第27届动物临床医学会（2006）

参考文献
· Morris J,Dobson J:犬と猫の腫瘍学－治療へのアプローチと予後判定（藤田道郎）,15-159,インターズー,東京（2005）
· vTams TR,:小動物の内視鏡学（作野幸隆,松原哲舟）,99-104 LLL. Seminar,鹿児島（1996）

第4章

胃

10. 多发性胃息肉中形成腺瘤和腺癌的杰克罗素梗病例

A case of Jack Russell Terrier with many gastric polyp connoting adenoma and adenocarcinoma

朝日宠物诊所本院
米地若菜、米地谦介、冈村贵世、山下圭介、冈田一夏、福井麻乃

杰克罗素梗，7岁。主诉有2个月的慢性间歇性呕吐。详细检查，内视镜检查确认胃内有多发性息肉。实施切除手术。病理学检查3个息肉中有2个内部有腺瘤形成。在切除手术后恢复良好。1年后由于再度呕吐，来院就诊。内视镜检查确定幽门部形成了同前次一样的息肉。实施毕罗氏I型全层切除手术。病理组织检查结果，息肉内部有腺癌形成。第二次实施切除手术9个月后病犬恢复良好。在发现胃内息肉的情况下，要意识到息肉中有腺瘤、腺癌形成的可能性，考虑制定分期和切除法的治疗方针。

关键词：胃息肉、腺瘤、腺癌

引言

在人的医疗中，大肠和胃的息肉有癌化的可能性。但是，犬和猫息肉的发生较少，病情是否会发展为癌前状态，就我所知，还没有人探讨过。我们这次就遇到了1例胃的多发性息肉病例。息肉内部还形成了腺瘤和腺癌。因为它们都是在息肉内部形成病灶，因此表明息肉有发展为癌前状态的可能性。

病例

杰克罗素梗，雌性，7岁。有尿石症和皮肤黑痣切除的既往病历。这次是由于慢性间歇性呕吐来院治疗。

●一般临床检查①

由于筛选检查未见显著异常，故实施内科疗法。但是，停止治疗后又出现了临床症状。因此进行了X射线造影检查。

·X射线造影检查

胃内有数个直径约2cm大的圆形钡餐缺损阴影，未发现胃或小肠及大肠的通过障碍（图1）

·内视镜检查

胃的内腔有3个突出的圆形肿瘤（图2）。为此进行了内视镜活检。

·病理组织检查

诊断为胃息肉。

●手术①

认为3个息肉是造成呕吐的原因，为了实

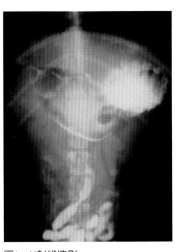

图1　X射线造影
确认到钡餐缺损的阴影

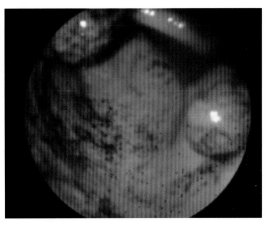

图2　内视镜检查
可见息肉样病变

第 4 章

胃

施切除术，按常规法从上腹部正中切开接近胃部，切除胃体部的3个息肉。根据病例组织检查结果，只切除了整个黏膜。

●治疗经过①

切除息肉后病情恢复良好，无呕吐症状。此后身体状况也一直很好。

·病理组织检查

3个息肉中的2个被诊断为胃腺瘤，1个为胃息肉。病理组织观察看到，在所有标本中黏膜上皮呈非异型性增殖像。其中在2个标本的一部分组织中，高圆柱状的上皮细胞呈现无间质成分的乳头状或者腺管状的增殖像。另外，未见向黏膜固有层和黏膜下组织的浸润现象。两个病灶都被完全切除。

初诊后正好1年，因再次呕吐来院诊治。由于以前多发过胃息肉，故立即实施了X射线造影检查。

●一般临床检查②

·X射线造影检查

未发现和前次一样的息肉病变。但是，确认到了幽门部狭窄和钡餐排出延缓。

和前次一样，实施了内视镜检查，确定胃的内部状况。

·内视镜检查

幽门部再次确认有和上次同样的息肉状病变。

●手术②

为了切除肿瘤，再次从上腹部正中切开接近胃部。这次由于无法切除黏膜，故实施毕罗氏I型幽门部全层切除。

·病理组织检查

诊断结果：胃息肉内腺癌。病理组织观察可见肿瘤边缘有和前次一样的黏膜增殖病变。

前段部分的黏膜上皮有明显的大小不同和核异型。同时，有异型腺管和乳头构造的形成。这次也未见增殖细胞向基底膜的浸润，还是完全切除。另外无血管浸润现象（图3）。

●治疗经过②

在第2次切除后的第1、3和6个月分别进行检查，确认有无再发和转移。实施了内视镜和CT检查，确认了全消化道息肉状病变和腺癌切除后有没有转移。其结果未见异常变化。到现在离第2次切除术已经有9个月时间，经过良好。

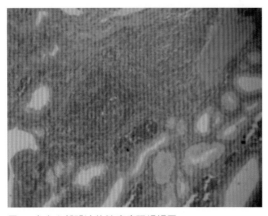

图3　息肉内部确诊的腺癌病理组织图

讨论

　　胃息肉多数情况下无明显的临床症状，发现病情需要一定的时间。本来是偶发的息肉病例，在本病例中呈多发趋势，由于发生部位的问题出现了临床症状。再次确定了对于反复呕吐的病例进行筛选检查的重要性。如何进行筛选检查，根据各个设施的情况而不尽相同。本次实施的X射线造影和内视镜检查是非常有效的检查法。为了评价术后病情的发展状况而实施的CT检查，在胃内充入气体后拍照时，对于黏膜面突出的病灶的观察也非常有效。

　　另外，本次内视镜检查确定的黏膜表面的息肉内部有腺瘤形成，认为是相同的病变而切除的第2次复发的息肉内部有腺癌的形成。从以上几点我们认为息肉在以下3种情况下可以和人医一样实施切除。①有临床症状；②有增大倾向；③达到一定的尺寸。诊断上，内视镜检查得到的样品数量有限，不能过多依赖采取的黏膜表面的材料。息肉也并非一定都要全部切除。考虑到动物定期检查有一定难度，对于那些黏膜表面的良性病变，也要考虑到内部有形成腺瘤和腺癌的可能性。所以，应制定包括分期和切除在内的诊断和治疗方案。此外，以后要收集更多的病例，对于胃息肉是否会发展到癌前状态进行进一步探讨。

出处：第29届动物临床医学会（2008）

11. 犬胃·十二指肠平滑肌肉瘤病例

A case of canine gastroduodenal leiomyosarcoma

杜父鱼动物医院、北里大学兽医畜产学院

土田靖彦、伊藤浩太、福岛 潮、朴天镐、小山田 敏文、吉川博康

反复呕吐的谢尔蒂犬，内视镜检查发现胃和十二指肠从黏膜到肌层的肿瘤病灶，实施外科手术切除。术后第98天内视镜检查确认再发，对症疗法后未见好转，术后第133天死亡。病理组织检查确诊为多形型平滑肌肉瘤。

关键词：胃·十二指肠、内视镜检查、多形型平滑肌肉瘤

引言

胃和十二指肠的间叶系肿瘤主要包含平滑肌瘤、平滑肌肉瘤、胃肠道间质瘤（Gastro Intestinal Stromal Tumor：GIST）。一般GIST多被诊断为平滑肌肉瘤。被认为是来自消化道的卡哈尔（Cajal）的间质细胞或者分化为卡哈尔细胞前的、具有多分化功能的未分化细胞。有时和平滑肌肉瘤很难鉴别诊断。这次，我们对犬的幽门部到十二指肠发生的平滑肌肉瘤病例的临床经过以及鉴别要点进行简要报告。

病例

谢尔蒂犬，雌性，7岁。主诉1日呕吐3~4次。呕吐物为未消化的食物残渣和黄色黏稠的液体。

●治疗经过

初诊时用盐酸胃复安和西咪替丁治疗，观察病情经过。在第45天再次呕吐来院诊治。呕吐物有血液成分混杂。犬主告知，犬不吃干性食物，但是吃一些饼干、牛肉干等零食和罐头。

第48天每天呕吐1~2次，再次来院。体温上升到39.7℃。使用非甾体抗炎药解热。次日体温降到38.7℃，呕吐缓解，带回家观察。第54天主诉从2天前开始频繁呕吐，无食欲遂又来院。进行血液检查、X射线检查以及钡餐X射线造影检查。血液检查结果显示除钠和氯离子减少外，其他无特别异常。X射线造影检查发现有胃排出迟缓，但没有通过障碍等症状。

第70天，由于显著消瘦和贫血再次来院。体重从就诊第1天的16.3kg降到了11kg。

再次实施钡餐X射线造影检查。结果：幽门部到十二指肠狭窄。第78天，实施内视镜检查，结果和钡餐X射线造影检查一样，在同一部位处发现肿瘤。

第90天，在北里大学附属动物医院确定肿瘤边缘后实施肿瘤切除术。切除的肿瘤再经病理组织检查，诊断为平滑肌肉瘤。此后，设置肠导管，观察病情。

因病情趋于好转，第101天取掉导管。第104天开具了硫糖铝和抗癌药舞茸地复仙后，

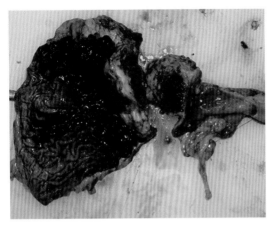

图1 病理解剖时肉眼所见
从胃的幽门部到十二指肠形成的肿瘤病灶

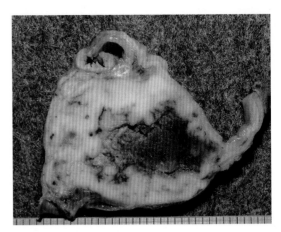

图2 福尔马林固定后的切面
伴有出血坏死的乳白色肿瘤

回家继续观察病情。

第167天来院，主诉4天前每天呕吐2次，次日进行了内视镜检查。结果未见肿瘤再发。第188天来院时体重减到8.8kg。钡餐X射线造影检查发现幽门部到十二指肠狭窄。内视镜检查发现相同部位再发的肿瘤。血液检查钠离子和氯离子降低，ALT和ALP上升。

此后每天1~2次的呕吐反复发作，第223天早上在家死亡。经犬主人的同意，死亡后12小时，进行了解剖。

●病理解剖

肿瘤在幽门部到十二指肠移行部的平滑肌层中形成（图1）。界限不清楚的类圆形肿瘤（6cm×6cm×5cm）和肝外侧左叶有部分粘连。在胰腺和肠系膜淋巴结中也发现乳白色小结节。福尔马林固定后在横切面可见肿瘤中心部有明显的出血和坏死。其边缘呈现较均一的乳白色（图2）。

·病理检查

HE染色后可见束状排列的纺锤形细胞和成片的类圆形细胞混杂在一起。纺锤形细胞从大小不同的卵圆形到纺锤形，有异型核，较多的呈现出核分裂像（图3）。同时，可见散在的多核巨细胞。类圆形细胞有清楚的核小体和核膜不规则的卵圆形核以及大量的嗜酸性细胞质，偶尔也形成不同大小的囊泡，核分裂像较少见。另外，可见散在的具有偏在性的浓缩核和空泡状细胞质的大型类圆形细胞（图4），以及神经节细胞样细胞（图5）。

在免疫组化检查中，所有的肿瘤细胞对抗波形蛋白（vimentin）和肌间线蛋白抗体（Nichirei）显示弥漫性强阳性反应。部分肿瘤细胞对神经元特异性烯醇化酶（NSE，DAKO）显示弱阳性。同时，只观察到极少数的α-平滑肌动蛋白（α-SMA）阳性细胞（图6）。此外，对于细胞角蛋白（DAKO）、磷酸化原癌基因c-kit抗体（DAKO & Santa Cruz）均显示阴性。

透射电子显微镜观察，可见肿瘤细胞的细胞膜上胞饮小泡和细胞质内细纤维，未见致密小体和Z线等。

根据以上结果，该病例最终确诊为多形性平滑肌肉瘤（pleomorphic leiomyosarcoma）。

讨论

平滑肌肉瘤一般呈不规则的束状排列，

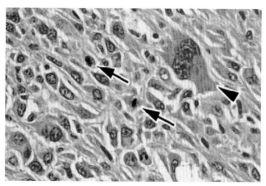

图3　病理组织图（HE染色）①
纺锤形细胞有大小不同的卵圆形、纺锤形和异型核，还能观察到核分裂像（箭状）和多核巨细胞（箭头）

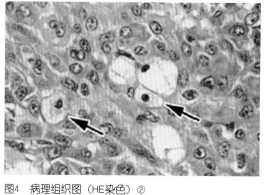

图4　病理组织图（HE染色）②
类圆形细胞的一部分有偏向性的浓缩核和空胞状的细胞质（箭状）

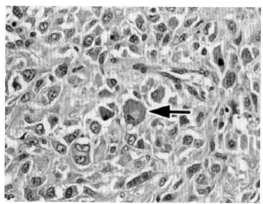

图5　病理组织图
具有广泛的嗜酸性细胞质的神经节细胞样细胞的混合存在（箭头）

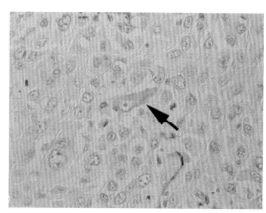

图6　病理组织图（免疫染色）
大部分肿瘤细胞对α-SMA呈阴性，观察到极少数的阳性细胞（箭头）

并向多方向增殖。能观察到重度核异型化，有时也能观察到核分裂像。在高度分化的情况下，病理诊断比较容易。但是，在伴有多核巨细胞出现和黏液基质的情况下，鉴别诊断非常困难。鉴别诊断中容易和胃肠道间质瘤（GIST）和神经系统肿瘤混淆，特别要注意的是犬的胃肠道间质瘤，可能会向平滑肌分化。

胃肠道间质瘤来自间质细胞，一般情况下能表达由c-kit基因编码的KIT蛋白。因此，抗c-kit（CD117）抗体对于确诊胃肠道间质瘤有效。在本病例中，由于c-kit（CD117）和S-100蛋白均为阴性，因此，排除了胃肠道间质瘤和神经原性肿瘤。

尽管外科手术时很大余地地切除了肿瘤边缘组织，但是术后第98天再发。死亡后的病理解剖检查发现和肝脏的粘连，并向胰脏和肠系膜淋巴结发生了转移。病理学检查发现纺锤形细胞和类圆形细胞混合增殖，两者对于波形蛋白（vimentin）和肌间线蛋白（desmin）显示强阳性。然而，对平滑肌细胞的标记蛋白α-平滑肌动蛋白（α-SMA）均为阴性反应。

电子显微镜检查中尽管看到一些平滑肌细胞的特征，但未发现有致密小体等存在。

对于这种非典型的平滑肌肉瘤病例的诊

断，我们的经验还不足，对于本病的确诊一般的病理学检查、免疫组化及电子显微镜检查方法的并用非常重要。本病例的犬在初诊后7个月死亡，病理解剖检查未见肿瘤向全身转移。因此，直接的死因不明。死因可能是幽门部肿瘤的增大引起的反复呕吐以及重度体重减少加速了各脏器的衰竭。

出处：第27届动物临床医学会（2006）

参考文献
· Sharon W,Weiss MD,John R,Goldblum MD:Enzinger and Weiss's Soft Tissue Tumors,Fourth edition,727-748,Mosby,St. Louis,Missour(i 2001)

　　该病例对消化道间质肿瘤实施鉴别诊断的详细过程做了有价值的报告。有报告称，在被诊断为犬的平滑肌肉瘤的42例病例中，有28例（66.7%）被诊断为胃肠道间质瘤。

　　犬的消化道肿瘤在所有恶性肿瘤中的发生率低于1%，而胃的肿瘤在全部消化道肿瘤中占24%。胃的肿瘤包括腺癌、腺瘤样息肉、平滑肌肉瘤、平滑肌瘤、淋巴瘤、髓外形质细胞瘤、消化道间质瘤、肥大细胞瘤和类癌等。本病例的平滑肌肉瘤的发生率在胃的肿瘤发生率中列第4位，占4%。一般平滑肌肉瘤呈现为轻度、中度浸润性，为局部隆起的肿瘤，转移性很低。平滑肌瘤有贫血和低血糖症状，在切除的病例中，通过外科治疗平均生存期间可达12个月。另外，对化疗和放射线疗法不敏感。

（松本英树）

· Russell KN,Mehler SJ,Skorupski KA,Baez JL,Shofer FS,Goldschmidt MH:Clinical and immunohistochemical differentiation of gastrointestinal stromal tumors from leiomyosarcomas in dogs:42cases（1990-2003），J Am Vet Med Assoc,230,1329-1333（2007）

12. 犬消化道间质细胞瘤切除手术

2 cases of gastrointestinal stromal tumor with resection in dogs

千里桃山台动物医院

黑川晶平、岛崎 等、小池政纪、松田宪儿、三好 健二郎、山田健一郎、加濑纯、竹内伸好、木下信和

长期食欲不良的2只犬来院检查，诊断为消化道肿瘤。在实施切除手术时，确诊为c-kit基因突变阴性的消化道间质细胞瘤(GIST)。病例1肿瘤的长径200mm，有丝分裂指数为23/50 HPF，肿瘤细胞浸润到了浆膜面。术后3个月时食欲废绝，肝酶水平升高，死亡。病例2肿瘤的长径为95mm，有丝分裂指数为5/50 HPF，未见肿瘤细胞浸润。手术后经8个月，身体状态良好。对于犬的消化道间质细胞瘤预后的判定因子，主要根据肿瘤大小、有丝分裂指数和浸润性进行了比较判定。

关键词：消化道间质细胞瘤（GIST）、犬、预后因子

引言

动物的消化道肿瘤发生率较低，占所有恶性肿瘤的不到1%，其中胃肠道间质瘤占消化道间叶肿瘤的大部分。

目前，对于GIST，在外科切除手术的同时，进行阻断突变型KIT基因表达的分子靶向治疗法。但是，能明确判定胃肠道间质瘤预后的因子仍未被确定。

在本病例中，对小肠发生的胃肠道间质瘤的2只犬实施了外科手术。虽然c-kit基因突变检查为阴性，但是预后却大相径庭。因此，对预后因子相关问题进行比较和讨论。

病例

【病例1】金毛猎犬，避孕雌性，11岁零4月龄，体重33kg。主诉：精神不振，食欲减退，不断排黑色便。

● 初诊时一般临床检查

· 身体检查

在7周内体重减少1.4kg。下腹部触摸到有硬结节感的肿瘤。

· 血液检查

白细胞数（30 800/L）增加，轻度贫血（PCV35.6%）。

· X射线检查

腹部X射线检查可见消化道内大量的气体。

· CT检查

确认到小肠壁发生的肿瘤。肿瘤有造影的增强效果，内部造影不均一。肿瘤发生部位的小肠内腔狭窄。肺部和腹腔内无肿瘤病灶（图1）。

● 手术

腹部正中切开进行小肠检查，可见在一部分小肠中有短径100mm、长径200mm的肿

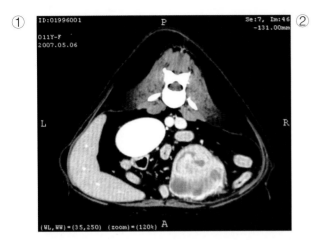

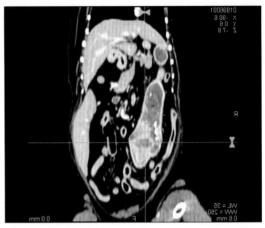

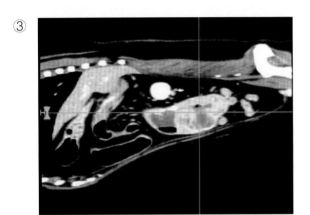

图1 （①～③）病例1：术前CT影像
小肠壁上发现有造影增强效果的肿瘤，确认肿瘤内部坏死和小肠内腔狭窄

图2 病例1：小肠肿瘤病变肉眼所见

瘤病灶（图2）。肿瘤和周围肠管及肠系膜无粘连。腹腔内除摘除的肿瘤之外无其他肉眼可见异常。

·病理组织检查

取出的小肠从肌层开始就有界限不清楚的肿瘤形成。肿瘤是由以纺锤体为主体的未分化间质细胞增殖后形成的错综交错的束状结构组成。肿瘤细胞的大小差异为中等，具有异型核，呈现分裂像（23/50HPF）。肿瘤整体上是没有分化的肉瘤，诊断为消化道间质细胞瘤。肿瘤界限不清，切除边缘未发现肿瘤细胞残留。但浆膜可见肿瘤细胞浸润

（T3N0M0）。

·基因诊断

c-kit基因无突变。

●治疗经过

术后的第5天断水断食，用末梢性非经口营养疗法（PPN）维持。术后第6天开始给食，表现食欲正常。虽有轻度稀便，但排便状态良好。

术后第72天，出现食欲不振和腹泻。第78天，食欲废绝并呕吐。

血液检查显示肝酶上升。术后第85天，实施消化道X射线造影，无明显的通过性异

常；血液检查显示肝酶继续上升。食欲废绝及呕吐、腹泻未见改善，术后第98天在家里死亡。

【病例2】杂种犬，避孕雌性，9岁8个月，体重15.4kg。主诉：1个月持续的食欲不振。

●初诊时一般临床检查

· 身体检查

一般状况良好，下腹部触摸到有硬结感的肿瘤。

· 血液检查

无明显异常。

· CT检查

小肠壁一部分发生肿瘤。肿瘤阴影明显，内部有坏死灶。小肠内腔没有明显的狭窄。肺部和腹腔内无可见肿瘤病灶（图3）。

●手术

开腹可见腹腔内大量血样液体潴留。肿瘤表面有血块形成，和部分大网膜粘连。小肠的一部分有直径95mm的肿瘤病变（图4）。除摘除的肿瘤之外，腹腔内无其他肉眼可见的异常。

· 病例组织检查

摘除的小肠肌层内有大型的界限明显的肿瘤。肿瘤是由以纺锤体为主体的未分化间质细胞增殖后形成的错综交错的束状结构组成。肿瘤细胞的大小差异为轻度到中度，具有异型核，呈现分裂像（5/50HPF）。肿瘤整体上是没有分化的肉瘤，诊断为胃肠道间质细胞瘤（TlN0M0）。

· 基因检查

未发现c-kit基因突变现象。

●治疗经过

术后第5天断水断食，用末梢性非经口营养疗法（PPN）维持。术后第6天开始给食，食欲正常，排便正常。手术后经过240天，食欲和排便等仍然正常，预后良好。

讨论

对于人来讲，胃肠道间质细胞瘤的发生率无性别差异。但是，癌细胞发生转移的男性高于女性。从发病部位来讲，胃肠道远端部位的间质细胞瘤恶性程度较高。转移的部位，一般向肝脏转移的占54%，腹膜转移的占32%。偶尔有向肺部、胸膜、骨的转移。近年来，人的GIST预后判定因子虽然还没有明确，但常使用肿瘤的大小、有丝分裂指数（表1）及浸润性。

这次在本院进行胃肠道间质细胞瘤切除术的2例病例均为避孕雌性，c-kit基因未发生突变。病例1在术后3个月死亡，而病例2术后已8个月，仍然维持着良好的状态。病例1怀疑癌细胞可能向肝脏转移，但是犬主未同意做进一步的精密检查，所以无法确定。

病例1的肿瘤长径达200mm，属大型肿瘤。肿瘤界限不清，有浆膜浸润发生。有丝分裂指数为23/50HPF，在人的临床评价上属于最恶性肿瘤。病例2中的肿瘤长径为95mm，界限清晰，无浸润。有丝分裂指数为5/50HPF，在人的临床上属于中等程度的恶性肿瘤。

从肿瘤的大小来看，2例都属于大型肿瘤。犬比人更有增大倾向。此外，尽管病例2的肿瘤长径达95mm，但是术后犬恢复良好，所以，对于犬的肿瘤评价需要设定更广范围的标准。

有丝分裂指数及浸润性在本次手术的2个病例中，和术后的进展有关联，所以将其作

第4章

胃

117

① 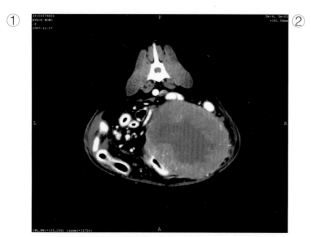 ②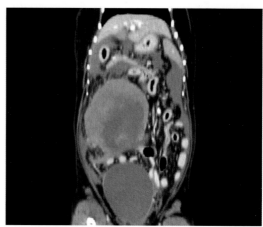

③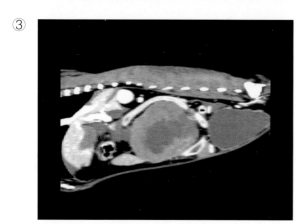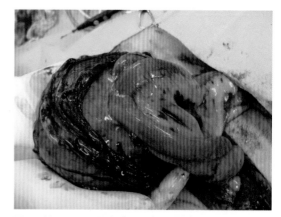

图3　（①～③）病例2：术前CT影像
小肠壁确认有造影增强效果的肿瘤，肿瘤内部坏死，小肠内腔没有明显的狭窄化

图4　病例2：小肠肿瘤病变的肉眼所见

为胃肠道间质细胞瘤预后的判定因子很有参考价值。

今后要收集更多病例，进行长期的观察，制定预后因子的标准。

出处：第29届动物临床医学会（2008）

表1　对GIST病人的临床肿瘤恶性程度评估（根据国家研究所健康GIST研讨会结果）

临床肿瘤恶性程度	大小*	核分裂像计数
很低	<20mm	<5/50 HPF
低	20-50mm	<5/50 HPF
中等	<50mm	6-10/50 HPF
	50-100mm	<5/50 HPF
高	>50mm	<5/50 HPF
	>100mm	全部
	全部	>10/50 HPF

*根据肿瘤的最大直径确定

118

13. 猫胃恶性肿瘤病例

A case of malignant tumor of stomach in a cat

江坂兽医医院

浜谷泰孝、小林克也、龟田泰寿

杂种猫，去势雄性，10岁，突然食欲减退和呕吐，来院诊治。身体检查和X射线检查发现可视黏膜苍白、腹部有肿瘤形成。实施开腹手术后发现胃的肿瘤。切除4/5的胃后身体恢复良好。病理组织检查确诊为恶性纤维组织细胞瘤。

关键词: 猫，胃，恶性纤维组织细胞瘤

引言

据报道，猫胃肿瘤较罕见，以腺癌和淋巴瘤较多。这次，我们得到一例少见的猫胃恶性纤维性组织细胞瘤，现将诊断和治疗过程报告如下。

病例

杂种猫，去势雄性，10岁，体重5.21kg。2~3天前突然出现食欲减退、呕吐症状。到附近就医，但是不能进行全面详细的检查，故来本院检查。

● 初诊时一般临床检查

· 身体检查

体温38.0℃，胸部听诊正常。腹部触诊时在腹部中央触摸到高尔夫球大小的肿瘤物。可视黏膜苍白。

· 血液检查

见表1。

· X射线检查

腹部右侧卧、腹背位影像可见胃的部分肿瘤病灶（图1，图2）。

在取得犬主人的同意下，第2天实施开腹手术。

● 手术

作为术前处置，输鲜血60mL。实施腹部正中切开手术。肿瘤在胃部形成，沿大弯整体扩散。在肉眼下判定正常组织和肿瘤的边界，包括边缘的部分正常组织实施了切除，切除部分占整个胃的4/5。缝合胃后，

表1 血液检查

WBC（μL）	24，200	BUN（mgdL）	20
Band-N	0	Cre（mg/dL）	0.5
Seg-N	21，240	AST（U/L）	40
Lym	2，270	ALT（U/L）	15
Mon	580	ALP（U/L）	605
Eos	110	T-Bil（mg/dL）	0.2
Others	0	T-Cho（mgdL）	120
RBC（×10⁶μL）	2.90	LDH（U/L）	845
PCV（%）	16.6	Na（mmol/L）	149
Hb（g/dL）	3.6	K（mmol/L）	5.7
Plat（×10³μL）	627	Cl（mmol/L）	108

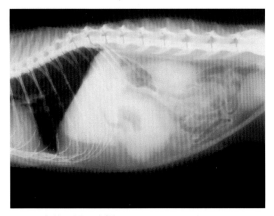

图1 X射线影像（右侧卧）

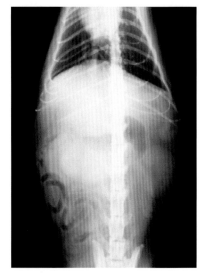

图2 X射线影像（腹背位）

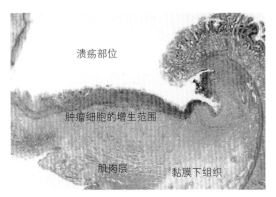

溃疡部位

肿瘤细胞的增生范围

肌肉层　　　黏膜下组织

图3 病理组织图（HE染色，低倍）

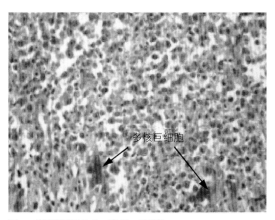

多核巨细胞

图4 病理组织图（HE染色，高倍）

腹腔检查未见肿瘤细胞的转移，按常法闭腹缝合。

●治疗经过

术后恢复良好。断食2日，此后给予少餐多次的流食。无呕吐和腹泻。术后第14天开始进食普通食物。随着身体的好转，贫血得到改善。术后1个月红细胞压积上升为31%。其后病情持续观察，无再发和转移。

· 病理组织检查

肿瘤以黏膜下组织为中心增生，黏膜层脱落，形成溃疡。同时，肿瘤向胃固有层浸润深入浆膜层，到达脂肪组织（图3）。肿瘤内主要是圆形细胞的密集增生，此外还有多核巨细胞（图4）。肿瘤细胞间和细胞内有大量的嗜银纤维和胶原纤维。间充质细胞

呈分化像（图5）。

根据以上结果，诊断为恶性纤维组织细胞瘤。

讨论

猫的消化系统时常发生肿瘤，据报告约占非造血系统肿瘤的30%。然而，在胃部发生的肿瘤较罕见，多数为腺癌和淋巴瘤。本次病例经病理组织检查，诊断为间叶由来的恶性纤维性组织细胞瘤。恶性纤维性组织细胞瘤是未分化间叶细胞由来的恶性肿

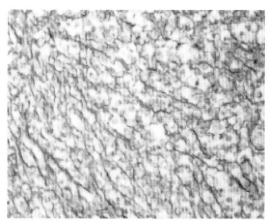

图5 病理组织图（银染，高倍）
有大量的嗜银纤维（染黑的部分）和胶原纤维（红色染色）

瘤性病变。

　　未分化间叶细胞是能分裂成来自间叶组织的纤维性结缔组织和脂肪组织等的干细胞。该类细胞全身分布，因此可能引起全身各处的

肿瘤性病变。在犬中，多引起皮肤的肿瘤。而在猫中，几乎没有报道。到目前，没有关于治疗的详细研究等，一般认为除了外科切除外别无他法。本次报告的病例实际上也是只实施了外科切除手术，未进行其他治疗。犬的主人还采用了民间处方，给犬服用姬松茸提取物。今后还要继续观察病犬的恢复状况，注意转移和再发的情况。

　　最后，对本病例的报道，提供病理组织检查图片以及提出很多宝贵意见的（株式会社）Amaneseru的高桥秀俊先生致以谢意！

出处：第28届动物临床医学会（2007）

参考文献
• Robert G.SHERDING(加藤 元,大島 慧 監訳):猫の医学,内科・外科診療の実際, 577-630, 文永堂出版, 東京(1993)
• Head,K.W.,:Tumors in Domestic Animals,(Moulton J.E.ed),3rded.347,University of California Press,Berkeley(1990)

第4章

胃

总 论

山阳动物医疗中心
下田哲也

▌▌▌小肠的解剖・生理 ▌▌▌

● 小肠的构造

　　小肠由连接胃的十二指肠和后续的空肠和回肠组成。十二指肠从胃的幽门部起始，形成十二指肠前弯曲和下部连接。接下来是横行部分，然后形成十二指肠后弯曲并与上行部连接，接下来是十二指肠的空肠弯曲，与空肠连接（图1）。十二指肠下行部有总胆管和胰腺管开口的十二指肠乳头和稍微靠后的副胰腺管开口的十二指肠小乳头。空肠和回肠用肉眼无法区分。空肠占据小肠的大部分，由于其肠腔多呈空虚状态而称之为空肠。犬的回肠是小肠最后的15cm肠段。

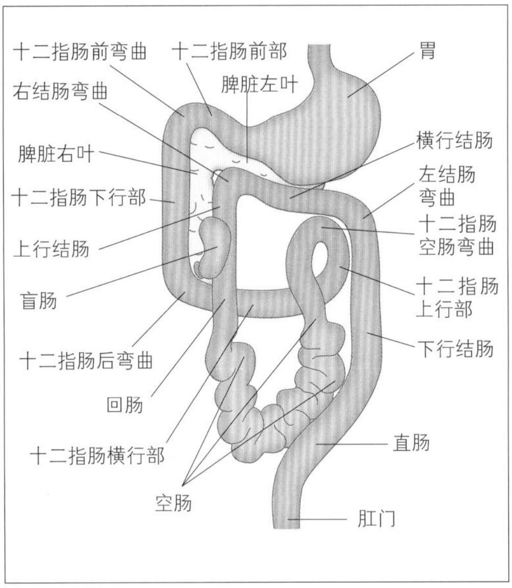

　　小肠壁在组织学结构上，从外到内依次是浆膜层、肌肉层、黏膜下层和黏膜层。浆膜由腹膜形成；犬的肌肉层较厚，又分为薄的外纵层和厚的内环层（图2）。黏膜下层将肌层和黏膜层结合在一起，其中含有小血管、淋巴管、集合淋巴小节、黏膜下神经丛。

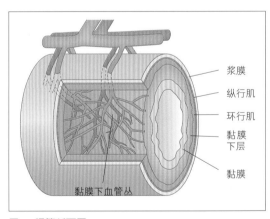

图2　肠管断面图

浆膜
纵行肌
环行肌
黏膜下层
黏膜
黏膜下血管丛

　　黏膜分为黏膜上皮和黏膜固有层，用黏膜肌层与黏膜下层隔开，黏膜固有层由管状的肠腺占据，其中分散有孤立的淋巴小节，多个淋巴小结集合在一起就构成了淋巴集结。孤立的淋巴小节在回肠很少，十二指肠最多。黏膜表面被称为绒毛的上皮所覆盖，

图1　肠道的走向

十二指肠前弯曲
十二指肠前部
右结肠弯曲
脾脏左叶
胃
脾脏右叶
横行结肠
十二指肠下行部
左结肠弯曲
上行结肠
十二指肠空肠弯曲
盲肠
十二指肠上行部
下行结肠
十二指肠后弯曲
回肠
直肠
十二指肠横行部
空肠
肛门

绒毛底部有称之为肠隐窝的腺体结构存在。绒毛和隐窝连在一起，被单层的具有吸收功能的圆柱状细胞（肠细胞）和分泌黏液的杯状细胞所覆盖。另外，肠细胞肠腔面的细胞表面叫顶端，肠腔面被覆顶端膜。顶端膜由微绒毛构成，也称纹状缘。顶端以外的细胞膜叫基底外侧膜。相邻的细胞基底外侧膜之间，只有在顶端附近紧密结合，细胞之间的其余部分有称之为侧方腔的间隙，与侧方腔顶端的相反一侧同毛细血管的内皮细胞相接（图3）。

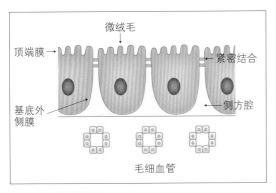

图3　消化管黏膜细胞

● 小肠的运动样式

　　小肠的运动包括摆动、蠕动和分节运动。

　　蠕动是将内容物向下（肛门方向）输送的运动，主要靠外纵行肌和内环肌之间的奥尔巴赫氏神经丛调控，通过外纵行肌和内环肌的收缩和弛缓的协调组合蠕动。也就是说，肠内食物块使肠管伸展，引起肠伸展感受器的活化，激活奥尔巴赫氏神经丛，使食物上端（口腔端）的环状肌收缩，纵行肌弛缓。接下来是下端（肛门端）的环状肌弛缓，纵行肌收缩，通过这样一连串的反应，引起肠蠕动，食物块向肛门方向移动。分节运动通过内环肌局部收缩而引起，将食物块

搅拌和与吸收黏膜充分接触为目的的运动模式。

● 小肠的机能

● 消化·吸收

　　小肠的机能是将在胃里成为粥样的食物进一步消化和吸收。食物是以蛋白质、碳水化合物和脂质（脂肪）的形式摄取，在消化道内消化和吸收。消化是以唾液腺、胃腺、肠腺、脾脏中分泌的各种酶作为催化剂而加水分解的过程。由于进入十二指肠的食物块的刺激，使十二指肠产生胰泌素和缩胆囊肽等内分泌激素，它们刺激胰液和肠液的分泌。由于消化道的分节运动，肠内容物和各种酶被搅拌，促进消化的进行，这叫管腔消化。最后的消化过程是通过与小肠黏膜上皮结合的酶来完成并随即吸收，这叫黏膜消化。

蛋白质

　　由于各种蛋白分解酶，将蛋白质分解为氨基酸、二肽的缩二氨酸和三肽，在肠细胞内或细胞表面进一步加水分解，分解为游离氨基酸，从肠细胞顶端膜吸收。蛋白分解酶以无活性的酶原形式分泌。如胰腺分泌的胰蛋白酶原，通过十二指肠黏膜分泌的肠激酶活化，变成结晶胰蛋白酶。结晶胰蛋白酶自身又使胰蛋白酶原和其他酶原活性化。

碳水化合物

　　碳水化合物以淀粉、食物纤维、多糖类（乳糖、蔗糖）3种形式摄取。哺乳动物能直接消化淀粉和多糖，使之分解成葡萄糖、果糖和半乳糖等单糖类吸收。也就是说，淀粉由管腔体系的淀粉酶加水分解成麦芽糖、异麦芽糖和麦芽丙糖，进一步由黏膜体系的麦芽糖酶和异麦芽糖酶分解成葡萄糖进行吸收。乳糖在管腔体系中不分解，在黏

膜体系中经乳糖酶分解成葡萄糖和半乳糖。蔗糖经蔗糖酶分解成葡萄糖和果糖被吸收。

脂质

脂质的消化吸收分为乳化、加水分解、微胞形成、吸收4个阶段。脂质在胃中与水及水溶液物理性的混合，在小肠内与胆汁和磷脂质混合，变成微细的脂肪滴（乳化），进一步在脂肪酶和辅脂肪酶的复合作用下进行加水分解，生成脂肪酸和单酸甘油酯。它们和胆汁酸及磷脂质结合，形成水溶性微胞后被吸收。

肠道黏膜上皮细胞（肠细胞）吸收的葡萄糖和游离氨基酸通过毛细血管进入肝脏。另外，脂肪酸和单酸甘油酯在肠细胞内再次合成甘油三酸酯，与磷脂质、胆固醇、蛋白质等共同形成乳状脂粒（乳糜微粒），通过基底外侧膜进入侧方腔，转移到肠淋巴管，经胸导管进入大静脉。

从消化管道到血管的物质转移有两个途径。一个是通过横向的上皮吸收，称经细胞吸收，它是从顶端膜进入肠细胞后，再进入侧方腔，通过毛细血管基底膜进入血液。另一个途径是细胞间隙吸收，通过紧密结合被侧方腔直接吸收（图4）。葡萄糖、半乳糖、氨基酸等通过钠离子的共输送体经细胞吸收。

另外，氯离子是通过钠离子吸收而连带运输，从紧密结合吸收到侧方腔。此外，隐窝的肠细胞分泌氯离子，与其相伴随，通过紧密结合从侧方腔释放钠离子（图5）。

水的移动是单纯的消化道管腔和侧方腔根据渗透压的变化而双向移动（图6）。

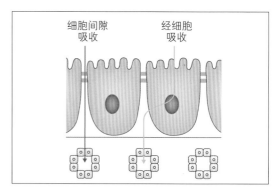

图4　物质的转移路径

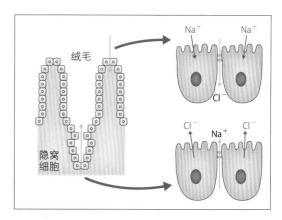

图5　氯离子和钠离子的移动

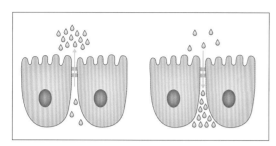

图6　水的移动

⫸ 小肠的疾患 ⫷

临床上最常见的肠病就是腹泻。理解腹泻的病理状态，对临床上确诊治疗非常重要。

腹泻是小肠和大肠最常见的临床症状，以排便的次数、便的软硬程度、量、黏液、血液的有无为特征，有时候根据这些特征来判断和鉴别肠道疾病。

● 腹泻的病理

腹泻是粪便中的水分含量增加，成为液状或半流动性的状态。正常粪便的水分是60%~80%，腹泻便的水分在80%以上。

腹泻的发生过程和原因有分泌过剩（分泌性腹泻）、透过性亢进（渗出性腹泻）、漏出亢进（漏出性腹泻）、吸收不良（吸收不良性腹泻）、消化道运动异常等。

分泌性腹泻

肠道分泌增加而超过吸收容量时引起的腹泻。大多数是由于小肠隐窝氯离子分泌过剩，钠离子通过紧密结合部而过度分泌。多见于霍乱感染。

渗出性腹泻

由于黏膜的损伤而使消化道上皮通透性亢进，水分从细胞流向管腔，使肠道内容物的水分增加引起的腹泻。不仅是水分和电解质，重症情况下，血浆蛋白、红细胞等细胞

成分也透析到肠道。细菌、病毒、消化道寄生虫、原虫感染、炎症性的肠道疾病、药物等是黏膜损伤的原因。黏膜损伤同时会引起吸收障碍。

漏出性腹泻

由于血管淋巴管的阻塞引起细胞间质水分量的增加，结果水分经过侧方腔和紧密结合部渗出到消化道管腔内而引起的腹泻。

吸收不良性腹泻

这种腹泻有消化道内增加了具有渗透压活性的分子或黏膜细胞损伤而致的吸收不良引起的两种情况。前者是正常情况下能分解的分子，由于乳糖酶活性不够、胰腺外分泌障碍和胆汁分泌障碍等酶分泌异常而不能分解，或摄取了硫酸镁等正常情况下不能被吸收的分子而引起的腹泻。后者是由于黏膜细胞的损伤带来细胞数量的减少而引起吸收面积减少，进而黏膜层消化功能不良，未消化的分子不能吸收，留在肠腔内引起渗透压的上升而引起的腹泻。

消化道运动的异常

消化道运动的低下或亢进造成消化吸收不完全而引起的腹泻。消化道运动亢进时，内容物通过消化管道的时间缩短，管腔内的消化时间也相应缩短。内容物和黏膜的接触时间缩短，黏膜消化和吸收的时间也缩短，造成具有渗透压活性的高分子在管腔内增加，引起腹泻。另外，消化道运动机能的低下引起肠内细菌群的变化，结果产生异常发酵和黏膜损伤引起腹泻。

腹泻的分类

腹泻根据过程分为急性和慢性腹泻。根据腹泻的原因和病变部位的解剖学位置，分为小肠性和大肠性腹泻。鉴别腹泻是小肠性还是大肠性对腹泻原因的解析非常重要。表

示了小肠性和大肠性腹泻的特征（表1）。

小肠性腹泻

慢性小肠性腹泻，伴随着消化不良和吸收不良而排泄大量的粪便，引起体重减轻。排便次数不怎么增加，若含未消化的脂肪即为脂肪便。混有鲜血和黏液的情况很少，若伴随出血的粪便多成焦油状便（黑便）。慢性经过有时会伴随着体重减轻和低蛋白血症。

大肠性腹泻

大肠性腹泻时便意频繁，一次排便量少，有时含黏液和鲜血。排便后一直呈蹲势，多次想排便，但只排出少量的粪便，且几乎都是黏血便。这种腹泻不引起营养障碍和体重减轻。

吸收，吸收时需要一种叫内因子（IF）的钴胺素结合性蛋白胰蛋白酶，后者能够分解阻碍其结合的非特异性R蛋白而加强吸收。IF在犬的胃和胰脏及猫的胰脏内合成。所以，胰腺外分泌功能障碍（EPI）时会发生重度的钴胺素缺乏症。抗生素反应性腹泻（小肠细菌过度增殖：IBO），尤其是幼龄大型犬常见的慢性间歇性腹泻为特征的疾患，是以血清叶酸值的上升和血清钴胺素值的低下为特征。血清叶酸值的上升是由于几乎所有的细菌都能合成叶酸，并且小肠将其吸收所致。血清钴胺素值的低下是由于细菌摄取了钴胺素所致。EPI常常伴随着IBO的发生，也常见到血清叶酸值的上升（表2）。

表1 小肠性和大肠性腹泻的特征

项目	小肠性腹泻	大肠性腹泻
排便量	通常的 3 倍以上	通常的 1~3 倍
排便次数	3~5 次	5 次以上
黏液便	很少	经常
鲜血便	很少	经常
脂肪便	有时	没有
充血	没有	有
体重减轻	有时	没有
蛋白丧失	有时	没有

表2 各种小肠疾患中叶酸和钴胺素值

		叶酸		
		低下	低下	上升
钴胺素（ViB12）	低下	重度消化器官疾病	小肠后部（回肠）的疾患	IBO（细菌过度增殖）EPI（胰腺分泌功能障碍）
	正常		小肠前部的疾患（IBD、淋巴肿）	
	上升		骨髓增殖性疾患	

●叶酸和钴胺素（维生素B$_{12}$）在慢性小肠性腹泻的鉴别诊断中的作用

叶酸和钴胺素的测定，可用于犬和猫的慢性小肠疾病的诊断。叶酸由于在小肠前部吸收，如果血清叶酸浓度低下就表示小肠前部的功能障碍。钴胺素在小肠后部（回肠）

●蛋白丧失性肠病（PLE）

蛋白丧失性肠病（PLE）是由于消化道丧失了过多的蛋白质，而呈现低蛋白血症的疾患群。如同本书登载的4例报告（第5章-1~4），PLE在慢性消化道疾病中出现频度较高。因此，就PLE病的病理、诊断及治疗进行说明。

蛋白漏出消化管的原理是小肠毛细淋巴管扩张（淋巴管扩张症）、小肠黏膜的损伤、毛细血管通透性的亢进（炎症、浸润性疾患）和出血等引起。

PLE病的病因，常常伴有炎症性的肠疾患（IBD），消化器官性的淋巴肿，原发性或续发性的淋巴管扩张症等病症。另外，也常见于消化器官的肿瘤、溃疡、慢性肠套叠（表3）。IBD和淋巴肿常伴有续发性肠淋巴管扩张症。而且，在消化器官疾病之外，充血性心脏衰竭和肝硬变等门静脉高压症也会引起续发性淋巴管扩张症。在肠淋巴管扩张症，由于含多量蛋白的淋巴液从肠道流失而引起低蛋白血症。

表3　PLE的原因

消化道的炎症、浸润性疾病
炎症性肠疾患（IBD）
淋巴细胞浆细胞性肠炎（LPE）
嗜酸性白细胞性胃肠炎（EGE）
●消化器官淋巴肿
●巴仙吉犬的免疫增生性肠病
肠淋巴管扩张症
●原发性
●二次性（续发性）
IBD
肿瘤溃疡（淋巴瘤，腺癌）
充血
门静脉高压症
右心功能不全
消化道出血
溃疡
肿瘤溃疡
钩虫病
其他
慢性肠套叠
食物过敏
IBO

临床上表现为食欲低下、明显的体重减轻、腹水、胸水、末梢性浮肿等症状。体重减轻的很大原因是由于伴随蛋白丧失和脂质吸收不良。腹水、胸水和末梢性浮肿是由于低蛋白血症引起的胶体渗透压低下而引起。在腹水和胸水的检查，相对密度≤1.017，细胞成分极少，被漏出液来分类。当Alb≤1.5g/dL时，可能出现漏出。

呕吐、腹泻等消化器官的症状出现各种原因的疾患，本病中并非必然出现的症状，有时会出现低钙血症中伴发的痉挛、肌肉痉挛和无力。而且，在低蛋白血症时会引起抗凝血酶的减少，出现血栓症。

在血液检查中，伴随着Alb和Glb的减少，TP也随之减少。这是与蛋白漏出性肾病和肝功能不全引起的低蛋白血症的区别之处。另外，还经常会出现因脂质吸收不良引起低胆固醇血症、钙吸收不良和漏出引起的低钙血症等，并出现各种程度的贫血。贫血的原因有伴随各种慢性炎症的贫血（ACD）、慢性出血、营养不良性贫血、抗凝血酶低下引起的血栓症伴随的毛细血管障碍性溶血性贫血等。作为白细胞异常，是以肠淋巴管扩张症引起的淋巴细胞减少症为特征。

在确诊时，虽然进行开腹后的小肠全层活检最为理想，但因系重度低蛋白血症，营养状态非常差，担心肠管的吻合部和腹膜的愈合不全，所以实际多数情况下不做活检。用内视镜做胃、十二指肠的肉眼观察和黏膜活检对诊断有用。肉眼所见十二指肠黏膜有褪色、白斑或白色结节，是肠淋巴管扩张症的典型病变。关于活检，病理组织学的诊断和细胞诊断都很重要，特别是淋巴肿大在诊断上很有用。

关于PLE的治疗，针对病因的治疗很重要。如果是IBD，可以用免疫抑制疗法；如果是淋巴肿大，必须要用化学疗法。原发性淋巴管扩张症的治疗，可用波尼松龙和小孢子菌素（5~10mg/kgSID）、硫唑嘌呤（2mg/kgSID）。另外，甲硝唑（10~20mg/kgBID）多用于抗菌和免疫抑制疗法。

对特发性和续发性淋巴管扩张症的治疗，食疗很重要。一般食物的脂质中约90%的长链脂肪酸，以乳状脂粒（乳糜微粒）的形式，由肠淋巴管吸收。为了便于吸收，肠淋巴管中淋巴液的量增加，其结果是肠淋巴管扩张症中淋巴液的漏出增加。随后，投入低脂肪的食物（Hill's®z/d，RoyalCanin消化器官支持低脂肪），淋巴液的渗出就会减少。中链脂肪酸（麦顿油）是经肠毛细血管吸收，不经过淋巴管，所以推荐使用，但适口性不好。

重度的低蛋白血症如果有抗凝血酶的降低，需要输血浆，补充蛋白和凝固因子。而且，高热能的输液使胶体渗透压升高的同时，还可以提供蛋白质和能量。除此之外，还有必要补充钙、镁、维生素B_{12}、脂溶性维生素。

针对腹水可以使用速尿灵（1~2mg/kg），有低钾血症可以并用抗醛固酮（安体舒通2~4mg/kg）。

抗生素可用于抑制续发性IBO。有时IBO可以引起IBD，就要长期使用甲硝唑和泰勒菌素（20mg/kgBID）。除此之外，四环素（20mg/kgBID）、恩诺沙星（5mg/kgBID）等也可以和甲硝唑并用。

●肠梗阻

肠梗阻的原因是由于肠内异物（第5章-5）过多，还有肠套叠、肠扭转、横膈膜疝气、脐疝、腹股沟疝等肠的嵌顿、创伤、术后愈合和狭窄、肠壁的肿瘤、溃疡、肉芽肿等都可以成为肠梗阻的原因。

临床症状根据梗阻的部位（小肠前段和后端）、程度（完全梗阻和不完全梗阻）、时间长短、单纯性和嵌顿性梗阻等原因而不同。

嵌顿性梗阻在肠套叠、肠扭转、肠疝气时常见，由于肠系膜间动静脉的血流障碍使肠管出现浮肿和坏死，短时间内症状加剧。

主要的症状是食欲不振、间歇性的呕吐和精神沉郁。呕吐症状特别是在少量饮水或进食的时候，由于反向蠕动而容易引起。不完全梗阻时，表现为慢性食欲不良，数日或数周内呕吐和腹泻交替进行。

多数情况下可以通过腹部触诊进行诊断。影像诊断也很有效。通过超声波检查，可以看出梗阻部位的扩张或液体稽留。单纯的X光检查有时也可以看出异常膨大的气体影像。造影X光检查可以明确梗阻的情况，但有时会有造影剂的呕吐，造影剂的通过很慢会影响诊断。

一般要进行外科手术，电解质和酸碱度平衡异常的病例很多，因此调节补液很重要。

本书介绍4个病例（第5章-6~9），因病例稀少，诊断难度大。多发现于开腹手术和剖检中。因为多数是急性经过，所以迅速治疗很有必要。由于广范围肠管受损，所以预后不良。

肠套叠是肠梗阻的第2大原因，一般是顺着肠蠕动的方向，肠的前部向后部套入。若与肿瘤无关，多发生于未满1岁的动物。猫类中的暹罗猫和犬类中的德国牧羊犬被认为有发病因素。诱发因素是胃肠炎（病毒性、细菌性、寄生虫性）、肠内异物、肠道肿瘤等。在诊断中，通过腹部的触诊，摸到香肠状的腹部肿瘤即可怀疑本病，可进一步用影像诊断确定。超声波诊断尤其有效，可发现特异性的多重构造。偶尔可见从肛门中脱出套叠的肠管，这要和直肠脱出区别诊断。治疗中，要尝试通过外科手术将套叠的部分整复。要从外侧将嵌入的肠管边轻轻压挤，边慢慢取出。如发现肠管坏死和肿瘤，要进行切除和吻合。如果明确的原因不能被排除时，为了防止复发，建议进行肠壁形成手术。如果不进行肠壁形成手术，据报告复发率可达25%。但是，据报道肠壁形成术相关的合并症在犬类的发生率可达19%。

●小肠中常见的肿瘤

小肠中发生的肿瘤，在犬除淋巴瘤以外腺癌（第5章-10，11）最多，其次是平滑肌肉瘤（消化道间质细胞瘤：GIST）（第5章-12）。猫的小肠肿瘤，淋巴瘤（第5章-13，14）最多，其次是腺癌（第5章-15）、肥大细胞瘤。而且还有为数极少的神经鞘瘤、类癌、纤维肉瘤等肿瘤。

以往GIST在诊断为平滑肌肉瘤或平滑肌瘤中，都是来自消化道肌层中存在的卡哈尔细胞，是消化道间质细胞系中最多发的肿瘤。本病以出现受体型酪氨酸激酶（KIT）为特征，据报道阻碍KIT的分子靶标药物伊马替尼对此病有效。

1. 犬并发胸腔积液的蛋白漏出性肠病

Protein-losing enteropathy complicated with pleural effusion
in a dog

（财）鸟取县动物临床医学研究所
（财）鸟取县动物临床医学研究所·东京农工大学
毛利崇、高岛一昭、佐藤秀树、白川希、河野优子、华园究、松本香菜子、冢根悦子、小笠原淳子、山根刚、安武寿美子、野中雄一、浅井由希子、水谷雄一郎、山根　义久

吉娃娃，雄性。主诉从6岁开始食欲不振、呼吸紧迫，来院治疗。胸部X光检查有积液，抽出胸积液的形状是漏出液。血液检查确诊有重度低白蛋白血症，否定了肝功能障碍或肾性疾病引起的蛋白漏出，内视镜对十二指肠进行了活检，怀疑为肠淋巴管扩张症。之后用波尼松龙和小孢子菌素治疗，病情得到良好控制。

关键词：蛋白漏出性肠病，肠淋巴管扩张症，小孢子菌素

引言

蛋白漏出性肠病有各种原因，是从小肠绒毛顶端表面的有孔毛细血管流失蛋白质的总称。如果流失的蛋白质大于在肝脏合成的量，就出现低蛋白血症，具有代表性的疾病就是肠淋巴管扩张症。其发生原理是腹腔内的脂肪形成肉芽肿，影响消化道淋巴液的流通。重度低蛋白血症，因血管内渗透压的降低，出现腹水和胸积水、皮下浮肿的症状。这次，我们遇到了一例重度胸积水犬病例，根据内视镜和病理的结果，疑似为肠淋巴管扩张病。现将治疗概要报告如下。

病例

病犬是7岁的雄性奇瓦瓦，体重2.84kg。每年进行混合疫苗和犬恶丝虫预防。饲养环境是室内群养。畜主主诉，因呼吸急迫、食欲废绝来院治疗。

●初诊时一般临床检查

·身体检查

听诊时肺音减弱，没有心杂音，未见其他显著变化。

·血液检查

中性白细胞为主的白细胞数上升，而且，TP3.0g/dL、Alb1.0g/dL、Ca7.6mg/dL（修正值），呈重度低蛋白血症和低钙血症。HN_3为398mg/dL高值。

·X光检查

胸部X光检查确认重度胸积水。心脏阴影正常，腹部X光检查确认肠道轻度肿胀。

·超声波检查

胸部超声波检查发现重度胸积水。还有轻度的二尖瓣闭锁不全。腹部超声波检查未发现腹积水，肝脏和肾脏没有明显异常，但

确认出肠壁增厚。

·追加检查

测定了尿蛋白和肌酐比、总胆汁酸。由于是食欲废绝，所以测定的是绝食时的总胆汁酸。尿蛋白和肌酐比是0.2，否定了蛋白漏出性肾病。总胆汁酸为3.7μmol/L，基本上也否定了肝功能障碍的疾病。

●治疗及经过

充分供氧，局部麻醉，抽出胸积水，左右胸腔抽出无色透明液体共计110mL。胸积水的相对密度为1 000，不含细胞成分。疑是低白蛋白血症的漏出液。胸积水抽出后，进行了胶质液和血浆输血。第二天Ca（修正值）为9.1mg/dL，得到改善。但是，Alb还是1.4g/dL，呈现低值。处方给药阿莫西林和整肠制剂，暂时出院。

第5天食欲得到改善，血液检查Alb1.8g/dL、NH$_3$31μg/dL，恢复良好。当天做了类胰蛋白酶的免疫反应物质定性试验，结果正常。否定了胰腺外分泌功能障碍病。第9天Ca（修正值）为10.2mg/dL，趋于正常，可是Alb仍然是1.8g/dL。当天起使用了甲硝唑，第13天，Alb上升到2.0g/dL，第20天，Alb又降到1.6g/dL，因而做了X射线造影检查。

·X射线造影

空肠和回肠中钡分布不均，观察到粗糙的黏膜影像。因此，第22天做了内视镜检查。

·内视镜检查

食道、胃及直肠检查未发现异常，但十二指肠有出血和轻度糜烂。

·病理组织检查

十二指肠绒毛顶端的淋巴管有轻度的扩张，固有层中有少量淋巴细胞和浆细胞的浸润，病理检查结果怀疑为肠淋巴管扩张症（图1）。胃和大肠组织未见异常。

第23天，再次进行血浆输血，根据活检

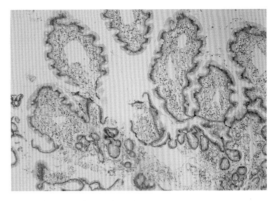

图1　十二指肠病理组织照片

组织的细胞诊断，否定了消化器官型的淋巴瘤，当天使用2mg/kg波尼松龙，第24天出院。

出院后，仍使用1mg/kgSID波尼松龙和甲硝唑并用，效果良好。第27天Alb上升到2.6g/dL。

第36天，因白细胞数上升到43 600/μL，所以添加了磺胺甲氧苄啶。第37天白细胞数恢复正常，Alb也在3.1g/dL。因为出现了多饮多尿的波尼松龙药物的副作用，当天开始使用10mg/headSID的小孢子菌素。

从第61天开始，逐渐减少了波尼松龙的用量，到现在（第105天），使用了0.4mg/kgEOD的波尼松龙和10mg/headDID的小孢子菌素，维持了良好的状态。当初，由于偏食和饲养环境的关系，饲料改变较为困难，105天，体重也有所增加，所以改为低脂肪的（Hill's® w/d）食物。

讨论

本病例主要因呼吸困难来院治疗，由于粪便并非是明显的腹泻便，所以被诊断为肠淋巴管扩张症，花费了一定的时间。在肠淋巴管扩张症的诊断上，以内视镜检查为主的活检有许多困难，多数情况下要进行开腹状态下肠道的全层活检和脂肪的详细检查。本病例也是在内视镜活检的病理检查结果下怀疑为肠淋巴管扩张症，没有达到确诊的水平。然而，像本病例一样有重度低白蛋白血症的病例，是否要选择开腹手术，还是有讨论的余地。

对于蛋白漏出性肠炎引起的低白蛋白血症，关于血浆输血的效果尚带有疑问，但是本病例由于有重度的胸积水，所以并用了胶质液的输液。输血后没有确认到Alb的上升，但血中Ca的浓度上升，临床症状趋于稳定，所以其临床意义不能完全否定。而且本病例在来院治疗之前有几次发作，治疗开始以后没有发作，可以认为是低钙血症引起的。

肠淋巴管扩张症治疗方面，第一要选择低脂肪食物。在本病例中，由于主人说食物变更困难，当初只是采取以波尼松龙为主内科治疗。波尼松龙和小孢子菌素的并用收到良好效果。近几年，开始报道小孢子菌素在肠淋巴管扩张症治疗上的效果，在本病例中得到了良好的验证，能够减少波尼松龙的用量。

肠淋巴管扩张症被认为长期性预后不良，因此今后还要对本病例的预后做认真的追踪调查。

出处：第27届动物临床医学会（2006）

2. 利用腹腔镜诊断犬肠淋巴管扩张症

Two dogs cases of lymphangiectasis using laparoscopy for diagnosis

绫动物医院

糠谷绫、竹中佐重美、松本宜子、织田元

对腹部疾病来说，腹腔镜检查是一个新的诊断途径。这次对畜主诉为慢性腹泻的2例来院病犬，诊断为低蛋白血症。在进行各种检查后，为了同蛋白漏出性肠症进行区别诊断，利用腹腔镜对肠道进行了全层活检。根据病理组织检查，诊断为肠淋巴管扩张症。采取食物疗法和波尼松龙治疗进行了控制。畜主曾对试验性开腹露出难色，可是他们同意进行腹腔镜检查。

关键词：腹腔镜，肠淋巴管扩张症，全层活检

引言

在人医，内视镜的外科医疗技术得到快速普及，现已逐渐成为胸外科、腹外科甚至是脑神经外科、妇产科和泌尿科等外科手术的主流。在兽医医疗界，引进胸腔镜和腹腔镜的医院也在增加，作为腹腔内疾病诊断的新途径，正在期待它的实用价值。为了对经各种检查后确定为蛋白漏出性肠症的2例犬进行鉴别诊断，利用腹腔镜对肠道全层进行了活检，由此获得了若干见解，现报告如下。

病例

【病例1】威尔士柯基犬，雄性，7岁，体重13.2kg。2年前开始被诊断为低蛋白血症（TP 4.4g/dL、Alb2.1g/dL），由于没有明显的临床症状，主人也不希望治疗，进行了院外观察。这次来院治疗，主诉1个月前开始腹泻和食欲减退。

● 初诊时的一般临床检查

· 身体检查

体温38.8℃，由于腹水稽留表现为腹部胀满，后肢浮肿。

· 血液检查

PCV32.5%、BUN4.1mg/dL、TP2.7g/dL、Alb1.1g/dL、T-Cho102mg/dL。其他未见显著变化。

· 尿检查

未见异常。

· 超声波检查

肠管整体肥厚（肠管壁5.5mm）。虽然尝试了用针活检，但没有采集到足够的细胞，同时采集到的腹水为漏出液。

● 治疗过程

暂时诊断为蛋白丧失性肠症，为了确诊建议开腹活检，由于负担过大，没能得到畜主的同意。开始用波尼松龙、抗生素（甲硝唑）和食物（Hill's®r/d）治疗，持续3周。食欲恢

133

复，腹泻也治愈。TP3.5g/dL和Alb2.0g/dL也稍有上升。因有腹水稽留和浮肿，第24天同时进行了内视镜和腹腔镜检查。

·内视镜检查

用安定·异丙酚投入麻醉后，用异氟醚维持麻醉。胃部肉眼未见异常变化，十二指肠黏膜变为白色，绒毛看似肿胀。实施了胃贲门及幽门部、十二指肠的活检。

·腹腔镜检查

呈正中仰卧位，将第1套管滞留在脐直下附近，经过整体观察，见到腹腔内充满腹水，小肠全体呈肥厚状态。为了钳子的操作，植入第2套管，确定了活检部位，在皮肤和腹壁上切开小口，将肠管从腹腔内取出，用活检环钻对肠道全层进行了活检。

·病理组织检查

在小肠全层和十二指肠黏膜组织的黏膜固有层中，有较强的淋巴细胞浸润现象。可是，也观察到这些淋巴细胞向浆细胞分化，没有发现变异或肿瘤性增殖。另外，固有层和黏膜下组织内的淋巴管都呈扩张状态（诊断：肠淋巴管扩张症）。

7个月后，依然呈低蛋白血症（TP4.0g/dL、Alb2.0g/dL）及腹腔积水。用食物疗法、氢强的松、甲硝唑和消化酶、MCT油，间歇性抽去腹水等疗法维持QOL，进而还考虑使用免疫抑制剂。

【病例2】格鲁猎兔犬，雄性，9岁，体重9.2kg。主诉2年前开始慢性腹泻而来院治疗。血液检查被诊断为低蛋白血症（TP3.6g/dL、Alb1.7g/dL），采用食物疗法（优卡奴巴LRF）和消化酶治疗，腹泻和低蛋白得到改善（TP5.1g/dL、Alb2.3g/dL），所以以后持续了这种疗法。再次发生腹泻后来院治疗。

●初诊时的一般临床

·身体检查

体温38.5℃。

·血液检查

WBC37，700/μL、BUN12.1mg/dL、TP3.5g/dL、Alb1.5g/dL、T-Cho123mg/dL。其他未见显著变化。

·尿检查

未见异常。

·超声波检查

小肠整体肥厚，壁厚度5.6mm（图1）。

经主人同意，为了确诊，第2天进行了内视镜和腹腔镜检查。

·内视镜检查

投入安定·异丙酚麻醉，用异氟醚维持麻醉。胃部肉眼未见异常变化，和病例1一样，十二指肠黏膜变为白色，看似绒毛肿胀。实施了胃贲门及幽门部、十二指肠的活检（图2）。

·腹腔镜检查

采用病例1所用方法。可见十二指肠和小肠整体肥厚，观察到了肠道表面的淋巴管扩张（图3，图4）。

·病理组织检查

包括十二指肠的小肠组织，在黏膜固有层中淋巴细胞及浆细胞高度浸润。黏膜固有层的淋巴管有很大的扩张（图5）。

（诊断：肠淋巴管扩张症）

●治疗过程

病犬体重减到8.4kg，经过6个月的治疗，体重增加到10.7kg。用食物治疗（Hill's®r/d），用波尼松龙和MCT油，控制了腹泻。维持了TP5.1g/dL、Alb3.0g/dL的状态。

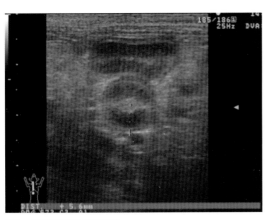

图1　病例1的超声波图像

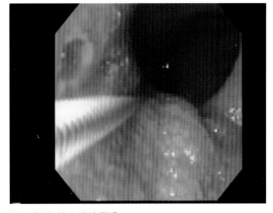

图2　病例2的内视镜图像

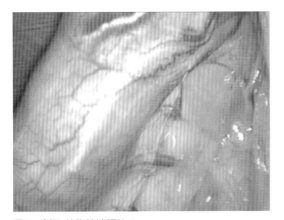

图3　病例2的腹腔镜照片①

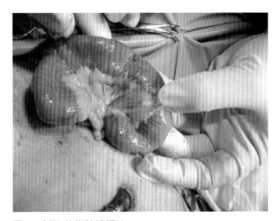

图4　病例2的腹腔镜照片②
肠管被取出体外的样子

讨论

　　因超声波检查装置的发展，腹腔内的异常能被尽早发现。但也有许多仅靠超声波不能确诊的病例，需要进行病变部位的活检。迄今，作为一般的活检方法主要有超声波引导下的针头活检法或试验性开腹后的采取组织法。当然，有些时候用针头活检法能够进行确诊，但因不准确的取材部位和采集的标本量的不充足，以及不当的止血措施等问题影响，时常得不到准确的诊断。试验性开腹对动物损伤较大，因此时常碰到畜主面露难色而不同意的情况。与此相比，腹腔镜下进行的活检对动物伤害小，可将危险性降到最

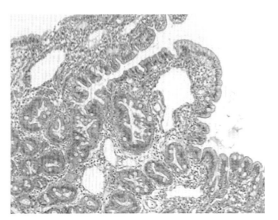

图5　病例2的病理组织照片

低程度，且诊断的精准度也高，容易得到畜主的同意。

　　由于本院引进了腹腔镜检测，获得了曾经拒绝试验性开腹进行组织活检的畜主同意。而且，原来预测对手术创伤不好愈合的低蛋白血症能够快速愈合，体验到低伤害腹腔镜的好处。但是，将三维的物体在二维监控平面的显示器上操作，感到了远距离不适感，以及不注意就会发生大的问题的危机感。虽然是重复语言，腹腔镜的好处就是在于低伤害、采取组织时的确定性和安全性，还有能确保视野宽广，但是和开腹手术一样，同样需要手术者的经验、知识和能力，在此基础上才能体验到它的好处。我们不能随自己的意愿进行腹腔镜检测，要确立操作能力和正确的对应水平，在期待提高技术水平体系的建立的同时，需要自己不断钻研。

出处：第28届动物临床医学会（2007）

参考文献
• Tams TR:Small Animal Endoscopy 2nd edition Mosby（1999）
• Timothy C.McCarthy,Gheorghe M.Constantinescu:Veterinary Endoscopy for the Small Animal Practitioner（In Focus）,WB Saunders（2005）
• 江原 郁ら:内視鏡を使いこなすPart 1 & 2,INFOVETS（2005）

3．用奥曲肽治疗犬漏出性腹水

Octreotide therapy effected a dog with diapedetic as Cltes fluid

地球动物医院，町田家畜医院，Pathological Assist

国分广光、町田龙彦、山中求、田中敏树、石川珠希、矶村洋、高良广之

病理组织检查诊断为肠淋巴管扩张症，伴有淋巴细胞性浆细胞性肠炎的病例，经氢强的松治疗得到缓解。但停药半年后，再次出现漏出性腹水伴随腹部胀满，来院治疗。经过类固醇的脉冲疗法等各类药物的使用，得到暂时改善，但症状再次恶化，漏出性腹水未能控制。为此，使用了人医上的生长抑素诱导体奥曲肽制剂，腹水消失，特报告如下。

关键词：奥曲肽，肠淋巴管扩张症，腹水

引言

作为生长抑素诱导体的奥曲肽，是用于消化管激素产生的肿瘤和肢端肥大症等病的改善临床症状的药物，它有强烈抑制胃泌素、胰液、血管收缩性肠道肽（VIP）、胆囊收缩（CCK）等消化道激素分泌的作用。近年来，在人医上有使用生长抑素诱导体改善和治疗蛋白漏出性肠病，以及原发性肠淋巴管扩张症的少数报道。这次，我们对未能控制的漏出性腹水，以及QOL降低的病例使用了奥曲肽，使用后腹水消失QOL得到改善，现报告如下。

病例

约克夏梗犬，避孕雌性，13岁，体重4.84kg。9个月前食欲低下、呕吐，前来治疗。当时就有腹水稽留，为确诊进行了肠活检，被诊断为肠淋巴管扩张症伴有淋巴细胞浆细胞性肠炎。病理组织检查后用氢强的松和低脂肪食物治疗，取得良好的效果，之后用食物疗法维持缓解。

● 治疗过程

2010年4月再次出现腹部积水伴有腹部膨胀和低蛋白血症（TP3.3mg/dL、Alb2.2mg/dL），氢强的松使用后未获改善（图1，图2）。之后，氢强的松的量加到2.5mg/kg/day，还使用了甲硝唑、泰勒菌素或小孢子菌素，以及采取了血浆输血，但腹部积水没有停止，由于腹部压迫QOL低下，采取抽腹水的方法（腹水形状：相对密度1006，TPO，漏出性腹水）。此时的腹部超声波检查，由于多量的腹水难以描述详细情况（图3）。

之后，可能是由于消化道出血，大便呈黑色，PCV降到23.3%，采取了类固醇的脉冲疗法，症状暂时改善，腹水减少，PCV也上升。

· 超声波检查

胃的背侧部确认到低回声的块状物。尝试用细胞诊断，但未能实行（图4，图5）。

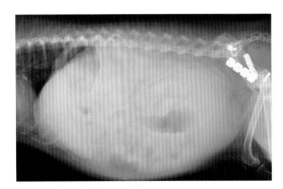

图1　奥曲肽使用前的X射线照片（RL）

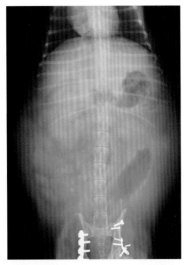

图2　奥曲肽使用前的X射线照片（VD）

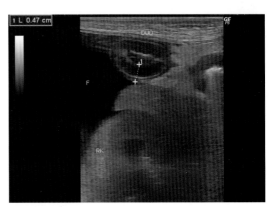

图3　超声波照片①
确认到大量的腹水

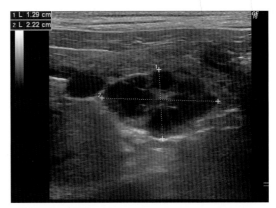

图4　超声波照片②
看到胃背侧的肿瘤

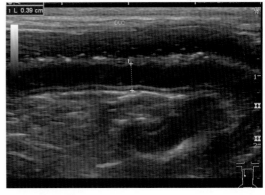

图5　超声波照片③
十二指肠出现的条纹

脉冲疗法后，再次出现腹水和血蛋白减少，一次使用L-芦笋激酶进行诊断性治疗，未出现症状改善和块状物缩小。本来是要进行外科活检，但因TP和Alb的值很低，不能排除麻醉的危险性，所以未能实施。为此没能确定腹水的原因，暂时判定为肠道蛋白漏出引起。

这次由于对其他的免疫抑制剂的敏感性较低，选择了人医上报道的对原发性或继发性蛋白漏出性肠病治疗效果很好的生长抑素诱导体（奥曲肽），从第68天起开始使用。

● 第68天时一般临床检查

· 身体检查

体重4.48kg，体温38.4℃，因腹水稽留表

表1　血液检查结果

WBC（/μL）	43，300	BUN（mg/dL）	30
Seg-N	38，537	AST（U/L）	37
Lym	4，330	ALT（U/L）	47
Mon	433	T-Bil（mg/dL）	0.2
RBC（×106/μL）	4.55	TP（g/dL）	3.2
Hb（g/dL）	11.1	Alb（g/dL）	<1.0
PCV（%）	33.8	Glu（ng/dL）	86
MCV（fL）	74.3	T-Cho（mg/dL）	100
MCHC（g/dL）	32.8	Na（mmol/L）	140
Plat（×10³/μL）	981	K（mmol/L）	4.7
CRP（m/dL）	0.75	Cl（mmol/L）	117

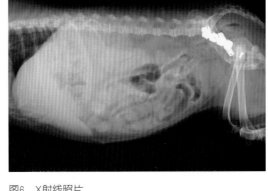

图6　X射线照片

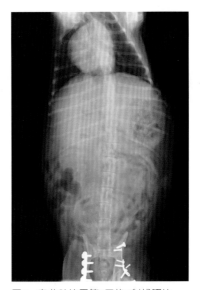

图7　奥曲肽使用第5天的X射线照片

现为腹部胀满，没有食欲，不想动。

· 血液检查

如表1所示。

● 治疗过程

第68天由于有腹水稽留，无法确定体重，但是在犬的食道炎治疗上有使用2~16μg/kgTID的奥曲肽记载，以此为参考按15~20μg/headTID的量使用。使用后立即见效，第2天尽管食欲旺盛，但体重减轻了200g，投药第5天，也就是病后第73天，体重降到3.75kg，腹水完全消失（图6，图7）。

为此，从第74天开始，投药量稳定在20μg/headBID，观察其状况，每隔3~4天注射1次。但据畜主反映，间隔注射疗效降低，所以从第86天开始，每天使用20μg/headBID的量。

第90天的血液检查，Alb<1.0mg/dL、Ca7.2mg/dL，没有上升。腹部超声波检查还有少量的腹水稽留，因此决定连续使用30μg/head-BID量的奥曲肽。

之后未见Alb的上升，Alb≤1.0mg/dL，超声波检查有少量的腹水出现，第131天基本未见食欲和活动性能的下降。

讨论

在蛋白漏出性肠病的肠道中，蛋白漏出的机制是肠淋巴管扩张、肠道毛细血管通透性亢进、黏膜上皮异常等引起。本病例中，在没有查明蛋白漏出原因的情况下，发生了二次性的蛋白漏出。

据报道，生长抑素诱导体对肠道具有促进水分和电解质吸收、延长消化道内容物通过的时间、抑制胆管收缩等作用。而且，通过抑制脂肪吸收的作用，抑制淋巴管内压的

第5章

小肠

上升，从而抑制肠淋巴管扩张症为原因的蛋白漏出。

本病例中奥曲肽投药后，看到Alb、Ca暂时上升，但其后又下降。Alb在≤1.0mg/dL、Ca在7~8mg/dL前后变化。未见蛋白漏出的改善。但是，在奥曲肽使用前，发现大量的腹部积液。从第90~131天，超声波检查只见少量的腹水稽留，其后也有完全消失的时候，没有引起由于腹水稽留的QOL的下降。关于蛋白漏出有许多说法，尽管查阅了关于腹水消失的相关文献，但未见到关于生长抑素诱导体对腹水消失的作用机理的报道，期待今后的解明。

另外，作为生长抑素诱导体的作用，还有抗炎效果或可能稳定和缩小肿瘤的效果等说法。在本病例，考虑到蛋白漏出与肿瘤病变等相关，由于症状没有急剧恶化，以前见到的黑便也消失，由此可以推测这些效果可能与生长抑素诱导体的上述作用相关。

生长抑素诱导体能抑制许多消化道的机能，因此期待能够应用于各种消化道疾病，如溃疡性的消化道出血、化学疗法、AIDS等原因引起的难治性的腹泻等方面的治疗。而且在人医上还报道被应用在晚期癌症患者消化道的阻塞、外伤引起的乳糜胸等病。生长抑素诱导体在人的医疗上，对其适应症、投药量、投药间隔、投药期间等尚未完全确定。

本病例中，关于对腹水消失的机理还有许多不明的地方，但生长抑素诱导体今后在兽医医疗，在各种疾病上有应用的可能性，期待成为治疗上的一剂有效药物。

追加

本病例从奥曲肽治疗开始到2012年8月，已经过了24个多月。现在在观察腹鸣、软便、腹胀等临床症状的基础上，1周投奥曲肽1次。投药开始2个月左右，肝酶上升，这可能与长期投药相关，使用利胆剂和减少投药量后，肝功能又回到正常范围，其后没有出现明显的临床症状，经过良好。

出处：第31届动物临床医学会（2010）

参考文献

· 酒井 元 ほか：オクトレオチドの有効性が示唆された蛋白漏出性腸症合併重症潰瘍性大腸炎の1例，Progress of Digestive Endoscopy, Vol. 67, No 2, 120-121. 8 (2005)
· 本田邦臣 ほか：ソマトスタチン誘導体投予により症状及び内視鏡検査所見が改善した腸リンパ拡張症の1例，gastroenterological Endoscopy, Vol. 46 (6), 1192-1197 (2004)
· 内藤正規 ほか：酢酸オクトレオチド投予が奏功しQOL が著しく改善した終末期患者の1例：日臨外会誌，69 (5), 1015-1018 (2008)
· 上野義隆 ほか：子宮癌術後種々の要因が関与した難治性下痢にソマトスタチンアナログが奏功した1例，日消誌，94 (11), 778-782 (1997)
· Hang Lak Lee et al:Successful Treatment of Protein-Losing Enteropathy Induced by Intestinal lymphangiectasia in a Liver Clrrhosis Patient with Octreotide, A Case Report. J Korean Med SC1, 19, 466-469 (2004)
· 蜂巣賀 康己 ほか：酢酸オクトレオチドが有効であった鈍的外傷による乳び胸の1例，日臨外会誌，69 (7), 1638-1642 (2008)
· Kenneth W. Simpson:How I Treat Esophagitis. Proceedings of the 33rd World Small Animal Veterinary Congress, Dublin, Ireland (2008)

4．犬肠淋巴管扩张症伴随蛋白漏出性肠病

Protein-losing enteropathy with intestinal lymphangiectasia
in four dogs

（财）鸟取县动物临床医学研究所

井上春奈、山根 刚、野中雄一、大野晃治、藤原梓、杉田圭辅、横山 望、佐川凉子、高岛一昭、小笠原淳子、水谷雄一郎、松本郁实、才田祐人、和田优子、冢田悠贵、宫崎大树、山根义久

　　对患有腹泻和低蛋白血症的病犬，根据各种检查结果，怀疑是蛋白漏出性肠病，用内视镜或开腹手术进行了肠的活检。对其中经病理组织检查发现的患有淋巴管扩张症的4例病犬的治疗和经过，进行了回顾，在活检病料的采集和治疗的反应性方面取得了一些见解。

关键词：蛋白漏出性肠病，肠淋巴管扩张症，犬

引言

　　蛋白漏出性肠病是血浆蛋白从肠黏膜向肠腔异常漏出的症候群。原因是由肠淋巴管扩张症（IL）、炎症性肠疾病（IBD）、消化器官性淋巴瘤、消化道内出血、寄生性肠病等引起。诊断上要根据临床症状和与引起低蛋白血症的其他疾病鉴别后，结合肠黏膜病理组织学检查进行综合判定。治疗上用食物疗法和氢强的松、小孢子菌素等药物治疗。

　　这次对疑似出现低蛋白血症的蛋白漏出性肠病犬，经病理组织学检查，对确认为肠淋巴管扩张的4例病犬进行了药物治疗，现报告如下。

病例

　　【病例1】马尔济斯犬，未去势雄性，7岁，体重4.1kg。半年前出现腹部胀满，软便等症状，最近1周持续腹泻，来院治疗。

　●初诊时的一般临床检查

　　·血液检查

　　TP（3.1g/dL）、Alb（1.5g/dL）的低值。腹部积水，右腿根部浮肿。各种检查结果诊断为蛋白漏出性肠病，进行了内视镜十二指肠活检和病理组织检查。

　　·内视镜检查
　　确认十二指肠绒毛的浮肿。

　　·病理组织检查
　　十二指肠黏膜固有层的淋巴管轻度扩

张，出现了浆细胞和淋巴细胞的轻度浸润。不能确诊是IL，但不能否定其可能性。

● 治疗过程

使用了氢强的松（2.0mg/kgSID）、小孢子菌素（8.0mg/kgSID）及Hill's®z/d治疗。但是，腹部积水、全身浮肿，TP和Alb的低下仍然继续，把氢强的松的量增加到3.0mg/kgSID，无明显改善。加上甲氨蝶呤（0.7mg/kgIM），氢强的松的量减到1.5mg/kgSID，增加小孢子菌素（8.0mg/kgSID）的量。腹水消失，TP和Alb上升到正常值。逐渐减少了氢强的松、甲氨蝶呤和小孢子菌素的量。氢强的松在发病后约9个月、甲氨蝶呤在发病约1年后停药，发病后3年4个月，小孢子菌素（2.5mg/kgSID）仍然在持续使用，病情经过良好。

【病例2】奇瓦瓦犬，未去势雄性，6岁，体重2.6kg。主诉1周前出现软便，前天开始食欲低下、水样腹泻，腹部胀满。来院治疗。

● 初诊时的一般临床检查

·血液检查

TP（3.0g/dL）、Alb（1.5g/dL）的值低。

诊断为蛋白漏出性肠病，进行了内视镜十二指肠活检和病理组织检查。

·内视镜检查

确认十二指肠糜烂。

·病理组织检查

十二指肠绒毛顶端的淋巴管轻度扩张，黏膜固有层出现了淋巴细胞和浆细胞的浸润。怀疑是轻度的IL。

● 治疗过程

用氢强的松（1.0mg/kgSID）、小孢子菌素（3.8mg/kgSID）进行了治疗。TP和Alb上升到正常值的水平。慢慢减少了氢强的松和小孢子菌素的使用量。

在发病后2年和3年后，分别停药。由于畜主不希望食疗，就用一般的食物维持，发病后约4年，现在经过良好。

【病例3】波士顿梗犬，去势雄性，5岁，体重11.0kg（3年前13.0kg）。约2年前出现软便，几天前开始从水样腹泻发展为血便，有恶化的倾向，故来院治疗。

● 初诊时的一般临床检查

·血液检查

TP（3.0g/dL）、Alb（1.5g/dL）的值低。

诊断为蛋白漏出性肠病，开腹术后进行了十二指肠和空回肠的全层活检和病理组织检查。

·开腹检查

肉眼所见肠管整体肥厚、充血，明显观察到了肠系膜淋巴结。

·病理组织检查

十二指肠绒毛肥厚，出现了浆细胞和淋巴细胞的大量浸润，怀疑是IBD肠炎。空回肠也有明显的绒毛肥厚，有许多淋巴管扩张，诊断为IL。上述两个部位的关联性不明。

● 治疗过程

用小孢子菌素（5.0mg/kgSID）和氢强的松（1.0mg/kgSID）、Hill's®z/d进行了治疗。其后，TP和Alb有所上升，减少了氢强的松（0.5mg/kgSID）的量，但TP和Alb又开始下降，又增加了氢强的松（1.0mg/kgSID）的使用量。由于腹泻的改善效果不明显，所以食物改为Hill's®w/d。

其后，腹泻有所改善，但TP和Alb的值一直较低，药物改为特效药CΩD-HY。现在发病的第205天，软便持续，TP和Alb正常，因此维持相同的内服量和食物疗法，病程在观察中。

【病例4】山梗犬，去势雄性，7岁，体重7.8kg（1年前8.3kg）。4个月前出现间歇性的腹泻，前一晚上开始呕吐、精神沉郁、食欲低下，故来院治疗。

●初诊时的一般临床检查

· 血液检查

TP（4.4g/dL）、Alb（1.7g/dL）的值低。

诊断为蛋白漏出性肠病，开腹术后进行了十二指肠和空回肠的全层活检和病理组织检查。

· 开腹检查

肉眼所见肠表面的淋巴管明显，肠管肥厚和有硬结感。

· 病理组织检查

十二指肠、空回肠绒毛有浮肿性肥厚，固有层和肌间淋巴管呈高度扩张，浆细胞和淋巴细胞浸润，怀疑是IL和轻度的IBD。

●治疗过程

用氢强的松（2.0mg/kgSID）和皇家迦南助消化器（低脂肪）治疗。TP和Alb上升到正常值，减少了氢强的松（1.0mg/kgSID）的量，同时使用了小孢子菌素（3.6mg/kgSID）。但TP和Alb又持续下降，又增加了氢强的松（2.0mg/kgSID）和小孢子菌素（7.0mg/kgSID）的使用量，TP和Alb上升到正常值。第65天，减少了氢强的松（1.0mg/kgSID）的使用量。第144天，粪便的形状良好，维持相同的内服剂量和食物疗法，病程在观察中。

讨论

在IL的诊断中，必须进行病理组织检查，但在病例1和2中用内视镜采集的样品进行诊断比较困难。为了更好地确诊，有必要进行具有样品的采集量和采集部位优势的全层活检。对低蛋白血症的病例，全层活检是有风险，但通过输血和静脉点滴等内科治疗，能够得到缓解。

Griffiths等人报道，IL的预后是受原发疾病的治愈程度的影响，最长生存期限可达2年。IL的治疗主要依靠低脂肪食物和类固醇类药物的使用，终身需要治疗控制的病例也不少。

在病例1和2中可见，可以停止使用氢强的松，而且患畜能够长期生存。其理由是，据内视镜活检材料的病理组织检查，表现为轻度的淋巴管扩张，这是因IBD等原因再次复发的可能性很高，由于IBD的治疗有了有效的反应，所以可能获得良好效果。

在病例3和4中，用肉眼就看见肠淋巴管的扩张，经全层活检材料的病理组织检查发现，呈高度的淋巴管扩张，诊断为IL。但是这两个病例都出现IBD症状，对治疗的有效性今后还要继续观察。

如上所述，蛋白漏出性肠病的病因不仅是特发性的IL，也有IL和IBD等复合引起的病例，对这样的病理要根据病情和症状进行随机应变的药物疗法和食物疗法，这样才能取得比较良好的治疗效果。

出处：第31届动物临床医学会（2010）

5．沙状异物引起犬空回肠后部·盲肠阻塞

Intestinal obstruction is caused in the ileum and the cecum
by send foreign substance

西京极动物医院

山田昭彦

波士顿梗犬，避孕雌性，2岁7个月，在河滩上吃了沙子，第2天开始就频繁地呕吐，来院治疗。造影X光检查，确认在空回肠后部发生肠梗阻。因期待能够自己疏通，而采取了对症治疗，但经过27h观察症状未见缓解，故采取肠切开手术，取出沙状异物，术后经过良好。

关键词：沙状异物，肠梗阻，肠切开

引言

引起犬消化道阻塞的异物一般都比较大或长，如果是小异物通常不会引起梗阻。但是，本病例是大量的沙子阻塞空回肠后部和盲肠，所以表现以呕吐为主的消化系统症状，现概要报告如下。

病例

波士顿梗犬，避孕雌性，2岁7个月，体重3.25kg（BCS3）。既往病史有过食道扩张（1岁的时候发病），可能由右大动脉弓先天性残缺引起，而且可见胸腰椎的椎体畸形。

在发病前日开始没有精神和食欲，因呕吐3次且很多，而且还有血尿（红茶色尿），所以来院治疗。据畜主介绍，病犬在发病前日，去山里散步时在河床上吃了沙子。

● 初诊时的一般临床检查

·身体检查

体温38.9℃，听诊听到Levine II/VI驱出性心杂音，腹部有轻压痛。

·血液检查

有白细胞数的上升（27 900/μL）和CRP上升（＞20mg/dL）。其他未见异常（表1）。

·X射线检查

胃扩张，膨胀的小肠部分充满沙粒状异物。

·造影X射线检查

钡投入20h后，胃内钡遗留，小肠内只有少量的钡。24h后，钡灌肠造影X射线检查的结果，确定了异物的位置，离结肠很近（图1，图2）。

● 治疗过程

作为对症治疗，入院后先用醋酸林格氏液静脉点滴和氨苄西林钠、盐酸雷尼替丁静脉注射。但是呕吐还在继续，未见好转，为了除去异物，进行了开腹手术。

表1　血液检查结果

WBC（/μL）	27,900	BUN（mg/dL）	17.7
Band-N	279	Cre（mg/dL）	0.6
Seg-N	26,226	ALT（U/L）	27
Lym	1,116	ALP（U/L）	371
Mon	279	NH_3	156
Eos	0	TP（g/dL）	6.6
Bas	0	Alb（g/dL）	3.3
		A/G	1.0
RBC（×10⁶/μL）	8.16	Glu（mg/dL）	107
Hb（g/dL）	15.3	T-Cho（mg/dL）	326
PCV（%）	45.2	Ca（mg/dL）	10.7
MCV（fL）	55.4	Na（mmol/L）	139
MCH（pg）	18.8	K（mmol/L）	3.5
MCHC（g/dL）	33.8	Cl（mmol/L）	108
		CRP	OVER（>20）
Plat（×10³/μL）	747		

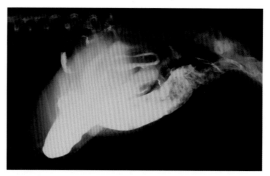

图1　造影X射线照片①

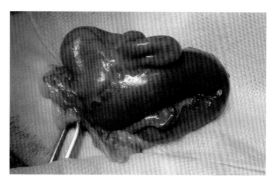

图3　手术照片

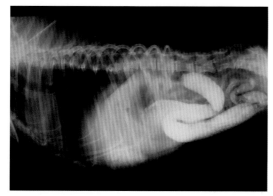

图2　造影X射线照片②

● 手术过程

腹中线正中切口开腹，可见空回肠后部和盲肠内充满沙粒，呈充气的圆筒状（图3）。在3个地方进行了肠切开，用灭菌的药勺谨慎除去异物。异物全是细沙，未见大的石块或塑料。肠管先用4-0PDSⅡ进行全层单纯结扎缝合，腹腔内洗净后用3-0PDSⅡ按常规方法缝合腹腔。

术后呕吐消失，第2天开始用流动食物，愈合良好，第4天出院。白细胞数和CRP在术后渐渐下降，出院后未发生别的问题。

讨论

进入空回肠后部和盲肠的沙子为什么在这里发生了阻塞，留下了疑问。我们推测可能是由于一次性大量摄取的沙粒要迅速通过消化道，但肠管蠕动没能及时跟上，加上水分的吸收沙粒进一步积聚固化，就以小肠后部为中心堆积到一起。虽然继续对症治疗观察几日，加上腹部按摩，阻塞的沙粒有可能自动排出，但综合本病的症状、异物流动的状况和畜主的强烈要求，最终采取了外科措施。

虽然我们认为本病例处置恰当，但是如果今后遇到同样的病例，应慎重考虑是否对所有的病例都要采取外科手术。

出处：第29届动物临床医学会（2008）

6．犬骨盆腔内小肠变位整复手术

A surgical repair of the small intestine displacement in the pelvis cavity of the dog

东京农工大学农学院兽医学科家畜外科学教研室

深山晴央、星克一郎、秋山绿、小林正行、冈田奈津子、田中绫、丸尾幸祠、山根　义久

芭比犬，雄性，6岁。主诉慢性呕吐，来院治疗。X射线检查发现小肠在骨盆腔内变位。用特多龙布修补法进行了2次小肠整复，但从直肠和修补的间隙之间再次脱入到骨盆腔中，所以进行了追加缝合。

关键词：小肠变位，修补法，特多龙布

引言

因内科治疗未见效，重复慢性呕吐的病犬经介绍来院治疗。造影X射线检查，发现小肠在骨盆腔内的变位。在解剖学上，无论雌雄骨盆腔内都存在直肠和尿道，而雄性有前列腺的一部分或全部，雌性有阴道和阴道前庭的一部分，小肠不在骨盆腔内。本病例中，应用特多龙布修补法进行了小肠整复外科治疗，现概要报告如下。

病例

芭比犬，雄性，6岁，体重2.7kg。3个月前开始呕吐，在其他医院进行了H₂受体阻滞剂、抗胆碱能药物、胃复安为主的治疗，但症状未能改善，因而来院治疗。

●初诊时的一般临床检查

·血液检查
如表1所示。

·粪便检查
没有特殊病变。

·X射线检查
X射线检查没有明显异常，但消化道造影X射线检查，钡投药1小时，确认小肠在骨盆

表1　血液检查结果

项目	值	项目	值
WBC（/μL）	6,800	BUN（mg/dL）	8.3
		Cre（mg/dL）	0.55
RBC（×10⁶/μL）	5.88	AST（U/L）	30
Hb（g/dL）	14.3	ALT（U/L）	81
PCV（%）	42	ALP（U/L）	91
Plat（×10³/μL）	314	T-Bil（mg/dL）	0.14
		NH₃（μg/dL）	62
		TP（g/dL）	4.9
		Alb（g/dL）	3
		Glu（mg/dL）	107
		T-Cho（mg/dL）	98
		Amy（U/L）	899
		Ca（mg/dL）	8.2
		Na（mmol/L）	153
		K（mmol/L）	3.4
		Cl（mmol/L）	110

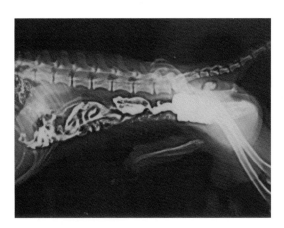

图1　手术前造影X射线照片（RL）

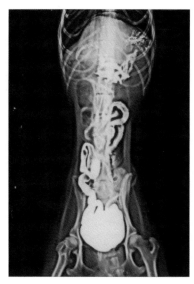

图2　手术前造影X射线照片（VD）

腔内变位（图1，图2）。

·内视镜检查

食道内观察到部分炎症，胃内未见异常。

消化道造影X射线检查显示，小肠在骨盆腔内变位，所以怀疑小肠变位引起食物通过障碍。为此，从腹部正中切开，确认小肠在骨盆内的变位后，实施了手术整复。

●手术①

开腹后发现小肠在骨盆腔尾部深入变位，进而从腹部大动脉分支的外肠骨动脉在顶端部有大量分支。而且，完全没有看到外侧膀胱索。为此，为了不使小肠变位到骨盆腔，在膀胱和前列腺之间，将特多龙布用3-0尼龙线缝到后腹膜上，做成隔离，用常规方法闭腹。

●治疗经过①

术后用抗生素、胃复安、黏膜保护剂等内科疗法治疗，加上少量多次的给食观察疗效。第13天进行再检查时，主诉呕吐的次数增加。X射线检查，小肠再次在骨盆腔内变位。

●手术②

再次进行开腹手术，特多龙布和固定的部位没有脱开，在固定缝合的线与线之间，

小肠再次嵌入骨盆腔内，小肠整复后，用特多龙布在膀胱前侧部位再次制作了新的隔离壁后缝合腹部。

●治疗经过②

呕吐次数减少，再未出现小肠的骨盆腔内变位，预后良好（图3，图4）。

讨论

呕吐由消化道疾病（食道、胃、小肠、大肠的异常），消化道以外的疾病（尿毒症、肾上腺皮质机能低下、肝脏疾病、糖尿病性的酮症酸中毒）以及其他（猫甲状腺机能亢进、暴食、中枢神经系统疾病）原因引起。由于本病例呈慢性呕吐，对内科治疗无效，所以要进行详细检查，充分掌握疾病状态。血液检查中有轻度的TP和T-Cho的低下，其他无特别所见。内视镜检查除食道有轻度炎症之外无其他异常。造影X射线检查确认小肠骨盆腔内变位，由此判断这可能是呕吐原因。

本病例中，腹部大动脉分支的外肠骨动

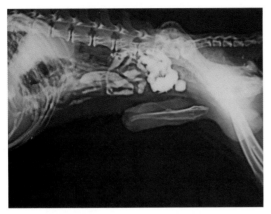

图3　手术后造影X射线照片（RL）

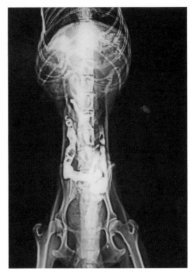

图4　手术后造影X射线照片（VD）

脉在顶端部有大量分支。而且，两侧的外侧的膀胱索没能看到，属先天性畸形。小肠变位原因可能与该畸形有关，但详细情况不明。

　　用特多龙布补丁法进行了小肠的骨盆腔变位整复术，使小肠不向骨盆腔脱出。手术必须要分两次进行的原因是，因为特多龙布在腹壁上的缝合处太少，而且如果将蠕动的直肠缝合太死，担心由此会产生新的障碍，其结果会成为再次复发的原因。简直就如长了眼睛一样，小肠就从那个小间隙中穿入骨盆腔。尽管术后使用了胃复安等抑制呕吐的药物，但在一段时间内仍然发现有呕吐现象，其原因没能探明。可能是性格、体型或腹腔内制作了补丁等原因引起。

　　使用特多龙布补丁法手术时间短，矫正了小肠在骨盆腔内的变位，所以我们认为这个手术方法有效。但是，补丁的缝合间隔，特别是和直肠的缝合时，在不引起排便障碍等合并症的程度为基础设置补丁非常重要。

出处：第23届动物临床医学会（2002）

7. 对犬肠扭转手术后进行短肠症候群治疗

Short bowel syndrome after small bowel recection in a dog

西京极动物医院
山田昭彦

迷你腊肠犬，雌性，1岁。主诉呕吐，急性腹痛，对症治疗半日后症状急剧恶化，紧急手术确定为肠扭转，摘除了广范围坏死小肠。对手术后引起的短肠症候群进行对症治疗，恢复良好。现报告如下。

关键词：急性腹痛，肠扭转，短肠症候群

引言

肠扭转是亚急性~急性临床经过的急性腹痛病，致死率较高。而短肠症候群是小肠切除手术后70%以上广范围出现的消化不良、吸收不良、腹泻等体重减轻和营养失调的疾病。这次由于肠扭转和小肠的大部分切除，手术后出现了短肠症候群，对此采取了对症治疗，收到良好的效果，现将过程报告如下。

病例

迷你腊肠犬，雌性，1岁，体重3.7kg（BCS2）。患病前日还很健康，患病当天早晨开始呻吟，精神沉郁。早晨吃的食物中午过后呕吐了4次，因此来院治疗。

●初诊时的一般临床检查

·身体检查

体温37.7℃，身体检查时全身发抖，外观上没发现异常。腹部疼痛，腹部触诊未发现异常气体。在医院里吐了2次胃液。

·血液检查

血液检查未见异常。

·X射线检查

腹部X射线检查，未能区别上腹部结肠气体，未发现异常气体的稽留（图1）。

●治疗过程

本想做造影X射线检查，但和畜主商量后，首先对急性胃肠炎进行对症治疗（皮下补液、抑制呕吐、抗生素等），再看看病情。

经治疗，呕吐停止，5小时后呈不能站立的虚脱状态。体温35.4℃，低血压，口腔黏膜苍白。腹部触诊有异常气体，X射线检查发现有明显的腹部胀满和肠道气体稽留（图2），由于临床症状加剧和X射线检查的结果，进行了紧急手术。

●手术

开腹后，从十二指肠后弯曲附近到回结肠口前15cm处，空回肠扭转（进入肠系膜之间），高度扩张呈暗红色（图3）。

由于肠系膜拧得较紧，捻转不能整复，

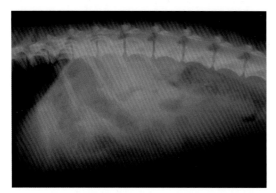

图1　初诊时的X射线照片

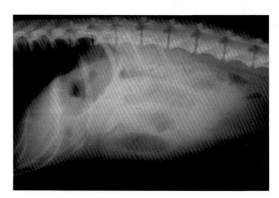

图2　手术前的X射线照片

图3　手术照片

将肠系膜的一部分切开后捻转解除。对变色的肠管进行指压，瘀滞的血液没有回流（这时血压慢慢回升）。观察出有血流部分小肠，切除没有血流部分小肠，进行端端缝合。确认吻合部没有渗漏后，将大网膜向周围卷起来后固定，腹腔内清洗后按常规方法缝合腹腔。

● 治疗过程

苏醒稍稍有些缓慢，但血压稳定。由于术后血液检查时有贫血（PCV27%）和低蛋白症（TP3.8g/dL，Alb1.8g/dL），所以第2天输全血100mL，随后进行了高能量输液。

术后第5天，经胃石墨消化道造影X射线检查，没有发现通过障碍和愈合不良的迹象。针对术后短肠症候群引起的腹泻，分多次给予容易消化的食物（Hill's®i/d），补充维生素和矿物质，使用胰酶制剂、盐酸洛哌丁胺（0.1mg/kgTID）、盐酸雷尼替丁（2mg/kgBID）、酒石酸泰乐菌素（10mg/kgBID）等药物进行治疗，术后10天出院。

术后第14天，1天两次排泥状便，从第18天开始呈软便，术后30天左右开始排泄正常粪便。内服药物逐渐减量到停药。术后第45天，所有的药物都停止，以后只进行了食物疗法，目前为止状态良好。

讨论

肠扭转的确诊非常困难，只有在诊断性的开腹和剖检时才能发现，死亡率非常高，发病后必须要尽早手术。原因有多种，幼龄成犬发生最多。

本病例在血液检查中几乎没有什么异常，初诊时没有对肠内气体阴影异常采取造影X射线等精细检查，所以没能做到早期诊断，造成了病情发展到小肠广范围坏死的严重状态。平常对急性腹痛来院治疗的病例，应该在急性胃肠炎、急性胰腺炎、异物或中毒等方面进行鉴别诊断，再次意识到积极按程序检查的重要性。

对于术后产生的症状恶化或短肠症候

群，要采取输血、高能量的输液和积极的内科治疗，才能产生良好的效果。缩短的（残存的）肠管经过适应，排出正常的粪便需要1个半月时间，我们认为这是治疗期间能够提供充分的营养支持的结果。

在人上，克罗恩病等小肠广范围切除的患者有短肠症候群的报道，对此可进行食疗或经肠营养，以及中心静脉营养等内科治疗，也可以选择小肠移植的外科治疗。

对于诊断和治疗困难的疾病，积极的诊断途径和治疗方法很重要，今后要在临床上加以应用。

出处：第25届动物临床医学会（2004）

参考文献

• オーストラリア治療ガイドライン委員会（医薬品・治療研究会 編訳）:消化器疾患治療ガイドライン,102-103,医薬ビジランスセンター,大阪（1999）
• 熊谷昇一,加藤 三奈子,倉繁裕美,斉藤尚子,内田恵子,苅谷和廣:犬における腸捻転の4 症例,日本臨床獣医学フォーラム年次大会,5,14-15（2003）
• Theresa WF（作野幸孝 訳）:小動物外科・手術（上）,304-319,LLL セミナー（2001）
• 岡野昇三:小腸の吻合術,Tech. Mag. Vet. Surg. Vol. 8No. 4（SUR-GEON46）18-26,インターズー（2004）
• Lipowitz AJ（多川政弘 監訳）:小動物外科の合併症,338-339,インターズー（1998）

短肠症候群是由于广范围的小肠切除引起吸收不良，70%~80%的小肠切除患者，会引起重度的消化吸收障碍。残存的长度和机能虽然没有直接关联，但据报道个体差异较大。小肠消化吸收功能的恢复要经过大约1年的时间，期间的营养管理非常重要。初期，中心静脉营养（TPN）是必需的，水分和电解质的管理很重要。为了残存小肠机能的早期恢复，尽可能早期进行经口摄取营养。如果腹泻程度减轻，可以经口摄取营养时，希望给予可溶性食物纤维多的低脂肪食物。要补充脂溶性维生素（维生素A、维生素D、维生素E、维生素K）和维生素B_{12}、钙、镁、锌、铁。

（下田哲也）

8. 腹腔镜在犬肠梗阻诊断中的应用

Three dog cases of ileus using laparoscope for diagnosis

绫动物医院·奈良动物临床研究会（NACS）

糠谷绫、竹中佐重美、松本宜子、筱崎亚也子、织田园、樱井隆介

腹腔镜作为腹部疾病检查的新途径受到关注。对主诉呕吐的3例犬，X射线和超声波检查确认为肠梗阻。肠梗阻也有几种，绞扭性肠梗阻和伴有胰腺炎、腹膜炎的麻痹性肠梗阻等，有必要采取紧急的外科处置。需要外科手术处理的肠梗阻的预后，要看从鉴别诊断开始到包括知情同意书的下达等处理所需的时间。这次通过腹腔检查，由于进行了早期诊断和处理，效果良好。由于病例系高龄犬，对诊断性开腹手术面露难色的畜主来说，很快同意了腹腔镜检查。

关键词：犬，腹腔镜，肠梗阻

引言

在人医方面，内视镜的外科医疗得到快速普及，逐渐成为外科手术的主流。在兽医界，腹腔镜作为腹部疾病检查的新途径受到关注。肠梗阻是肠道内腔的闭塞和肠道运动障碍所引起，是正常的向肛门方向通过的肠道内容物受阻的一种病态。特别是像肠扭转一样绞扭性肠梗阻，以及急性坏死性胰腺炎等引起的麻痹性肠梗阻等都要采取紧急外科手术处理，造影X射线检查等花时间的诊断会延误治疗。这次，对超声波检查确认是肠梗阻的3例病犬，用腹腔镜检查，外科处理收到良好的结果，现报告如下。

病例

【病例1】杂种犬，雌性，12岁，体重14.4kg。

主诉：2天前没有食欲和精神，有呕吐。

既往史：乳腺肿瘤，子宫卵巢摘除术（4年前），过敏性皮肤炎。

● 初诊时的一般临床检查

· 身体检查

体温38.0℃。

· 血液检查

伴有左移的白细胞增多。BUN（54.2mg/dL）和CRP（＞20mg/dL）增高。mf（－）。

· X射线检查

消化道内发现有异常气体的稽留。

· 超声波检查

发现有肠内容物的滞留和轻度的腹水。抽取腹水检查，多数是中性白细胞的渗出液。

· 腹腔镜检查

有血样的腹水稽留。肠管整体明显肥厚，小肠有捻转，捻转部位有黑色的坏死，胰脏正常。

腹腔镜检查用的小切口不能将捻转

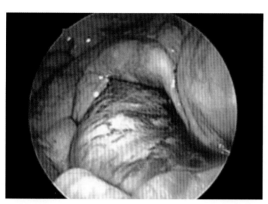

图1　病例1：腹腔镜照片
确认肠扭转图像

图2　病例1：手术照片
确认肠扭转

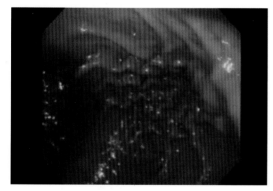

图3　病例2：内视镜照片

部位拉出体外，得到主人同意后开腹检查（图1）。

● 手术过程

和腹腔镜检查的结果一致，有小肠扭转。扭转部位有黑色的坏死，引起了腹膜炎〈诊断：绞扭性肠梗阻（肠扭转）〉。切除扭转坏死的部分，端端吻合，腹腔清洗后关闭（图2）。

● 治疗过程

术后3天断食断水，通过造影X射线检查钡餐通过后开始喂食。术后持续低蛋白血症，改善营养状况后逐渐恢复。

【病例2】设得兰群岛牧羊犬，雄性，12岁，体重6.6kg。

主诉：呕吐，近期消瘦（12kg→6.6kg）。

● 初诊时的一般临床检查

· 身体检查

体温39.0℃。一侧睾丸萎缩，肛门周围有肿瘤，左眼有成熟的白内障。

· 血液检查

BUN80.9mg/dL，Cre1.9mg/dL，TP9.0g/dL，Alb3.7g/dL，CRP8.4mg/dL，脂肪酶19，200IU/L。输液治疗开始后，BUN开始升高。

· 超声波检查

有胆泥滞留，小肠内容物停滞，胃黏膜有息肉样的病变。

· 内视镜检查

胃黏膜整体肥厚、出血，从整个十二指肠内腔开始，到空肠都有严重的出血性病变。胃内检出异物，用软性内视镜取出，异物是包谷芯（图3）。

为了观察胰腺的状态，进行了腹腔镜检查。

· 腹腔镜检查

从十二指肠到空肠确认肠壁肥厚红潮，异物堵塞后空肠的一部分呈黑色坏死。在腹腔镜的引导下腹壁切开一小口，将异物取出体外，坏死部分切除后，端端吻合后放回腹腔（图4）。

第5章

小肠

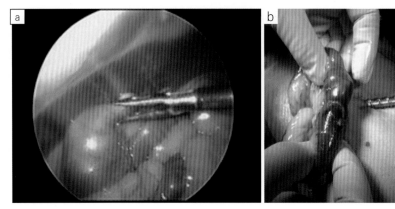

图4　病例2：腹腔镜照片

根据以上结果诊断为胃内异物引起的慢性炎症和空肠内异物引起的单纯性（阻塞性）肠梗阻。

●治疗过程

术后2天断食，通过造影X射线检查钡餐通过后开始喂食。脂肪酶也恢复到正常值，其后还表现为精神沉郁，FT_4和T_4在测定界限值以下，开始补充甲状腺激素后逐渐恢复。

【病例3】比格尔犬，去势雄性，16岁，体重8.7kg。

主诉：站立不起，持续呕吐。

●初诊时的一般临床检查

　·身体检查

体温38.0℃。口腔黏膜苍白，不能站立。

　·血液检查

Ht12%，TP4.5g/dL，Alb1.8g/dL，CRP-13mg/dL。

　·超声波检查

小肠内容物停滞，有可怀疑肠套叠的多层排列（图5）。

　·腹腔镜检查

输血后，进行了腹腔镜检查，发现广范围的肠套叠（图6）。

根据以上结果，诊断为肠套叠（平滑肌瘤引起）。开腹手术后切除了套叠的部分，由于是老龄犬有低蛋白血症，所以肠吻合手术采用订书机形式（GIA）进行（图7，图8）。

●治疗过程

术后3天断食，通过造影X射线检查钡餐通过后开始喂食。贫血改善，能够站立了。

讨论

肠梗阻分为机械性和机能性的两大类，前者分单纯性（阻塞性）和复杂性（绞扭性），后者分麻痹性和痉挛性的肠梗阻。但是，这只是根据病状的分类，在治疗上要把握病理状态，尽早查出病因。我们遇到肠梗阻的原因，多由异物的误咽引起。最近由于宠物的老龄化，肿瘤引起的阻塞性的肠梗阻和各种原因的腹膜炎引起的麻痹性和绞扭性（肠扭转）的肠梗阻渐渐增多。特别是像肠扭转引起的绞扭性肠梗阻，这种急性疾病从诊断到处理的时间决定了它的预后。超声波检查和X射线检查已经明显看到异常部位，但由于"已经老龄"，"不想再带给痛苦"等原因，谁都遇到过拒绝开腹诊断的事情。为此，就采用消极的内科诊断，或为了确诊进行费时的造影X射线检查等延误治疗的例子不少，患畜虽然被救，但多数患短肠症候群。

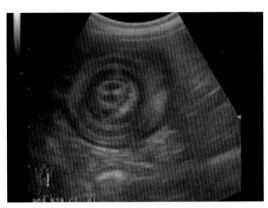

图5　病例3：超声波照片
确认疑是肠套叠的多层排列

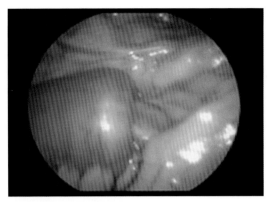

图6　病例3：腹腔镜照片
确认肠套叠图像

图7　病例3：手术照片①

图8　病例3：手术照片②

　　但是引进腹腔镜以后，对本院建议腹腔镜检查的建议，基本上所有畜主都同意。检查结果和外科处理时间很快，由于及时的外科处理，救活率有所上升。这不仅仅是诊断仪器和能力的提高，还有畜主的意识提高和受人医上腹腔镜低损伤印象的一种反应。今后还要不断钻研，扩大兽医界腹腔镜医疗的适应范围。

出处：第30届动物临床医学会（2009）

第5章

小肠

9. 兔小肠扭转

A case of intestinal volvulus in rabbit

北须磨动物医院

付田有希、佐佐井浩志、藤田大介、冈村健作、田上弓圭里、濑户绘衣子、滨北英明

来院当天突然食欲不振，精神沉郁。体温35.0℃，有腹部压痛和脱水症状。X射线检查胃和小肠内有异常气体发生，判断为急性腹痛。开腹诊断发现有肠扭转，很快进行了扭转部位的切除和小肠吻合手术，手术过程中心肺功能停止，死亡。

关键词：兔，急性腹痛，小肠扭转

引言

兔子的食欲不振原因有很多，口腔疾病、消化器官疾病、子宫疾病、中毒等。常常有急性经过，致死的病例也不少。据我们所知，没有兔肠扭转的病例报告，这次本院确诊了小肠扭转，特报告如下。

病例

病例为杂种兔，雄性，1999年12月31日迷路后受到保护，年龄不明，体重1.6kg。既往史：在别的医院2个月前由于全身性的脱毛，两次使用了驱外寄生虫药物，没有得到改善。

这次，来本院前上午一直健康，食欲正常。下午开始突然食欲废绝，精神沉郁，因此来院治疗。

●初诊时的一般临床检查

·身体检查

下午来本院时体温低，为35.0℃。皮肤脱水明显（7%~10%），上腹部有胀满感和明显的腹部压痛，2~3个月前测定的2kg体重减轻到1.6kg。未见打喷嚏，流鼻涕，眼泪，眼屎等症状。

·血液检查

有轻度的贫血和肾功能障碍，还有高血糖（表1）。

·X射线检查

胃内有食块和充满气体明显，小肠也有广范围的异常气体充盈。怀疑还有腹水稽留

表1　血液检查结果

WBC（/μL）	4900	BUN（mg/dL）	48
		AST（U/L）	51
Hb（g/dL）	9.8	ALT（U/L）	29
PCV(%)	26.9	T-Bil（mg/dL）	0.3
MCHC(g/dL)	36.4	Glu(mg/dL)	304
		T-Cho（mg/dL）	<50
		Na（mmol/L）	131.8
		K（mmol/L）	3.27
		Cl（mmol/L）	106.9

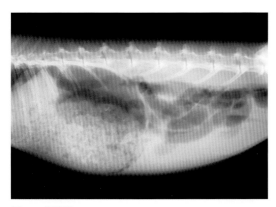

图1 X光照片
确认了胃、肠道的气体稽留

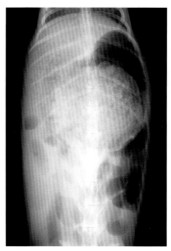

图2 手术照片①

图3 手术照片②

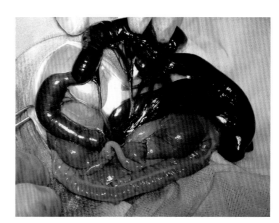

图4 手术照片③

（图1至图3）。

●治疗过程

　　由于生命体征降低，判断为消化道阻塞性为主的急性腹部疾病。在确保血管、输液、使用抗生素等基础上，先投药咪达唑仑和布托啡诺后，在异氟醚和氧吸入麻醉下进行了开腹诊断。

●手术

　　观察到有紧绷感的高度扩张的胃核瘀血坏死的小肠（图4，图5）。切除扭转坏死的小肠，正常小肠部分端端吻合缝合时心脏停止，死亡。小肠有两圈的扭转，范围波及30cm。

讨论

　　对家庭饲养动物诊疗的小动物临床兽医师来说，在应对急性变化疾病处理时，有很多头疼的事情。在兔子的诊疗中，有各种呈急性经过的疾病，但没有明确死因时，不可避免地影响与畜主的信赖关系。为此，在临床现场要注意各种各样的疾病状态。

　　兔的肠扭转有实验性制作的报道，但是未见家庭饲养家兔的肠扭转临床报道。在马中，也很少有确诊报道，小动物的临床中，肠捻转很可能是兔子不明死因的潜在性原因

　第 5 章　小肠

之一。

在本病例，小肠发生广范围扭转。死因可能是剧烈腹痛引起的应激反应或广范围的瘀血、循环障碍的影响。虽然扭转发生的原因不明，但从腹腔内未见其他脏器的异常来看，可能和兔子平时喜欢蹦跳的个性有关，剧烈的跳跃可能是肠扭转的原因。

对动物来说，肠梗阻是呈急性经过的致命性疾病之一。而对兔子来说，实施快速、正确的诊断和治疗，对救命治疗是非常重要的。虽然这个病例已死亡，但在兔发生的急性腹病的症状鉴别中，应加入肠扭转作为重要的鉴别诊断，特作此报告。

出处：第31届动物临床医学会（2010）

参考文献

· Cribb NC, Cote NM, Boure LP, Peregrine AS:Acute small intestinal obstruction assoClated with Parascaris equorum infection in young horses:25 cases (1985-2004), New Zealand Vetenary Jounal, 54, 6, 338-343 (2006)
· Levskey JM, Den El, DuBrow RA, Wolf EL, Rozenblit AM:CT findings of sigmoid Volvulus, American Journal of Roentgenology, 194, 136-143 (2010)
· Abutarbush SM:Use of ultrasonography to diagnose large colon volvulus in horses. J Am Vet Med Assoc 1, 228, (3), 409-413 (2006)
· Shealy PM, Henderson RA:Canine Intestinal Volvulus A Report of Nine New Cases, Vet Surg, 21, 1, 15-19 (1992)

 短　评

　　肠扭转是比较少见的疾病，呈急性腹痛，很难同其他疾病进行鉴别。延误治疗的病例也很多。扭转容易从肠系膜根部发生，由于肠系膜间动静脉的阻塞，循环不良引起广范围的肠瘀血性坏死。内毒素和细菌从损伤的肠黏膜中侵入腹腔，为此，容易陷入循环性休克、内毒素性休克和败血症，急性临床经过会导致死亡。本病例虽然在发病当天进行了开腹手术，但还是发生了广范围的小肠坏死，最后导致死亡。

（下田哲也）

10. 长期观察的犬回肠腺癌病例

A long survival case of multiple adenocar Clnoma of ileum in a dog

舞鹤动物医疗中心
赤木洋祐、真下忠久

迷你腊肠犬，8岁。慢性呕吐和体重减轻状，经过8个月内科治疗，出现小肠通过性障碍和肠壁肥厚。通过实施手术采集病理组织标本检查，诊断为回肠腺癌，而且在手术中发现空回肠的许多结节性病变。病例在术后半年至今，经卡铂和吡罗昔康治疗，效果良好。

关键词：慢性呕吐，回肠腺癌，卡铂

引言

犬的小肠腺癌多数单独发生，多发和转移后预后非常不好。本次病例我们在手术过程中发现了小肠腺癌的多发，实现了长时间的控制，特报告如下。

病例

迷你腊肠犬，去势雄性，8岁，体重7.0kg，预防史不完全。3个月前开始持续呕吐，体重减轻，因此来院治疗。

● 初诊时的一般临床检查

· 身体检查

轻度消瘦（BCS2），蠕动音亢进。腹部没摸到肿瘤。

· 血液检查

未见特别异常。

· X射线检查

X射线检查胃内空虚，胃轴向前方变位。造影X射线检查钡餐通过迟缓。

· 超声波检查

肠蠕动低下，肠管扩张、肥厚。

· CT检查①

回肠约有10cm从肌肉层到黏膜肥厚（壁厚5.1mm），肝脏、脾脏、肠系膜淋巴结未见异常。

· 追加检查

经犬淋巴系统肿瘤克罗恩病解析和胸苷激酶活性测定，排除了淋巴肿瘤。

以上检查结果显示，长期的慢性呕吐怀疑是消化道肿瘤，但未确诊。

● 治疗过程①

开腹切除活检未能得到畜主同意，而由于病发第69天开始使用氢强的松和甲硝唑进行诊断性治疗有反应，所以暂时诊断为炎症性肠疾病。

其后，呕吐稳定，体重增加到8.2kg。从病发第231天开始，呕吐次数增加，病发第246天食欲不振和可视黏膜苍白，血液检查PCV（23.5%）降低，Alb（2.5g/dL）轻

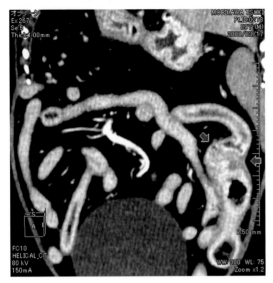

图1　CT检查照片①

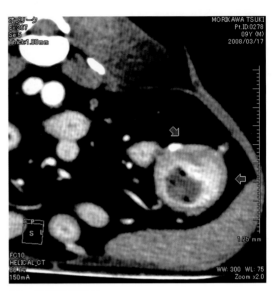

图2　CT检查照片②

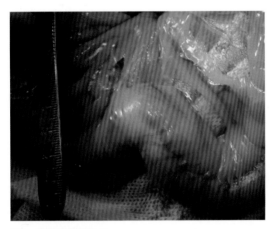

图3　肉眼所见照片①
回肠管有拇指粗的肥厚

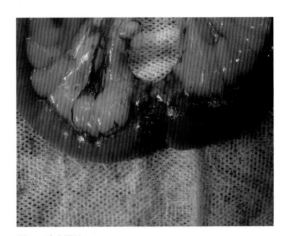

图4　手术照片
进行了端端吻合术

度低下。根据长期经过和临床症状，再次怀疑消化道肿瘤，以手术为前提实施了术前CT检查。

・CT检查②

回肠在和前次不同的部位确认到肥厚，在此部位前后并发了通过性障碍（图1，图2）。

●手术

腹部正中切开后，看到肠管有拇指粗的肥厚（图3），将这个部位切除10cm，实施端端吻合术（图4）。进而在回肠后部发现了散在的白色小结节（图5）。

・病理组织检查

诊断结果为回肠腺癌，从黏膜固有层到黏膜下层、肌层，观察到典型的腺上皮细胞浸润性增殖。虽然在切除的断面未见肿瘤细胞，但在部分区域可见肿瘤细胞从肌层越过浆膜浸润到周围脂肪组织。

图5　肉眼所见照片②
回肠远端确认到散在的白色小结节

● 治疗过程②

术后，精神和食欲没有恢复，精密检查后发现肠道吻合部的胃石墨有漏出，术后5天，进行了二次手术。其后，呕吐消失，食欲改善，在手术第3天后出院。抽线后开始使用吡罗昔康、卡铂，现在术后已过半年以上，仍保持生活质量（QOL）。

讨论

Crawshaw（1998）等关于包括回肠腺癌的小肠腺癌报告中，外科切除以后平均生存时间是10个月，如果有病理组织学的转移，生存时间是3个月，预后非常不好。本病例在手术中，回肠远端白色结节怀疑为肿瘤转移病变，但CT检查未发现肠系膜淋巴结肿大，这个白色小结节可能是腺癌多发性的病变。尽管如此，用卡铂和吡罗昔康将病情控制了1

年以上。如同本病例，肿瘤发展缓慢的例子较少。

本次诊疗中，我们从重复呕吐的初次诊断开始，频繁使用了超声波检查，得到肠道蠕动功能减退，腔内容物的滞留和肠黏膜肥厚的特征性图像。对症治疗和诊断性的治疗有效，确诊需要长期观察。本病例中，病变在回肠部，内视镜检查困难，在确定为炎症性肠病的基础上，开腹活检未能得到畜主同意。因此，未能进行早期开腹诊断是应该反省之点。

在怀疑包括本病例在内的消化道肿瘤时，影像诊断是有用的检查。但是，内视镜检查或超声波检查在解剖学上有不能操作的部位。如同本病例，由于肠壁肥厚，肠道的构造没有被破坏，造成诊断困难等方面获得了经验。在这点上，由于CT检查能够获得病变的整体像，浆膜面的浸润度，及局部淋巴结的转移。今后，期待收集消化道肿瘤早期诊断的标准数据。

出处：第29届动物临床医学会（2008）

参考文献

- Paoloni MC, Penninck DG, Moore AS:Ultra sonographic and clinicopathologic finding in 21 dogs with intestinal adenocarClnoma. Vet Radiol Ultrasound, 43, 562-567 (2002)
- Crawshaw J, Berg J, Sardinas JC, et al:Prog nosis for dogs with nonlymphomatous, small intestinal tumors treated by surrgical exClsion. J Am Anim Hosp Assoc, 34, 451-456 (1998)
- Withrow SJ:Small Animal Clinical Oncology:4th edition, 491-502, Saunders (2007)

第5章

小肠

11. 呈现缺铁性贫血的犬小肠腺癌

A case of canine small intestinal adnocar clnoma with
iron defic lency anemia

山阳动物医疗中心
森下启太郎、安川邦美、大东勇介、政次英明、中道润、福井健太、下田哲也

　　纪州犬，3岁5个月，在其他医院被告知是贫血，由于原因不明，病态逐渐加重，因此来院治疗。血液检查结果是缺铁性贫血，原因怀疑是消化道出血，因而做了腹部精密检查，发现小肠肿瘤状病变，用外科手术切除。病理组织学检查是腺癌，贫血在手术以后顺利恢复。肿瘤伴有消化道出血时，由于出血是间歇性的，所以没有被畜主发现的情况很多，加上有些消化道症状不明显，就容易按照贫血进行诊治。

关键词：犬，缺铁性贫血，小肠腺癌

引言

　　犬的消化道腺癌是继淋巴癌后的第2大消化道的肿瘤，高龄多发，雄性比雌性患病率高。症状依肿瘤发生的部位而不尽相同，食欲不振、呕吐、腹泻、体重减轻等非特异性的症状较多。在症状进程为止，也有未能被诊断的情况。另外，虽然同这些症状相比出现的频率较低，但也有因慢性炎症而伴有的贫血和缺铁性贫血。这次，作为我们初期的病历，对于不是消化器官的症状而是呈现重度贫血的犬，因确切地进行了贫血的分类，使之能够经历了小肠腺癌的诊断及治疗的病例，并进行了治疗，现报告如下。

病例

　　纪州犬，未去势雄性，3岁5个月，体重22.35kg。4个月前精神倦怠，食欲不振，在其他医院就诊后被告知贫血。进行了增血剂等对症治疗，但症状未改善，且原因不明，因而来院治疗。目前为止吐了几次，来本院治疗2周前出现黑色便。

● 初诊时的一般临床检查

· 身体检查

　　BCS2，判断为轻度消瘦，可视黏膜苍白。腹部没摸到肿瘤。

· 血液检查

　　WBC17，100/μL，RBC2.88×10^6/μL，Hb4.1g/dL，PCV14%，MCV46.5fL，MCHC30.6pg，Plat126×10^3/μL，呈现出重度小球性低色素性贫血和血小板减少症。多染性红细胞≤1%，没发现再生迹象。血液涂片中出现非薄红细胞、目标红细胞和畸形红细胞（图1）。而且，Glb（1.8g/dL）、TP（4.0g/dL）、Alb（2.2g/dL）、T-Cho

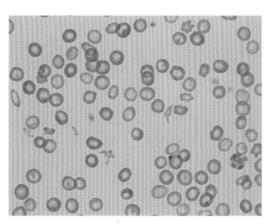

图1　血液涂片照片

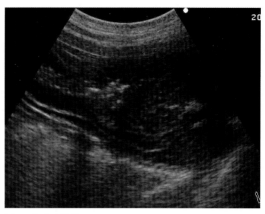

图2　超声波照片

（107mg/dL）显示低值。以上结果显示出是缺铁性贫血和蛋白漏出性肠病，贫血的原因怀疑是慢性消化道出血。

·X射线检查

胃内有X射线透不过的物体，可能是小石，肠道轻度充气，未发现明显的肿瘤病变。

·超声波检查

在小肠的一部分发现了5层结构消失的直径约3cm的混合回声的肿瘤病变，附近肠道的管腔内有少量的液体稽留（图2）。腹腔内淋巴结没有肿大，也没有肝脏和脾脏的异常。超声波引导下采用针刺活检，没有采集到细胞成分。

以上结果表明，这个孤立性的病变是消化道出血原因的可能性很大，细胞诊断否定了淋巴瘤，采用外科手术实施了切除。

●手术

腹部正中切开，消化道露出腹腔外的时候，看到小肠的一部分中有弹性的肿瘤，近位的肠管扩张。以肿瘤为中心，两侧肠管留有充分余地进行了切除，实施端端吻合术。摘除的肿瘤直径约28mm，和周围组织没有粘连，没有浆膜面的变化，黏膜面看到轻度的出血斑（图3）。

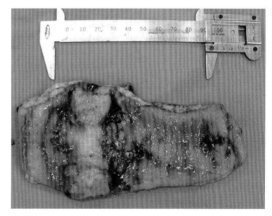

图3　摘除肿瘤的肉眼所见照片

·细胞检查

发现了具有大小不等的多个核小体的上皮类细胞集块。

·病理组织检查

肿瘤被诊断为腺癌。肿瘤细胞从黏膜下组织增殖到了肌层之间和浆膜层的附近。

●治疗过程

本病例犬在来院第2天手术前输血后，PCV值上升到21%，其后慢慢上升，第32天时恢复到38%，TP在第10天时回升到6.2g/dL。病犬在术后4个半月的至今，未见肠系膜淋巴结和肝脏的转移，经过良好。

讨论

本病例在来院当天就禀告有黑色便，4个月前就发现贫血，呕吐等消化道的症状不很明显。Paoloni等报道，患肠道腺癌的犬同呕吐、腹泻等消化道症状相比，贫血出现频度不高。可是，如同本病例这样，先出现明显的消化道症状，还存在重度的贫血情况下，也存在按原因不明的贫血治疗的例子。其理由是消化道出血间歇性的比较多，在病程进程为止大便颜色没有出现变化。

本病例在血液检查中，如果在发现明显贫血时进行正确的分类，就能怀疑有消化道出血的可能行。在超声波检查中，99%的消化道肿瘤出现消化道5层构造的消失。相反，88%的非肿瘤性疾病被报道保持5层构造。怀疑消化道出血的病例，应注意是否有消化道结构消失的部位，因此需要进行腹部整体的精密检查，使之能够做出早期诊断。

出处：第29届动物临床医学会（2008）

参考文献

• Penninck D, Smyers B, Webster CR, Rand W, Moore AS: Diagnostic value of ultrasonography in differentiating enteritis from intestinal neo-plasia in dogs, Vet Radiol Ultrasound, 44 (5), 570-575 (2003)
• Crawshaw J, Berg J, Sardinas JC, Engler SJ, Rand WM, Ogilvie GK, Spodnick GJ, O'Keefe DA, Vail DM, Henderson RA: Prognosis for dogs with nonlymphomatous, small intestinal tumors treated by surgical exClsion, J Am Anim Hosp Assoc, 34, 451-456 (1998)
• Comer KM: Anemia as a feature of primary gas-trointestinal neoplasia, Compend contin educ pract vet, 12, 13-19 (1990)
• Paoloni MC, Penninck DG, Moore AS: Ultra-sonographic and clinicopathologic findings in 21 dogs with intestinal adenocar-Clnoma, Vet Radiol Ultrasound, 43, 562-567 (2002)

12. 分子靶药物治疗犬复发、转移的消化道间质肿瘤（GIST）

Recurrent and metastatic，gastro-intestinal stromal tumor with molecular target therapy in a dog

法米动物医院，法布尔动物医疗中心

新田直正、吉冈千寻、竹内茜、原口友也、胁本美保、滨崎亮一、金子直树

异物引起肠梗阻的切萨皮克猎犬，由于开腹时发现盲肠浆膜面肿瘤而摘除，病理组织检查诊断为消化道间质肿瘤（GIST）。术后11个月开腹时未见肿瘤再发，可是2年1个月后，主诉腹围胀满来院治疗。开腹后发现大小肿瘤在腹腔整体扩散，病理组织检查为GIST的再发和转移。术后第13个月开始连续使用分子靶目标的药物甲磺酸伊马替尼，肿瘤病变明显缩小，全身状况良好。

关键词：犬，消化道间质肿瘤（GIST），甲磺酸伊马替尼

引言

以往，消化道间质肿瘤（GIST）是在被诊断为平滑肌肉瘤或平滑肌肿瘤中，存在于消化道肌层内和源于与消化道运动相关的卡哈尔间质细胞，诊断为GIST。其中多数存在c-kit基因变异。在人医中，能够摘除的要进行外科摘除，不能摘除和再发、扩散的肿瘤用分子靶目标药物甲磺酸伊马替尼治疗，收到良好的疗效。但是，在兽医医疗中对其预后和治疗的报告较少，有很多不明点。这次，我们在开腹手术中偶然发现盲肠部位的肿瘤，摘除后被诊断为GIST，2年1个月后引起再发和转移，所以使用分子靶目标药物进行了治疗。现将概要报告如下。

病例

切萨皮克猎犬，未去势雄性，9岁，体重29.4kg。

过去有4次在肠管内异物（石块）阻塞，在本院进行了取出手术。4天前开始呕吐，食欲不振，来院治疗。

●初诊时的一般临床检查

·血液检查

未见显著异常。

·X射线检查

X射线不能穿透的异物有2个，小肠内有疑似肠梗阻的气体滞留。

●手术①

回肠内有异物阻塞，阻塞部位有暗红色的变色。还确认了盲肠浆膜面上暗红色的肾样肿瘤。回肠纵切开取出异物后，大范围地摘除了盲肠部位的肿瘤。

·病理组织检查

肿瘤在肌层和浆膜层之间形成，浸润到

了黏膜下层。肿瘤细胞的细胞界限不明显，以具有核小体明显且显示轻度异型性的卵圆形至纺锤形的核和具有比较丰富的细胞质为特征，伴发有频繁的空胞形成。因为免疫组织化学染色显示了c-kit基因的变异，所以被诊断为GIST。

● 治疗过程①

虽然治疗过程顺利，但是由于术后约11个月时再次发生异物（石头）的肠梗阻，进行了开腹手术。当时，确认了肿瘤发生部位盲肠及周围的组织，但未发现肿瘤的再发。然而，从最初手术后约2年1个月，主诉有腹部胀满和间歇性呕吐，来院治疗。

· 身体检查

腹部胀满，左侧睾丸肿大有硬结。

· 血液检查

Ht为35%，稍稍有点低。

· X射线检查

确认了腹部正中的肿瘤病变。

· 超声波检查

存在实质性的巨大肿瘤，周围有大量的小肿瘤。肝脏和肾脏未见异常，有少量腹水滞留。

● 手术②

2个巨大的肿瘤存在于胃及回盲部附近，小肠、肠系膜和腹壁上有许多大小不一的肿瘤扩散。巨大的肿瘤固定牢固，由于动一下就会出血，所以判断不能摘除，为了诊断，腹壁和肠系膜肿瘤摘除了一部分。考虑到预后，没摘除睾丸。

· 病理组织检查

诊断为GIST的再发和转移。

● 治疗过程②

和术前一样，有食欲，但运动能力下降。术后第13天开始，连续使用分子靶标药物甲磺

酸伊马替尼（10mg/kgSID）。用药第3天开始，食欲和精神等状态得到明显的改善，3周左右外观腹部胀满消失，用药1个月后，改为隔日投药，恢复良好。但是，第42天时，主诉有呕吐和食欲不振，又来院治疗。

· 血液检查

Ht为34%，稍稍有点低。T-Cho387mg/kg。

· X射线检查

确认了肠管中有X射线不能穿透的异物。

● 手术③

取出肠道的异物（石头），同时进行了两侧睾丸的摘除。腹腔内巨大肿瘤明显缩小，其他的肿瘤也缩小，未见融合。

· 病理组织检查

左侧肿大的睾丸诊断为精原细胞瘤。

● 治疗过程③

其后，甲磺酸伊马替尼也是隔日持续使用，用药3个月（88天）后，根据畜主希望改为3天1次投药。110天的时候，腹部超声波检查发现直径6cm和4cm的肿瘤病变，又改为连续用药，全身状态良好。

讨论

GIST在消化道肌肉层内发生，黏膜表面不产生病变，由于是向管壁外侧方向膨胀性的发育，所以症状发现晚，发现时已经发育，巨大化的例子也很多。这次的病例是肠道内异物摘除时偶然发现，较早期的实施了摘除。但是，2年1个月腹腔整体发现扩散，考虑到GIST的预后，有必要长期病程的观察。在人医方面，如果是不能摘除或扩散转移时，或者患者是很高龄的情况等，就会使用分子靶标药物甲磺酸伊马替尼，有较好效果。这次在犬的病例上，甲磺酸伊马替尼显著缩小了肿瘤的大小。今后在使用量、使用间隔，还

有产生耐药性的情况下如何处置等方面有许多需要商讨的课题。

出处：第30届动物临床医学会（2009）

参考文献
• 乙部有加,森 崇,酒井田 誠ら:犬の消化管間質腫瘍の2例,日本 獣医師会雑誌Vol. 60, No. 10, 729-732（2007）
• 藤原 あずさ,髙島一昭,塚根悦子ら:消化管間質腫瘍（GIST）の犬の1例,第29回動物臨床医学会年次大会プロシーディングNo. 2, 155-156（2008）
• 高良広之,山中 求,巡 夏子ら:胃腸間質腫瘍（GIST）に手術および分子標的治療を行った犬の1例,第27動物臨床医学会プロシーディングNo. 2, 53-54（2006）
• 黒川晶平,松田憲児,嶋崎等ら:犬の消化管間質細胞腫を摘除した1例,第28動物臨床医学会プロシーディングNo. 2, 349-350（2007）

短评

　　以前在诊断为平滑肌肉瘤和神经鞘瘤的犬消化道间叶系肿瘤中，据报道经再确认，有40%~50%为消化道间质肿瘤（GIST）。作为人的GIST诊断标准之一，有c-kit基因变异，在90%的病例中发现了c-kit基因变异。许多犬GIST病例中，也发现了c-kit基因变异和受体型酪氨酸激酶（KIT）。已经明确GIST是由于作为生长因子受体的KIT的功能异常所引起，规划这个KIT设计图的基因就是c-kit基因。由于这个c-kit基因其机能获得性的突然变异，使KIT常处于活性状态，致使KIT向细胞内传达过多的细胞增殖刺激，造成细胞肿瘤化。甲磺酸伊马替尼结合到KIT的ATP结合部位（对增殖刺激的传达有重要意义的部位），抑制增殖刺激，发挥抗肿瘤的效果。

（下田哲也）

13. 猫胆囊、十二指肠吻合术后QOL改善的消化器官型淋巴瘤

Cholecystoduodenostomy in a cat with lymphoma

（财）鸟取县动物临床医学研究所
（财）鸟取县动物临床医学研究所·东京农工大学农学院
冢根悦子、高岛一昭、小笠原淳子、安武寿美子、山根刚、野中雄一、浅井由希子、松本香菜子、佐藤秀树、白川希、毛利崇、河野优子、华园究、山根义久

　　杂种猫，雌性，9岁。精神食欲低下，体重减轻，肝酶上升，确认黄疸。内科治疗开始后黄疸加重。超声波检查确认为胆管阻塞，诊断性开腹检查，在十二指肠和肠系膜间发现肿瘤。肿瘤占据了十二指肠的大部分，包括总胆管的开口部分，可能还有转移的肿瘤，所以不能切除。为了改善胆管阻塞，进行了胆囊、十二指肠吻合术。同时，对肠系膜转移瘤进行了活检，病理检查结果为淋巴瘤，手术后黄疸迅速改善，虽然是暂时性，但一般状态转好。外科处理加上化疗法，使QOL得到改善。

关键词：胆管阻塞，消化器官型淋巴瘤，胆囊、十二指肠吻合术

引言

　　淋巴瘤在犬和猫上，占造血系统肿瘤的约90%，猫的淋巴瘤比狗和人的发生率高。淋巴瘤发生的年龄，FeLV阳性的猫是3岁，阴性的猫是7岁，淋巴瘤猫的大多数是FeLV阳性。但是，据报道消化器官性淋巴瘤猫仅有25%显示阳性。

　　本病例为9岁的FeLV阳性猫，被确认为消化器官淋巴瘤。肿瘤占据十二指肠的大部分，引起了胆管阻塞，实施了胆囊、十二指肠吻合术。术后化疗，结果肿瘤缩小，QOL得到明显改善，特报道如下。

病例

　　杂种猫，雌性，9岁，体重2.55kg，以前的体重是3kg，3天前开始呕吐，排尿困难，因此来院治疗。近年来没有注射疫苗，FeLV阳性，FIV阴性。

●初诊时的一般临床检查

· 身体检查

体温38.5℃，精神沉郁，食欲减退。

· 血液检查

AST500U/L，ALT112U/L，ALP533U/L，GGT7U/L，T-Bil6.0mg/dL，Ⅱ为15，肝酶上升。K（2.9mmol/L）偏低。

· X射线检查

发现肝脏肿大。

· 超声波检查

肝脏上没有确认到明显的肿瘤，肾脏未见异常。

● 治疗过程①

第1天入院后开始了肝脏内科治疗。使用了氨苄青霉素、熊去氧胆酸、甘草素制剂、维生素等治疗，第2天开始出现食欲。

但是，第5天开始，AST113U/L，ALT255U/L，ALP743U/L，GGT15U/L，T-Bil7.1mg/dL，这些值上升，第6天AST109U/L，ALT335U/L，ALP904U/L，T-Bil7.5mg/dL，显示出更加恶化倾向。由于显示阻塞性黄疸症状，再次腹部超声波检查，发现胆囊壁肥厚和胆管扩张，还有腹水（图1）。当天，再次开腹。

● 手术（第6天）

用阿托品0.04mg/kg，乙酰丙嗪0.15mg/kg镇静，使用0.1%的氯胺酮3mL，氟硝西泮0.01mg/kg，氯胺酮5mg/kg麻醉，手术过程中用氧异氟醚维持。

开腹手术中，肿瘤占据了十二指肠的大部分，总胆管开口部和胰脏周边也有肿瘤，已经不能进行十二指肠摘除术。肠系膜间有许多小豆和大豆大的疑是转移的肿瘤。为了改善胆汁滞留，进行了胆囊、十二指肠的吻合术。

· 病理组织检查

肠系膜肿瘤：淋巴瘤

胰脏：外分泌细胞萎缩和间质性胰腺炎

肝脏：胆管炎

分别作出了以上诊断。

● 治疗过程②

第7天（术后第1天）T-Bil6.1mg/dL，第8天（术后第2天）T-Bil2.4mg/dL，黄疸明显改

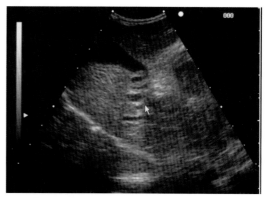

图1 第6天超声波检查
确认到胆管扩张

善。术后，为了防止肠道的上行感染，使用了甲硝唑、氨苄青霉素和恩诺沙星。

术创治愈的第17天（术后第11天）开始了Wisconsin-Madison Chemotherapy Protocol（威斯康星-麦迪逊化疗程序）。

· 腹部超声波检查

十二指肠部分的肿瘤约1cm（图2），第26天（术后20天）肿瘤消失（图3）。

其后，到第3周的程序治疗为止症状良好，也没发现黄疸。

第40天（术后34天），主诉呼吸急迫来院治疗。X射线检查有胸水稽留，用0.1%的氯胺酮镇静下，抽去胸腔积液。

第4周由于是程序中的阿霉素投入预订日，所以按原计划进行了投药。第45天，再次出现胸腔积液，抽去后再投药。第51、第53天时，再次出现胸腔积液，第52天时按救援程序静脉注射5.5mg/m^{2}米托蒽醌，第54、61天再次出现胸腔积水，第61天在抽取胸腔积水前死亡。

讨论

为了改善被肿瘤压迫和阻塞的胆管，进行了胆囊、十二指肠的吻合术，术后QOL得

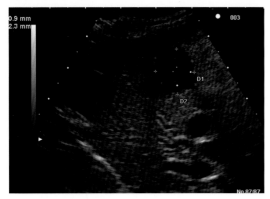

图2　第17天超声波照片（肝脏矢状断面）
确认了肿瘤（低回声部）

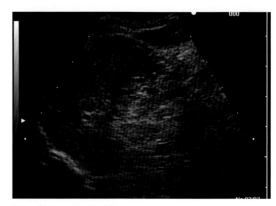

图3　第26天超声波照片
看不到肿瘤

到改善。

　　本病例在第61天（化疗开始后第34天）时死亡。生存期间虽然短，但化疗后十二指肠的肿瘤缩小到用超声波检查不到的程度，食欲也有所改善。最终的死亡原因是恶性的液质引起的衰弱，胸腔积水引起的呼吸

不全。

　　这次按救援程序使用了米托蒽醌，没能看到效果。其他的救援程序的药物国内很难买到。还考虑了使用洛莫司汀和MOPP（氮芥、长春新碱、泼尼松龙、甲基苄肼）。

出处：第26届动物临床医学会（2005）

14. 对患消化道大颗粒淋巴细胞性淋巴瘤的猫实施小肠部分切除和化疗法长期生存

Large granular lymphocyte lymphoma in a cat provided long-term survival by partial small bowel resection and chemotherapy

松川动物医院

小野高宏、照沼澄惠、松川拓哉

杂种猫，12岁，呕吐和食欲不振来院治疗。血液检查肝脏酶上升，超声波检查发现肠系膜淋巴结肿大和消化道肿瘤。来院第6天实施了包括小肠肿瘤的小肠部分切除和肝脏活检。各项检查显示被诊断为伴随肝脏浸润的消化道大颗粒淋巴细胞性（LGL）淋巴瘤。作为术后治疗，从第18天开始使用洛莫司汀化疗，第61天，肠系膜间淋巴结的肿大消失。第156天肿瘤再发，进行了再治疗，但在第197天时死亡。

关键词：大颗粒淋巴细胞性(LGL）淋巴瘤，洛莫司汀，化疗

引言

大颗粒淋巴细胞性（Large granular lymphocyte：LGL）淋巴瘤是细胞质内有天蓝颗粒的淋巴细胞增殖为特征的淋巴瘤，其来源被认为是T细胞或自然杀伤细胞（NK细胞）。在猫，通常发生于消化道，侵袭性强，对化疗反应低。而且，消化道以外的淋巴结、肝脏、脾脏、肾脏等中容易形成病变，最近还有对中枢神经浸润的报告。

这次我们遇到了消化道发生LGL淋巴瘤的猫，小肠部分切除和化疗后得到长期生存，现将概要和影响长期生存的要因分析等报告如下。

病例

杂种猫，未避孕的雌性，12岁，体重4.66kg（BCS3）。没有接种过疫苗和丝虫的预防。FeLV抗原和FIV抗体阴性，没有既往病史。这次是由于呕吐和食欲不振来院治疗。

● 初诊时的一般临床检查

· 身体检查

腹部触诊摸到了肿瘤的存在。

· 血液检查

AST、ALT、ALP、GGT明显上升，出现黄疸。其他Cre、Glu轻度升高，血小板数下降（表1）。

· X射线检查

中腹部发现2cm大的肿瘤阴影。

· 超声波检查

肠系膜淋巴结肿大（27.0mm × 20.4mm），确认到小肠肿瘤样阴影。

· 细胞检查

在超声波引导下，用细针吸引（FNA）对肠系膜淋巴结进行活检，用姬姆萨染色确

表1　血液检查结果

WBC（/μL）	11,600	BUN（mg/dL）	17.5	Na（mmol/L）	142
Band-N	0	Cre（mg/dL）	2.1	K（mmol/L）	4.4
Seg-N	8,816	AST（IU/L）	299	Cl（mmol/L）	107
Lym	1,624	ALT（IU/L）	526		
Mon	116	ALP（IU/L）	576		
Eos	1,044	GGT（IU/L）	44		
RBC（×10⁶/μL）	6.99	TP（g/dL）	5.6		
Hb（g/dL）	13.7	Alb（g/dL）	3.0		
PCV（%）	38.7	Glb（g/dL）	2.6		
MCV（fL）	55.4	Glu（mg/dL）	162		
MCHC（g/dL）	35.4	T-Cho（mg/dL）	175		
Icterus	+	Ca（mg/dL）	9.5		
Plat（×10³/μL）	95				

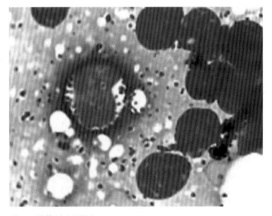

图1　细胞诊断照片

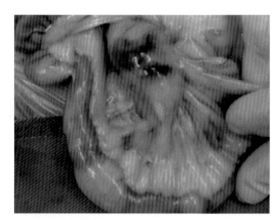

图2　肉眼所见照片

认了有颗粒的淋巴球样细胞（图1）。

根据以上结果怀疑是小肠肿瘤引起的肠梗阻，为了消除症状和腹腔内精密检查，第6天实施了开腹手术。

● 手术（第6天）

开腹后，确认了回肠部分的肿瘤和肠系膜间淋巴结的肿大（图2），由于肉眼未发现其他明显病变，进行了回肠肿瘤切除和肝脏活检后关闭腹腔。回肠和肝脏组织的病理检查结果表明是LGL淋巴瘤。

根据以上结果，诊断为伴有肝脏浸润的小肠LGL淋巴瘤。

● 治疗过程

第18天开始，用洛莫司汀（35mg/m²，每3周投药的计划）化疗。手术后，尤其是洛莫司汀使用后肝脏酶下降，全身状态改善。第61天的超声波检查，看到肠系膜间淋巴结的消失。

第151天的血液检查，肝脏酶明显上升，但全身状态没有问题，按计划使用了洛莫司汀。第156天状态恶化，入院治疗。这时实施的超声波检查确认了肠系膜淋巴结的再次肿大，判断为肿瘤复发。当天开始使用L-门冬酰胺酶、泼尼松龙、长春新碱、环磷酰胺多种药物并用的化疗。经过治疗食欲和活动性恢复，第183天经超声波检查，肠系膜淋巴结再度消失。

第190天开始，全身状态恶化，确认为再生性贫血，进行了输血等对症治疗，第197天死亡。死前的超声波检查，肠系膜淋巴结肿大。

以后进行了肠系膜淋巴结组织及全血的克朗安全检查，都是阴性。对回肠组织的肿瘤细胞进行免疫染色，CD3阳性，CD79a阴性，肿瘤细胞的细胞质内颗粒甲苯胺蓝染色呈阴性结果。

讨论

这次的病例诊断为LGL淋巴瘤，但初诊时用FNA检查，与肥大细胞瘤的鉴别诊断比较困难。免疫染色中显示的CD3阳性反应支持了LGL淋巴瘤的诊断结果。且尽管细胞质内有明显的颗粒，甲苯胺蓝染色呈阴性也排除了肥大细胞瘤的可能性。更确切的诊断推荐使用针对T细胞和NK细胞的细胞质内颗粒中含有的Perfolin，或在人医T细胞/NK细胞来源淋巴瘤中使用的GranzymeB免疫染色。本病例中，也使用了克朗安全检查，肠系膜淋巴结及全血都呈阴性结果。对猫的淋巴瘤，克朗安全检查敏感度低，克朗安全检查在不能实施组织活检的情况下有效，对此解释必须要注意。

本病例的生存时间是197天，过去关于LGL淋巴瘤猫的报告中，仅实施化疗（COP或CHOP）的21例中，平均生存期是45天。仅仅做了手术的1例是92天，手术和化疗同时进行的3例生存期分别为87、62和149天。而且，在同时实施的调查中，作为对预后影响的因素有胸部及腹部病变的存在和低蛋白血症。以上结果显示，本病例能够长期生存的因素有，明显的病变只限于腹腔内，没有低蛋白血症的并发。而且，使用化疗药物洛莫司汀，也可能是长期生存的一个因素。

关于猫的LGL淋巴瘤的调查报告较少，今后要积累病例确立治疗方法，也需要收集预后判断的资料。

出处：第32届动物临床医学会（2011）

第5章

小肠

15. 猫肠梗阻后2个月未排便被确诊为小肠腺癌

Small intestine adenocar Clnoma which had not defecated for two months by ileus in a cat

宫塔动物医院

新山亮、新山则子

2个月未排便，吃的食物靠呕吐来生存的猫，来院治疗。造影X射线检查确认为肠梗阻，手术时发现是小肠腺癌。术后预后良好，报告如下。

关键词：排便废绝，小肠腺癌，肠梗阻

引言

肠梗阻是根据引起障碍的原因来分类，本病例是单纯性的肠阻塞，肿瘤的发生状态是猫中最常见的环形部分阻塞。小肠发生肠梗阻时，根据其程度会引起大肠的水分吸收障碍，脱水和电解质异常。其后，引起肠内细菌的增殖，血管内细菌移行等出现败血症，甚至休克。

猫小肠腺癌的发生率是0.7%，占全部肿瘤的8.3%，暹罗猫的发生率更高。而且，雄性的发病率高，老龄的报道多（5~17岁，平均11.3岁龄）。症状一般表现为呕吐和体重减轻，但也并非一定出现，在慢性经过的病例中多。为此，手术时肠系膜间、回肠淋巴结的转移达73%（13/17）。

病例

暹罗猫，避孕的雌性，15岁，体重2.9kg。90天前开始呕吐，60天前在其他医院接受治疗，从那时候开始就没有排便，每天持续呕吐。因2个月没有排便和有呕吐现象，就来本院治疗。

● 初诊时的一般临床检查

· 身体检查

脱水、消瘦、腹部胀满。

· 血液检查

有异常结果项目是WBC4，900/μL、Cre2.7mg/dL。

· X射线检查

未见异常。

· 造影X射线检查

钡餐投入7小时后，在空肠后端确认到阻塞（图1，图2）。第二天钡餐沿肠道上行，少量从阻塞部分通过（图3，图4）。

● 手术

空肠内有绞拧状阻塞部分，其上部消化道扩张（图5），肠系膜淋巴结播种性肿大（小米粒大），空肠淋巴结不规则肿大，切除阻塞部位，实施端端吻合术。

图1 钡餐投入7h后的造影X射线照片（RL）

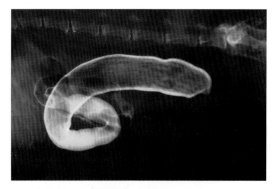

图2 钡餐投入7h后的造影X射线照片（VD）

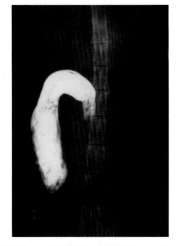

图3 钡餐投入25h后的造影X射线照片（RL）

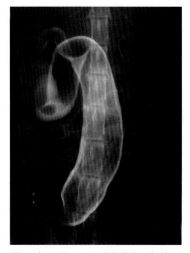

图4 钡餐投入25h后的造影X射线照片（VD）

第 5 章

小
肠

●治疗过程

　术后第2天开始摄取水分，第3天进流食，第8天排出少量干燥的硬便（图6），其后每天开始排正常的粪便。术后第31天开始呕吐，食欲有所减退，试验性使用氢强的松（1~2mg/kgEOD）。现在食欲、排便良好。

　·病理组织检查

　确认到小肠腺癌的浸润性增殖和淋巴结转移。黏膜上形成溃疡，观察到肠壁深部方向浸润增生的癌细胞，癌细胞从浆膜面直接浸润到肠系膜脂肪组织。空肠淋巴结中也看到癌细胞的转移，破坏了大部分的固有层结构。

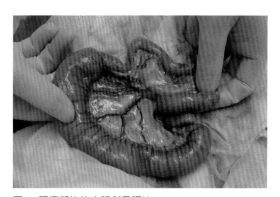

图5 阻塞部位的肉眼所见照片

讨论

　2个月以上没有排便，并且能够生存的理由是阻塞发生在小肠后端，有一定程度营养

图6　术后粪便的照片

的消化吸收，不需要的东西用呕吐的方式排出，水分用皮下补液补充。造影X射线检查时阻塞部位能通过气体，尽管量极少，但钡餐在第2天也通过一些，所以认为少量的水分也能够从阻塞部通过。但是，考虑到排便废绝时固体物质不能通过，使用适当的抗菌素抑制细菌增殖，若非因血流的阻止使组织坏死，就有可能获得生存。

在呕吐时，使用黏膜保护剂、H2受体阻滞剂等，此外还有必要抑制其他并发症。这次，没有测定猫胰脏特异性的脂肪酶（f-PLl），但至少可以推测到给予胰脏的负担。

小肠腺癌的发现较晚（平均83天），肠系膜、回肠淋巴结的转移也较多，其原因是空肠和回肠发生的概率高（82%）。这些小肠后端的阻塞，会引起脱水、呕吐，但病状不会急剧恶化，通过治疗症状会缓和，所以发现会较晚。

在没有淋巴结转移病例中的78%（7/9）平均生存达15个月，因此期待早期发现还能延长其生存时间。早期发现是根据猫的种类、年龄、呕吐的方式（吐出，胃性，肠性），对治疗没有反应的慢性呕吐等都要考虑，还必须考虑身体检查（50%的肿瘤可以触知），造影X射线检查（87%诊断出肠梗阻），超声波检查等进行确诊。小肠腺癌最小的肿胀也使肠腔内环状狭窄，由于是向外肿胀，据报道超声波检查比X射线检查敏感度更高。血液检查没有异常的也多，还有白细胞的增加（40%），贫血（17%），高氮血浆（33%），高球蛋白血症（17%）等，其中，还有本病例一样的白细胞减少症。

关于预后，术后2周以内有48%（11/23）的死亡率，但即使有肠系膜、回肠淋巴结转移的病例中有22%（5/23）〈转移个体的38%（5/13）〉能平均生存达15个月，所以在症状恶化之前，应该进行积极的手术治疗。另外，也有因处理不完全，术后第8天发生阻塞而引起死亡的报告。

即使转移的病例也有长期生存的个体，今后要早期发现、早期治疗、化疗并用，提高生存率。

出处：第30届动物临床医学会（2009）

参考文献
· SURGEON33, 18-23, インターズー（2002）
· Patnaik AK, Liu SK, Johnson GF:Feline intestinal adenocarClnoma. A clinicopathologic study of 22 cases, Vet Pathol, 13, 1, 1-10 (1976)
· Kosovsky JE, Matthiesen DT, Patnaik AK:Small intestinal adenocarClnoma in cats:32 cases (1978-1985).J Am Vet Med Assoc, 15, 192, 2, 233-235（1988）
· Stowater JL:Intestinal adenocarClnoma in a cat, Vet Med Small Anim Clin, 73, 4, 475-477（1978）
· Palumbo NE, Perri SF:AdenocarClnoma of the lieum in a cat, J Am Vet Med Assoc, 15, 164, 6, 607-608（1974）
· Rivers BJ, Walter PA, Feeney DA, Johnston GR:Ultrasonographic features of intestinal adenocarClnoma in five cats, Vet Radiol Ultrasound, 38, 4, 300-306（1997）

16. 猫肠破裂的（嗜酸性）颗粒细胞肉瘤

Eosinophillic granulocytic sarcorma with ruptore of intestine in a cat

晴峰动物医院
串间清隆、串间荣子

食欲低下的1例杂种猫，各种检查显示肠道的肿瘤性病变，并且破裂，实施手术摘除肿瘤。病理检查结果表明是嗜酸性颗粒细胞肉瘤。此种肿瘤在犬和猫上没有报道，在人类被认为是恶性度高、预后不良的疾病。另外，对引起肠道破裂或狭窄的猫肿瘤的鉴别之一，有必要进一步的认识。

关键词：肠道低回声病变，（嗜酸性）颗粒细胞肉瘤，肠破裂

引言

颗粒细胞肉瘤是骨髓肉瘤的一种，肿瘤化的骨髓细胞在骨髓外增殖的罕见疾病。在人类，常伴发骨髓性白血病等骨髓增殖性疾病。

这次对肠道肿瘤性病变引起肠道破裂的猫，对摘除的肠道病变部位进行病理组织检查，被诊断为（嗜酸性）颗粒细胞肉瘤。现将概要报告如下。

病例

钦奇利亚波斯猫杂种，避孕的雌性，7岁，体重5.2kg。没有腹泻和呕吐，1周前开始食欲低下，3天前食欲废绝，来院治疗。

● 初诊时的一般临床检查

· 身体检查

体温40℃，消瘦，腹部触诊有鸡蛋大的肿瘤。

· 血液检查

低白蛋白血症和轻微的黄疸（表1）。血液涂片样本中未发现白细胞、红细胞、血小板的异常。而且，FeLV和FIV为阴性。

· X射线检查

胸部细节不太明显，发现胃内气体滞留和肠道中央的集块。

根据以上结果，考虑到腹部肿瘤，所以使用抗生素和补液等开始治疗，给畜主建议进一步的检查。

表1　血液检查结果

WBC（/μL）	10,800	BUN（mg/dL）	15.7
Seg-N	9,396	Cre（mg/dL）	0.8
Lym	1,080	AST（U/L）	64
Mon	216	ALT（U/L）	50
Eos	108	ALP（U/L）	67
		T-Bil（mg/dL）	0.6
PCV（%）	34	GGT（mg/dL）	2.0
		Glu（mg/dL）	107
		TP（g/dL）	7.5
		Alb（g/dL）	2.5
		T-Cho（mg/dL）	155

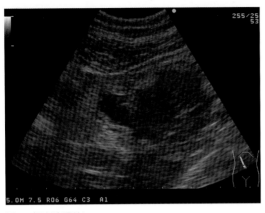

图1　超声波照片
确认到5层结构消失的肠道肿瘤

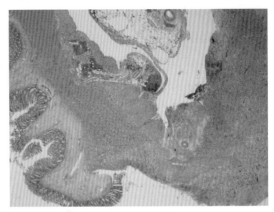

图2　病理组织照片（放大镜扩大图像）
病变部分稍微扩大，看到正常构造残存的部分（左）和
正常构造完全消失的部分（右）

·超声波检查

腹部超声波检查，腹部细节不明显。确认到轻度的脂肪肝和腹腔内肿瘤。这个肿瘤伴有多重回声，显示是肠道的一部分。肿瘤移行部的肠道黏膜层肥厚，肿瘤部位的肠道5层结构完全消失（图1）。而且，同部位肠道外壁周围的脂肪组织肥厚和回声源性上升。其他特征是没有压缩弹性，只是很硬的肿瘤。彩色多普来显示肿瘤内有轻度树状的血流。

·细胞诊断

肠道肿瘤的细胞诊断中，发现伴有细菌的巨噬细胞等炎症细胞，诊断为化脓性肉芽肿。

由于有肠道破裂，需要紧急处理。

●手术

腹腔内有恶臭，到处是土黄色的变色，大网膜覆盖了肠道的大部分。分开大网膜后，在几处看见粪块，肠道表面也有附着。大网膜在回盲结肠部粘连，小心分开粘连部分后发现回肠末端部的肠破裂。对破裂的部位，肉眼所见的正常部位处进行肠切除，端端吻合。洗净腹腔后按常规方法关闭腹腔。

·病理组织检查

重度病变的肠黏膜呈弥漫性坏死、消失，从相同的病变部位到浆膜，周围的脂肪组织有单核细胞的显著浸润和增殖。单核细胞有嗜酸性颗粒，或散见异形性高的分裂相。其他组织只在黏膜面有相同的肿瘤细胞，没发现浆膜面的肿瘤细胞（图2，图3）。

〈诊断：（嗜酸性）颗粒细胞肉瘤〉

●治疗过程

术后为治疗细菌性腹膜炎，使用了亚胺培南，术后第3天退烧，腹腔内的液体潴留也消失。术后1周食欲改善，状态稳定。

从病理检查的结果，制定了今后的治疗方法。抗癌药物的使用没有得到畜主的同意，由于是嗜酸性肿瘤，试验性使用了类固醇。

类固醇使用后1个月，效果良好。

重度病变部分中细胞质内有嗜酸性颗粒，呈圆形核或杆状核细胞的浸润和增殖。这些细胞还散见有异形性的高分裂相。但是，治疗开始2个月时，腹腔内再次发现肿瘤，3个月后增大到3cm，又开始出现食欲低下，术后3个半月时死亡。

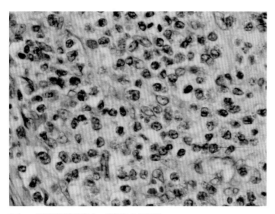

图3 病理组织照片（超扩大图像）

讨论

颗粒细胞肉瘤在人类也罕见，发病部位据报道有淋巴结、皮肤、骨、乳腺、脑等。LiLM等报道了人的骨髓肉瘤，其中大部分是颗粒细胞肉瘤，占整体的96.3%。而且，其中62.2%患者的病因有骨髓增殖性疾病，单独骨髓外发病的病例是30.5%。颗粒细胞肉瘤中，像这次的病例一样发现幼稚型酸性细胞的占64.6%，芽性的占31.6%。关于预后，据报道生存2年的占36.1%，生存5年的占17.3%。

兽医方面的报告很少，笔者查阅的范围内只有1例兔的报告，未发现犬和猫的报道。

这次的病例，由于没有进行骨髓检查而不能确定，初诊时末梢血涂片未发现血球异常，我们认为是没有伴随骨髓增殖性疾病的单独髓外增殖疾病。影像诊断中，超声波检查发现轻度病变部位的黏膜领域的肥厚，关于这一点病理组织检查也得到证实。另外，重度病变部位中，肠道的5层结构完全消失，未发现这种肿瘤的特征性的病变。病理组织检查中，肿瘤细胞呈单核细胞相，细胞质有嗜酸性颗粒，异形性高，也散见偶尔分裂相，整体上是比较分化的类型。作为鉴别诊断，也考虑了T细胞淋巴瘤引起的嗜酸性球的诱导，但由于基本上都呈CD3阴性，所以这一点被否定。而且，甲苯胺蓝染色、BLA36也是阴性，最终诊断为WHO分类的颗粒细胞肉瘤。

在治疗上，几乎没有参考的资料，建议畜主使用针对肉瘤的抗癌药物，没有得到同意。但是，同意了类固醇的使用，考虑到肿瘤细胞来自嗜酸性白细胞，所以使用了类固醇。但术后3个月再发并死亡，没有收到预期的效果。

以上尽管还有许多不足，希望能对本病的数据收集有所帮助。

最后对病理学的查询上得到帮助的东京大学兽医病理学教研室的内田和幸先生表示深切的感谢。

出处：第29届动物临床医学会（2008）

参考文献
• 三川　まゆみ：颗粒球性（好酸球性）肉腫の猫の1例,第5鹿児島 大学小動物臨床フォーラム（2009）

文献摘要

猫，雌性，14岁。回盲部肠道穿孔，病理组织学检查诊断为嗜酸性肉芽肿。3个半月后再发，再次发现十二指肠穿孔，病理组织学检查诊断为颗粒细胞性（嗜酸性）肉瘤。使用泼尼松龙和伊马替尼治疗收到良好效果，其后投药困难，第2次手术后5个月再发并死亡。

第5章

小肠

第6章
大肠

总　论

山阳动物医疗中心
下田哲也

||| 大肠的解剖生理 |||

● 大肠的构造

大肠由盲肠、结肠、直肠构成。盲肠通过盲结口与结肠起始部相连，犬呈S状，猫呈直线。结肠通过回结口与回肠连接，分为升结肠、横结肠和降结肠。直肠靠近降结肠在骨盆前口起始，终止于肛门的起始部。

大肠壁除终端部外，与小肠一样具有4层。不同的是，在大肠黏膜上没有集合淋巴结和绒毛。虽然缺少绒毛和消化腺，但肠腺富含比小肠长而直的杯细胞，而且越靠近直肠越多。

● 大肠的运动方式

大肠通过蠕动、逆蠕动和分节运动来进行肠容物的移动、储存和搅拌。回盲部括约肌位于小肠和大肠的结合部，防止结肠内容物通过逆蠕动逆流回回肠，轮状肌较发达。结肠经常通过被称为总（大）蠕动的非随意性收缩运动，整体的强收缩将内容物送入直肠。内容物到达直肠后，通过直肠括约肌反射，引起直肠括约肌反射性松弛，靠蠕动性收缩将内容物作为粪便排出。

● 大肠的机能

大肠的主要机能是吸收水和电解质，储存粪便和调节排便。水和电解质几乎都在升结肠和横结肠吸收，在降结肠形成半固型粪便。而且，大肠内存在着许多肠内细菌，对于杂食动物可将食物纤维中难分解的多糖，转换成短链脂肪酸的能量源，有抑制外来病原菌在肠内增殖的作用。

||| 大肠常见疾病 |||

● 巨大结肠症

巨大结肠症，是指大肠直径持续不可逆的扩张，而导致运动机能下降为特征，并伴随着重度便秘。在不明是机械的或是神经性的原因情况下，被称为特发性巨大结肠症。猫时常出现巨大结肠症，其原因是结肠无力症或通过障碍而引起的。无力症的原因有长期便秘引起的结肠扩张、神经损伤（脊髓或末梢神经损伤）、甲状腺机能减退症、先天性机能异常等。通过障碍的原因有骨盆狭窄（生长期的营养继发性甲状旁腺机能亢进、骨盆骨折的错位愈合）（第6章-1，2）、肛门闭锁或狭窄、大肠狭窄或肿瘤、管腔外侧对大肠的压迫（肿瘤、会阴疝、前列腺肿大）等。猫的特发性巨大结肠征，发病原因主要是大肠下部神经支配异常及平滑肌机能异常等。

作为治疗措施，起因为通过障碍的情况下，优先考虑改善该原因。特发性的原因时，首先用软化剂或灌肠，用手指去除宿便，然后为防止再发投给容积性缓下剂（乳果糖）和高纤维食物【皇家（Royalcanin）消化器支撑可溶性纤维】。再发时考虑结肠切除术。

● 直肠脱出（第6章-3）

直肠脱出多见于幼犬和猫，一般原因为排便迟缓，伴有严重的肠炎（细小病毒感染等）或内部寄生虫感染所致。此外，还有直肠肿瘤或异物、难产时用力、猫的尿道闭锁等原因。与肠套叠的鉴别很重要，诊断比较容易，把探子插入肛门边缘突起的肠道内，一直能进入的就是肠套叠。

治疗脱出的直肠，在没有坏死的情况下，洗净后涂上润滑剂进行修复，肛门实施轻度荷包缝合，可再并用直肠固定术。缝合应维持3~5天，期间需要治疗引起排便迟缓的基础疾病。脱出的直肠在坏死严重的情况

下，以及直肠脱出再次发生的情况下，应实行切除手术。

● 大肠常见肿瘤

大肠最常见的恶性肿瘤是腺癌（第6章-7），直肠比结肠发病较多。其次是平滑肌肉瘤（第6章-8），与结肠相比盲肠发病较多。小肠内所含有的肠道肿瘤在高龄犬中发生，年龄的峰值是11~12岁，雄性比雌性发病率高。其他还可见有淋巴瘤（第6章-9）和浆细胞瘤（第6章-10）。浆细胞瘤通常可见是直径2~3cm的肿瘤性病变，有时可见弥漫性小结节。直肠息肉（第6章-11）是良性肿瘤，通常是单发性的（80%），有时也有多发性或弥散性的。直肠息肉，可发展为直肠癌，特别是多发性或弥散性的易转为恶性肿瘤。

第6章

大肠

1. 15例因骨盆狭窄所致便秘症的猫而实施的骨盆扩张术

Pelvic dilation for obstipation by pelvic stenosis in 15 cats

（财团法人）鸟取县动物临床医学研究所

冢田悠贵、高岛一昭、小笠原 淳子、水谷 雄一郎、松本郁实、才田祐人、和田优子、宫崎大树、山根 刚、野中雄一、大野晃治、藤原 梓、杉田圭辅、横山 望、井上春奈、佐川凉子、山根 义久

对因骨盆狭窄所引起的15例猫的便秘症，实施骨盆扩张术。虽然术后出现步态异常及痢疾、轻中度的宿便等症状，但术前所见的长时间重度便秘症得到明显改善，获得良好的预后。虽然也出现了并发症的动物，但骨盆扩张术对改善因骨盆狭窄而引起便秘症是有效的。

关键词：便秘症、骨盆狭窄、骨盆扩张术

引言

在解剖学上猫的骨盆腔比犬的窄，正常猫的骨盆面积约为犬的60%，有报道称巨大结肠症的病例约为50%宽度。猫的骨盆狭窄起因于交通事故或外伤引起的骨盆骨折、幼龄时因营养继发性甲状旁腺机能亢进症或原发性甲状旁腺机能亢进症所致骨盆变形、因肥胖所致的脂肪过多、畸形等，骨盆腔因狭窄而出现重度的慢性便秘症，进而继发巨大结肠症。对骨盆狭窄改善的处置，可以例举有采用巨大化结肠的切除、缩缝方法和在骨盆结合部扩大后，其间隙用肋骨或腓骨等支撑方法，矢田等人提出的用骨盆扩张板实施骨盆扩张术等方法。

我们对15例因骨盆狭窄所致便秘的猫实施骨盆扩张术，得到了若干结果予以报告。

材料与方法

在1995–2010年的16年间，以排便障碍、呕吐等原因到仓吉动物医疗中心、山根动物医院等地就诊，表现为重度便秘症（图1）的15例猫进行了探讨。调查了这些病例中引起便秘症的原因，术前以便秘症来诊疗期间，以及术前和术后的便秘症是否得到改善和复发，术后能够自主排便所需要的天数，有无步态异常，骨盆腔扩张幅度等进行回顾性评价研究。

结果

● 病例

均系杂种猫，雄性9例（其中去势的4例），雌性6例（其中避孕的4例），年龄在8个月龄到14岁之间（平均7.4岁），体重

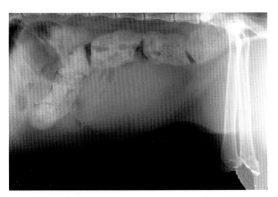

图1　术前腹部X光照片

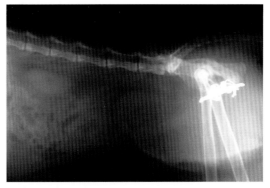

图2　术后腹部X光照片

3.2~5.6kg（平均4.4kg）。

● **骨盆狭窄的原因**

交通事故和外伤所致骨盆骨折的有10例，是最多的；疑似营养继发性甲状旁腺机能亢进症的有1例。其他4例原因不明。

● **便秘症的时间**

到实施手术前为止，进行了3~26个月（平均14.5个月）的便秘症治疗。进行了服用泻药的内科治疗、特殊处方饲料的饲喂、加上1~3个月1次的灌肠或用手指除便等处置。

● **术后经过**

14例采用矢田式骨盆扩张板，1例采用百足板改装的自制骨盆扩张板进行了骨盆扩张术。术后，所有病例均观察到了重度便秘症得到改善，预后良好（图2）。能自主排便所需天数为1~8天（平均3天）。另外，骨盆腔的扩张幅度平均为8.8mm。术后第10天有1例出现下疾，其后得到改善，预后良好。还有3例术后在第5、6个月出现轻中度的宿便。这其中有2例是因骨盆变位固定板移位，而进行了扩张板再固定手术。术后未见宿便，预后良好。其中另1例，在术后进行了内科治疗，症状比术前有所缓解。虽然术后在15例中，有5例出现步态异常，但经跟踪观察其步态恢

复了正常。

讨论

骨盆狭窄多是交通事故和外伤所引起的骨盆骨折部位的变形愈合，由此呈现出的便秘症状的病例居多。此外，如其他报道观察到的，由营养继发性甲状旁腺机能亢进症，所引起的骨盆狭窄的病例。

对于施行骨盆扩张术的所有病例，在术后平均第3天可自主排便，术前所见到的长期重度便秘症，得到明显改善，且预后良好。据此，即使是骨盆狭窄并继发为巨大结肠症的病例，如果不进行巨大化的结肠切除和缩缝合，只进行骨盆扩张，也可改善便秘症，表明了骨盆扩张术的有效性。

但是，有1例在术后第10天出现了下痢，有3例在术后5、6个月出现了轻度至中度的宿便。出现宿便的3个病例中，都是交通事故和外伤引起的骨盆骨折后变形愈合者。其中2例据推测是，在骨盆结合部被分开安装扩张板后，再用力返回骨盆结合的原状时，由于扩张板未能保持水平，其预后出现了移位。另外，这2例经过扩张板再固定后，预后良好。其余1例是扩张板的固定状态没有问题，但术后再次出现宿便。推测这与其说是骨盆腔扩幅的问题，不如说是重度巨大化结肠的运动

性低下所致。该病例在内科治疗后，预后良好。所以，交通事故和外伤引起的骨盆变形病例，在安装固定板时要更加注意，对起因于骨盆狭窄所致慢性便秘症的改善，骨盆扩张术是非常有效的。

术后所观察到的步态异常，可推测为在分离骨盆结合时，带动骶髂关节也移动，使髋臼向背侧所致。另外，这种步态异常，经过时日逐渐向正常步态变化，自然得到改善。

最后，骨盆扩张术所用的矢田式骨盆扩张板，现已停止销售，笔者认为用百足板自制固定板，或者探索用其他术式来代替。

出处：第31届动物临床医学会（2010）

参考文献
• 矢田新平:猫の骨盤狭窄による二次性巨大結腸症（排便障害）に対する骨盤結合拡幅プレートの応用,獣医麻酔外科誌,34,4,111-125（2003）
• 廣田尚享、柴崎 哲,田中 綾ほか:猫の骨盤腔拡張プレートを使用した3 症例,動物臨床医学,6,2,33-37（1997）

　　猫的慢性便秘或巨大结肠症（右图）最主要的原因为骨盆狭窄。骨盆狭窄的原因以交通等事故所导致的骨盆骨折居多，其他也有生长期营养继发性甲状旁腺机能亢进症，所导致的骨盆发育障碍和先天性畸形等。

（下田哲也）

图　巨大结肠症的肉眼照片
（三重动物医疗中心，narukawa动物医院/生川干洋提供）

2. 用胫骨栓成功对6例骨盆狭窄性排便障碍的猫实施骨盆结合扩张术

Surgical treatment of megacolon with tibiabolt in 6 felines

樱田动物医院、Pall动物医院、和田动物医院

樱田 晃、大村 齐、大村琴枝、和田安弘

猫骨盆骨折的变形愈合后，引发继发狭窄性排便障碍，用胫骨栓（销）将髂骨翼固定后而实施的骨盆结合扩张术，用简单的术式得以固定，取得良好效果。

关键词：狭窄性排便障碍、胫骨栓、骨盆结合扩张术

引言

在起因于骨盆骨折的障碍中，作为长期给动物带来痛苦的合并症，可列举出因骨盆狭窄所致的巨大结肠症。一般而言骨盆骨折的手术，常因方法上的难度，以及虽然不处理但过一段时间动物会行走等理由而搁置。为了减轻痛苦，给猫开始负重，则使大腿骨推压髋骨臼，使骨盆向内侧挤压成V字形，而使骨盆变形狭窄（图1）。促进了变形狭窄的骨盆的新骨形成，使猫在巨大结肠症发病时，通过手术进行解剖学修复近乎不可能。

在本调查中，我们对因骨盆狭窄而继发性巨大结肠症的6例猫，用胫骨栓进行骨盆结合扩张术，取得较好效果，报告如下。

病例

所有病例，均为日本猫骨盆骨折后的变形愈合（图2），受伤时间不详。

【病例1】去势，雄性，1岁，体重4.3kg。

【病例2】避孕，雌性，8个月，体重3.0kg。

【病例3】避孕，雌性，10个月，体重3.6kg。

【病例4】避孕，雌性，3岁，体重3.0kg。

【病例5】去势，雄性，1岁，体重3.1kg。

【病例6】雌性，年龄不详，体重3.5kg。

●手术

用美托咪定（Medetomidine）和氯胺酮（Ketamine）导入后，插入气管插管，用异氟烷（Isoflurane）维持麻醉。在术部剃毛消毒后，先将猫仰卧位，切开骨盆结合部皮肤，用骨钳分离骨盆结合（图3），再用推张器充分分离和扩张，进行皮肤临时缝合。然后用俯卧位露出两侧髂骨翼，一边触诊直肠确认骨盆腔扩张状态一边用骨固定钳子钳压左右髂骨翼，用胫骨螺栓（瑞惠医科生产的长螺栓）或胫骨针（1.4~1.6mm Kirschner钢丝）固定扩张位置，确保排便所需的必要的骨盆腔大小（图4，图5）。

扩张固定后再次返回仰卧位，为防止骨盆结合的过度扩张和偏离用0号Ethibond线缝合后再进行皮肤缝合。病例1在术后观察到，

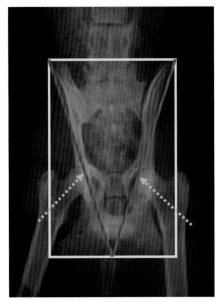

图1　X射线照片（VD）

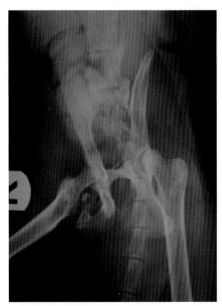

图2　术前X射线照片（VD）

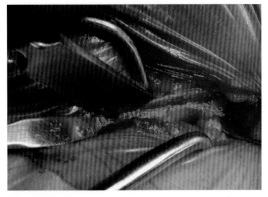

图3　手术照片
骨盆结合的分离

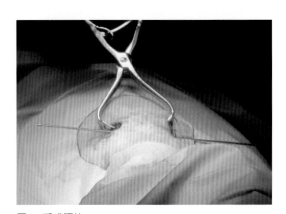

图4　手术照片
插入胫骨针

因骨盆腔扩张导致股关节角度变化，引起轻度步态异常，一周后未经处理，症状得以改善。所有病例经骨盆结合扩张术后，排便障碍消失，QOL（生活质量；Quality of Life）显著改善。

讨论

用胫骨栓所进行的骨盆结合的扩张，可能出现扩张后未能确保充分的通便空间的变形形态的病例，以及对于两侧或单侧的髂骨翼落入腹侧等不能用胫骨栓的病例等，不适用于本方法。所以术前进行X射线的评价和手术的计划非常重要。

在扩张用的专用固定板及自体移植骨的固定术中，变形愈合的骨盆结合切离后的形态，对手术成功与否能带来极大影响。但本法在骨盆结合切离后，为了用胫骨栓系紧髂骨翼而进行扩张，手术成败不受切离后骨盆结合形态的影响，且手法简单，可获得稳定的固定强度，从这两方面讲这是有效的骨盆

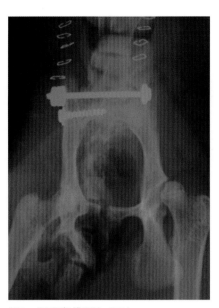

图5　术后X射线照片（VD）

扩张术之一。

　　迄今，术后最长的病例是2年9个月。今后将继续监测有无骨盆形态和排便障碍的复发。

出处：第31届动物临床医学会（2010）

参考文献
• 川又　哲：猫の巨大結腸の手術法, Technical Magazine for Veterinary Surgeons Vol. 4, No. 2, 28-46, インターズー（2000）
• 新・小動物骨折内固定マニュアル-AO/ASIFテクニック-（2001）
• 小動物の整形外科・骨折治療ハンドブック第4版, 443-469, インターズー（2010）

第6章

大肠

　　治疗骨盆狭窄的目的是改善排便障碍。作为治疗方法，有如本病例所述将骨盆结合切离后，把左右髂骨翼系紧，达到扩张骨盆腔的方法，以及把骨盆结合切离后，嵌入髂骨和肋骨等自体骨的方法及安装骨盆扩张板的方法，实施髂骨、耻骨、坐骨3点切骨术后用固定板固定的方法（下图）等。

（下田哲也）

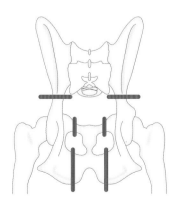 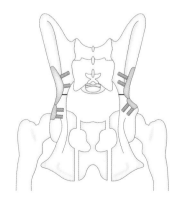

3. 老龄猫因巨大结肠症所导致的重度直肠脱出症

A case of severely rectal prolapse with megacolon in an advanced cat

表参道宠物医院

岛崎博美

14岁6月龄的杂种、去势公猫，因长期便秘所致直肠脱出。因发病时间较长，直肠黏膜干涩，修整后为改善肠内环境投给营养补充剂（Prova leo）。

关键词：慢性便秘、直肠脱出、巨大结肠症

引言

猫的巨大结肠症是常发病，以结肠的重度扩张和充满粪便为特征。临床症状多表现为食欲不振、体重减轻等一般状态不佳及呕吐、排便障碍。有的是在骨盆骨折后的非正常愈合、大肠狭窄和肿瘤、肛门闭锁及狭窄，因管腔外肿瘤压迫、因异物引起排泄管闭塞等情况下引起，也有的是在特发性、神经损伤、内分泌疾病、先天性机能异常等情况下，所致结肠无力征而发病。

直肠脱出有可能是，因直肠周围和肛门周围的结缔组织及肌肉虚弱、直肠黏膜的炎症和浮肿等原因，而导致便秘引起排便迟滞所引起的。治疗和预后的效果，取决于发病原因、脱出的程度、病程长短、复发性等。

本次报告的是，因常年巨大结肠症并发直肠脱出，未经直肠外科切除而取得较好预后的老龄猫的病例。

病例

14岁龄，体重4.8kg，去势的杂种公猫，饲喂市售猫粮。

从幼龄开始持续出现过反复1周以上的便秘，数年间在其他医院长期使用了氧化锰（Magnesiumoxide）制剂，因此引发了血虚性发作，而停用。其结果导致了自主性排便的困难。

最近，因食欲低下、被毛粗糙、排便时呼吸急迫、意识混乱等症状而来本院就诊。

来院第1天，经X光检查确认有粪便滞留（图1），实施了麻醉条件下的除便。伴随着精神状态和食欲的恢复，但因有在室外排便习惯，因而处理后的排便状态未能确认。

来院第12天，从外边回来时见有15cm以上的直肠脱出，直肠黏膜已经干燥（图2）。医生建议为其做安乐死，但病例在札幌夜间动物医院修复后，为防止再次脱出，为其进行了肛门荷包缝合后转至我院。因病例体温低、无食欲、抑郁，而进行了保定后的静脉

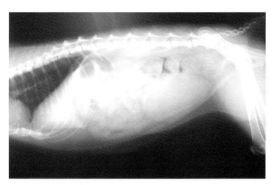

图1 初诊时X射线照片
确认了排便前的粪便滞留

图2 肉眼照片
直肠脱出，修复前的状态

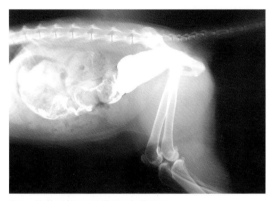

图3 修整后第8天的造影X射线照片

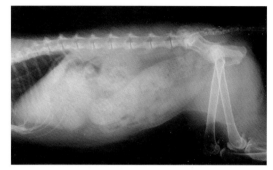

图4 8个月后的X射线照片

第6章

大肠

输液和强制性喂料的治疗。

来院第20天，为确认结肠状态而进行了造影X光检查（图3）。修复手术8天后，拆掉了荷包缝合线。为改善直肠状态开始投给了Provaleo。出院后医嘱为每天给Provaleo约0.3g和2mL乳果糖（Lactulose）。

8个月后，医嘱为继续每天0.2gProvaleo，只在有硬的粪便时给乳果糖，排便顺畅时每天或隔一天服用乳果糖。X射线检查未见到粪便滞留（图4）。

讨论

巨大结肠症，在初发时即使有暂时的症状，不经治疗也可康复，但轻度~中度、或伴有复发性便秘时都要治疗。内科治疗中通过食物疗法、泻药、灌肠、结肠蠕动促进剂等常常显示出效果。内科治疗主要针对难治性

的、有慢性便秘的猫需要外科治疗。有报道称具有结肠再造术、结肠部分切除术、局部结肠切除术等多种手术方法，但有关这些方法治疗和预后的报告却很少。

该病例在其他医院的治疗中，出现意识模糊、呕吐症状时，开始使用内科治疗效果不佳，被认为是长年反复性便秘、排便迟滞所导致结肠无力，而引起直肠脱落。

本病例在使用Provaleo的过程中，如图4所示的结肠被扩大，而且排便状态变得顺畅。另外，也看到了被毛的改善。这表明，Provaleo对肠壁有一定的作用，显示出诱发了肠蠕动。将来将这样病例进行重复研究。

出处：第32届动物临床医学会（2011）

参考文献
• Byers CG, Leasure CS, Sanders NA:Feline Idiopathic Megacolon:COMPENDIUM Vol.28（9）September,658（2006）

4. 法国斗牛犬的组织细胞结肠炎

Histiocytic colitis in a french bulldog

札幌绿丘动物医院、North lab

高井光一、酒井俊和、山田有人、川村直辉、藤田浩美、藤田 彻、贺川由美子

　　5月龄法国斗牛犬（French bulldog），主诉持续1个月以上，伴有出血的黏液软便，而来就诊。采用食物疗法、驱虫药、皮质类固醇（Corticosteroid）等治疗却未见效果，因而进行结肠内窥镜检查，诊断为组织细胞性结肠炎。使用常规剂量的恩诺沙星（Enrofloxacin），给药后10天左右粪便恢复正常。

关键词：法国斗牛犬、组织细胞结肠炎、恩诺沙星

引言

　　组织细胞结肠炎也称组织细胞溃疡性结肠炎（HUC），是一种慢性炎症性肠道疾病，类似于人类的克罗恩氏病（Crohn's disease），属难治性的炎性肠道疾病。

　　本报告对患组织细胞结肠炎的法国斗牛犬，在采用食物疗法、驱虫药、灭滴灵、柳氮磺胺吡啶、聚卡波非钙、强的松龙等治疗未见效果的情况下，使用常规剂量的恩诺沙星，并获得显著效果，现概要报告如下。

病例

　　法国斗牛犬，雄性，5月龄，体重5.6kg。

　　预防接种：接种了混合疫苗。未进行丝虫（Filaria）的预防和狂犬疫苗的接种。

　　既往病史：无。

　　饲养方式：室内多头饲养。

　　饲料：饲喂Royalcanin公司的宠物用幼犬粮。

　　从1个月前开始饲养时，开始持续出现混杂黏液的软便，1天内的数次排便中混有血液。在其他医院诊治后，内服肠道调理药未见效果。

●初诊时一般临床检查

・身体检查

　　BCS3、体温39.1℃。未见呕吐，精神与食欲正常。身体检查没有特殊异常。

・其他检查

　　细小病毒抗原检查：呈阴性。

　　粪便检查：有蛔虫卵。

●治疗及过程

　　就诊第1天使用驱虫灵（Pyrantelpamoate）、乳酸菌制剂、凝血酸（Tranexamicacid）的处方。就诊第10天，粪便的性状没有改变。之后进行了血常规（表1）、血生化（表2）和X射线检查，除TP、Glb轻度下降外，没有观察到特别异常。给服灭滴灵（Metronidazole）、胰酶制剂（Pancreatin）、乳酸菌制剂、凝血酸后，饲料变更为特殊的CIW。就诊第16天，处方药中追加了酒石酸泰乐菌素（Tylosintartrate）。

表1 就诊第10天的血常规结果

WBC（/μL）	8,300	RBC（×10⁶/μL）	5.54
Band-N	83	Hb（g/dL）	14.1
Seg-N	3,984	PCV（%）	41.3
Lym	3,569	MCV（fL）	74.5
Mon	415	MCHC（g/dL）	34.1
Eos	249	MCH（pg）	25.5
Bas	0	Plat（×10³/μL）	390

表2 就诊第10天的血液生化检查结果

BUN（mg/dL）	18.2	TP（g/dL）	4.6
Cre（mg/dL）	1.4	Alb（g/dL）	2.8
AST（U/L）	34	Glob（g/dL）	1.8
ALT（U/L）	78	A/G	1.56
ALP（U/L）	325	Glu（mg/dL）	103
T-Bil（mg/dL）	0.4	Na（mmol/L）	148
		K（mmol/L）	3.9
		Cl（mmol/L）	112

就诊第73天，粪便中的出血量略有减少，因而停服灭滴灵。第87天，因粪便中检查出球虫，给服磺胺莫托辛（Sulfamonomethoxine）处方量。第94天，饲料改变为Royalcanin公司的低分子蛋白料。

第101天，因粪便形状变差，饲料更改为Royalcanin公司的消化道支持料（高营养）。第109天，内服药变为氯霉素、乳酸菌制剂、聚卡波非钙（Polycarbophilcalcium，导泻药），又追加了脱氢皮质醇【Prednisolone，0.5mg/（kg·day）】。第114天，因使用脱氢皮质醇未见改善而停用，增加柳氮磺胺吡啶（Sulfasalazine）。

就诊第184天，粪便检查中查出了毛滴虫，开始给驱虫剂量的灭滴灵。第188天，进行了结肠内窥镜检查，并实施了病理组织检查。

· **病理检查**

结肠黏膜中的固有层中，可见有轻~中度的组织细胞浸润，诊断为组织细胞性结肠炎（图1）。

第250天，因口服困难，停用乳酸菌制剂和聚卡波非钙，继续给柳氮磺胺吡啶，第344天仍未见粪便形态的改变。因而停用柳氮磺胺吡啶，开始改用恩诺沙星（5mg/kg）之后，就诊第359天，粪便恢复正常，停用恩诺沙星。

第599天至今，未服用药物，仍维持正常

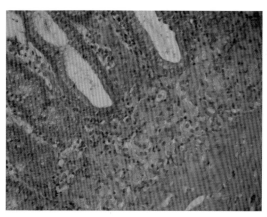

图1 病理组织图片

粪便形状。

讨论

所谓炎症性肠道疾病，就是以炎症性细胞向肠道黏膜的固有层进行浸润为特征，而引起的原因不明的慢性消化道症状的症候群。变成浸润主体的炎症细胞种类，被分为组织细胞性、嗜酸细胞性、血浆淋巴细胞性等。

本次报告的组织细胞性结肠炎，被作为人类的难治性炎症性肠道疾病，多出现在2岁以下的拳师犬（Boxer）。近年来，法国斗牛犬在日本国内的饲养数量快速增加，出现了患有组织细胞性结肠炎的报道，可能与拳师犬在遗传上存在近缘关系有关。

犬的组织细胞性结肠炎与人类的相同，呈现出难治性的慢性消化道症状，与其他炎症性肠道疾病一样，大多出现对饲料变更和对症治疗完全没有反应。但是，在2004年曾报告过，被诊断为组织细胞性结肠炎后，用灭滴灵、柳氮磺胺吡啶、皮质类固醇、硝基咪唑硫嘌呤等治疗未见效果的9头犬（拳师犬8头、英国史宾格犬1头），在投给常规量的恩诺沙星后，于10天左右其肠炎症状得以改善。本次的病例是长期内科治疗没有反应，因而诊断为组织细胞性结肠炎所引起的慢性肠炎症状，在投给恩诺沙星后马上出现良好反应，在投药10天后改善了粪便形状。

另外，在2006年被诊断为肉芽肿性结肠炎的13头拳师犬中，从其结肠黏膜中检出了大肠杆菌等的肠内细菌抗原。从这件事上可以看出，对于组织细胞性结肠炎，恩诺沙星有显著效果的原因，可以认为与其说是肉芽肿性结肠炎和组织细胞性结肠炎是炎症性肠道疾病，不如说是细菌感染引起的抗生素反应性疾病这一侧面加以考虑。虽然患有组织细胞性结肠炎的法国斗牛犬，其结肠黏膜内存在肠内细菌抗原，并通过恩诺沙星进行治疗的报道还未出现过，但通过本次病例的治疗过程，从侧面表明：与拳师犬同样的法国斗牛犬的组织细胞性结肠炎是抗生素反应性疾病。

出处：第30届动物临床医学会（2009）

参考文献
- Davies DR,O,Hara AJ,lrwin PJ:Aust Vet J, 82, 1-2,58-61（2004）
- 中島 亘:第28回動物臨床医学会年次大会プロシーディング,No.1, 8-10（2007）
- Simpson KW,Dogan B, Rishniw M,et al:Infect Immun,74,4778-4792（2006）
- Stokes JE,Kruger JM,Mullaney T,et al:J Am Anim Hosp Assoc,37, 5,461-465（2001）
- TanakaH,Nakayama M,Takase K:J Vet Med Sci,65,3,431-433（2003）
- 安田 準:第29回動物臨床医学会年次大会プロシーディング,No.1,263-267（2008）

5. 由化脓性坏死性结肠炎所引起的犬骨盆腔内直肠穿孔

A case of rectal perforation in the pelvic canal caused by supprative and necrotizing colitis in a dog

织动物医院、三笠动物医院

儿玉龟成、佐佐木隆博、高木良平、三笠直也、织顺一

10岁龄迷你腊肠犬（Miniature Dachshund），因排便困难和直肠出血而来院就诊。结直肠内窥镜检查未见直肠陷落，直肠造影X射线检查确认了直肠穿孔。因难于通过缝合将直肠穿孔闭锁，因此进行了直肠组织活检和临时性的结肠造瘘术（人造肛门）。直肠组织的病理检查结果为化脓性坏死性结肠炎，在直肠穿孔被治愈后，进行了与结肠的再吻合手术。

关键词：直肠穿孔、骨盆腔内化脓性坏死性结肠炎、结肠造瘘术

引言

在直肠发生穿孔的情况下，在腹腔内和骨盆腔内的后腹膜区域，出现粪便污染的危险，可引起腹膜炎和直肠皮肤瘘，因此需要早期发现和治疗。本次，对骨盆腔内发生直肠穿孔的犬，进行了临时性结肠造瘘术的病例，做如下探讨。

病例

病例为10岁龄迷你腊肠犬，未去势雄性，体重4.8kg。2周前开始出现排便困难，用手指直肠探查时，发现大量出血，而来本院就诊。

● 初诊时一般临床检查

· 身体检查

用手指进行直肠探查，触感到直肠右侧肠壁的缺损；腹部触诊时触知，在后腹部有直径约5cm大小的肿瘤。

· 血液检查

未见特别应有的异常。

· X射线检查

在后腹部膀胱的尾侧，有X射线不通透的肿瘤阴影，以及由此造成的直肠狭窄。

· 超声波检查

后腹部肿瘤是肥大的前列腺，回声源均一。

· 直肠造影X射线检查

由于确认了从直肠右侧壁向骨盆腔内的造影剂的渗漏，因此诊断为骨盆腔内的直肠穿孔（图1）。

· 直肠内窥镜检查

发现在距离肛门4~5cm的直肠的右侧壁上，有直径约1cm大小的缺损及少量出血（图2）。从此处的头侧端的结肠未见异常。

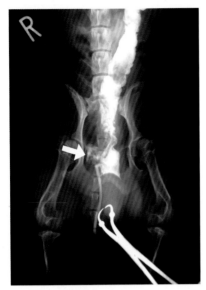

图1　直肠造影照片
可见向骨盆腔内的造影剂的漏出（箭头所指）

图3　结肠造瘘术（人造肛门）照片

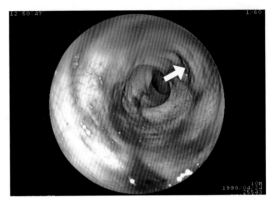

图2　直肠内窥镜照片
可见直肠壁缺损（箭头所指）

●手术

病例在全麻后呈腹卧位保定，切开右侧会阴部，暴露直肠右侧，直肠穿孔部周围的组织，大范围肿胀且变成暗红色。

因组织脆弱难于在穿孔部缝合，因此采集一部分组织做病理检查后，患部插入排液用的引流管，之后缝合会阴部切开口。接着，病例采用仰卧位保定，沿正中线切开腹腔。在耻骨前方切断结肠，其近端在左侧腹壁进行结肠造瘘术（图3），其远端做闭锁缝合后，返回腹腔内，缝合腹腔。同时还进行了去势手术。

·病理组织检查

直肠黏膜消失，大范围的嗜中性粒细胞为主体的炎症细胞浸润、出血、坏死，形成了肉芽组织，被诊断为化脓性坏死性结肠炎。

●治疗及过程

术后，采用儿童用的造口术袋（Ostomypouch）处置人造肛门的排便，隔3~4天更换一次（图4，图5）。因为多次出现了造口术袋的偏离和粪便的泄漏，使人造肛门周围的皮肤出现了炎症，采用了抗生素和皮肤保护剂进行处理，取得较好效果。虽然可见从残存的骨盆腔内结肠向肛门，有少量的黏液样分泌物的排泄，但术后第10天没有排泄。

术后第18天，用手指检直肠穿孔部，缺损已经消失，用直肠造影X射线检查，没有出现造影剂渗漏，确认直肠穿孔部已愈合（图6），之后在麻醉下进行了人造肛门的切除和结肠再吻合手术。其后，虽出现了排便时的迟滞，但渐渐好转，术后3个月排便基本正常。另外，这时的前列腺肥大也缩小了。

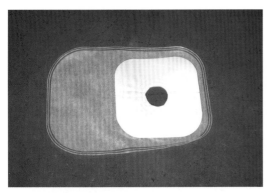

图4 儿童用造口术袋照片

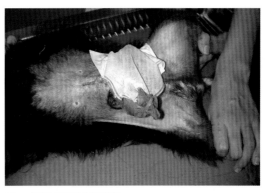

图5 造口术袋的安装照片

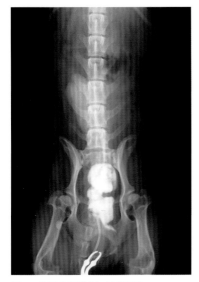

图6 术后直肠造影X射线照片

讨论

据报道，直肠穿孔的原因是交通事故造成的骨盆骨折所引起的外伤、咬伤、医源性创伤等，但本病例发生的原因不明。从直肠穿孔部因漏出的粪便，就会引起腹膜炎和败血症、直肠皮肤瘘等合并症的危险，由于本例在早期发现，而没有出现合并症。结肠造瘘术大多适用于需要将肛门、直肠大范围切除的疾病（特别是肿瘤），几乎是需要永久性地被设置。但像本病例这样的结肠造瘘术，即使没有肿瘤的情况下，因通过的粪便从穿孔部向骨盆腔污染，预防化脓及穿孔部的治疗方法也有效。

出处：第31届动物临床医学会（2010）

参考文献
• Fransson BA:Rectocutaneous Fistulas,Compendium,30,4,224-235（2008）
• 千々和 宏作:結腸造瘻術,Teeh Mag Vet Surg,14,2,64-75（2010）

第6章

大肠

6. 家兔腹腔内脓肿

Intraabdominal abscess in a rabbit

（财）鸟取县动物临床医学研究所·东京农工大学农学院兽医科家畜外科教研室

冢根悦子、高岛一昭、片冈智德、政田早苗、小笠原 淳子、佐藤秀树、长久 Ayusa、野山 顺香、福泽 真纪子、白川希、毛利崇、坂井尚子、山根　义久

　　杂种雄性家兔，1岁，因食欲不振而来院就诊。经X射线检查，在腹部左侧胃的后方有肿瘤；据超声波检查，确认大小为35.0mm×29.7mm。开腹手术发现，肿瘤的远端紧密地愈合在结肠上，而且剥离困难，因此将该部结肠摘除、修整后，进行了摘除端吻合术。肿瘤为脓肿，中心处含有毛球和粪块样物。肿瘤内容物培养结果检查，检出革兰氏阴性菌Escherichia coli（E.coli）。本病例的肿瘤是由肠内容物经肠穿孔流入腹腔内而形成脓肿，与结肠部结合非常紧密，故认为是结肠部穿孔所致。

关键词：家兔、腹腔内肿瘤、Escherichia coli（E.coli）

引言

　　有较多报道称，在家兔中因牙齿疾病而导致了皮下肿瘤。可由革兰氏阴性杆菌中的Pasteurella multocida所致。但本次，在家兔腹腔内所确认的肿瘤，巧遇了通过外科手术进行摘除的病例，现概要报告如下。

　　此外，在脓肿培养的检查中，检出了革兰氏阴性杆菌中的Escherichia coli（E.coli）。

病例

　　杂种雄性家兔，1岁，体重1.8kg。因突然出现精神萎靡、食欲不振而来院就诊。既往病史中，生后3个月时出现过暂时的食欲不振。另外，有喜食壁纸等饲料之外东西的倾向。

●初诊时一般临床检查

· 身体检查

体温37.6℃。腹部叩诊没有鼓音。粪便检查无异常。

· X射线检查及超声波检查

在腹部X射线检查（图1，表1）及超声波检查中，于胃的后方有直径约4cm的肿瘤。

●治疗及经过

　　就诊第1天，据X射线检查，发现了腹部肿瘤，劝导饲养主进行开腹手术，未得到同意后，在此日使用了恩诺沙星5mg/kg。

　　胃复安0.5mg/kg皮下注射。就诊第2天虽然精神和食欲有稍稍转好的迹象，但再次劝导实施开腹手术，并进行了和第1天一样的注射。此外，嘱咐强制饲喂蔬菜糊。就诊第3~8天，依然使用恩诺沙星5mg/kg、胃复安0.5mg/kg皮下注射，每天2次口服乳酸菌等。第20天实施了开腹手术。

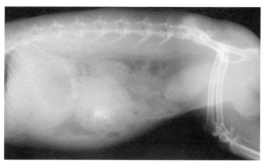

图1 腹部X射线照片（RL）

表1 血液检查结果

WBC（/μL）	12,600	BUN（mg/dL）	14
Band-N	0	Cre（mg/dL）	1.0
Seg-N	7,056	ALT（U/L）	20
Lym	5,418	ALP（U/L）	39
Mon	0	T-Bil（mg/dL）	0.1
Eos	126	Glu（mg/dL）	137
		T-Cho（mg/dL）	<20
RBC（×10⁶/μL）	6.83	TP（g/dL）	6.1
Hb（g/dL）	13.9	Alb（g/dL）	1.0
PCV（%）	46	Ca（mg/dL）	14.5
		K（mmol/L）	4.2
Plat（×10³/μL）	297	Amy（U/L）	215

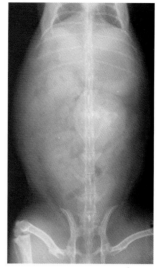

图2 腹部X射线照片（DL）

图3 肿瘤剖面照片

· 血液检查

如表1所示。

● 手术（就诊第20天）

手术当天，X射线检查时，没有发现腹腔内肿瘤大小的变化。

使用氯胺酮（Ketamine）10mg/kg和乙酰丙嗪（Acepromazine）0.05mg/kg肌内注射麻醉，异氟醚（Isoflurane）用面罩维持麻醉。手术中，通过桡侧皮静脉，注入乳酸林格氏液（Ringer）10mL/（kg·h）以及恩诺沙星、胃复安、凝血酸、B族维生素。因腹腔内肿瘤远端与结肠部结合非常紧密，剥离困难，因故进行了部分摘除、修复，用4-0合成单纤维缝合线进行结肠吻合性缝合。

摘除的肿瘤有两个，大小分别为

5.0cm×5.0cm和1.0cm×1.5cm。从肿瘤的剖面上看，肿瘤的内部由脓肿所占据，中央可见毛球、粪块样物质（图3）。肿瘤的病理检查结果是脓肿。内容物的培养结果，检出了具有耐受氨苄青霉素、复方新诺明的革兰氏阴性菌E.coli。

● 治疗及过程

术后治疗，投给恩诺沙星、胃复安、乳酸菌。就诊第22天（术后第2天）因精神萎靡、无食欲，考虑有肠道穿孔的可能，进行了消化道造影X射线检查。在碘肽葡胺25mL给药后，分别在0min、30min、3min、5.5min、

19min和28min后进行了腹部X射线摄影。未见到肠穿孔，确认是胃肠蠕动降低的毛球症。

食欲不振在此后持续，强制饲喂了糊状饲料，并口服氯霉素糖浆、胃复安、食物纤维，但在就诊第40天（术后28）死亡。

讨论

腹部肿瘤为脓肿，被认为是肠内容物向腹腔内流入的结果所致。肿瘤显著地结合在结肠部，由于是肠道壁薄，容易穿孔的部位，表明是肠道穿孔部位的可能性所在。病例以前曾出现过食欲不振，并喜欢吃壁纸等饲料之外的东西，消化道造影X射线检查也确认有毛球，据此分析，本病例首先是毛球症为基础疾病，由什么原因造成的肠道穿孔值得考虑。

还有，饲养主自开始饲养以来，只在本院就诊，检出了在院内未使用过的抗生素氨苄青霉素和复方新诺明的耐受菌E.coli。从这点分析，显示出病例在幼龄时使用过抗生素的可能性。

本次治疗的反省之处，是对家兔开腹手术时，应确认胃内容物。

出处：第23届动物临床医学会（2002）

参考文献

• Elizabeth VH, Katherine EQ 编（長谷川 篤彦、板垣慎一 監修）：フェレット•ウサギ,齧歯類—内科と外科の臨床—,学窓社,東京（1998）

7. 对患直肠腺癌的犬实施2次直肠黏膜剥离，并对术后狭窄进行扩张术

A case of balloon dilation procedure for rectal stricture after pull-through rectal mucosal amputation for treatment of rectal carcinoma in a dog

松原动物医院・University of Florida Small Animal Hospital Veterinary Medical Center

斋藤秀行、小山田 和央、斋藤 遥、高智正辉、佐藤 辽、萩 清美、神吉 冈、三宅刚史、中川正德、辻田裕规、井上理人

威尔士柯基潘布鲁克犬（Welsh Corgi Pembroke），未结扎，8岁龄，因血便而来院就诊。经各种检查被诊断为直肠腺癌（T1N0M0）。虽然做了直肠黏膜的剥离术，并取得良好的疗效，但术后4个月再次复发直肠肿瘤，诊断为直肠腺癌（T1N0M0）。进行了第2次直肠黏膜的剥离并切除，术后良好，但发生了重度的直肠狭窄。对狭窄部位进行了气球扩张术及去炎松（Triamcinolone acetonide）局部注射，症状得到了较大改善。

关键词：直肠腺癌、黏膜剥离术、气球扩张术

引言

对直肠肿瘤的手术方式，根据肿瘤的浸润性和存在部位提出各种方法，但尚无明确的标准。

本次对犬直肠腺癌实施两次直肠黏膜的剥离，对术后所发生的重度直肠狭窄的症状，进行气球扩张术及去炎松局部注射，取得较好效果，概要报告如下。

病例

病例为8岁龄、未避孕、雌性威尔士柯基布鲁克犬，体重10.9kg。每年进行混合疫苗、丝线虫预防。3周前开始出现血液附着在粪便上而来院就诊。

● 初诊时一般临床检查

· 身体检查

BCS3，体温39.0℃。直肠检查中，在距肛门7cm处，在7~8点方向触摸到有软的可动性的肿瘤。

· 血液检查

除白细胞数较高（29 700/μL）外，其他未见异常。

· 内窥镜检查

在全身麻醉下实施内窥镜检查，看到距肛门7cm部位，有占据着直肠内腔的肿瘤病变。肿瘤呈无茎性、表面不规则，是质脆、易出血性的溃疡。从此外的直肠和回肠段，都没看到病变，因此对该段直肠进行外翻，进行直视并活检该直肠肿瘤。

· 病理检查

病理检查结果是直肠腺癌。但因无法评价对黏膜下组织有无浸润性，因而难于判断良性或恶性。

另外，在X射线检查、超声波检查中，未看到肿瘤转移。

病理组织诊断结果及触诊，局限于上黏膜，所以在就诊第27天，实施了直肠黏膜剥离术。

●手术①（就诊第27天）

观察到肿瘤在距肛门7cm处，向头侧方向延伸7cm。为了保证其1cm的边界，由肛门向头侧方向切除了15cm黏膜。

·病理组织检查

诊断为直肠腺癌，未观察到肿瘤细胞向黏膜下组织的浸润性增殖。

●治疗及过程①

术后，因缝合部的轻度狭窄，持续了约3个月的排便迟滞、软便，后逐渐好转。

从最初手术后的114天（就诊第141天），在定期健康检查时观察到，距肛门4~5cm部位、6点方向有1.5cm的肿瘤。再次实施全麻下的内窥镜检查和活检，经病理组织检查诊断为直肠腺癌（T1N0M0）。

●手术②（就诊第187天）

就诊第187天，与饲养主就各种直肠手术方法商谈后，对病犬再次实施直肠黏膜剥离术，切除了距肛门7cm处的直肠黏膜。经病理组织检查，诊断为直肠腺癌。

●治疗及过程②

术后引发缝合部的重度狭窄，出现持续排便困难、疼痛、软便、粪便失禁，QOL下降，因此在第2次手术的52天后（就诊第239天），实施了气球扩张术（导尿管尺寸10mm *[1]）。

●气球扩张手术

间隔1~2周进行了两次气球扩张术，因症状没有明显的改善，在就诊第288天，更换为20mm *[2]的导尿管，再次实施了扩张术，临床症状得到了明显改善。其后，在向直肠狭窄部的黏膜下局部注射去炎松的同时，共计进行了6次气球扩张术。结果，虽然临床症状并未完全消失，但QOL得到了改善。此外，伴随着气球扩张术的合并症，在直肠黏膜上出现了暂时性的出血，其他症状没有出现。

讨论

对于直肠黏膜剥离，还没有明确的切除界限的报告。本次因为有时间差，在两次手术中将直肠黏膜共切除了22cm。

作为第2次手术的术后并发症，出现了重度的缝合部狭窄及排便痛，严重损害了病犬的QOL。这是在手术部位所形成的瘢痕，以及剩余的平滑肌向黏膜下围拢所致。对缝合部狭窄进行了多次的气球扩张术，临床症状得到了改善，由此认为气球扩张术是安全、有效性较高的治疗方法。还有与过去的报告相同，并用去炎松进行局部注射，未见明显疗效，今后需要积累病例，比较研究去炎松局部注射效果。

关于直肠肿瘤的切除方法，有腹侧法、肛门法、背侧法、内窥镜息肉切除法、内窥镜黏膜切除法以及各种方法并用等。但近年来，有人指出犬直肠腺癌的病理诊断结果与预后结果不一致，还有细胞形态没有见到浸润性评价，这对手术方法的选择也带来了较大影响。

将来，不仅仅是根据各种检查来判断肿瘤的存在部位，也不仅仅依靠病理组织检查，还应用超声波内窥镜检查等进行深度评价，有必要选择最佳手术方式、探讨最佳的取材方法。

*1：BostonScientific　纯正PTA气球导尿管

*2：COOK食管扩张用气球扩张器HBD-18-19-20

出处：第32届动物临床医学会（2011）

参考文献

· Webb CB,McCord KW,Twedt DC:Rectal strictures in 19 dogs,1997-2005,J Am Anim Hosp Assoc,43,332-336（2007）

· Danova NA,Robles-Emanuell JC,Bjorling DE:Surgical excision of primary canine rectal tumors by anal approach in twenty-three dogs,Vet Surg,35,337-340（2006）

8. 犬直肠平滑肌瘤

A case of rectum leiomyoma in a dog

富士田动物医院

田熊大祐、户野仓 雅美、小林 Nagisa、岛田雅美、马场 亮、井原 麻里子、杉本洋太、藤原 香、诸熊 直、藤田桂一

11岁的柴犬，一年前因排便困难来院就诊。开腹后发现在尿道、输尿管、膀胱上长有巨大的肿瘤，进行了全摘除。病理检查结果，诊断为直肠平滑肌瘤。

关键词：犬、排便困难、平滑肌瘤

引言

犬的肠道所发生的肿瘤，有腺癌、平滑肌肉瘤、平滑肌瘤及淋巴瘤等。直肠内有肿瘤时，会压迫肠道，出现排便困难。本次遇到的病例，在直肠上有直径约10cm的平滑肌瘤，造成排便困难，现简要报告如下。

病例

病例为避孕雌柴犬，11岁6月龄，体重9.15kg。约1年前出现排便困难，排出拇指粗的粪便，近期有排尿困难、呕吐等症状而来本院就诊。

●初诊时一般临床检查

·身体检查

精神与食欲良好，同时，有排便姿势但几乎没有排出粪便。经触诊，触摸到下腹部腹腔内有拳头大小的、硬的肿瘤。

·血液检查

未见明显变化。

·X射线检查

经腹部X射线检查，观察到下腹部有拳头大小的、圆形的肿瘤样阴影。在逆行性膀胱造影X射线检查中，见到肿瘤向腹侧压迫膀胱的图像。胸部X射线检查中未见明显变化。

·超声波检查

在下腹部可见圆形的、界线明显的肿瘤，肿瘤内部回音不均匀。

·细胞检查

在超声波检查时，用25G针进行了活检，但只采取了血液样本。

●手术

在异氟醚（Isoflurane）的麻醉下，将犬以仰卧位保定，在腹部正中线处切开后，确认在膀胱、输尿管及尿道上长有巨大的肿瘤。用Metzenbaum剪刀、直角钳子和超声波刀，仔细将较深的肿瘤周围组织分离。肿瘤已经在骨盆腔内与避孕手术的子宫颈断端结合在一起，整体附着在直肠的浆膜面上。

因此，为了将骨盆腔内肿瘤全部露出来，而切除了耻骨，为了进一步分离骨盆腔内的附着部位，确认从子宫颈断端漏出脓性液体，并对子宫颈断端进行了结扎分离。

其次，切断了直肠上的肿瘤附着部位，肿瘤所附着的直肠被摘除了约6cm，用单结扎缝合做了肠道吻合术。还有，骨盆切面的边缘，用圆钻进行光滑处理。最后，取直径约1cm的腰骨下淋巴结做细胞检查，按常规法进行了腹腔闭合术。

● 治疗及过程

术后第1天绝食，从第2天开始逐渐饲喂低残留的食物。术后第1天可见有自主排尿，但第2天没有排尿。而且出现呕吐，全身浮肿。

· 血液检查

观察到轻度的白细胞升高（19 000/μL），红细胞的急剧下降（4.75×10⁶/μL），以及BUN（112mg/dL）、Cre（7.3mg/dL）和K（5.8mmol/L）的升高。

为此，开始用多巴胺（Dopamine），每分钟1μg/kg静脉给药，但仍无自主排尿，可见BUN、Cre进一步升高，全身性浮肿的加重。

术后第4天，放置了导尿管后出现了排尿，接着BUN、Cre下降，全身浮肿也得到改善。但是，术后第8天将尿道中的导尿管去掉后没有见到排尿，因此再次放置了导尿管。而且，开始给予盐酸哌唑嗪（Prazosinhydrochloride）（每天0.5mg/头），30min之后再给氯化氨甲酰甲胆碱（Bethanecholchloride，每天2mg/头），在术后第10天出现了自主排尿。排便状态为持续稀便的里急后重状态。

在术后18天进行了逆行性膀胱造影检查，观察到了骨盆腔内的膀胱阴影。分别在术后21天停用氯化氨甲酰甲胆碱、术后25天停用盐酸哌唑嗪，此后表现为自主排尿。

此后，持续出现轻度的排便困难，反复出现间歇性的细菌性膀胱炎，通过抗生素和低残留的食物进行保守治疗。

· 病理组织检查

被摘除的肿瘤直径约10cm×8cm×8cm的大肿瘤，剖面为实心。直肠壁因边缘明显的肿瘤而扩张，肿瘤呈交错的束状构造、轻度的梭状的纺锤形细胞组成，被诊断为直肠平滑肌瘤。

· 细胞诊断

在腰下淋巴结的细胞诊断中，未见到淋巴结炎和恶性肿瘤转移的迹象，确诊为淋巴结的反应性增生。从子宫断端部流出的液体中，所观察到的其黏液成分是以嗜中性粒细胞为主体的炎症细胞居多，呈急性化脓性炎症迹象。

讨论

据报道，犬的平滑肌瘤生长在胃、肠道、子宫及阴道等处，是良性肿瘤。通常，直肠平滑肌瘤几乎无症状，也有报道称非常巨大的肿瘤，其直径在10cm以上。一般而言，平滑肌瘤的治疗是通过外科切除，其预后通常较好。

在本病例中，非常巨大的肿瘤长在直肠头侧，而且和周围组织结合紧密，导致了排便及排尿困难，术后也呈持续轻度的排便困难状态。单一的只生长在直肠上的直肠平滑肌瘤，若未与周围组织结合，术后就不会出现排便困难。由此可见，出现排便困难，有可能是肿瘤与周围组织的结合，导致了支配排便机能的神经等受到伤害的原因所致；或者有可能是在手术中，将一部分控制排便状态的神经，裹入部分肿瘤中而被切除的原因所致。

还有，本病例在肿瘤摘除后，出现了排尿困难，呈现出急性肾功能不全症状。因肿瘤与尿道、输尿管、膀胱相结合，在进行手术分离时，暂时刺激了泌尿系统，引起了尿道黏膜肿胀，导致了尿液的通过性障碍，或者手术对尿道周围的神经多少有损害，也导致了暂时的排尿肌的障碍，可能呈现出急性肾功能不全的症状。

本病例在术后出现了间歇的细菌性膀胱炎。通常情况下，由于膀胱具有自然的防御机能而不会受到感染，但本病例出现了暂时的排尿肌障碍等，引起了尿道的狭窄和闭塞，导致了尿液的滞留，因此被认为是继发性细菌感染。

出处：第26届动物临床医学会（2005）

短评

　　在开骨盆腔进行前列腺和骨盆内的尿道、直肠等的手术中，容易造成盆神经丛损伤。骨盆神经丛是由副交感神经的盆神经和交感神经的下腹神经所构成。直肠中的外肛门括约肌是自律性肌肉，而内肛门括约肌是非自律性肌肉，并受盆神经丛支配。另外，膀胱的自律性信号通过会阴神经传导，非自律性运动受盆神经和下腹神经所控制。而且，刺激盆神经会引起膀胱收缩和括约肌松弛。本病例中所见的排便和排尿困难，可能是由于副交感神经的盆神经障碍所致。

（下田哲也）

9. 迷你腊肠犬伴随出现Mott cell的B细胞型消化器官淋巴瘤

B-cell Intestinal lymphoma with Mott cells in a miniature duchshund

（财）鸟取县第五临床医学研究所

杉田圭辅、山根 刚、野中雄一、大野晃治、藤原 梓、横山 望、井上春奈、佐川凉子、高岛一昭、小笠原 淳子、水谷 雄一郎、松本郁实、才田祐人、和田优子、冢田悠贵、宫崎大树、山根 义久

3岁8个月龄的迷你腊肠犬(Miniature Duchshund)，因出现难治性血便而来院就诊。在直肠检查时发现直肠黏膜上有隆起。开腹手术时观察到直肠肿瘤，采用直肠拖出吻合术切除肿瘤。经病理组织检查，确诊为消化器官型淋巴瘤。而且见到了大量的Mott cell，经淋巴细胞克隆分析是B细胞型。术后，采用多种并用的化学疗法维持了缓解症状。但是，在术后第309天在腹腔内再次发现肿瘤，用脱氢皮质（甾）醇（Prednisolone）单剂进行治疗。

关键词：B细胞型消化器官淋巴瘤、Mott cell、直肠拖出吻合术

引言

犬的消化器官淋巴瘤占淋巴瘤病例的5%~7%，T细胞型的居多，预后成为恶性肿瘤之一。但近年，以幼龄期为主的迷你腊肠犬，发生消化器官淋巴瘤的病例逐渐增多，它们与普通的消化器官淋巴瘤相比，对化学疗法有良好的反应，预后1年不复发，可获得相对长期的生存效果。

病例

病例为3岁8个月龄的迷你腊肠犬，未避孕的雌性，体重4.62kg。室内饲养，实施了8种混合疫苗与丝虫预防的接种。此次，因约1个月前开始持续血便，在其他医院的治疗未见效果，来院就诊。其粪便可见成形的软便中全部混有鲜血，可见有里急后重感，且有加重趋势。

●初诊时一般临床检查

·身体检查

BCS3，体温37.8℃。直肠检查中，感觉到骨盆腔内的直肠的腹侧有隆起。未见体表淋巴结的肿胀。另外，粪便检查中未见显著变化。

·血液检查

无显著变化，Ca、LDH也在正常范围内。

·X射线检查

腹部的单一X射线检查，未见明显变化。

·超声波检查

在膀胱后方，接近直肠部，有约2cm大小的低回声肿瘤。

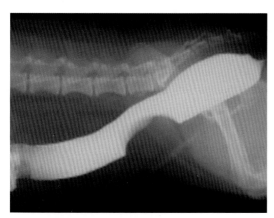

图1 初诊时的直肠造影X射线照片（RL）

· **直肠造影X射线检查**

见到了来自直肠腹侧的挤压现象（图1）。

· **内窥镜检查**

为确认直肠黏膜的状态，进行了内窥镜检查，可见直肠内腔有膨大隆起的部位。但未见黏膜上有明显的出血颜色。

● **诊断及治疗**

向饲养主说明了血便的原因，是肿瘤对直肠内腔压迫所致的可能性较高。因肿瘤形成原因不清，提醒饲养主在手术前应进行CT检查，但未得到同意，决定以后开腹手术。为防止直肠黏膜的损伤和减少手术时感染危险，在术前的4天内，服用了阿莫西林（Amoxicillin）、止血剂、乳果糖（Lactulose）。

就诊第10天，身体检查时，体温38.6℃，未见体表淋巴结肿胀。粪便内混入的血液增加，与初诊时的粪便相比稍有变细。胸部X射线检查中无显著变化。

● **手术（就诊第11天）**

在腹部正中线处切开腹腔，看到了骨盆腔内的直肠上有孤立性的肿瘤，周围附属的肠系膜淋巴结肿胀。肿瘤的周围组织没有和肿瘤结合。作为腹腔及肛门部的处理方法，采用直肠拖出吻合术切除肿瘤。

· **病理组织检查**

肿瘤有中–高度分化型的淋巴瘤。从肿瘤部的黏膜到外肌层，可见有不规则的圆形细胞，弥漫性地增殖的肿瘤细胞。出现了许多Mott cell样细胞，是B细胞型的可能性较大。

· **追加检查**

在淋巴细胞克隆分析的结果中，确认为B细胞型的克隆。

● **治疗及过程**

手术后绝食、绝水，静脉点滴醋酸林格液（Aceticacidringer），持续投喂抗生素，阿莫西林、恩诺沙星，术后第11天开始追加灭滴灵（Metronidazole）及肠道调理剂。病例持续从肛门部坠落泥状粪便，但全身状态良好。在术后第5天开始给少量的饮水，术后第7天开始给罐装Hill's®i/d饲料，第14天变更为Hill's®w/d饲料，第22天（就诊第32天）嘱托饲养主延续使用该种饲料，病例出院。

第45天的复诊时，病例的粪便开始有一定的硬度，也没有血便，但饲养主给病例饲喂手工饲料时，就出现了软便。与饲养主协商后决定，投服多种药品并使用操作规程中的UW19。到就诊第72天（术后第61天）开始按照规程继续进行化学治疗，到就诊第201天结束了UW19程序。此后，到就诊第290天也未见一般状态的显著变化。

第320天（术后309天）复诊时，病例的体表淋巴结没有肿胀，也没有血便等异常，但经触诊时，发现在上腹部有约5cm大小的肿瘤（图2）。根据细胞学检查，观察到多数的小到大型淋巴细胞，以及Mott cell样细胞，说明是淋巴瘤复发，虽然提示饲养主应再次采用多种药品并用的化学疗法，但未得到同意，现在仍采用脱氢皮质（甾）醇（Prednisolone）单剂进行治疗。

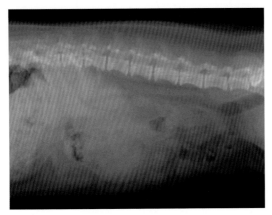

图2 就诊第320天的腹部X射线照片（RL）

讨论

犬的消化器官淋巴瘤多为T细胞型，对化学疗法的反应较差，用CHOP-based程序治疗时病例的生存时间也就是4~6个月。而本病例在使用化学疗法开始后，取得248天的缓解期，在术后309天还在存活，且无呕吐与下痢，一般症状也较好。与普通消化器官淋巴瘤相比得到了较长期的存活，且疗效良好，因此认为本病例是B细胞型的缘故。近年来所报道的幼龄迷你腊肠犬的消化器官淋巴瘤病例中，其免疫表型的记载较少，综合多例报告与本病例一样是以B细胞型的居多。所以对化学疗法的反应良好，且获得较长的生存期的病例也占多数。

另外，Mott cell多数是含免疫球蛋白的球性小体（拉塞尔小体，Russellbodies）的浆细胞的通称，被认为是在免疫球蛋白的产生过剩或分泌不全时出现，B细胞是最后的分化阶段。近年来，开始有报道称伴随出现Mott cell的B细胞型淋巴瘤，几乎都是消化器官淋巴瘤。虽然从幼龄到老龄的病例均有发生，6例中有3例是幼龄的迷你腊肠犬。本病例亦是如此，揭示该病与其遗传背景有关。

出处：第31届动物临床医学会（2010）

10. 犬结肠弥散性浸润髓外浆细胞瘤

A case of extramedullary plasmacytoma with diffuse infiltration of the colon in a dog

山阳动物医疗中心

安川邦美、松本秀文、大东勇介、长崎铁平、政次英明、下田哲也

7岁，去势，雄性比格犬（Beagle），因下痢而来院就诊，对症治疗，但症状恶化，内窥镜检查和细胞检查中疑似淋巴细胞浆细胞性肠炎，单独使用脱氢皮质（甾）醇（Prednisolone）治疗后，症状很快得到改善。但1个月后复发，再次内窥镜检查、细胞检查和病理组织检查，诊断为髓外浆细胞瘤，虽然进行了化学疗法，但几乎没有反应，怀疑是进行脱氢皮质（甾）醇单一治疗时，诱发了对抗癌剂的耐药性。消化道所发生的浆细胞瘤，类似于消化道淋巴瘤、炎症性肠道疾病等的临床症状，有必要与这些疾病进行早期鉴别与诊断，再行治疗，为此进行内窥镜检查和细胞检查，被认为是有效手段。

关键词：犬、髓外浆细胞瘤、结肠

引言

浆细胞肿瘤，大体上可分为：骨骼上所发生的多发性骨髓瘤，及骨以外的软组织中所发生的髓外浆细胞瘤。这其中的髓外浆细胞瘤多发生于皮肤和黏膜部，偶尔在消化道上发生。在皮肤上所发生的皮肤浆细胞瘤，在犬为一般性发病，几乎都是良性，通过外科切除即可彻底治愈。但是，在消化道上所发生的浆细胞瘤，可能会引起转移和过粘滞症候群。本次，遇到了因水样性下痢而来院就诊的病例，诊断为弥散性发生在结肠上的髓外浆细胞瘤，将其简要报告如下。

病例

病例为7岁龄，去势，雄性比格犬，体重11.58kg。每年进行混合疫苗及其他预防的接种。

既往病史：患过前列腺炎。

主诉：1周前开始粪便变稀，且日渐加重。

现病史：可见混有血液的水样下痢（4次/日）并呕吐（1~2次/周），精神状态和食欲正常。

● 初诊时临床检查

· 身体检查

体温38.6℃，肠蠕动音亢进，腹部无压痛。

· 粪便检查

水样下痢性粪便。肠道内未见寄生虫。虽然进行了下痢的对症治疗和食物疗法，在就诊第4天没出现呕吐，但依然出现每天4次的水样下痢和黏液便，且食欲降低，而再次就诊。

● 第7天临床检查

· 身体检查

体重减少到10.94kg，肠蠕动音持续亢进。

· 血液检查

TP（5.4g/dL）、Alb（2.4g/dL）略低。

怀疑是由于消化道淋巴瘤等肿瘤疾病、淋巴细胞浆细胞性肠症（LPE）等炎症性肠道疾病（IBD）。在就诊第7天进行了胃、十二指肠、大肠的内窥镜检查。

· 内窥镜检查

观察到结肠黏膜肥厚，表面不整齐，充血。没见到肿瘤病变。胃、十二指肠未见到肉眼可见的特殊异常。

· 细胞检查

结肠黏膜上可见大量的浆细胞。细胞检查时所见到的几乎全是浆细胞，排除了消化道淋巴瘤的可能，初步诊断为淋巴细胞浆细胞性肠炎（以下称LPE）。

● 治疗及过程①

就诊第8天开始，对下痢进行了对症疗法和食物疗法，脱氢皮质（甾）醇（每天2mg/kg）给药后，病例不再呕吐、下痢，从第10天开始恢复食欲，因此第12天，给予恩诺沙星（Enrofloxacin）（每天5mg/kg）和脱氢皮质（甾）醇（每天2mg/kg）的处方，出院。其后，逐渐减少脱氢皮质（甾）醇用量。

· 病理组织检查

在结肠上所看到的异形细胞，从其形态上看是游离细胞，从含有多核巨细胞的发生部位看是浆细胞瘤的可能性较高。但是，与普通的浆细胞瘤相比其细胞核较大，由于判断其是恶性肿瘤的可能性，需要定期仔细观察。还有，胃、十二指肠未见显著变化。

第19天，再次进行了内窥镜检查，未观察到异常，肉眼看有所改善。

● 治疗及过程②

此后经过良好，脱氢皮质（甾）醇用量逐渐减少到每天0.25mg/kg，但就诊第46天又见到混有血液的水样痢疾，精神状态和食欲也下降。第52天进行了大肠的内窥镜检查。

● 就诊第51天的临床检查

· 血液检查

伴随着Alb（2.2g/dL）、Glb（2.4g/dL）的降低，TP（4.6g/dL）的下降，淋巴细胞也下降（252/μL），其他未见特殊异常。

· 内窥镜检查

再次出现结肠黏膜充血，表面不整齐（图1）。

· 细胞检查

结肠黏膜中有较多数量的浆细胞，偶尔见到多核巨细胞（图2）。

· 病理组织检查

在黏膜固有层中，部分正常结构已被破坏，观察到重度的弥散性的细胞浸润。这些细胞呈近似圆形或不规则形，含有少量-中等的嗜酸性或双染性细胞质。核呈圆-椭圆形，且常常偏位存在，核仁不太清晰，染色质为微细颗粒状，很少见到核分裂像。

另外，有些部位混有2~3个核的多核巨细胞。进行特殊染色的观察结果，诊断为浆细胞瘤。

● 治疗及过程③

就诊第53天开始，在脱氢皮质（甾）醇（每天2mg/kg）中加上马法兰（Melphalan）（每天0.1mg/kg）和长春新碱（Vincristine）（0.03mg/kg）的静脉给药。第2天开始出现有少量的食欲，下痢也减少。就诊第69天，频繁出现水样下痢，无食欲，因此口服洛莫司汀（Lomustine）（40mg/m³）。此后，尽管痢疾得

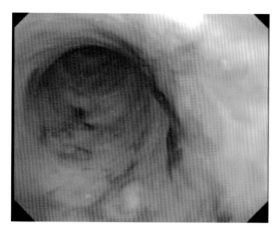

图1 结肠的内窥镜图片

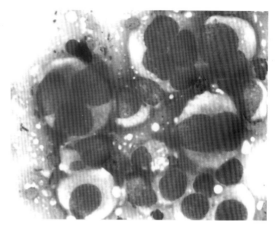

图2 结肠黏膜的细胞检查照片
观察到多核巨细胞

到了治疗，也有了少量食欲，但在就诊第98天于家中死亡。

讨论

髓外浆细胞瘤，极少情况下发生在消化道，这次发现的髓外浆细胞瘤形成了孤立性或多发性的肿瘤，且呈现出弥散性浸润的形态。如果从各个方向采取适当外科切除的话，其预后非常好。外科不能切除的病例，采用马法兰和脱氢皮质（甾）醇、阿霉素（Doxorubicin）等的治疗。在以往的报告中，对患胃浆细胞瘤、直肠浆细胞瘤的犬，并用马法兰和脱氢皮质（甾）醇，能完全缓解的生存期分别为33和22个月；在另外的报告中，对转移到直肠的浆细胞瘤，用马法兰和脱氢皮质（甾）醇进行治疗，9个月后症状消失；也有报告称，对所属淋巴结转移的胃浆细胞瘤的犬，用阿霉素进行两次静脉点滴（25mg/m³），30天后症状消失。

本病例，是在结肠上没有形成肿瘤，并呈现出弥散性浸润的不能摘除的病例。由于当初怀疑是LPE，而使用强的脱氢皮质（甾）醇治疗，使症状得到改善，从治疗开始到完全缓解仅1个月的时间是非常短的。复发后并用马法兰治疗但反应不好，对长春新碱和洛莫司汀也几乎没有反应。从这一事实可以看出，浆细胞瘤也和淋巴瘤一样，怀疑是单独使用脱氢皮质（甾）醇治疗，诱发了对抗癌剂的耐药性的可能性。消化道上所发生的浆细胞瘤，与消化道淋巴瘤、炎症性肠道疾病（IBD）等疾病的临床症状相似，这样，早期的鉴别诊断，再进行治疗是必要的，为此进行内窥镜检查和细胞检查被认为是有效手段。

出处：第27届动物临床医学会（2006）

第6章

大肠

11. 在内窥镜下对患有结肠炎症性息肉的 迷你腊肠犬实施息肉切除术和氩离子凝固术

Endoscopic polypectomy and APC of a miniature dachshund with inflammatory polyp of colon

安房中央动物医院、清水动物医院

作佐部 有人、福田博子、作佐部纪子、作佐部 由纪子、作佐部 隆、清水 笃、清水 福

迷你腊肠犬（Miniature Dachshund）的大肠上所发生的炎症性息肉，目前多使用外科切除及内科疗法。

本次，对炎症性息肉进行了内窥镜下的高频治疗的内窥镜息肉切除术（polypectomy）及氩离子凝固术（APC）治疗。对较大的具有茎状息肉做了切除术，对中小型的息肉、无茎息肉和出血部位实施APC是有效的。

术后8个月复查，可见黏膜再生，没有观察到以前所看到的大型息肉，但发现了直肠黏膜的不规则和小型息肉，再次实施了APC治疗。术后排便迟滞和血便消失，临床症状得到改善。认为这种方法是安全简便的手术方法，可作为炎症性息肉治疗方法之一。此外，该方法与外科疗法和内科疗法组合更加有效。但是，因动物病例较少，今后需要对复发和术后过程等进行研究。

关键词：炎症性息肉、内窥镜息肉切除术（Poiypectomy）、氩离子凝固术（APC）

引言

近年来，迷你腊肠犬的大肠发生炎症性息肉的报告不断增加。这些一般多是良性非肿瘤病变，呈现出出血、软便、下痢等临床症状，也有的转化为恶性，是不可轻视的疾病。发病的原因虽然不清，但炎症性息肉的发生被认为可能与免疫有关。在该病的治疗中，作为内科疗法是投给胃肠调理剂和NSAIDs及免疫抑制剂，还有外科疗法是拖出吻合术和结

肠、直肠切除术等方法。再有就是最近人医所实施的在内窥镜下的高频治疗法。这对于胃和十二指肠、结肠及直肠内发生息肉的治疗，提供了可以不进行开腹手术就能治疗的方法。

此次，对迷你腊肠犬在大肠上所发生的炎症性息肉，采用了内窥镜下高频治疗法的内窥镜息肉切除术（polypectomy）及氩离子凝固术（APC），现简要报告如下。

病例

迷你腊肠犬，雄性，8岁龄，体重4.0kg。因稀便及持续血便、排便迟滞而来院就诊。

●初诊时一般临床检查

· 身体检查

直肠触诊中，触摸到黏膜上有多个肿瘤。

因此实施了全麻后的内窥镜检查。

· 内窥镜检查

使用了奥林巴斯公司产的CLV-260光源装置，CV-260影像系统，GIF-Q240（尖端直径9.8mm，钳子通道2.8mm）电子镜头。上部消化道的胃、十二指肠的内窥镜检查中，均没有明显变化。下部消化道的内窥镜检查中，从肛门插入内窥镜后，立即见到了充满直肠的大型息肉，从黏膜面围绕的四周，自肛门延伸到10cm处，都被大小息肉呈石板状所占据着（图1，图2）。在内窥镜下进行了活检取材。

· 病理组织检查

被诊断为大肠炎症性息肉。

●治疗及过程①

此后用胃肠调理剂、NSAIDs、抗生素及免疫抑制剂等进行治疗，但疗效不明显，没有看到症状的改善。为此，再次实施了内窥镜检查，进行了内窥镜下的高频治疗（息肉切除术和APC）。

●手术

内窥镜下的高频治疗使用的是ERBE公司生产的高频手术装置ICC350和氩离子发生器APC300，息肉切除器为消化道内窥镜所使用的灼烧用电极（Loop椭圆3.0cm×2.3cm、长240cm），APC所使用的是软性APC缆线（直径2.3mm、全长2.2m）。

全身麻醉下对病例进行充分的灌肠处理后，用息肉切除器将大型息肉切除。降内窥镜钳子上所发出的套圈挂在息肉上，用端切面模式（切除120W，凝固30W）切除息肉（图3）。对中小型多发息肉及出血部位用APC（氩气体流量1.8L/分钟，最大输出40W）进行灼烧（图4）。

●治疗及症状

术后症状有所改善，血便被止住，因有软便而开始投给美洛昔康（Meloxicam）。

术后8个月（术后第255天），再次内窥镜检查（图5），被灼烧的黏膜已再生，没有看到之前的大型息肉。但是观察到直肠黏膜不规则、有小型息肉，因而实施了APC处理。术后第469天，未出现血便，预后良好。

讨论

本病例，通过实施内窥镜息肉切除术和APC，而使排便迟滞和血便消失，临床症状得到了改善。所使用的内窥镜息肉切除术的高频手术装置，是有自动控制切开机能的端切面模式，切开与凝固的输出交互进行，能够一边止血一边安全切开。通过这种功能可以对有茎的息肉安全地实施内窥镜息肉切除术。

APC是非接触性的单极型的高频凝固法，高频电流沿着因高压呈离子化的氩气体，非接触性地将目标部位瞬间凝固，提高组织抵抗力。电流流向组织抵抗低的地方，不会在同一部位连续凝固（图6）。所以穿孔的危险性低，形成广泛的浅表凝固是其特征。本病例中对中小息肉、无茎息肉及出血部位有效。另外，APC是人医在近年来利用次数增加的简便安全的方法，也用于血管性病变和恶性肿瘤的热凝固治疗、消化道出血的止血、耳鼻科等方面。对不能带来大损伤的

第6章 大肠

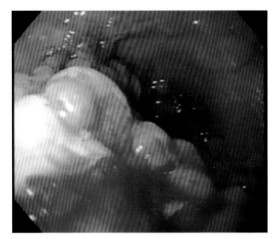

图1　初诊时内窥镜照片①

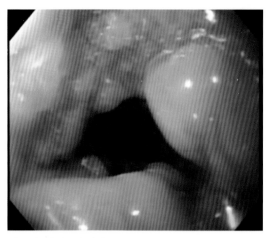

图2　初诊时内窥镜照片②

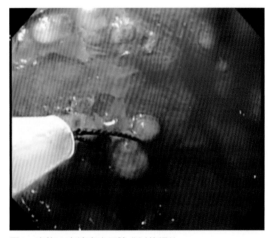

图3　实施内窥镜息肉切除术时的照片

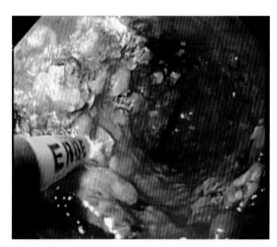

图4　实施APC时的照片

动物、老龄动物、肿瘤、出血及其他对症疗法也可有效地应用。

　　此外，因为可安全简便地实施，该手术方法可以作为治疗方法之一，或者与外科疗法及内科疗法组合起来，会更有所期待的疗效。但是，因治疗的动物数较少，其安全性也不十分明确。再有，今后需要对复发和术后生存效果进行研究。

出处：第32届动物临床医学会（2011）

参考文献
· Knottenbelt CM, Simpson JW, Tasker S, Ridyard AE, ChandlerML, Jamieson PM, Welsh EM: Preliminary clinical observations
· On the use of piroxicam in the management of rectal tubulopapillary polyps. J Small Anim Pract, 41 (9), 393-397 (2000)
· Guntrt Farin, Karl E. Grund: Argon Plazma Coagulation in Flex-ible Endoscopy: The Physical Principle. Endoscopia Digestiva, 10 (12), 1521-1527 (1998)
· Foy DS, Bach JF: Endoscopic polypectomy using endocautery in three dogs and one cat. J Am Anim Hosp Assoc, 46 (3), 168-173 (2010)

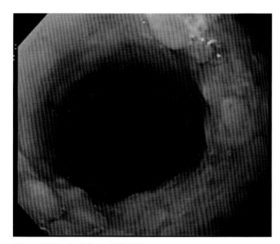

图5 术后8个月的内窥镜照片

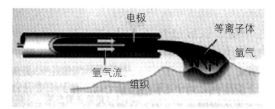

图6 APC放电预测图
（引自ER.BE Elektromedizin GmbH公司及阿姆口公司资料）

第6章

大肠

 短　评

　　结肠直肠息肉通常单发（80%），但也有多发性和弥散性。而且，虽是良性肿瘤但也有发展成恶性的，特别是多发性和弥散性的肿瘤容易转化为恶性。幼龄迷你腊肠犬发生炎症性息肉的病例有所增加，显示出该病为免疫介导性疾病，有报道称免疫抑制疗法有效。

（下田哲也）

213

12. 犬盲肠发生胃肠间质瘤（GIST）

Gastro intestinal stromal tumor of the cecum in a dog

田原台动物医院

竹原德马、竹原淑子、西上达也、安永智绘

对未出现消化道症状的吉娃娃犬（Chihuahua）进行腹部超声波检查，在回盲部附近检查到了最大直径约1cm的缺乏回音的结节。细胞检查未得到确切诊断。此后，通过开腹手术确认了盲肠浆膜面肿瘤，用盲肠切除术将其摘除。病理组织检查结果，为KIT（c-kit基因产物）阳性的消化道间质肿瘤（GIST），虽肿瘤的边界清晰但浆膜面已有坏死。为防止切除后的复发，服用分子靶向药物甲磺酸伊马替尼（Imatinib mesylate）并观察转归情况。

关键词：消化道间质肿瘤（GIST）、KIT（c-kit基因产物）、
甲磺酸伊马替尼

引言

消化道间质肿瘤（GIST）是生长在食道、胃、小肠、大肠等消化道壁的间叶组织肿瘤，属于黏膜下肿瘤的一种。其起源较明确的是作为消化道运动启动者，分布在肌间神经丛的星形胶质细胞（间质细胞，Interstial cell of Cajal）。许多GIST中发现了KIT和CD34，对这些用抗体进行免疫染色，可以将其他间叶组织肿瘤、平滑肌瘤和神经鞘瘤进行鉴别诊断。而且，与细胞增殖相关的受体型酪氨酸激酶的KIT是否过表达，对治疗时给予抑制酪氨酸激酶的分子靶向药（甲磺酸伊马替尼等）进行探讨具有重要意义。

GIST是壁内病变，与平滑肌肉瘤一样其增殖不朝向黏膜面方向，从浆膜下跳出来似的向外部生长，发生初期很难出现临床症状。这就是GIST发现较晚，已形成切除困难

程度大的肿瘤的原因。此次，我们在GIST临床症状出现前早期发现，得到了治疗机会，现简要报告如下。

病例

病例为雌性结扎的吉娃娃犬，11岁，体重2.3kg。未观察到胃肠障碍等特别的临床症状。

●初诊时一般临床检查

·身体检查

除重度的牙结石伴随牙周病以外，未见异常。

·血液检查

T-Bil（0.7mg/dL）略有升高，其他未见异常。

·X射线检查

未见需特别记录的异常。

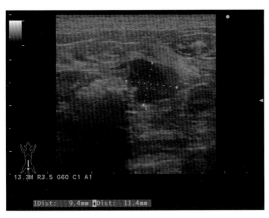

图1 超声波照片

图2 肿瘤肉眼照片

・超声波检查

所见异常为总胆管上有3.5mm大的结石，但无明显的胆管扩张。肝内胆管也有多个小结石。另外，胆囊内回音稍高，描绘出有无流动性的网状物。而且，探测到在回盲结肠结合部附近的盲肠上有9.4mm×11.4mm大的缺乏回音的结节（图1）。包括回肠、结肠在内的其他器官未见异常。

・细胞检查

用探针对盲肠部的结节进行了活检，但细胞检查未能确定病变。

进行各种检查的当天，去除牙结石，将检查结果向饲养主说明后，决定进行试验性开腹。

●手术（就诊第5天）

开腹时确认了在盲肠的浆膜面上，有最大直径约1cm的小豆样状的肿瘤（图2）。采用盲肠切除术将其摘除。

・病理组织检查

肿瘤由呈纺锤形、多边形的间叶组织细胞肿瘤的增殖所形成。肿瘤细胞呈现出轻度–中度的发育异常，散见有巨大的异性核的细胞。核分裂指数为65/50HPF（增强扩大视野）。肿瘤细胞呈不规则且充实性增殖，依

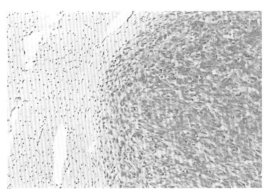

图3 病理组织照片（KIT染色）

部位形成了流动样和交错状等形态。肿瘤在浆膜面上有坏死，而且浸润到了黏膜固有层。免疫染色KIT抗体和vimentin（波形蛋白）抗体呈阳性（图3）。

通过以上检查，诊断为KIT阳性的GIST。

●治疗及过程

术后经过性良好。就诊第22天开始投服甲磺酸伊马替尼（5mg/kg SID）。就诊第29天，血液检查未见异常，因此将甲磺酸伊马替尼增加到7mg/kgSID。但到第42天，血液检查见有肝功酶的升高（ALT179U/L），因而将药量减少到6mg/kgSID。此后肝功酶下降，现在，药量维持在6mg/kgSID，观察变化。第109天进行超声波检查未发现异常，也无临床症状。

讨论

本次在出现临床症状前就发现了GIST，并能够早期切除是幸运的。这是让人深感健康诊断重要性的病例。但另一方面，纠结于切除后继续观察转归，还得长期服用伊马替尼的选择。

本病例在GIST完全切除后，决定服用伊马替尼，是参考了人类的医疗信息以及少数的兽医医疗报告，在对照本病例的症状基础上，与饲养主协商后决定的。将本病例按照人类的GIST危险系数分类，肿瘤细胞分裂像数在10/50HPF以上，相当于肿瘤体积小、复发危险性高的GIST。在人类的初发GIST并完全切除后，采用伊马替尼辅助治疗，无复发且生存率得到了显著改善。近年来兽医虽然病例数较少，但对GIST使用伊马替尼具有疗效的报告增多起来。此外，犬的GIST的初期病变虽然被早期切除，也有报告称在2年1个月后全部腹腔又出现肿瘤的。对于在兽医界使用分子靶向药物，投药量和有效性、副作用、耐药性等问题具有较多不确定之处，但考虑到副作用较小以及其突出的有效性，为慎重起见在饲养主的同意下，我们认为积极使用该药物会更好。投药量的确定，参考了犬的推荐量每天5~10mg/kg。本病例观察到了胆囊和胆管的异常，遂开始用低剂量，后逐渐增加了剂量。此次治疗，虽不能判定随着伊马替尼的增加而带来了肝脏损伤，但减少药量后，使肝功转氨酶数值得到了改善，因此不能否定其可能性。再有，在长时间服用伊马替尼的情况下，应警惕其耐药性的问题。由于在兽医医疗上的情报较少，在伊马替尼的使用上应该非常慎重。

在人类的医疗中，正在世界范围内反复进行分子靶向药物的临床试验，其信息频繁涌现。今后，希望在兽医医疗中也应积累更多的情报，确定分子靶向药物的有效使用方法。

出处：第31届动物临床医学会（2010）

参考文献
· Nishida T,et al:Secondary mutations in the kinase domain of the KIT gene are predominant in imatinib-resistant gastrointestinalstromal tumor.Cancer Sci,99,799-804（2008）
· 新田直正ら:再発・転移した消化管間質細胞腫瘍（GIST）に分子標的薬の投与を行った犬の1例,第30動物臨床医学会プロシーディングNo.2,267-268（2009）
· London CA:Tyrosine kinase inhibitors in veterinary medicine.Topics in companion animal medicine,24,Issue 3,106-112（2009）

13. 迷你腊肠犬肠道发生肥大细胞瘤

Intestinal mast cell tumor in two miniature schnauzers

石冢动物医院、哈雷动物医院、大阪府立大学研究生院兽医病理教研室

辻诚、石冢泰雄、小田明良、坪井幸博、河崎哲也、田中 翔、大田和子、田中 美有、井泽
武史、桑村 充、山手丈至

因消化道症状而来院就诊的2例迷你腊肠犬，经过检查和开腹手术、病理组织的检查，诊断为肥大细胞瘤。病例1为小肠整体的管壁肥厚及肠系膜淋巴结明显肿大；病例2可见盲肠上长有肿瘤，并向肠系膜淋巴结和肝脏转移。两者均无皮肤病变。另外，病例2中，经c-kit基因有无变异的检查，确定为阴性。术后，对病例1使用长春新碱（Vinblastine），对病例2使用洛莫司汀（Lomustine）进行化学治疗。病例1虽然有若干的症状改善，但短时间内转归死亡，病例2的症状恶性程度非常强，在较短时间内死亡。

关键词：迷你腊肠犬、肠道型肥大细胞瘤、化学疗法

引言

犬的肥大细胞瘤常见于皮肤的肿瘤，皮肤以外部位还较少见。消化道的肥大细胞瘤在过去曾经有少数的报道，通常发生在老龄犬，在小型犬类中发生的概率较高。

本次我们遇到了2例迷你腊肠犬肠道发生了肥大细胞瘤的病例，得到了治疗的机会，将其简要报告如下。

病例

【病例1】去势、雄性迷你腊肠犬，9岁龄，体重7.0kg。8个月前开始持续下痢，在其他医院使用类固醇治疗，症状恶化后，来本院就诊。

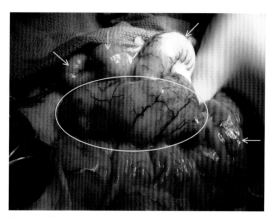

图1　病例1：肉眼所见
可见肿大的肠系膜淋巴结（圆圈）和小肠的肥厚（箭头）

●初诊时一般临床检查

·身体检查

体温38.2℃，有轻度消瘦和脱水。腹部触诊，触觉到前腹部肿瘤和肠道肥厚。此外，皮肤未见到病变。

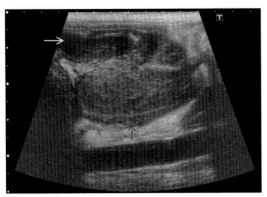

图2 病例2：腹部超声波照片
看到肠道的肿瘤阴影（红箭头）和肠道内液体滞留（黄箭头）

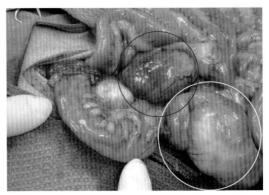

图3 病例2：肉眼所见
看到肿大的肠系膜淋巴结（红圈）和肿瘤（黄圈）

· **血液检查**

观察到轻度的贫血和嗜中性粒细胞的增多。此外可见有TP和Alb的降低。

· **X射线检查及超声波检查**

前腹部有巨大的软组织阴影。

根据以上结果疑是肠道肿瘤，决定就诊第2天进行开腹手术。

● **手术（就诊第2天）**

开腹时小肠整体有肥厚，肠系膜淋巴结肿大至10cm长（图1），将肠系膜淋巴结切除一部分，经细胞检查及病理组织检查，诊断为肥大细胞瘤。同时安装了胃瘘插管。

● **治疗及过程**

术后开始投给了H1和H2阻断剂，术后8天，开始投给脱氢皮质（甾）醇（Prednisolone）及长春碱。在长春碱每周1次的给药后，临床症状稍微有些改善，肠系膜淋巴结缩小50%以上。但是，在第3次给药后，症状发展成了贫血，而进行了全血输液，进而实施了第4次长春碱给药，但在就诊第34天病例死亡。

【病例2】雄性迷你腊肠犬，9岁龄，体重7.9kg。一周前开始呕吐和食欲不振来院就诊。

● **初诊时一般临床检查**

· **身体检查**

体温38.2℃，抑郁，有轻度消瘦和脱水。腹部触诊时在前腹部出现压痛。此外皮肤上没有见到病变。

· **血液检查**

观察到了嗜中性粒细胞的增多，以及ALP、GGT的升高。

· **X射线检查**

在X射线的检查中，观察到腹部有局部消失。

· **超声波检查**

发现有腹水滞留和右前腹部有巨大的肿瘤阴影，肠道内有大量的液体滞留（图2）。

根据以上检查结果，疑是肠道肿瘤，决定在就诊第2天进行开腹手术。

● **手术（就诊第2天）**

开腹时看到腹水滞留、大网膜变性、肝脏表面有弥散性结节、肠系膜淋巴结肿大以及盲肠上形成的肿瘤（图3，图4）。因此实施了盲肠肿瘤摘除（图5），进行了肝脏、大网膜、淋巴结的切除活检。根据细胞检查和病理组织检查，诊断为盲肠的肥大细胞瘤（极度恶性）及其向腹腔内扩散。同时对采取的盲肠肿瘤进行c-kit基因有无变异的检

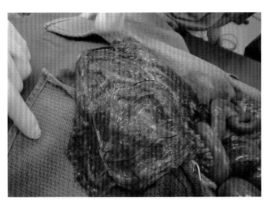

图4　病例2：肉眼照片
可见大网膜整体变色

图5　病例2：被摘除的盲肠肿瘤照片

查，呈阴性。

●治疗及过程

　　术后投给H1和H2阻断剂。此后采用对症疗法继续进行治疗，在术后第7天开始投给脱氢皮质（甾）醇。在术后第10天，于静脉血中出现了肥大细胞，实施了洛莫司汀给药，但症状没有改善，于术后第16天死亡。

讨论

　　犬消化道的肥大细胞瘤非常罕见，过去有少数的报道，其中多发于胃、小肠，但大肠较少。而且有报道称，因为该肿瘤有较强的侵袭性，多在被诊断时就已经转移，因此对应的治疗效果差，而病例的生存期短。

　　本次2例迷你腊肠犬的肠道所发生的肥大细胞瘤，均系渐进性，术后的生存期较短。病例1，从发现症状开始，经过8个月后才来本院，且接受了类固醇治疗。诊断后，使用了脱氢皮质（甾）醇及长春碱，虽一段时间内症状得到缓解，但1个月后死亡。来本院之前的过程较长，虽对化学疗法稍微有些反应，如能早期发现的话有望能延长其生存期。病例2，从初诊就马上做出诊断，但发

展非常快，遗憾地在短时间内死亡。在病例1和病例2中，因为过程上有若干不同，这可能是消化道所发生肥大细胞瘤之中存在恶性程度的差异。

　　还有，犬在消化道上所发生的肥大细胞瘤，与发生于皮肤上的相比，在发现肿瘤时已经转移的居多，治疗方法将把化学疗法作为选项，但尚无有效药剂的报告。在本次病例中，使用了长春碱和洛莫司汀，但其效果还不明确。近年来，犬皮肤的肥大细胞瘤治疗中，分子靶向药物的有效性已被确认，特别是c-kit基因有变异时效果十分明显。但本次的病例2中，因c-kit基因的有无变异检查为阴性，所以没有使用分子靶向药物，但对这些药剂仍然有较大的期待值。现在，对于犬消化道的肥大细胞瘤还没有有效的化学疗法的报告，因此今后应搜集病例进行分子靶向药物有效性的研究。

出处：第31届动物临床医学会（2010）
（刊载于CAP262号）

参考文献
・Ogilvie GK, Moore AS（桃井康行 監訳）:肥満細胞腫, 犬の腫瘍（日本語版）, 605-617, インターズー, 東京（2008）
・盆子原 誠:肥満細胞腫, SA Medicine, 68, 53-55, インターズー, 東京（2010）

第6章

大肠

宇野动物医院
宇野雄博

||| 肛门与肛周组织的生理与解剖 |||

● 肛门部的构造

在直肠的远端，有长约1cm左右的肛管（analcanal），并且向着肛门（anal）的延续，在肛管的头侧开始分成肛门柱区（columnarzone）、肛门中间区（intermediatezone）以及肛门皮肤区（cutaneouszone）。在肛门柱区，有沿着肛管长轴方向行走的黏膜凸起（肛柱），在这些肛柱之间形成了许多袋状的肛窦。由肛柱条带所延续的是肛门中间区，有4个明显的拱形凸起围绕成肛门，宽约不足1cm，以肛门皮肤线终结。肛门皮肤区是肛管的最尾侧，分为内侧部和外侧部。内侧部通常较为湿润，外侧部是肛门周围较为无毛的区域，对于犬，肛门腺（anal gland）较发达（图1）。

在发生学中，在胚胎期，后部肠的末端与肛门之间所存在的肛膜破裂，形成了直肠和肛管。这个肛膜是位于肛门直肠线处，以此为界，头侧为单层柱状上皮覆盖着直肠黏膜，尾侧是外胚层的非角质化的复层扁平上皮所覆盖。并且尾侧的肛膜皮肤区由角质化的复层扁平上皮覆盖。另外，肛门直肠线的头侧，是由植物性神经支配，尾侧由脊髓神

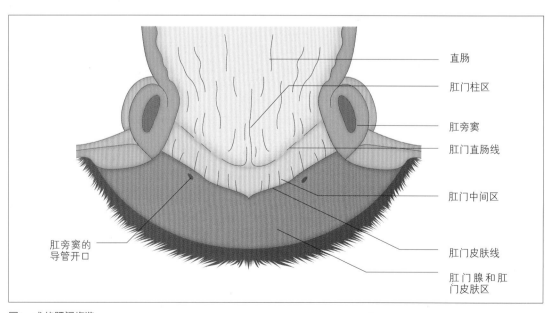

直肠

肛门柱区

肛旁窦

肛门直肠线

肛门中间区

肛旁窦的
导管开口

肛门皮肤线

肛门腺和肛
门皮肤区

图1 犬的肛门构造

经支配，并拥有感觉。在人类，比这个界限向头侧延长0.8~1.0cm为止，具有丰富的感觉神经末梢，可感知肠内容物向直肠内的侵入，分辨出气体和粪便，承担着随意性或者不随意性的排便抑制机能。

肛门内括约肌（internalanal sphincter）和肛门外括约肌（externelanal sphincter）包围着肛管。肛门内括约肌，是肛管的肛门皮肤区为止延伸的轮状肌层，是由平滑肌而来的不随意肌（不受意识控制的肌肉）。肛门内括约肌的内侧面是黏膜下组织，外侧面是少量筋膜，与肛门外括约肌相接。肛门外括约肌大部分是横纹肌，从直肠边界部开始的肛门皮肤区，越过会阴部为止，为延伸的随意肌（受意识控制的肌肉）。

肛门旁窦，位于肛门的两侧，一般被认为是肛门囊，是位于肛门内、外括约肌之间的球状的囊，其导管在内侧肛门皮肤区的肛门中间区（肛门皮脂腺）附近的位置左右开口。

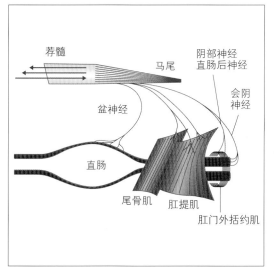

图2　排便相关的神经和肌肉

荐髓

马尾

阴部神经
直肠后神经

盆神经

会阴
神经

直肠

尾骨肌　肛提肌

肛门外括约肌

●排便的调节和肛门括约肌的机能

直肠的肌层在肛门部增厚，形成了肛门内括约肌，其周围有随意性横纹肌的肛门外括约肌所包围。

直肠对内压的上升较敏感，直肠的压力感受器的向心性神经传导通路是盆神经。肛门感受器的向心性神经传导通路，是阴部神经，这些向心性神经纤维，在荐髓内形成神经元突触（Synapse）。而远心性神经传导通路，是通过阴部神经、下腹神经和盆神经传导。在肛门外括约肌上，由阴部神经的身体性神经纤维，进行神经分布。从第1~3荐神经上的分枝构成的盆神经，通过副交感神经进入直肠，抑制肛门内括约肌。另外，从肠系膜后神经节起始的下腹神经，通过交感神经抑制直肠收缩，肛门内括约肌（图2）。

排便调节，主要由直肠的反射控制，由肛门外括约肌的随意调节。肠内容物潴留使结肠的肠内压上升，产生强烈蠕动，将粪便推送到直肠。粪便进入直肠，升高其内压力，向上性的感觉神经，通过脊髓传达到大脑，产生便意（排便意识）的同时，发生肛门内括约肌的反射性迟缓。自觉性便意从大脑发出的刺激，沿脊髓远心性通路下降到荐髓，到达阴部神经的起始神经核。此时诱发了排便促进或抑制的意识性控制。抑制排便的情况下，有意识性地收缩肛门外括约肌，闭锁肛管。通常排便的抑制，是由一些复杂的机制相互作用，其中"括约肌产生的抑制"所截留的"结肠内储藏产生的抑制"成为核心机制。正常情况下，由于肛门内括约肌、肛门外括约肌、肛提肌的反射作用，保持着正常静止时的直肠内压力，因此通常直肠内是无粪便的状态。对于直肠的轻度扩张，无意识的肛提肌的收缩，可防止粪便移动到直肠内。而且，对于直肠内压力的轻微上升，有意识的肛门外括约肌收缩，可进行应对。

在可以排便的情况下，直肠的神经末梢被刺激而产生便意，肛门内括约肌扩张，完成排便准备。在收缩随意性的肛门外括约肌的同时，一边采取蹲姿、闭合声门、腹肌和呼吸肌的收缩而增加腹腔内压力，再加上肛提肌的协同使肛管开大，粪便充满于直肠中。阴部神经核的紧张兴奋性被抑制，肛门外括约肌松弛，粪便被排出。

●直肠与肛门的外科手术与大便失禁

直肠与肛门以及会阴部的手术，具有发生术后排便障碍的可能性。其中大便失禁，对于饲养主是非常棘手的管理问题。通常，即使切除直肠前方的部位与远端的结肠，也不会引起排便抑制机能障碍，括约肌的机能也不会受到影响。

肛门外括约肌的机能在远心性神经纤维的阴部神经被破坏而丧失。另外，直肠肛门反射的向心性神经纤维的盆神经被切割的情况下，也发生括约肌功能障碍。因此，左右两侧的会阴疝（Hernia）手术时，必须注意不要切断两侧的这些神经。对于人类直肠癌的肛门括约肌保存手术后，在相关排便机能的探讨中，直肠壁较多的手术方式，几乎排便机能都良好。在术后的机能检查中，肛门内括约肌的反射呈阳性，粪便潴留部（Reservoir）形成良好，对于排便功能是重要的因素。另外，肛门外括约肌的收缩力有所下降，但在排便机能上几乎没有影响，随着时间的延长，气体和粪便的识别能力被改

善。在人类中，为了在括约肌保存手术后维持良好的排便机能，保存必要的残留直肠壁的长度，在齿状线（在犬和猫为肛门直肠线）的头侧2~3cm处实施手术。

|||肛门与肛周组织中所见到的疾病|||

肛门与肛周组织中所见到的主要疾病中，有先天性异常的肛门闭锁（Atresiaani，肛门封闭和无直肠形成），有获得性的非肿瘤性疾病的肛门囊炎（Analbursalinflammation）、肛周瘘（Perianalfistulas）和会阴疝（Perinealhernia）等。在肿瘤性疾病中，有作为良性肿瘤的肛周腺瘤（Perianalsdenoma）、脂肪瘤（Lipoma）和平滑肌瘤（Leiomyoma）等，有作为恶性肿瘤的肛门囊汗腺腺癌（Analsacglandapocrinecarcinoma）和肛周癌（Analambientadenocarcinoma）等。

●肛门闭锁症

肛门闭锁症是指残存的肛膜将肛门开口封闭而形成的肛门闭锁、锁肛和直肠尾侧端在骨盆附近形成盲囊而不形成直肠等。肛门闭锁通常是胚胎时期被吸收的肛膜的遗留，单纯的肛门闭锁中其括约肌是正常的。锁肛是指直肠与胎儿性排泄腔的融合不全。将后肢抬起，从水平方向拍摄的X射线影像中，根据直肠内的气体呈现的阴影，可以描绘出直肠的侧盲端部位。

肛门闭锁的治疗，实行用外科的切开（穿刺或十字切开）和必要的对应黏膜皮肤缝合，通常预后效果良好。肛门闭锁伴随着泌尿生殖器异常的直肠阴道瘘中，闭锁直肠应与阴道的相通。在不形成直肠的病例中，应将直肠的盲端部从肛门处引出，多需要开

腹手术，对肛门闭锁的矫正较为困难，预后应注意观察，另外，在肛门闭锁症中，除直肠阴道瘘外，还有肛门阴道瘘、直肠尿道瘘等畸形相伴。

在第7章-1中病例是结肠在骨盆腔内以盲端终结的类型，只从肛门侧的手术较困难。开腹、切开耻骨联合、翻转膀胱，对于结肠远位盲端部识别困难的本病例，切开结肠、排除结肠内的粪便之后，从结肠开始确认盲端的步骤，在今后实施同样病例的手术时，值得参考。像讨论一样，非肛膜残留的单纯肛门闭锁情况下，多伴随括约肌的形成不全，术后恢复也是终生大便失禁的可能性较高，在术前有必要充分说明。

●肛周瘘

中等年龄的德国牧羊犬（German shepherd）有好发此病的倾向。爱尔兰猎犬（Irishsetter）和拉布拉多猎犬（Labradorretriever）等也可见到本病，猫也偶尔见到。伴随脓样分泌物，形成了肛周组织的感染和脓性溃疡，是以慢性深层的瘘管形成为特征的进行性疾病，应与肛门囊炎和肛周腺癌相区别。原因不确定，从85%的本病中分离出大肠杆菌（E.coli），由粪便造成的毛囊、肛门腺、皮脂腺的污染而发生感染，被推测为形成瘘管的原因。然而，抗生素的使用仅仅是一时的改善效果，本病的治疗是包含肛周患病组织在内的瘘管，实施完全切除、清创、电烧灼、冻结等手术。在这些手术中，按照疾病的程度不同，有可能会引起术后的大便失禁、肛门狭窄、疾病的复发等合并症。近年来，环孢霉素（Cyclosporine）的低用量（2~3mg/kgPO24h）或高剂量（5~7mg/kgPO 24h）使用，在16周以内均

获得了较高的治愈率。必要的合并治疗和手术，其复发率约为40%。最近，据报告0.1%的他可莫斯（Tacrolimus）软膏（TopicPro®软膏，0.1%）外用有效。本报告中，在合并的肛门囊疾病的病例中，推荐使用肛门囊摘除术。

在第7章-2中，经过了约3年的慢性病程，已形成了肛周瘘管。在这样病例的外科手术中，作为手术视野内特有的问题，缝合部的保护和术后清洁的维持较困难。此外像本病例这样缝合部的开裂容易发生，也有术后的再发病的棘手的疾病。在治疗中，环孢霉素（Cyclosporine）内服很有效，也实行外科治疗和药物并用，不过，因本病大型犬患病较多，治疗成本不可忽视。另外，本病例所使用的0.1%的他可莫斯软膏，在患有过敏性皮炎犬的耳内侧使用，得到改善的结果已被确认。患有肛周瘘的犬，在肛周黏膜上使用，想象要比局部渗透性更好，期待着其有效性。在19例犬涂抹16周后的调查中，在2年的观察期间，有15例犬得到了完全缓解的报告，今后在临床上的使用被认为会增加。

●会阴疝（Perineal hernia）

骨盆隔膜（肛门提肌、尾骨肌、闭孔内肌等所构成的）的脆弱化，使直肠以及腹腔内器官从会阴部皮下形成脱出的状态，肛门的位置也向尾侧移位。本病在高龄、未去势的犬多发，近年来，经历过的受欢迎犬种如威尔斯矮脚犬（Wleshcorgi）和德国猎犬（Dachshund）的病例较多。用手工排便的护理、为了使粪便变软的饮食调理、使用磺基琥珀酸二辛酯钠（Dioctylsodiumsulfosuccinate）（Benkoru组合剂）等缓泻剂的投药等的内

科疗法不能维持的情况下，就得选择外科的治疗。

在第7章-3的会阴疝中，会阴部皮下的疝是因直肠内不断重复的粪便的潴留，使直肠直径扩大，进而使直肠肌层变薄和断裂，可能形成憩室。在这样的病例中，直肠的触诊以及去除潴留的粪便时，应不要损伤直肠。在直肠穿孔中，通常是穿孔部的边缘坏死，且因手术区域被污染等，外科修复较难，即使外科修复也容易产生直肠的愈合不全。手术时，使用符合动物尺寸的试验管或注射器外筒插入直肠的话，直肠坏死部的摘除以及直肠壁的缝合就变得容易。对于会阴疝的修复手术，迄今设计出了多种手术形式，在直肠穿孔这样的内部被污染的病例中，像本报告这样，所使用的采用本体组织的臀浅肌、闭孔内肌、半腱肌等移植的手术形式较为适用，推荐使用排液处置的安置引流（Drain），以及部分开放被切开的创面等处置方法。

● 肛门与肛周肿瘤

肛周腺体称为肝细胞样腺体，分布于犬的尾部近体1/3的腹侧、会阴部、腰荐部背侧、包皮侧部等处，甚至沿着腹部正中线到达头部为止都可见到，而猫则不存在。肛周腺瘤（Perianalsdenoma）是良性的，未去势的高龄的雄犬在肛门周围、尾根腹侧，有数毫米大小较硬的肿瘤，多可被触诊探知，置之不理时经过一段时间后可增大。实施外科切除并同时实施去势手术，预后通常良好。

肛门囊汗腺腺癌是高龄雌犬常患的恶性肿瘤，其发生被认为与是否摘除卵巢和子宫无关。另外，也有报告称，避孕手术后的雌犬与去势手术后的雄犬，其发病率没有差别。本肿瘤的特征是，肿瘤基于甲状旁腺关联蛋白的产生而出现高钙血症（Hyper calcemia）和低磷酸盐血症（Hypophosphatemia），高钙血症在被确认患有本病的犬中占25%~90%。另外，恶性程度较高的，可在早期转移到腰下和髂骨下淋巴结，诊断时已经有50%~90%的转移被确认。治疗中，外科的扩大切除是必要的，只是有报告称，手术后的生存时间平均只有295天。因术后的局部复发和远距离转移的概率较高，因此实施了辅助的放射治疗和氯氨铂（Cisplatin）和顺羧酸铂（Carboplatin）的化学法治疗的合并疗法。这样的治疗其生存时间为544~956天。在向骨转移而造成骨溶解的病例中，为了QOL的维持，应采取阻止疼痛的措施。

肛周腺癌（Analambientadenocarcinoma）是犬的肛门周围发生的恶性肿瘤，发生率不高。在高龄和去势的雄犬、去势的雌犬中可见本病，诊断时的转移率约15%，比肛门囊汗腺腺癌（Analsacgland apocrinecarcinoma）的发病率低。在临床上高分化的腺癌与腺肿瘤的鉴别较难。低分化的腺癌较硬、界限不明显，有形成大型溃疡性病变的倾向，且低分化型的肛周腺癌可见到转移，而高分化型的却极为罕见。基本的治疗是扩大性切除，在去势手术中，肛周腺瘤和不同的本病肿瘤一并切除不会受影响。关于第7章-4中的二碳磷酸盐化合物（Bisphosphonate）向骨组织转移，被破骨细胞吸入，阻碍破骨细胞的活动，对骨的吸收有防止作用。因此，在人类中要预防骨质疏松症的骨折发生。甾体类化合物（Steroid）可诱发性骨质疏松症和关节风湿病（Articularrheumatism）的骨质破坏，作为恶性肿瘤伴随症症候群的高钙血症（Hypercalcemia）等的治疗，被频繁地使用。另外，静脉注射高剂量的二碳磷酸盐化合物（Bisphosphonate），可有效抑制前列腺癌、乳腺癌等几种癌症向骨转移。在兽医诊疗中，用氨羟二磷酸二钠（Pamidronate）和唑来膦酸（Zoledronicacid）制剂的点滴静注，控制多发性骨髓瘤和恶性肿瘤的骨转移，以缓解疼痛；在人类中，并用辅助的放射线治疗。对于疼痛加上二碳磷酸盐化合物，在初期是非甾体化合物类的消炎镇痛药物，其次再追加使用类阿片（Opioid）类药物。

1. 对患有锁肛的犬实施结肠拖出手术

Colonic pull-through technique for atresia ani in a dog

鸟取县动物临床医学研究所，东京农工大学，秋山动物医院

佐藤秀树、高岛一昭、小笠原 淳子、野山顺香、冢根悦子、白川希、福泽真纪子、毛利崇、山根刚、安武寿美子、河野优子、野中雄一、华园究、山根义久、秋山等

生后就确认没有排便的迷你腊肠犬，1月龄时来院诊治。根据检查结果，诊治为锁肛，实行手术。开腹后，没有找到结肠闭锁的盲端，实施了结肠拖出手术。术后良好，术后2年，具有不随意排便的良好趋势。

关键词：结肠拖出术，锁肛，Ⅲ型

引言

锁肛是在出生时被确认为不能排便，以及里急后重（Tenesmus）等症状，使用X射线检查较易诊断，治疗只有外科处置。在病情中，只有一张膜隔开肛门与结肠的分类为Ⅰ型，肛门与结肠之间有距离分开的为Ⅱ型，结肠在骨盆腔内形成盲管的为Ⅲ型，结肠与尿道、阴道形成瘘管（Fistula）的为Ⅳ型。术后，如果手术成功，动物状态通常良好，但根据肛门的发育程度，也有残留下机能障碍的病例。另外，对应于从直肠的距离较近的Ⅰ型、Ⅱ型，在需要开腹手术的Ⅲ型和Ⅳ型的病例中，手术中和手术后的合并症较多，属于预后不良。

此次我们遇到了1例被诊断为Ⅲ型锁肛的犬，外科手术后预后良好，因此报告如下。

病例

迷你腊肠犬（Miniature Dachshund），雌性，1月龄，体重1.1kg。主诉出生后没有粪便排出，诊断为锁肛。在其他医院中，接受了以十字切开肛门部，用玻璃棒破坏总排泄膜的处置，黏液状少量的粪便排出，正常的粪便未排出。因此，希望进行外科手术而来本院治疗。

● 初诊时一般临床检查

· 身体检查

确认了一些活动性减低和腹围膨胀。其他特别的异常中，无食欲，一般状态良好。肛门的外观看起来正常，但肛门孔几乎未打开的状态。

· 血液检查

没有特别的异常。

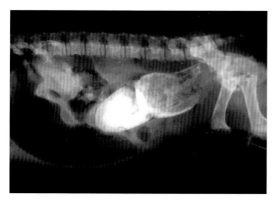

图1 造影X射线照片（RL）

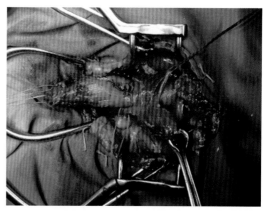

图2 手术照片

· **造影X射线检查**

口服钡餐造影，观察到了直肠在骨盆腔内形成了盲管。另外，也确认了巨型的盲肠（图1）。为了确认直肠，实行了少量的钡餐注入肠内造影，以确认是不是在直肠内形成，未见到造影剂向腹腔内流出。

根据以上的调查结果，诊断为锁肛（Ⅲ型），实施外科修复。

● **手术**

采用腹部正中切开的方法，为了证明造影剂向腹腔的泄漏，先将腹腔内洗净。为了确保手术视野，切开了耻骨联合，还同时摘除了子宫和卵巢。确保输尿管，反转膀胱。探索了结肠盲管所存在的位置，但其位置确定较难。因此，切开结肠，取出其中粪便，将结肠在骨盆内尽可能的远端切断，确认直肠内腔后用丝线保定（图2）。紧接着，用鳄牙钳（Alligatorforceps）将直肠从肛门拖出，用尼龙线（Nylonyarn）与肛门部缝合（图3）。之后用通常方法缝合腹壁，结束手术。

● **治疗及其经过**

治疗是实行全身性的抗生素投药，以及缝合后的肛门部的彻底消毒。治疗过程良好。术后第5天有少量排便。第8天因手术创

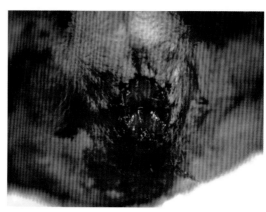

图3 肛门部手术后照片

面预合良好而拆线。术后第13天造影X射线检查确认了到肛门为止的通过性（即消化管畅通），为了确认较大的结肠进行了温水灌肠和泻药的投药，在第14天出院。

手术后约2年，确认患犬的不随意性排便，在一定程度上为一次性排便，恢复良好。

讨论

通常，为了诊断锁肛，可能只采用身体检查结果和单纯的X射线检查。但是，对于锁肛的手术，需要区分锁肛的类型，采用不同的手术方法。如果是锁肛Ⅰ型，使用玻璃棒将总排泄膜捅破即可；如果是锁肛Ⅱ型，也

可以选择从肛门部进行手术。

　　但是，本病例是结肠在骨盆腔中形成盲管的锁肛Ⅲ型，必须从腹部开始手术。此次，在手术前经口和肠内注射进行造影X射线检查，正确地进行了锁肛的病情分类，术前的锁肛Ⅲ型诊断，为手术方式的抉择起了关键作用。因此，正确的诊断，对选择手术方式非常重要。

　　另外，幼龄动物的麻醉风险较高，缩短手术时间是成功的关键。并且，因身体未发育，手术视野小，可能探索不到结肠的盲管的情况。因此，若不能探索到盲管，则放弃探索，切开结肠，直接拖出结肠，与肛门部

直接缝合即可。

　　本病例术后恢复良好，现在也不随意排便。这可能是肛门括约肌的形成不全。因此，出于对术后不随意排便的可能性的考虑，应采取充分的知情同意（Informedconsent）。

出处：第25届动物临床医学会（2004）

参考文献
· Van der Gagg I, Tibboel D: Intestinal atresia and stenosis in animals: a report of 34 cases, Vet Pathol, 17, 565-574. (1980)
· Hall EJ, Willard MD: Diseases of the Large?Intestine, in: Ettinger SJ ed, Textbook of Veterinary Internal Medicine 5th ed, 1238-1256, WB Saunders, Philadelphia (2000)
· Aronson L, Rectum and Anus. In: Slatter Ded, Textbook of Small Animal Surgery 3rd ed, 682-707, WB Saunders, Philadelphia (2003)

2. 使用他可莫斯（tacrolimus）软膏治疗犬肛周瘘

A case of perianal fistulas treated with tacrolimus ointment in a dog

汤木动物医院
汤木正史、铃木清美、铃木秀典、杉本典子、樋口贵志

形成了肛周瘘管的杂种犬，雄性，11岁，对其实施了外科手术。手术次日，开始出现缝合部的分离。一度使用了高剂量的脱氢皮质醇，得到了良好恢复，但不能停药，因此单独局部使用他可莫斯软膏，效果良好。

关键词：犬，肛周瘘，他可莫斯软膏

引言

犬的肛周瘘，德国牧羊犬（German Shepherd）发病率较高，可能是免疫异常的内在因素。但原因还尚未清楚。作为治疗的免疫抑制剂环孢霉素（Cyclosporine）的有效性，已有报告，但成本较高。此次，遇到了雄性、11岁的患有肛周瘘的杂种犬，使用了免疫抑制剂的他可莫斯软膏，因效果良好，故简要报告如下。

病例

杂种犬，雄性，11岁龄，体重18.9kg。饲养于室外，从其3年前右侧肛门腺破裂的初诊开始，到此次手术为止，反复使用抗生素、外用消毒等对症治疗，症状总是时好时坏，终于确认肛门周围瘘管的形成。

● 初诊时一般临床检查

· 血液检查

显示为BUN（29.3mg/dL）的轻度上升和丝虫抗原（Filarialantigen）检查呈弱阳性。

· X射线检查

确认为肺部区域的密度有轻度的增加。

· 心电图检查

没有见到特别的异常。

根据检查结果，诊断为重度肛周瘘，外科处置得到饲养主的同意后而实施（图1）。

● 手术

使用甘罗溴铵（Glycopyrrolate）前处理后，导入氟硝安定（Flunitrazepam）和克他命（Ketamine），用异氟醚（Isoflurane）维持，切除肛门周围的瘘管形成部的皮肤。另外，对瘘管壁的深层病变组织和纤维性组织，实行清创术（Debridement）。因皮下组织中不形成坏死空间，而用单丝可吸收线

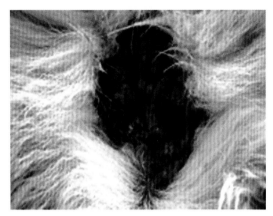

图1　他可莫斯软膏治疗前的肉眼观照片

图2　他可莫斯软膏治疗后的肉眼观照片

（Monofilamentabsorbablethread）缝合，皮肤也不开放，而用尼龙单丝（Nylonmonofilament）缝合。

●治疗及其经过

手术的第2天出院，术后第2天发生全身性颤抖，从臀部开始出血，因伤口开裂而来院处置。此时因手术缝合部的部分分开，有血样浆液流出，因而直接重新缝合。但是，在术后的第3天，因新缝合的部位分开，血样浆液增加，而进行了细菌培养检查。术后第4天中由于缝合部的分开扩大加重，新的自溃出现，而开始使用脱氢皮质醇（Prednisolone）2mg/kgSIDSC投药。

术后第5天，因分开的缝合部开始愈合，浆液显著减少，因而在术后第6天，脱氢皮质醇的药量减少到1mg/kgSIDPO，并出院。术后第10天来院检查，因恢复良好，进而脱氢皮质醇的投药量减少到隔日1mg/kg。术后第14天拆线，第17天脱氢皮质醇的投药结束。

然而，在脱氢皮质醇停药的第6天来院检查时，由于新溃疡形成，得到饲养主的同意后，使用他可莫斯（tacrolimus）软膏1日1次涂抹，连续7天后来院检查时溃疡几乎完全消失（图2）。这之后确认为完全没有复发。另

外，细菌培养的检查结果呈阴性。

讨论

犬肛周瘘在德国牧羊犬（German Shepherd）、爱尔兰猎犬（Irish Setter）、金毛猎犬（Golden Retriever）和斯班尼犬（Spaniel）等犬种中发病率较高，平均发病年龄为7岁（范围是6月龄~13岁龄），有2/3是雄性。导致的原因有肛窦的感染、顶浆分泌腺（Apocrine gland）的炎症、尾的形状等。并且作为病因，可考虑到免疫异常、甲状腺机能低下症等引起的激素异常的内在因素，到现在为止尚未得到明确的结论。关于本病例的感染症，较难找到病因，尾的形状是否为病因尚不能确定。

治疗报告，可分为使用高剂量的脱氢皮质醇（Prednisolone）和免疫抑制剂的内科疗法，和采用切除和冻结手术以及YAD-Laser的外科疗法，以及内科与外科相结合的疗法等3类。因人类的克罗恩氏病（Crohn's disease）和犬的肛周瘘在临床表现上十分相似，因而使用了免疫抑制剂治疗，所列举的药物有环孢霉素（Cyclosporine）、硝基咪唑硫嘌呤（Azathioprine）、甲硝哒唑（Metronidazole）、他可莫斯（Tacrolimus）

等。其中环孢霉素，可见到100%的临床症状的改善，有83%~100%的病例可达到完全治愈。

然而，环孢霉素的高额的治疗成本严重制约了治疗，近年来合并酮康唑（Ketoconazole）的使用，试着减少环孢霉素的用量。另据报道，在硝基咪唑硫嘌呤（Azathioprine）和甲硝哒唑（Metronidazole）的并用中，具有使瘘管缩小的可能性，但残存的瘘管必须外科切除。

Misseghers等人报告了，使用0.1%的他可莫斯（Tacrolimus）软膏进行局部涂抹，在10例肛周瘘中有5例完全治愈，4例部分治愈，而1例病情改善。他可莫斯（FK506），是从筑波山麓的土壤中分离出来的放线菌Streptomycestsukubaenesis，所产生的含有大环内酯类支架（Macrolidescaffold）的化合物，是新型的免疫抑制剂。现在被认可的适用于人类的肝移植、肾移植、骨髓移植中的排斥反应的抑制、移植物对宿主病的抑制、过敏性皮炎（软膏）等。此外，还有小肠移植和胰腺移植，还可作为自身免疫疾病治疗药物，推进慢性风湿性关节炎（Rheumatoidarthritis）、重症肌无力症（Myastheniagravis）、卢普斯肾炎（Lupusnephritis）的临床研究。他可莫斯在结构上与环孢霉素无关联，都对早期的T淋巴细胞的活化性具有抑制作用，并且环孢霉素具有10~100倍的强作用，有报道称，这种软膏几乎没有副作用。此次，我们在外科切除中，使用高剂量的脱氢皮质醇中可以维持，一旦停止脱氢皮质醇就复发肛周瘘，所以使用了他可莫斯软膏。1日1次的患处涂抹，连续7天完全治愈，恢复良好。手术3个月无复发，已经良好痊愈。本病例即使在工厂内饲养，饲养主也是处于无能为力的现状。但是，在成本、处置的烦恼以及副作用等方面，可能因饲养主负担不起而不受欢迎。

本病例使用他可莫斯软膏，获得与环孢霉素等同或更好的效果，成本显著低于环孢霉素，被认为是今后非常有前途的药剂。

出处：第24届动物临床医学会（2003）

参考文献
• Gary WE, Jamie RB: Vet Surg, 24, 140-147（1995）
• Kenneth RH: J Am Anim HospAssoc, 32, 515-520（1996）
• Mathews KA: Can Vet J, 38, 39-41（1997）
• 三森経世：免疫抑制薬の選び方と使い方, 57-63, 南江堂（2000）
• Misseghers BS, Binnington AG, Mathews KA: Can Vet j, 41, 623-627（2000）
• Mouatt JG: Aust Vet J, 80 [4], 207-211（2002）
• Patricelli AJ, Hardie RJ, McAnulty JE: J Am Ved Med Assoc, 220（7）. 1009-1016（2002）
• 坂口貴彦, 山村穂積：SURGEON 36, 26-32（2002）
• Tisdall PLC, Hunt GB, Beck JA, et al: Aust Vet J, 77 [6], 374-378（1999）
• Stanley BJ, Hauptman JG: J Am Vet Med Assoc, 235, 397-404（2009）

第7章

肛门与肛周组织

3. 可见直肠穿孔的犬会阴疝

A case of perineal hernia with perforated rectum in a dog

Osamura动物医院

水沼祐子、山部刚司、山崎了经、岩本麻耶、萩原雅敏、长村彻

在排便障碍、食欲废绝的迷你腊肠犬中，可见到其右侧的会阴疝。实施修复手术中，确认了右侧会阴部的直肠穿孔和粪便漏出，发现了周围直肠壁的脆弱化和结合组织增生。还有腹腔内的血样腹水潴留、肠管充血，并引起了腹膜炎。实施了去势手术、下结肠和输精管与腹壁的固定术、臀浅肌与闭孔内肌的转移术等。进行了穿孔直肠的清创术、缝合、腹腔内以及会阴部的引流管的安装、抗生素的控制、输血、从中心静脉的导管点滴高能量等操作，术后恢复良好。在会阴疝中出现食欲不振的情况下，应考虑到其作为合并症的直肠穿孔，应征得畜主同意。

关键词：会阴疝，直肠穿孔，臀浅肌与闭孔内肌转移术

引言

会阴疝的发生机理尚未明晰，但未去势的中老年雄犬发病较多，骨盆隔膜和支撑直肠的腹壁组织破裂成孔（疝孔），腹腔内的脏器和组织从疝孔向皮下脱出而引起疾病。作为临床症状，直肠的变位和扩张而引起的排便障碍较多，并且膀胱和前列腺从疝孔脱出，并发排尿障碍，需要紧急应对。但是，引起直肠穿孔病例罕见，此次，遇到了被确认的会阴疝所合并的直肠穿孔、甚至腹膜炎的病例，因可得到治疗机会，因此简要报告如下。

病例

迷你腊肠犬（Miniature Dachshund），未去势雄性，11岁龄，体重5.9kg（BCS3）。主诉从1个月前开始排便困难，来院诊治。

●初诊时一般临床检查

·身体检查

一般状态良好，确认右侧会阴部肿胀。

·X射线检查和超声波检查

诊断为右侧会阴疝。可见前列腺肥大，膀胱和前列腺存在于腹腔内的正常位。

图1　照片

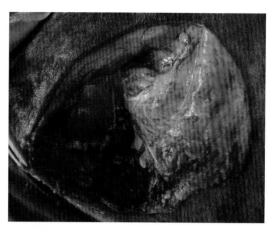

图2　照片

● 治疗及其经过①

对饲养主进行了关于会阴疝的说明和手术必要性的讲解，以初诊时相比，在初诊第6天发现食欲废绝、呕吐而再次来院诊治。

● 初诊第6天一般临床检查

·身体检查

体温38.0℃，体重减少（5.3kg）。

·血液检查

CRP（＞20mg/dL）显著增加，血小板数减少（初诊时172×103/μL→初诊第6天137×103/μL），PT与APTT延长，FDP（11.2μg/mL）增加，因此入院治疗，林格氏溶液（Ringer's solution）静脉点滴的同时，加入低分子肝素（Heparin）和抗生素（阿莫西林，Ampicillin）。其他血液检查未发现异常。

·X射线和超声波检查

在疝囊内，没有看到膀胱和前列腺，在会阴部的皮下和腹腔内，发现有极为轻度的液体潴留。

初诊的第8天，因见到了身体的改善，决定实施会阴疝的修复手术。

● 手术（初诊第8天）

预定在去势手术后，进行下结肠和输精管与腹壁的固定术，臀浅肌与闭孔内肌的转移术。

开腹所见，血样的腹水潴留，肠管和大网膜严重充血，呈现出腹膜炎症状。细菌培养表明，Enterobacter cloacae检出。在左腹壁用3-0吸收性单丝线（Monofilamentyarn）将下结肠和输精管固定，用数股的马特雷斯线（Mattress）进行缝合，用加温的生理盐水充分地清洗后，插入引流管（Drain），缝合腹壁。

在右侧的臀部，疝囊中潴留了血样浆液，想剥离浆膜分离肠管。而肌层整体呈暗红色，见到大范围的结缔组织增生，数处粪便附着，存在着部分脓液潴留（图1）。因系大范围的直肠异常的表现，故可认为是陈旧性病变。通过对直肠详细的检查，确认一处已脆弱化的直肠壁为穿孔部（这个部位的细菌培养结果与上述相同）。以此推断，从肠管穿孔部的粪便污染，再从疝孔波及腹腔，引起腹膜炎。

直肠穿孔部实施清创术后，用3-0吸收性单丝线（Monofilamentyarn）缝合，用4-0尼龙线（Nylonyarn）二重缝合。由于是脆弱的组织，因而这个操作比较困难。作为疝的修复手术，切断了大腿骨第三转子附着部的臀浅肌，创建一个肌肉瓣，与肛门外括约肌转位缝合。闭孔内肌从坐骨尾侧缘起始部的骨膜处切开，骨膜和闭孔内肌从坐骨开始被反转，创建一个肌肉瓣，与肛门外括约肌和臀浅肌肌肉瓣转位缝合（图2）。在肛门外括约肌周边所见到的化脓部，实行尽可能限制的清创术，安装引流管，闭合创面。

● 治疗及其经过②

从手术前开始处于低营养状态，并且考虑到手术后所担心的由于低蛋白血症（Hypoalbuminemia）所造成的愈合不全，因此安装了中心静脉导管，为DIC的预防（治疗）进行了输血（200mL）。

手术后从中心静脉导管输液，在细菌培养敏感性试验结果出来之前，给予抗生素羟氨苄青霉素（Amoxicillin）、氯洁霉素（Clindamycin）、恩氟沙星（Enrofloxacin），之后判明其敏感药物是氧氟沙星（Ofloxacin）和庆大霉素（Gentamicin）。

术后第2天，饲喂了犬用牛奶和高能量汤，第3天自食消化道疾病用食物（皇家宠物食品支持消化食品），并确认排泄软便。此时从腹腔引流管中排出的液体几乎见不到，因而去除了引流管。术后第6天为止由中心静脉进行了高能量的输液。术后第7天顺畅地排出有形的粪便。1日2次从排出孔（疝处的引流管）用生理盐水加庆大霉素冲洗，排出的脓液渐渐减少。术后第16天除去引流管。

此后，实施定期检查，核实手术部位和CRP，术后9个月至今，患犬的一般状态和排便都良好，没见到再次复发。

讨论

本病例，最初一般多见于伴有排便困难的会阴疝，但陷入了伴有直肠穿孔、粪便污染腹腔而引起的腹膜炎、会阴部感染、DIC的并发等非常严重的状态。幸好患犬救活后会阴疝术后的再发率和合并症都没有见到，令人痛感对病情评价的难度。

原本会阴疝是腹腔脏器的脱出的状况，被认为是需要紧急处置的疾病。但是，即使QOL没有显著损伤（饲养主很难发现），只有轻度的排便困难的情况下；即使只有直肠变位（蜿蜒）和扩展的情况下；即使慢性化的疝孔已扩大、肌肉萎缩的情况下都没有处置，像此次这样并发了直肠穿孔的情况下才认识到（需要进行处置）。基于此病例，必须对饲养主说明早期手术的必要性。

此次病因推测为，由于直肠扩张的慢性过程，导致直肠壁的脆弱化，粪便潴留后在努责（排便）时过度的压力，引起憩室穿孔。直肠壁的构造中原本就有异常的可能性，目前的推论之处可能脱节。

无论如何，对于慢性的病例，要进行简单的粪便掏出处置、疝囊的用手揉搓（撵出残留物）、直肠检查等，要考虑到直肠穿孔的可能性较大，必须充分留意。

出处：第32届动物临床医学会（2011）

4. 用二碳磷酸盐化合物缓解从犬肛周腺癌转移到骨疼痛

Management of painful spinal metastases from perianal adenocarcinoma using bisphosphonate in a dog

鸟取县动物临床医学研究所

松本郁实、高岛一昭、小笠原淳子、水谷雄一郎、才田祐人、和田优子、山根刚、野中雄一、山根香菜子、大野晃治、藤原梓、杉田圭辅、横山望、山根义久

比格犬，9岁5个月，主诉在其他医院切除肛周肿瘤后，因疼痛，尾巴上举困难而来院诊治。腹部X射线检查确认腰椎融化，使用二碳磷酸盐化合物（BP）和卡布洛芬镇痛，疼痛得到缓解。

关键词：肛周腺癌，二碳磷酸盐化合物（Bisphos phonate），
卡布洛芬（Carprofen）

引言

二碳磷酸盐化合物（Bisphos phonate，BP），与骨的羟基磷灰石（Hydroxyapatite）相结合，诱导破骨细胞凋亡（Apoptosis），机能失活，阻碍骨吸收。另外，具有直接抗肿瘤的作用，在骨原发性肿瘤和癌症的骨转移中，具有减轻疼痛的效果。此次，我们认为是由于肛周腺癌的骨转移，而造成腰椎融化正在进行中的犬1例，对其使用了BP，得到了疼痛缓解的效果，简要报告如下。

病例

比格犬（Beagle），去势雄性，9岁5个月，体重15.95kg。1年前肛门周围发生肿瘤，实施了手术，此次在相同的地方再次发生肿瘤。于2个月前再度实施手术，之后因疼痛尾巴不能上举，行走摇摇晃晃，食欲不振等而来院诊治。另外，接触身体患处时疼痛、悲号似吠叫。

●初诊时一般临床检查

·身体检查

体温39.4℃，院内行走步态正常，肛门处糜烂，在头部左侧触知有体表肿块。有较多跳蚤（Flea）寄生，在肛门周围有瓜实绦虫（Melontapeworm）的节片。

·血液检查
未发现异常。

·X射线检查
第6腰椎（L6）的横突和椎体呈现骨融化象，且确认左右骨关节形成不全（图1）。

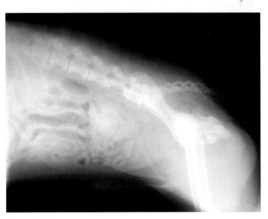

图1 照片

●治疗及其经过①

　　肛门周围存在的肿瘤可能是肛周腺癌，判断是此瘤向腰椎进行转移，根据CT检查和活体检查结果，开出了卡布洛芬（Carprofen，4.7mg/kgSID）的处方。初诊第3天来院时的叙述中，疼痛似乎减轻，没有尾巴可以上举的状态，由于饲养主没有做详细检查的愿望，使用卡布洛芬加量，同时使用BP（二碳磷酸盐化合物，Bisphosphonate）。初诊第9天，由于尾巴可以稍微上举（症状有所减轻，治疗见效），卡布洛芬的用量改为3.0mg/kgSID，此日起，以每月1次的频度进行BP的点滴。BP选择的是氨羟二磷酸二钠（Pamidronate）（Aredia®），30mg加入一小瓶生理盐水中（1.8mg/kg）溶解、稀释，5~6个小时进行静脉点滴。初诊第16天，进行了肾机能、电解质等测定，未发现异常。

　　初诊后第36天，由于BP点滴而来院的叙述中，排尿时没有上举单足的情况，疼痛减轻了但还是存在，实施神经检查时，固有反射（右后肢为0、左后肢为1）较为低下，在家里有屈从性。有深部的痛觉正常。此外，当天进行的X射线检查中，于L6（第6腰椎）的下方确认腰淋巴结肿瘤。初诊后第45天，

院内步行正常，但在家里站起来已经变得很困难。第73天在来院BP点滴时，X射线检查发现了L5和L7的骨融化。由于除散步以外，在庭院里出来排尿的次数减少，而进行了尿液检查，确认得了细菌性膀胱炎，开了抗生素的处方。因为骨疼痛，认为是自行限制自己的排尿，嘱咐饲养主强迫其排尿，在初诊后第80天的进一步尿液检查中，确认有真菌和尿酸盐的结晶。

　　然而，在初诊后第101天，散步时身体状况表现良好，卡布洛芬的用量改为2.5mg/kgSID。第150天的X射线检查中，确认骨融化继续进行和腰椎下肿瘤的肿大，另外由于疼痛的恶化，卡布洛芬的用量改为2.2mg/kgSID。第167天，排尿时上举了单足，意味着疼痛和膀胱炎有改善。第215天，为了得到确切的诊断，在饲养主强烈的要求下，进行了腰椎下肿瘤的活检。

●手术（初诊后第215天）

　　在X射线查出肿瘤肿大，而实施了开腹活检。打开腹腔可见，肿瘤是腰下淋巴结，腹主动脉被卷入，十分坚硬。因此，将肿瘤的一部分切下成盒子型（Boxtype），进行活检。

　　·病理组织检查
　　诊断为肛周腺癌。

●治疗及其经过②

　　腰椎下的肿瘤，是肛周腺癌转移到腰下淋巴结，积极治疗，应使用放射疗法，还要使用作为辅助疗法的阿霉素（Doxorubicin）等，而饲养主只是希望镇痛止痛（不想进一步治疗），此后每月1次，来院进行BP点滴。点滴约1周后的血液检查中，测定了肾机能和电解质，未发现异常。另外，在初诊后第215天，由于确认了尿和便失禁，而开始投给抗生素，第280天，根据尿液检查结果，停止了

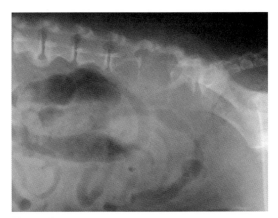

图2 照片

抗生素，确认了膀胱炎治愈。第316天，X射线检查可见腰椎进一步脱节（L6几近融化掉，图2），几乎没有疼痛感觉，步态也正常了。

讨论

尽管本病例的腰椎溶化正在进行中，但疼痛却有明显的改善倾向，初诊后第316天到现在，可以轻快地步行。因此，此次所使用的BP（氨羟二磷酸二钠，Pamidronate）和卡布洛芬（Carprofen）的止痛，改善了本病例的QOL。另外，尽管骨融化程度较为严重，但本病例的步行可能是因为，疼痛被缓解，加上硬化了的腰下淋巴结像石膏一样地支撑腰椎。

在初诊后第316天到现在，疼痛被非常好地控制，由于也使用了NSAIDs（Non-Steroid Anti-Inflammtory Drugs，非甾体类抗炎药物），今后对肾脏的机能等也应注意，如有必要的话BP的使用频度也应探讨。

出处：第30届动物临床医学会（2009）

短评

二碳磷酸盐化合物（Bisphospnonate）以骨组织的转移和破骨细胞的吸收以及阻碍破骨细胞活动等形式，防止骨吸收。人医，像骨质疏松症的骨折预防和关节风湿病这样的骨破坏的治疗中，大量地使用。此外，它被认为能有效地抑制某些种类的癌症向骨转移的进程。

本病例在其他医院于1年前和2个月前两次切除了肛周肿瘤。肛周腺癌的发生率不高，而高龄的雄犬和去势雄犬、雌犬看来，诊断时的转移率约15%。高分化型的腺瘤和腺肿瘤的鉴别，在临床上较难区分，低分化型的腺癌较硬、界限不清，有形成大型的溃疡性病变的倾向。低分化型的肛周腺癌可见到转移，而高分化型的被认为较为罕见。本病例由于是去势的雄性，在肛门周围确认肿瘤发生时，即使被认为是肛周腺肿瘤的可能性较高的情况下，为了切除肿瘤的慎重起见，应考虑病理组织学检查。

（宇野雄博）

237

第8章
肝胆系统

总 论

小出动物医院
小出和欣

||| 肝脏胆道系统的解剖和生理 |||

● 肝脏胆道系统的结构

● 肝脏的位置、大小及其固定方式

肝脏是紧贴于横膈膜后方的体内最大的紫红色实质脏器，其重量为成年狗体重的3%~4%，成年猫体重的2%。青年动物的肝脏重量占体重的比例略高。肝脏紧贴横膈膜的一侧被称为膈面，相反的一侧与胃相接之处为脏面。狗和猫的肝脏可分为外侧左叶、内侧左叶、外侧右叶、内侧右叶、方叶和尾状叶等6部分，与人的肝脏相比，其特征为叶间裂较深且肝叶较多（图1）。肝脏的表面，除胆囊窝外大部分被浆膜覆盖，被左右两侧的三角韧带（肝圆韧带）、冠状韧带、镰状韧带等连

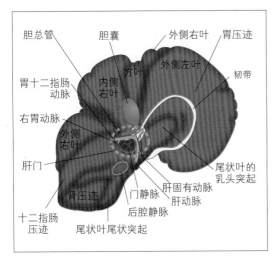

图1 犬的肝脏图（腹面）

接并固定在腹腔内。

胆囊是位于方叶和肝脏内侧右叶之间的胆囊窝里的囊状构造，由连接胆囊管的胆囊颈、膨大的胆囊体以及盲端部的胆囊底3部分组成（图2）。犬的胆囊长约5cm，宽约1.5cm，中型犬胆囊的容积约15mL。

● 肝胆系统的血管

肝脏的血管系统特殊，接受两个系统的血液供给。流入肝脏内血液的1/5~1/4来自于腹腔动脉分支的肝固有动脉（图1），其余的血液来自于从胃肠管或脾脏返回的功能性血管，也称之为门静脉（图1，图3）。来自于肝动脉的血液从小叶间动脉流向肝细胞，并依次流向窦状隙、中央静脉、小叶下静脉、肝静脉，最后流入后腔静脉。另外，来自门静脉的血液是由小叶间静脉流入窦状隙，接下来的流向和肝动脉的流向相同。胆囊和胆囊管的血液的供给由从肝动脉枝分支的胆囊动脉实现（图4）。

胆汁在肝细胞中生成，并由毛细胆管向小叶间胆管输送，进一步被输送到肝门部的肝管或胆囊管，再流向胆囊管集合形成的胆总管，再经胆总管流向十二指肠或胆囊。胆总管与胰腺管共同开口于距离幽门数厘米的十二指肠大乳头处（图2）。十二指肠大乳头的基部存在胆胰壶腹括约肌。当胆胰壶腹括约肌松弛的时候，胆汁就流入十二指肠，收缩的时候胆汁经由胆囊管而储存在胆囊中。

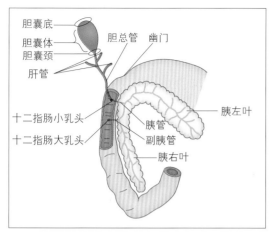

图2　胆囊胆管胰脏的位置关系（腹侧观）

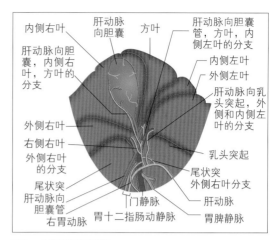

图4　犬肝门部的血管

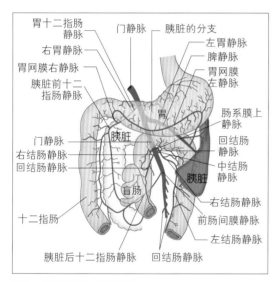

图3　犬的门静脉（腹侧观）

●肝脏的组织构造

　　肝脏组织由呈六棱柱的肝小叶集合形成。它的中轴部分是中央静脉，小叶间组织由小叶间静脉、小叶间动脉和小叶间胆管3部分组成（图5）。肝细胞以中央静脉为中心，向四周略呈放射状排列，像屏障一样叠加在一起形成肝细胞板，它们之间有被称为窦状小管（或称为窦状隙）的特殊的毛细血管游走。这些毛细血管接收小叶间静脉和动脉的血液并输送到中央静脉。在肝细胞板的内部，肝细胞之间存在一种被称为毛细胆管的

非常细的管道，从肝细胞分泌出来的胆汁通过该毛细胆管，再经由小叶中心部注入到小叶间胆管内。

●肝胆功能

　　肝脏的功能除了可作为消化腺分泌胆汁外，还参与营养物质或激素的代谢，解毒排毒、免疫、各种蛋白的合成以及调节循环等，以维持机体内部的稳态而担负着多种多样的功能。

　　在肝脏的解毒排毒功能方面，可溶性的解毒产物从肝细胞向肝血窦内排泄，再通过血液循环运送到肾脏，最后通过尿液排出体外。此外，在水或血液中难溶解的解毒产物，进入毛细胆管中，作为胆汁成分向肠管内排泄，最后与粪便一起排出体外。

　　胆汁是一种重要的消化液，内有对脂肪的消化吸收起着重要作用的脂肪酸，卵磷脂和磷脂等成分，它还含有红细胞的代谢产物胆红素以及其他的代谢产物。

‖‖肝脏·胆道系统疾病‖‖

　　肝脏、胆道系统中存在多种疾病，可以将其划分为肝血管系统异常、肝实质性疾

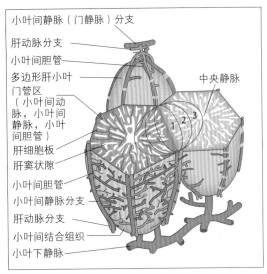

小叶间静脉（门静脉）分支
肝动脉分支
小叶间胆管
多边形肝小叶
门管区
（小叶间动脉，小叶间静脉，小叶间胆管）
肝细胞板
肝窦状隙
小叶间胆管
小叶间静脉分支
肝动脉分支
小叶间结合组织
小叶下静脉
中央静脉

图5　肝小叶构造

病、腔洞性肝疾病、肝外胆道系统疾病和肿瘤性疾病几类。

●肝血管系统异常

肝血管异常主要是门静脉体循环短路症和肝动静脉瘘为代表的疾病。门静脉畸形的先天性门静脉体循环短路症（PSS）在狗中屡被发现，但猫比较罕见（第8章-1，2）。另外，也有后天性PSS，这就是后面所说的由急性或慢性肝脏疾病引起，门静脉压持续亢进一定时间后而产生的结果，它由多发性的侧支循环而形成。

肝动静脉瘘（肝AV瘘）是在肝内的肝动脉与门静脉之间，或者是肝静脉之间形成了短路而导致的疾病，可分为先天性和后天性两大类。人的肝AV瘘多数是后天性，且因肝脏肿瘤而引发的占一半以上。另外，犬和猫的肝AV瘘非常罕见，且基本上是先天性的，为肝动脉和肝静脉短路。犬和猫的先天性肝AV瘘，是压力高的动脉血流入了压力低的门静脉，持续发生门静脉压亢进症而引起后天性PSS。

●肝实质疾病

肝实质疾病（除肿瘤外）可由以下因素引起：感染（钩端螺旋体、弓形虫、组织胞浆菌、FIP病毒、犬传染性肝炎）；毒素诱导性肝损伤（砒霜、四氯化碳、氯化联苯、烃、萘、氯仿、狄氏剂、二乙基亚硝胺、磷、硒、丹宁酸等化学物质，铜、铁、铅、水银灯重金属，黄曲霉毒素、绿藻类毒素、鹅膏毒素、苏铁毒、吡咯烷生物碱、薄荷油等生物毒素）；药物诱发性肝损伤（对乙酰氨基酚等镇痛剂，甲苯咪唑等驱虫剂，甲氧氟烷等吸入麻醉剂，扑痫酮、苯妥英钠、苯巴比妥等抗痉挛剂以及类固醇等）；因重度贫血或低氧血症、热疾病、腹部外伤、急性胰腺炎、DIC、败血症、休克等全身性疾病引起的急性肝功能不全；另外，犬中比较多的是慢性肝炎、肝硬化、肝纤维症为代表的慢性肝脏病（第8章-4）或皮质类固醇诱发性肝脏疾病（类固醇性肝脏疾病）；其他还有猫常见多发的脂肪肝等为代表的疾病。另外，慢性肝脏疾病中也包括作为先天性铜代谢异常或淀粉样变等全身性的代谢性疾病的一部分的代谢性肝疾病。

●腔洞性肝病

腔洞性肝病是指肝脏内的脓肿或囊肿等腔洞病变引发疾病的总称。

肝脓肿在犬和猫中极为罕见。但是，可因上行性胆管感染，经由脐静脉、门静脉、肝动脉的血液循环感染，以及相邻器官的化脓病变而引起的直接感染、外科活检、贯通性创伤、钝挫伤或者肿瘤等因素而引发（第8章-7）。另外，幼犬和猫的肝脓肿最常见的引发原因是脐静脉的炎症。肝脓肿破裂时，会引发腹膜炎以及败血症性休克，最终导致死亡。

肝囊肿分先天性和后天性两大类。单一囊肿或多个囊肿可发生在一个肝叶或者多个肝叶上，有时腹部会发生明显的膨胀，而高度隆起（第8章-8、9）。先天性的肝囊肿，多见于先天性肝肾多囊肿，后天性的肝囊肿一般是肝脏良性肿瘤后续发生的产物。已有多篇报道，猫良性胆管囊腺瘤可致肿瘤性肝囊肿。其他的后天性肝囊肿由外伤、肝吸虫或者是包虫等寄生虫而引发。另外，在猫中伴随着慢性后天性肝外胆道闭塞，以及在人中的先天性胆管闭塞症会引发类似于肝内胆管囊肿的囊胞状肝内胆管扩张的现象。

●肝外胆道系统疾病

肝外胆道系统疾病可分为胆囊和肝外胆管疾病两类。胆囊疾病包括急性或者慢性的胆囊炎（第8章-10~12）、胆结石、胆囊黏液囊肿（第8章-13~15）等代表性疾病。以上胆囊疾病在肝脏疾病（特别是胆管肝炎），消化系统疾病（慢性肠炎或胰腺炎）或者高血脂症多见于中年以上的犬。猫胆管肝炎、慢性肠炎和胆囊炎容易同时暴发，而被称为三脏器炎症。犬偶尔也会胆囊破裂，极少由外伤引起，而多数由坏死性胆囊炎或胆囊黏液囊肿而导致胆囊坏死（第8章-12）。肝外胆管疾病包括管内性或者是管外性的肝外胆道闭塞（第8章-16~18），以及由外伤引起的胆总管断裂等。它们是黄疸的病因。

●肝·胆道系统的肿瘤

肝脏肿瘤分为原发性和转移性两种。不管是哪种，与人相比，其发病率都极低。犬或猫的原发性肝肿瘤包括源于上皮组织的肝细胞癌（第8章-19~21）、肝细胞腺瘤、胆管（细胞）癌、胆管（细胞）腺瘤、肝脏类癌肿瘤等，以及来自于中胚层的血管肉瘤（第8章-22）、血管瘤、平滑肌肉瘤、纤维肉瘤、纤维瘤、脂肪肉瘤、黏液肉瘤、骨肉瘤、骨髓脂肪瘤等。在原发性肝脏肿瘤中，犬肝细胞癌占半数以上，而猫的胆管癌是发病率最高的原发性肝脏肿瘤。

肝脏血源性淋巴肿瘤或转移性肿瘤，包括淋巴瘤、肥大细胞瘤、骨髓增殖性疾病、浆细胞瘤（第8章-25）、恶性组织细胞瘤（第8章-26）、血管肉瘤、胰岛细胞癌、胰脏癌、纤维肉瘤、骨肉瘤、移行上皮癌、肠癌、肾癌、铬细胞瘤、甲状腺癌、乳腺癌等多种恶性肿瘤。

胆道系统的肿瘤极其罕见，其中报道最多的是类癌疾病（第8章-23、24）。

⫼肝胆系统的检查方法⫼

由于肝脏有多种功能，良好的储备能力或再生能力，这给我们在临床上认识肝脏疾病带来了巨大的困难。而且，患有肝胆疾病的犬或猫的临床症状，除黄疸和肝性脑病外，还伴有精神萎靡、食欲不振、消化功能异常等非特异性症状。为了正确地诊断和评价肝疾病，有必要进行尿检、血细胞学检查以及血液化学检查等临床病理学方面的检查，X光、超声波和CT检查等成像诊断检查，以及用细胞学诊断或肝活检的病理组织学检查等。其实采取与病情相应的多种检查手段，对于疾病的诊断是重要的，但是需要充分地了解各项检查的意义、可信度以及使用范围。

●血液生化检查

血液生化检查是肝·胆道系统疾病诊断中最常使用的方法。但因检查方法的灵敏度或特异性不同，要合理解释得到的结果很难。分析血液化学检查的结果时，应分为血清酶学检查和功能检查两个方面评价。

● **血清酶学检查**

一般来说，因肝酶的敏感性较高，是检测肝病的最有用的方法。

谷氨酸氨基转移酶（ALT）和天门冬酸氨基转移酶（AST）

ALT（GPT）的犬和猫肝特异性高，敏感性强，通过定量分析可以很好地反映肝细胞的损害程度。但是，需要注意的是，当处于肝功能重度不全的肝硬化晚期，由于肝细胞枯竭，ALT不会明显升高。另外，作为严重的肝疾病的一种的门静脉体循环短路症，其ALT值也常常没有临床意义。另外，由于肌肉组织富含AST（GOT），故其肝特异性低，需同肌酸激酶（CK）一同测定，来评价肝细胞是否受到损伤。CK未升高，仅AST值升高的临床意义为，肝细胞坏死导致肝功严重受损。当ALT或AST的活性均升高时，即使肝脏受到损伤，也只是指肝脏在细胞水平发生变性或坏死，并不意味着肝功能下降。

碱性磷酸酶（ALP）和γ-谷氨酰转肽酶（GGT，γ-GTP）

这类酶会因胆汁淤滞或药物诱导而升高，因此，在肝·胆道系统疾病诊断时，经常测定。ALP在肝疾病中，特别是犬病高度敏感的酶，但是血清ALP活性的升高并非肝疾病特异性表现，在发育期中的动物、骨疾病（佝偻病、副甲状腺机能亢进症等）、肿瘤（骨肉瘤、乳腺混合肿瘤等）也会发现ALP活性的升高。另外，当犬使用抗痉挛剂时，肝脏ALP同工酶的活性也会上升。同时，犬中当存在类固醇诱发性同工酶（SIAP）、应激、糖尿病、肾上腺皮质机能亢进（库欣综合征）以及使用糖皮质激素时，血清ALP活性均会显著升高。因此，犬血清ALP升高的

评价比较复杂，需要结合其他方面来综合判断，包括年龄、是否使用抗痉挛剂或糖皮质激素等药物、病历、身体常规检查、尿检、作为胆汁淤滞指标的血清胆红素值或血清总胆汁酸浓度、外周血淋巴细胞和嗜酸性粒细胞数量、血清胆固醇，必要时，还要进行促肾上腺皮质激素（ACTH）兴奋试验或低用量地塞米松抑制试验中皮质醇的测定等，以及和其他临床检查结果一起综合判断。由于还没有发现猫药物诱导性的血清ALP活性升高的情况，因此与犬相比，把ALP活性作为肝疾病的判断指标的特异性要高一些。但是，猫的肝ALP同工酶的半衰期，与狗的70个小时相比，比较短，只有6个小时，并且每克肝脏中ALP的含量猫只有狗的1/3，量较少，最终导致在猫的肝疾病中，ALP的上升多数情况轻度，与犬比起来敏感度也低。

犬GGT的肝特异性略比ALP高，但敏感度低，而猫GGT的敏感度比ALP高。

● **肝功检查**

因肝脏具有良好的潜能，肝功检查就是评价肝脏还残存多少功能。一般70%~80%肝实质受损后，才发现肝功不全的病例很多。经常发现肝功异常时，常常意味着肝脏已经遭受了大面积的严重损伤，因此，常作为预后判断的依据。为此，被发现肝损伤的动物，在进行肝功能检查时若未发现异常，轻易地判断肝损伤程度一定是轻度，这个诊断结果有一定风险。因此，一定要重新观察病情的发展经过。另外，血清总胆汁酸浓度和血氨值，比起空腹、饭后或者是负载实验时的敏感度要高。

对于轻度肝功能不全的动物来说，这些检查在患PSS的犬和猫中最易异常，但是有必要注意的是即使空腹检查，也可能难以查出发病猫狗存在的肝功异常。

在肝功能不全的犬和猫，可能存在低白蛋白血症、高胆红素血症、低胆固醇血症和高氨血症，血液凝固时间延长等，但是，需要注意区分能导致这些检查异常的其他疾病。

● 影像学诊断

在影像学诊断方法中，因X光和超声波检查具有非侵入性的优点，而被广泛使用。X光检查主要用于评价肝脏的大小和检查是否有胆结石；超声波检查可以检查肝实质和包括胆囊在内的肝外胆道系统的状态，还可以用于胰脏、肾上腺异常导致的肝酶活性异常评价，以及收集血管形态异常的信息。腔洞性肝病、肝肿瘤、胆囊疾病、肝外胆道系统疾病，以及PSS等疾病，都可以通过超声波检查得以诊断。另外，近年来CT技术也进入临床，运用CT可正确诊断PSS或肝肿瘤，以及手术模拟、胆结石的正确诊断等。虽然用三维CT血管造影（3D-CTA）技术基本可以确诊先天性PSS疾病，但是正如后文（第8章-3）的所述，诊断后天性PSS疾病时，可能难以直接查出短路血管，要引起注意。另外，用CT检查肝肿瘤时，用动态摄影法或多相位摄影法进行检查很重要。为了确认包括肺转移在内的远距离转移是否存在，一定要进行胸透检查。此外，在甄别肾上腺皮质机能亢进症导致的ALP升高时，最好用CT进行头部摄影以确认是否存在丘脑下垂体肿瘤。

细胞学诊断和病理组织学检查，对于把握慢性肝病的诊断或了解病情很重要。在肝脏的细胞学诊断中，主要是使用经皮细针穿刺法（FNA），该方法对于已确诊为肝肿瘤或肝肿大的犬或猫来说，是一种无须麻醉、安全且简单的方法。常用FNA的细胞学诊断法检查一部分淋巴瘤、浆细胞瘤、肥大细胞瘤、组织细胞瘤等肿瘤性疾病，或者是肝脂质沉积、糖原变性等的诊断能力强，但是，它的敏感度远不如肝病变组织。用于病理组织学检查的样品采集方法，主要有经皮穿刺活检术和腹腔镜术或开腹手术等。经皮的穿刺活检在超声引导下进行时，安全性较高，但要求全身麻醉。穿刺活检不适于腔洞性肝病或肝腹水症的动物，同时在肝小症以及体格较小的犬或猫上实施穿刺时，发生并发症的风险较高，而且，操作难度大。为了弄清包括胆囊疾病在内的胆道系统疾病的原因或病变程度，也可用内视镜进行消化道组织活检。

▌▌▌肝脏·胆道系统的治疗方法 ▌▌▌

肝·胆道系统疾病的治疗可以分为内科和外科治疗两大类。内科治疗，以支持疗法为主的对症治疗和膳食管理为主。外科治疗的适应症包括肝血管异常疾病、先天性PSS和先天性肝AV瘘等。治疗先天性PSS的方法包括完全结扎术、用丝线或玻璃纸带部分结扎术、缩窄环安装术、弹簧圈栓塞术进行治疗。进一步，治疗肝动静脉瘘可结扎关联的动脉血管，或者是切除含有瘘的部分肝叶。治疗肝实质性疾病时，如果原发性的肝肿瘤疾病和腔洞性肝疾病中可以摘除时，依据其适应症可以进行整个肝叶切除，或者部分肝叶摘除。另外，作为肝外胆道系统疾病的胆囊黏液囊肿、胆囊肿瘤、胆囊破裂、顽固性或重度胆囊炎（含胆结石症）、胆总管闭塞症（肝内闭塞、肝外压迫）等适宜手术治疗时，有相应的胆囊切除术、胆管切开术、胆管支架留置术、胆囊十二指肠吻合术等方法。

1. 静脉栓塞术（TCE）治疗犬肝内门静脉体循环短路症（PSS）

A care of transvenous coil embolization for treatment of
an intraphepatic portosystemic shunt in a dog

东京农工大学农学院兽医学科家畜外科学研究室
平尾秀博、小林正行、清水美希、岛村俊介、田中绫、丸尾幸嗣、山根义久

出现呕吐、下泄、抑郁等症状的达克斯猎狗，8月龄时在其他医院被诊断为门静脉体循环短路症（PSS）。根据腹部超声波和CT检查的结果，确认为肝内性PSS。开展了经静脉入路栓塞术（TCE）治疗，2个月后复查发现栓塞不完全，因此进行第二次栓塞术。

关键词：犬、肝内门静脉体循环短路症、静脉入路栓塞术（TCE）

引言

对先天性肝内门静脉体循环短路症（PSS），使用传统的结扎术等外科治疗方法治疗，技术难度高，手术创伤大，因此，增加了术中、术后发生并发症或死亡的风险。近年，随着小动物领域中静脉栓塞术（TCE）的推广，其实用性逐渐广为人知。TCE可以缓慢减少血流短路，恢复萎缩的肝内门体静脉循环，与传统的手法相比，具有侵袭性小、术后恢复快等优点。本节简介达克斯猎狗肝内性PSS的TCE术。

病例

袖珍达克斯猎狗，雄性，8月龄，体重4kg。反复呕吐、腹泻、抑郁等，在其他医院被诊断为PSS，为了进行外科治疗，被推荐到东京农工大学附属家畜医院就诊。

●初诊时一般临床检查

·身体检查

精神萎顿，食欲下降，略显消瘦。

·血液检查

中度贫血（PCV21%），ALP（633U/L）和NH_3（378μg/dL）值升高；BUN（7.2mg/dL），Alb（2.0g/dL）和T-Cho（130mg/dL）值降低。

另外，血清总胆汁酸浓度（TBA）在未进食时为97.2μmol/L，食后两小时达到179μmol/L。

·X光检查

肝脏萎缩和肾脏肥大。

·超声波检查

肝内可见弯曲怒张的短路血管。另外，膀胱内有高回声区域，尿检见尿酸铵结晶。

·CT检查

确认肝内血管短路，未见其他血管异常。

●手术①

入院治疗，贫血改善（PCV30.5%）后，实施了TCE术。先用阿托品前处理，导入异丙酚，经吸入异氟醚麻醉后，从腹部正中线切开，进行门静脉荷包缝合术，

通过导线插入4Fr多功能MPA造影导管。

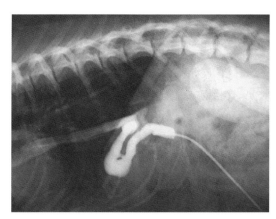

图1　门静脉造影X光图像（RL）

通过门静脉造影确认短路血管后，借着X光透视到达短路血管部位（图1）。留置一根反向可拆卸血管塞栓线圈（长9.5mm，直径近端5mm/远端8mm）。术后门静脉压最高为9mmHg柱。

● 治疗经过①

术后经内科治疗，投喂低蛋白饵料的同时，投予乳果糖、阿莫西林和去氧胆酸。一段时间后临床症状消失，健康状况改善，但是2个月后，又出现食欲不振和抑郁。

· 血液检查

AST、ALT、ALP、GGT、NH_3值升高；BUN、Alb、T-Cho值下降。

· X光检查

留置栓塞线圈没移位。

· 超声波检查

发现短路血管栓塞不完全，实施了第二次TCE术。

● 手术②

从颈静脉插入导管后，因经大静脉导入线圈失败，就采用了上次的导入方法。这次留置了两条可拆卸血管塞栓线圈（直径6.5mm，5圈）。留置后的造影显示虽然栓塞不完全，但是短路血流已经大幅减少，同时右侧中央肝小叶的门静脉分支清楚可见。另外，门静脉压最大为12mmHg柱。

● 治疗经过②

术后血液检查显示除ALP外，其他指标均得到改善。腹部超声波检查基本看不到短路血管，与手术前相比门静脉分支清晰可见。

现在，停止限饲，继续投喂去氧胆酸，临床症状消失，恢复良好。

讨论

对于本病例的外科疗法，如果选择结扎术治疗短路血管，显然难以接近短路血管，还要面对手术创伤大的问题。TCE术的缺点为：需要专门的器具，可能需要重复几次才能达到预期疗效，而且线圈也有流入心脏和肺部的风险。该病例表明，TCE术接近短路血管容易，且手术创伤小，术后恢复快。

本病例中第二次使用的血管塞栓线圈和第一次的型号不同的理由是，第一次使用的线圈在拆线时很麻烦，为了顺利拆线，也为了得到更好的塞栓效果，第二次就更换了线圈的型号。虽然成功开展TCE术需要考虑短路血管的位置、形状、口径等因素，进而选择合适的线圈型号，但迄今的报告中，还没有确定一个明确的选择标准。

根据术中和术后的过程、临床症状和复查结果，我们认为本病例选择用TCE术治疗有效。但是，门静脉造影没能清楚显示左侧肝脏分叶的门静脉分支，因此在期待肝内门静脉循环恢复的同时，也在担心线圈的留存位置是否得当，尤其是让我们重新认识到了初次选择线圈的重要性。虽然动物现在的情况良好，在观察病情的同时，也在考虑是否需要进行第三次TCE术。

出处：第28届动物临床医学会（2007）

第8章

肝胆系统

2. 外科治疗伴有肝内肝外性血管短路的犬先天性门静脉体循环短路症（CPSS）

ongential portosystemic shunts in a dog which showed shunt vessel in each intrahepatic and extrahepatic

小出动物医院

小出和欣、小出由纪子、矢吹淳、浅枝英希

被诊断为膀胱内结石和肝右侧门静脉后腔静脉短路症的袖珍雪纳瑞犬，雌性，4月龄时经肝脏后侧外方术式，实施了肝内短路血管的分段结扎术。在肝内短路血管闭塞时，术中用门静脉造影检查，又发现胃左静脉与肝外门体静脉循环存在短路，手术后第77天再次手术，将残留的肝内性短路血管和肝外性短路血管完全结扎，同时一并摘除膀胱结石。

关键词：先天性门静脉体循环短路症（CPSS）、肝内门静脉体循环短路症、肝外门静脉体循环短路症

引言

狗先天性门静脉体循环短路症（CPSS）是一种血管畸形疾病，即门静脉血液不经过肝脏，直接进入血液体循环中，从而导致的血管短路疾病。根据CPSS短路部位的不同，可分成肝内性和肝外性两大类。虽然存在多种短路类型，但是一般认为，短路血管是一根比较粗的异常血管。

本节介绍了极为罕见的肝内和肝外同时存在各种各样短路血管的CPSS犬的治疗过程。

病例

袖珍雪纳瑞，雌性，4月龄，体重4.0kg。入院前5天发现精神不振，他院查出小肝症和血清总胆汁酸浓度（TBA）值升高，怀疑是CPSS，推荐到本院做精细检查和外科治疗。

另外，本犬与其同胞犬相比，发育相对迟缓，2月龄时曾患血尿性膀胱炎。

● 初诊时一般临床检查

· 身体检查

BCS为2。

· 血液检查

有轻度的小细胞低色素性贫血，轻到中度肝酶、TBA和NH_3值升高，中度低蛋白血症，BUN和Cre值偏低。

· X光检查

肝脏明显偏小。

· 超声波检查

确认膀胱结石、肝内血管和门静脉血液流向不明晰，肝内性CPSS症。

为了手术入院，当天行全身麻醉进行CT检查。

・CT检查

确认重度肝小症（图1A），膀胱内结石和肝右侧CPSS（图1B箭头处）。另外，肝内门静脉分支影像不清楚。

依据以上结果诊断为膀胱结石、中度肝脏不全，合并肝右侧区域CPSS。住院第3天实施了手术。

● 手术①

麻醉过程，先用吡咯糖、咪达唑仑和吗啡进行前处理，后静脉注射异丙酚，再吸入异氟醚和氧，间歇性静脉注射维库溴铵，并且用呼吸机维持间歇正压通气（IPPT）。手术中，用5%的葡萄糖加入醋酸林格氏液后静脉输液，同时输血50mL。为了确保股动脉的动脉通路，行腹部中线切开术。肝脏稍稍有些褪色，各个肝叶明显发育不良。为了确保空肠静脉血液顺利流向门静脉，实施门静脉造影（图2左上）后，从肝后方的肝外路径，用超声波外科吸引装置把外侧右叶内的短路血管的起始部分分离出来。尝试性肝内短路血管闭塞，引起门静脉压由手术前的3mmHg柱降到2.6mmHg柱，出现血压降低或腹腔内脏器发痙等门静脉高血压症状。封闭短路血管后，门静脉造影显示肝内门静支脉分支明显发育不良，更重要的是又发现左胃静脉经左横膈膜静脉与后腔静脉之间存在短路，这是肝外门静脉体循环短路症（图2左下）。用1-0线对肝内短路封闭血管进行部分结扎。肝内短路血管被部分结扎后，门静脉压为14mmHg柱。肝活检后，冲洗腹腔，确认没有出血和门静脉高血压症的症状后，用常规方法缝合腹腔。

● 治疗经过

手术第2天发现有一过性腹腔积液，此后转好，且高氨血症在手术几天后也得到改善，肝功检查也显示病情向好。术后继续内科的支持治疗，术后第77天时进行了CT检查和第2次手术。

・CT检查

肝内CPSS的残存血管短路和左胃静脉短路症（图1D），但是肝脏（图1C）和肝内门静脉分支已充分发育。

● 手术②

和第1次手术一样，为了确认股动脉和门静脉血流正常，进行了门静脉造影，把上次手术中留置在肝内短路血管患处的尼龙线完全结扎，并把连接左胃静脉的直径为4mm的肝外CPSS的贲门部分离出来，用尼龙线完全结扎（图3）。此时，门静脉压出现轻微变化，未发现血压变化或腹腔脏器异常。短路血管结扎后，摘除膀胱结石和卵巢子宫，并实施肝脏活检，清洗腹腔，最后用常规方法缝合腹部。取出的膀胱结石为黄褐色，直径8mm，厚2mm，呈圆盘状，98%的成分是尿酸氢铵。病例预后良好。

讨论

迄今，有些关于CPSS症存在多个短路血管病例的报道，但是，基本上都是肝外短路症。而该病例存在肝内和肝外各种各样的CPSS症，实为罕见。本病例，初诊时的CT检查或短路血管结扎前的门静脉造影均未发现因左胃静脉导致的肝外CPSS。究其原因，可能是由于肝内和肝外CPSS的短路血管的粗细程度有明显差别，导致门静脉血全部流入了血管阻力较小的CPSS血管中。

本病例中，在肝内CPSS尝试性结扎时，经门静脉造影之初就注意到了肝外CPSS的存在。但是，如果手术中没有进行门静脉造影检查，则可能忽视肝外性CPSS的存在。外科

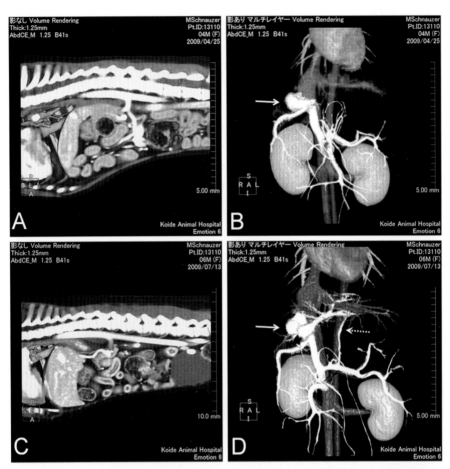

图1　初诊时（A、B）和术后77天再次手术前（C、D）的3D-CT矢形图和3D-CTA腹侧观图

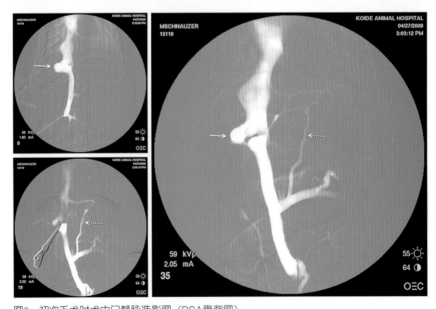

图2　初次手术时术中门静脉造影图（DSA腹背图）
　　左上：处理前，左下：手术中肝内短路血管试验性结扎；右：肝内短路血管部分结扎
　　（箭头：外侧右叶内的肝内短路，点线箭头：左胃静脉短路）

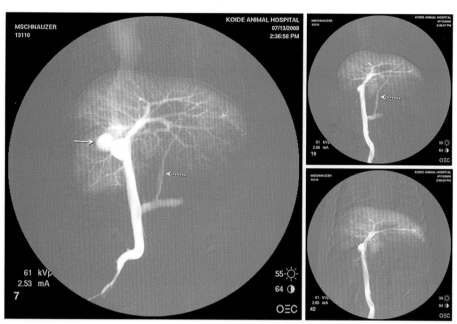

图3 再次手术时（术后77天）的术中门静脉造影图像（DSA腹背图）
左：处理前，右上：肝内短路血管完全结扎后，右下：左胃静脉短路血管的完全结扎后
（箭头：外侧右叶内的肝内短路，点线箭头：左胃静脉短路）

治疗时遗漏了其他的短路血管，和再次发现PSS一样，术后可能会对内因性胆汁酸负载实验结果或远长期预后产生严重影响。这就要求在诊断或外科治疗CPSS时，一定要考虑到可能存在的各种情况。

出处：第30届动物临床医学会（2009）

3. 三维CT成像术诊断犬后天性门静脉体循环短路症

Results of three-dimensional CT imaging in eight dogs
with acquired portosystemic shunts

小出动物医院

小出和欣、小出由纪子、矢吹淳

　　使用多层螺旋CT（MDCT），对8例犬后天性门静脉体循环短路症进行了三维CT（3D-CT）成像检查。3D-CT检查不仅仅能评价门静脉血管的状态，还对腹腔内脏器的形态的评价或胆结石的确认等起着重要作用。但是，3D-CT血管成像技术检查了8例病例，只有6例（75%）可明确诊断为短路血管。

关键词：多层螺旋CT（MDCT）、三维CT（3D–CT）、
　　　　后天性门静脉体循环短路症

引言

　　犬的门静脉体循环短路症（PSS）包括先天性血管畸形（先天性PSS），以及由于持续门静脉高压继发的门静脉和后腔静脉之间形成的侧支循环而导致的后天性PSS。由于先天性和后天性PSS的治疗方法及预后完全不一样，因此鉴别诊断很重要。

　　本节简介采用多层螺旋CT（MDCT）检查8例犬后天性PSS，其三维CT（3D–CT）影像的制作，并探讨其实用性。

材料与方法

　　从2005年2月到2006年7月期间，从本院确诊为后天性犬PSS的8例病例，实施CT检查并探讨3D-CT影像检查的实用性。

　　CT检查就是使用6列MDCT（Somaton-

Emotion6、西门子公司），在全身麻醉和屏气条件下，进行腹部区域的单纯扫描和造影扫描。扫描条件为螺旋模式（0.6s/圈），使用准直宽度1.25mm×6列，层厚1.25mm，影像重建间隔0.7mm。

　　造影剂为碘帕醇2~3mL/kg（300~370mg/dL），以0.6~2mL/s的速度静脉注射，从造影剂使用30秒后开始扫描门静脉影像。主要使用工作站（Virtual Place Advance PLUS、Aze）的MIP法进行3D影像处理，再用VR法评价生成的3D-CT影像。另外，对8例中的5例病例，通过开腹手术实行了门静脉导管检查。

结果

　　8只犬的品种、性别、年龄、体重、病历和3D-CT影像检查的结果如下。

【病例1】蝴蝶犬，雌性，4月龄，体重1.5kg。入院前几天患肝性脑病，伴有中度肝功能不全和高氨血症。

·超声波检查

确认胆结石，和假定后天性末梢性多发性门静脉下腔静脉短路症（PCS）。

·3D-CT影像检查

确诊存在胆结石，肝内门静脉血流中度减少，以及左肾静脉附近有多发性的PCS。

【病例2】比格尔犬，雄性，8月龄，体重13.6kg。入院前3个月吃苏铁后，遗留下慢性肝损伤和轻度肝功能不全，通过内因性胆汁酸负载测试和氨耐受性测试，怀疑是PSS症，进行了3D-CT影像检查。

·3D-CT影像检查

肝内门静脉分支未见异常，确认左肾静脉附近存在多发性PCS。

【病例3】马耳他犬，雄性，2岁，体重2.7kg。就诊前几天患肝性脑病，腹水、中度肝功能不全和高氨血症。

·超声波检查

推测为后天性末梢多发性PCS。

·3D-CT影像检查

肝小，肝内门静脉血流中等程度减少，左肾静脉附近存在多发性PCS，以及奇静脉处有短路血管。

【病例4】蝴蝶犬，雌性，5月龄，体重2.4kg。就诊前两个月患肝性脑病，尿结石，中度肝功不全和高氨血症。

·超声波检查

末梢多发性PCS。

·3D-CT影像检查

肝小，肝内门静脉血流中度减少，左肾静脉附近有多发性PCS。

·门静脉导管检查

门静脉高血压和后天多发性PCS。

【病例5】金毛寻回犬，雄性，9月龄，体重19.5kg。就诊前两个月开始发现腹腔积液，低蛋白血症和高氨血症。

·超声波检查

经内科治疗腹水消失后，超声波检查发现门静脉扩张，以左肾为中心周围有多发性PCS，肝内门静脉血流不清晰。

·3D-CT影像检查

肝小，胆结石，肝内门静脉血流轻度减少，多发性PCS。

·门静脉导管检查

通过肝活检、肠活检和胆囊切除，诊断为后天性PCS，并发慢性胆管炎导致的肝硬化，伴随胆结石和胆囊坏死的慢性胆囊炎，以及小肠淋巴管扩张症。

【病例6】小灵犬，雄性，5岁4个月，体重11.3kg。就诊前4个月患肝性脑病，慢性肝酶异常，轻度肝功能不全和高氨血症。

·超声波检查

胆泥症和末梢多发性PCS。

·3D-CT影像检查

1年后3D-CT影像复查确认，门静脉扩张，和主要经由脾静脉的血管存在多发性PCS（图1）。

·门静脉导管检查

确诊为门静脉高血压症和后天多发性PCS（图1）。

【病例7】蝴蝶犬，雌性，1岁2个月，体重1.45kg。因腹胀入院就医，检查发现轻度肝酶异常、低蛋白血症、低胆固醇血症和低血糖症。经氨耐性实验确诊为高氨血症。

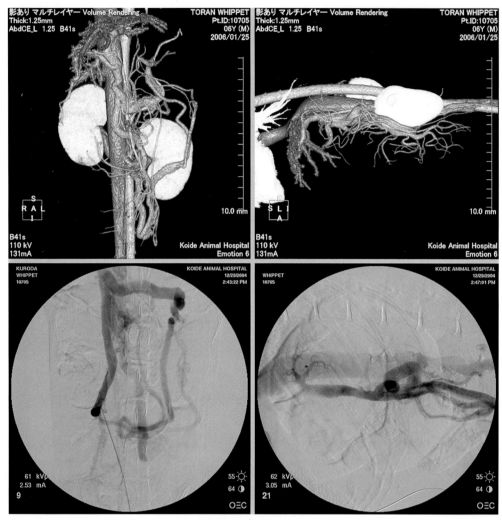

图1　病例6：3D-CTA图（上）和门静脉造影DSA图（下）

· 3D-CT影像检查

不能确诊为PSS症。

· 门静脉导管检查

门静脉压正常，但是确认从脾静脉到奇静脉存在后天多发性短路血管。

【病例8】赛珠犬，避孕雌犬，11岁7个月，体重3.4kg。一个月前发现轻度贫血、肝酶异常和低血清白蛋白症。内因性胆汁酸负载试验和氨耐性试验检查怀疑为PSS症，因此进行了3D-CT影像检查。

· 3D-CT成像检查

可以看到两根后腔静脉，但是不能确定肝内门静脉分支处存在PSS。

· 门静脉导管检查

确诊为门静脉高压症，和经由脾静脉的后天多发性PCS。

讨论

本节介绍了8例后天性PSS犬的3D-CT影像检查，结果发现8例中有2例存在胆囊结石，1例后腔静脉畸形。从作者的经验看，虽

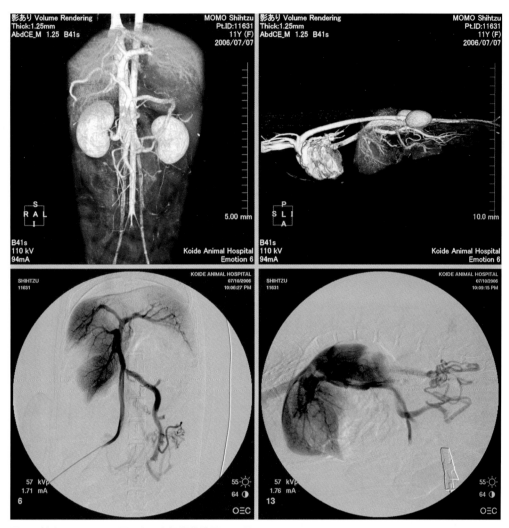

图2　病例8：　3D-CTA图（上）和门静脉造影DSA图（下）

然用3D-CT影像检查先天性PSS犬，确实可以扫描出短路血管。但是本节8例后天性PSS病例中，有两例只用3D-CTA成像检查时不能诊断为多发性PSS。本研究结果表明，用MDCT进行3D-CT影像检查后天性PSS犬，对腹腔内脏器或血管等的形态学评价极其有用。但是，有时还不能清晰地显现短路血管，血管粗细或血流强弱等。

出处：第27届动物临床医学会（2006）

第8章　肝胆系统

4. 犬慢性活动性肝炎

Chronic active hepatitis in a dog

林屋动物诊疗室综合医疗中心、林屋生命科学研究所临床兽医学研究部门
林屋动物诊疗室、林屋生命科学研究所、赤坂动物医院
高山健二、山田茂子、林屋牧男、深濑彻、石田卓夫

　　持续发热的袖珍雪纳瑞犬，雌性，2岁，体重2.4kg。血液检查显示作为肝细胞和肝胆细胞损伤特征的多种酶的活性升高。肝脏活检显示，病理组织检查诊断为慢性活动性肝炎。口服泼尼松龙治疗，迄今情况良好。

关键词：袖珍雪纳瑞犬、慢性活动性肝炎、泼尼松龙

引言

　　慢性活动性肝炎并非特指某种肝病，而指肝脏长期存在的进行性炎症。本节介绍慢性活动性肝炎犬的病理组织学诊断和治疗。

病例

　　袖珍雪纳瑞犬，雌性，2岁，体重2.4kg。主述精神不振和食欲下降，2011年2月来医院就诊。而且，问诊得知，就诊前2周左右，病犬白色被毛突然增加。

●初诊时一般临床检查

·身体检查

　　除零星的白色被毛外，未见其他特别的外表异常。体温40.3℃。

·血液检查

　　AST157IU/L、ALT394IU/L、ALP1095IU/L等酶活性上升。另外，摄食前后血浆总胆汁酸（TBA）和氨的测定结果显示，TBA食前为6.7mg/dL，食后为29.3mg/dL，即食后TBA值偏高。而血氨值未见有异常。

●治疗经过

　　口服熊去氧胆酸、S-腺苷甲硫氨酸和甲硝唑等药物，治疗开始后持续低烧。第17天时，AST、ALT和ALP值分别为152IU/L、535IU/L和1165IU/L。因疗效不明显，因此改用肝脏病食物疗法。

　　之后，发热减退，上述的各种酶活性都降低了。但是，治疗第62天病情再一次恶化。为此，第72天时进行了肝脏活检。

·病理组织学检查

　　肝脏左叶外侧部分被膜轻度不光滑，并且被膜附近组织有重度细胞浸润现象。浸润细胞主要是中性粒细胞，也混杂了巨噬细胞、淋巴细胞和浆细胞。另外，浸润灶中散在出血和坏死现象，还有血管增生和成纤维细胞增生。此外，相邻3个小叶间结合间隙还存在髓外造血的现象。故诊断为慢性活动性肝炎。

根据诊断结果，在目前治疗的基础上再增加泼尼松龙（2mg/kg），口服，每天1次。1周左右，各种酶活性恢复正常。之后，参考血液检查结果，慢慢减少泼尼松龙的用量，到现在为止情况良好。

讨论

重症慢性活动性肝炎仅能存活几周到几个月，该病例病情轻微，且在发病初期经肝活检确诊，因此口服泼尼松龙后治疗效果较好。

慢性活动性肝炎的致病原因，除有犬传染性肝炎或钩端螺旋体感染等感染性疾病外，还有使用抗癫痫等药物和自身免疫等原因。但本病例的原因并不清楚。不过，考虑到伴发原因不明的发热，和对泼尼松龙治疗有效，暗示可能存在免疫系统介导的炎症反应。

另外，慢性活动性肝炎多见于杜宾犬。杜宾犬与该病例中的袖珍雪纳瑞犬，以及德国宾莎犬都起源于共同的祖先。从这些共同点来看，可能袖珍雪纳瑞犬也易发慢性活动性肝炎。

另外，关于本病例被毛部分变白的现象与慢性活动性肝炎的关联性有待进一步探讨。

出处：第32届动物临床医学会（2011）

参考文献
• Crawford MA, Schall WD, Jensen RK, Tasker JB: Chronic active hepatitis in 26 Dorberman pinschers. J Am Vet Med Assoc, 187, 1343-1350（1985）
• Mandigers PJ, van den Ingh TS, Spee B, Penning LC, Bode P, Rothuizen J: Chronic hepatitis in Doberman pinschers. A review. VetQ, 26, 98-106（2004）

第8章 肝胆系统

255

5. 猫肝脂质沉积症

A case of hepatic lipidosis in a cat

晴峰动物医院
串间清隆、串间荣子、阿部广和

杂种猫，13岁，就诊前持续两天无食欲，发热和呕吐。对症治疗效果不明显，黄疸急剧恶化。通过细胞学和超声波检查，诊断为肝脂质沉积症。为了改善脂肪代谢采用了胰岛素治疗，以麦芽糖作为能量来源。呕吐症状消失后，通过鼻饲补充营养，病情改善，预后良好。

关键词：肝脂质沉积症、胰岛素疗法、鼻饲、游离脂肪酸

引言

肝脂质沉积症常见，但其发病机制不明，是一种因肝细胞急速大量蓄积甘油三酯，导致肝细胞损伤性高致死率疾病。本节简介一例猫黄疸急速恶化的诊治过程。该病例经各项检查后诊断为肝脂质沉积症，投予胰岛素和营养强化后，病情得到了改善。

病例

杂种猫，雌性，13岁。就诊前两天绝食，昨天开始呕吐。

●初诊时一般临床检查

·身体检查

发热，体温39.7℃，沉郁，脱水。

·血液检查

淋巴细胞数量减少，Glu（209mg/dL）升高。没有发现其他特别的异常。另外，FeLV抗原为阴性，FIV抗体阳性。

●治疗经过

初诊时进行输液和抗生素治疗，观察病情发展。就诊第2天高烧达40℃，Glu高达226mg/dL。同时，T-Bil（1.4mg/dL）也升高。诊断为肝性黄疸，为了确诊，进行了其他的检查。

·X光检查

肝肿大。

·超声波检查

没有发现肝脏肿瘤病变，肝内外均没有发现胆管扩张现象，但是查出脂肪肝（图1）。胆囊壁水肿样肥厚。能看到胰脏左叶，但是未见任何异常（图2）。

·细胞学诊断

绝大多数肝细胞的细胞质都存在大小不一的空泡，核消失的细胞也比较多。

·其他的检查

游离脂肪酸的值0.96mEq/L。

依据以上检查结果，诊断为肝脂质沉积症，且急性糖尿病的风险高。

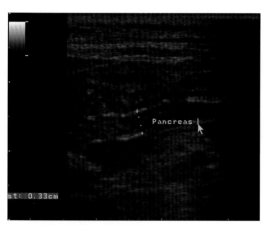

图1 肝脏横断面的超声波图像
回声增强，怀疑是脂肪肝

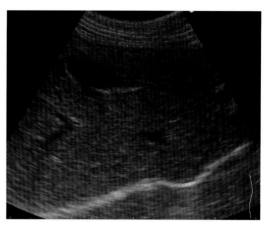

图2 胰脏左叶的超声波图像

为了改善脂质代谢，使用胰岛素（0.1IU/kg）治疗，同时补充非胰岛素依赖性糖源的麦芽糖，投予胃复安、H$_2$受体阻滞剂和阿莫西林。

治疗开始后黄疸仍继续恶化，但呕吐现象消失，情绪向好。治疗第5天开始鼻饲补给营养。第7天黄疸开始减轻，游离脂肪酸值也下降，食欲有所改善。第12天停止使用麦芽糖，第14天停止胰岛素治疗，之后情况良好。1年后，没有患糖尿病，情况良好。

讨论

目前了解的是，几天的绝食可致肝脂质沉积症。通常绝食时，由于激素敏感性脂肪酶的作用，分解蓄积的脂肪生成游离脂肪酸，并运送到肝脏，主要经β-氧化后供给能量。另外，发生肝脂质沉积症时，常因不明原因导致激素敏感性脂肪酶的作用过强，生成了大量游离脂肪酸。当肝脏吸收了这些游离脂肪酸后，首先通过酯化进行蓄积，而非经β-氧化产生能量。但是，经酯化后生成的大量甘油三酯不能进入下一步代谢时，就引起异常蓄积损伤肝细胞，最终导致肝脂质沉积症的发生。

在该病例的治疗中，针对一连串的不良反应，首先抑制激素敏感性脂肪酶活性，并使用胰岛素活化脂蛋白脂肪酶促进游离脂肪酸转化成皮下脂肪。同时，强制鼻饲麦芽糖，补充能量，病情稳定，强制鼻饲后健康状况进一步改善。

从该病例看，用胰岛素治疗肝脂质沉积症的效果不错。迄今，笔者使用胰岛素已经治疗过几例肝脂质沉积症，但是如何合理把握胰岛素的剂型、剂量等尚待完善。今后随着肝脂质沉积症病例的增加，需要探索更佳的胰岛素使用方法。

出处：第32届动物临床医学会（2011）

第8章

肝胆系统

6. 生前被诊断为肝淀粉样病变的病猫

Hepatic amyloidosis diagnosised at antemortem evaluation in two cats

藤田动物医院

佐藤雅美、户野仓 雅美、马场 亮、田熊大祐、松木园 麻里子、高桥 香、鸭田真弓、屈原 沙衣子、市桥弘章、伊藤宽惠、文原千寻、藤野浩子、小暮启介、押田智枝、山地 七菜子、难波 直、藤田桂一

一只日本猫因精神萎靡和食欲不振入院就诊，另一只经他医院查出腹腔内出血而转来本院。两例均存在重度贫血，且肝酶活性偏高。超声波检查发现腹水和肝脏的混合回声。输血的同时进行了开腹探查，发现肝脏脆弱，且持续出血。通过病理组织学检查诊断为肝淀粉样病变。开腹手术后，两病例均反复发生不定期贫血，通过输血和投予维生素K后病情得以缓解。

关键词：贫血、腹腔内出血、肝淀粉样病变

引言

淀粉样病变是一种属于纤维蛋白的淀粉样蛋白在细胞间隙或者是细胞间沉积，压迫和损害组织细胞而引起的疾病。

猫肝脏中的淀粉样蛋白通常指血清中的淀粉样A蛋白（AA），即淀粉样蛋白A蛋白的前驱体。该蛋白可导致反应性或继发性的淀粉样变。病人常因基础疾病并发慢性炎症诱发淀粉样蛋白而继发淀粉样病变。动物淀粉样病变却不存在基础疾病诱导的淀粉样蛋白，而仅为AA蛋白沉积所致。

淀粉样蛋白沉积在肝脏中，导致肝脏肿大，变脆弱，易于导致肝内出血和肝脏破裂。用刚果红等特殊染料染色后，可经病理组织学技术确认淀粉样蛋白。

本节简介两例猫肝淀粉样病变的诊治过程，尤其是尝试性开腹手术和病理组织学诊断。

病例

【病例1】日本猫，雌性，2岁，体重3.45kg，绝育。主述精神萎靡和食欲不振而入院就诊。

●初诊时一般临床检查

·身体检查

体温39.0℃。可视黏膜略显苍白。轻度脱水。

·血液检查

RBC$5.12 \times 10/\mu$L，PCV16%，Plat1 $240 \times 10^{3}/\mu$L，重度贫血。另外，肝酶活性升高（AST$>1\,000$IU/L、ALT$>1\,000$IU/L）。

· 超音波检查

肝脏外侧左叶存在低回声和高回声的混合音。腹腔积液，腹水和肝脏穿刺发现腹水呈血色，肝细胞外形无异常，但是肝组织有淀粉样蛋白物质存在。

第2天PCV下降至10%。怀疑腹腔内仍持续出血，输血的同时进行开腹探查。

● 手术

开腹探查发现大量血样腹水蓄积，肝脏组织表面不光滑，并持续出血。肝活检后，对肝脏表面压迫止血，并用大网膜包裹出血处后缝合腹腔。

· 病理组织检查

肝脏被膜下存在肝细胞坏死或出血灶，窦周间隙轻度扩张，且散在弱嗜酸性无结构物质。用刚果红染色后，在简易偏光显微镜下观察，这类物质呈苹果绿。由此诊断为肝淀粉样病变。

● 治疗经过

术后贫血慢慢得到改善。之后发生了4次不定期的贫血或肝酶活性升高，每次都进行了输血和维生素K治疗，入院就诊182天后健康状况良好。

【病例2】日本猫，雌性，年龄不明，体重2.94kg，绝育。来院就诊前一天，突然精神萎靡。别的医院诊断为贫血和腹腔内出血，转到本院。

● 初诊时一般临床检查

· 身体检查

体温38.0℃，可视黏膜苍白。

· 血液检查

RBC 3.27×10^6/μL、PCV 13.5%、Plat 30×10^3/μL，重度贫血，血小板减少。另外，肝酶活性升高（AST487IU/L、ALT998IU/L）。

· 超音波检查

肝脏肿大，尾侧区域存在混合式回声。另外，腹腔积液，通过穿刺吸引术发现血样腹水。

● 手术

怀疑肝脏出血，在输血的同时进行了开腹探查。肝脏尾侧大部呈暗红色，表面光滑并持续出血。暗红色部分脆弱，特别是外侧左叶处出血比较多。切除出血较多的部位，并对其他出血部位进行压迫止血，最后用大网膜包裹后，缝合腹腔。

· 病理组织学检查

出血灶之间的肝实质处，沿着窦状隙有淀粉样蛋白的弥漫性沉积。

● 治疗经过

术后情况良好，贫血慢慢恢复。之后出现两次轻度贫血，经维生素K和氨甲环酸治疗后，从初发到现在已168天了，状态良好。

讨论

猫肝淀粉样病变与遗传因素和后天因素都有关。据报道，泰国猫易患此病。本节介绍2例病症均为日本猫，遗传背景不清楚，分别由两个家庭饲养。另外，可能是上呼吸道炎症和牙周疾病等的刺激，导致了淀粉样蛋白的沉积。病例1的猫有牙周病史，可能是牙周疾病导致的炎症诱发了淀粉样蛋白的沉积。

猫肝淀粉样病变时，脆弱的肝脏破裂导致腹腔内持续出血，而引起的急性贫血为其主要症状，但是并非其特征性症状。确诊需进行病理组织学检查，因此生前的确诊率低。本节介绍的2个病例，因精神萎靡和食欲不振而来院就医，首先考虑肝脏出血导致贫血，再确认血小板减少和肝酶活性上升。因

第8章

肝胆系统

此，病例1和病例2分别在发病第2天和初诊当天就进行了早期开腹探查，通过活检能在生前确诊为肝淀粉样病变，应是珍贵的病例。也就是说，对肝淀粉样病变进行早期输血和开腹手术等积极治疗非常重要。

得到病理组织学诊断的结果需要时间，但是对于肝肿大，肝脆弱，又不存在腹部撞击等时，发生突然出血等临床症状，和肉眼所见就足以提示肝淀粉样病变。另外，肝脏涂片也可以发现淀粉样蛋白，对诊断也很有帮助。

关于该病的治疗，虽然提倡用二甲亚砜等药物，但是没有关于用这些药物治疗猫肝淀粉样病变后，改善预后的报告。这次我们也没有使用这些药物，出现贫血症状后，主要进行了输血和维生素K治疗。过去的报告中，只是推荐使用以止血为目的的维生素K，或抑制感染的抗生素。期望今后有更多关于这个疾病治疗的研究进展。

出处：第32届动物临床医学会（2011）

参考文献

• Beatty JA, Barrs VR, Martin PA, Nicoll Rg, France MP, Foster, et al: Spontaneous hepatic rupture in six cats with systemic amyloidosis, J Small Anim Pract, 4（8），355-363（2002）
• WASABA Liber Standardization Group（鹫巢 诚、鹫巢月美 监译）:犬と猫の肝臓疾患の臨床的•組織学的診断 WSAVA グローバル•スタンダード, 71-73, インターズー, 東京（2007）

 **短　评**

　　淀粉样病变是由淀粉样蛋白纤维的特殊蛋白在脏器中沉积所致的病理变化。据报道，犬多发肾淀粉样病变。而猫以全身性淀粉样病变为主，首先见于肝脏和肾脏，可能发展至脾脏、胰脏、甲状腺、消化管等大范围淀粉样蛋白沉积，但是，较罕见。

　　临床症状反映了淀粉样蛋白的沉积引起的脏器和组织功能损伤。肝脏发生的淀粉样蛋白沉积可导致肝明显肿大，肝酶活性上升，黄疸，腹水，肝脏出血等，以及因此导致的血液循环量减少性休克或死亡。肝脏出血由淀粉样蛋白沉积于血管导致组织脆弱而引起。

　　迄今，猫重症全身性淀粉样病变多见于死后尸检确诊。该报告的2例病例均系生前确诊，并进行了治疗。2例均因腹腔内出血，导致PCV值达到13.5%～16%的重度贫血，且肝酶活性显著上升，而成为重症病例。不过经过输血后开腹手术，切除出血较多的肝脏组织，并用大网膜包裹肝脏出血处，同时实施了肝活检等积极的诊治措施，最终成功地挽救了病猫生命。从2病例后来贫血症再次复发来看，应对这种疾病的预后要高度谨慎。但是，本报告对于救治腹腔内出血猫的肝淀粉样病变还是具有一定的参考价值。

（宇野雄博）

7. 犬肝脓肿

Two cases of hepatic abscesses in two dogs

Anihos宠物医院

梅原庸平、冈田 **Midori**、碇屋 美加子、高木腾久、长泽昭范

本文讨论了2例犬肝脓肿。病例1的肝脏有多处脓肿，并发胰腺炎。病例2仅有一处，治疗时并发弥散性血管内凝血（DIC）。两个病例都因肝脏炎症导致肝脏组织功能衰竭，为肠内细菌感染肝脏形成了肝脓肿。经药敏试验挑选敏感性抗生素进行了内科治疗，结果是肝脓肿消失，之后没有复发。

关键词：肝脓肿、肺炎克雷伯氏杆菌（Klebsiella pneumoniae）、
大肠杆菌（Escherichia coli）

引言

犬肝脓肿是非常罕见的疾病，常因细菌通过门静脉或肝动脉血液播散，以及通过胆管上行而导致肝脏感染，引发此病。

本节简介胰腺炎并发肝脓肿，和肝肿瘤并发肝脓肿的治疗经验。二者都是仅通过使用抗生素进行内科治疗，消除了肝脓肿。

病例

【病例1】袖珍腊肠犬，雄性，13岁，体重4.5kg。因精神萎靡和食欲废绝，呕吐，发热，多饮多尿等症状入院就诊。

●初诊时一般临床检查

· 血液检查

AST、ALT、ALP、犬胰腺特异性脂肪酶（c-PLT）以及CRP活性升高。

· 超声波检查

肝实质内有多个直径为1~2cm的低回声结节性病灶。

从结节内脓液检出肺炎克雷伯氏杆菌，诊断为胰腺炎并发肝脓肿。

●治疗经过

治疗胰腺炎：静脉点滴注射醋酸林格氏液，口服雷尼替丁（2mg/kg，1天两次）、胃复安（每天1mg/kg）、马罗匹坦（1mg/kg，1天1次）、甲磺酸萘莫司他（每小时0.1mg/kg）。治疗肝脓肿：甲硝唑（15mg/kg，1天2次），根据药物敏感性试验还选用了恩诺沙星（5mg/kg，1天1次）。就诊后第7天发现肝脓肿增大，又追加头孢匹罗（40mg/kg，1天2次）。

第14天时，病症略有改善，但是超音波检查显示肝脓肿并没有明显缩小的倾向。为此，重复了药敏试验，和上次结果一样。第24天时食欲有所改善，第28天用超音波检查发现肝脓肿消失了。第223天肝酶活性也恢复到正常值范围，肝脓肿没有复发，情况良好。

【病例2】袖珍腊肠犬，雄性，14岁，体重5.6kg，绝育。因精神萎靡和食欲废绝，呕吐，腹

泻和多饮多尿入院就诊。

● 一般临床检查

· 血液检查

白细胞数、ALT和ALP均升高。

· 超音波检查

肝脏有直径约4cm大小的低回声肿瘤样病灶。就诊后第6天超音波检查又发现一个直径约为2cm×4cm大小的低回声结节性病灶。

从该结节内的液体中检出大肠杆菌。因此诊断为肝肿瘤或者炎症并发肝脓肿。

● 治疗经过

治疗呕吐：静脉点滴注射醋酸林格氏液，投予雷尼替丁（2mg/kg，1天2次）。治疗肝脓肿：根据药物敏感性试验结果，选用恩诺沙星（5mg/kg，1天1次）。就诊后第8天血液检查结果显示血小板减少，血凝及纤溶系统异常，因此诊断为DIC。投予甲磺酸萘莫司他（每天0.1mg/kg）和肝素（200IU/kg，1天1次）。第9天，追加抗菌药物甲硝唑（10mg/kg，1天2次）治疗肝脓肿。第14天肝脓肿开始缩小。第19天肝脓肿消失，第21天病情缓解。之后，肝脓肿没有复发，但是发生了间歇性呕吐和腹泻，以及肝酶活性升高，就诊后第307天病死。

讨论

因肝脏原发性感染引发肝脓肿很罕见，多数肝脓肿由细菌沿胆管上行或者经血液感染肝脏所致。因此，发生肝脓肿的必要条件是患病动物存在基础性疾病、肝脏组织功能衰竭或坏死等病变。病例1虽然并发了胰腺炎，但是胰脏感染细菌很罕见。超声波检查也没有查到胰腺脓肿。另外，在病狗出现临床症状前，肝酶活性已经升高。因此，应该是由肝脏炎症或肝脓肿引发的胰腺炎。病例2

的肝脏有肿瘤性病灶，之后发生了肝脓肿，但因未实施肝活检，是否存在肿瘤并不清楚。与病例1相同的是肝脓肿形成之前肝酶活性就已经升高。报道的肝脓肿疗法包括肝叶切除、外科引流或经皮穿刺引流术，以及采用抗菌药物的内科治疗。本节的两个病例虽然都只采用了抗菌药物的内科疗法，但是肝脓肿都消失了，病情也得到了改善。针对肝脓肿内的细菌进行敏感性抗菌药物治疗，从开始用药到肝脓肿消失，病例1经过了26天，病例2经过了14天。这些提示肝脓肿治疗时间的长短取决于肝脓肿的数量、病变区域大小。另外，病例1针对肝脓肿选择敏感性抗菌药物进行了治疗，但是，治疗初期病情缓解有限。就诊后第14天超声波检查结果显示，肝脓肿并没有缩小，再度实施了药物敏感性试验。但是，药敏结果和上次相同，所以不能单凭影像结果来判断治疗效果，而要结合动物的状态和药物敏感性试验结果进行综合评价。

两病例发生肝脓肿时CRP值都比较高，但是肝脓肿消失后CPR值恢复到正常。特别是超声波检查病例1，没有发现肝脓肿有减小，但是它的CRP值却已减小。因此，CPR值可以作为评价肝脓肿治疗效果的有效指标。但是，因为CRP主要来自肝脏，且有研究报道说有的重度肝病，其CRP值并没有升高。因此，今后有必要进一步探讨肝脓肿的疗效评价。

病例2在治疗过程中发生了DIC。因为肝脏是血液凝固因子的生成场所，所以肝损伤可能引起血凝和纤溶系统异常。如果肝脓肿内存在革兰氏阴性杆菌，可直接通过产生内毒素，或细胞炎性因子，导致血管内皮细胞受到损伤和释放组织因子引起凝血系统的活化，最终引发DIC。因此，为了减少DIC的患病风险，应该尽早展开治疗，缩短治疗时间。

为此，尽管仅仅使用内科的治疗手段，能够治愈本节病例肝脓肿，改善病情。但是，作为今后的课题，有必要探讨如何采用穿刺引流术以缩短肝脓肿的治疗时间。

出处：第32届动物临床医学会（2011）

参考文献
• Farrar ET, Washabau RJ, Saunders HM : Hepatic abscesses in dogs : 14 cases (1982-1994)，J Am Vet Med Assoc，208（2），243-247（1996）

• Schwarz LA, Penninck DG, Leveille-Webster C : Hepatic ab-scess-es in 13 dogs : a review of the ultrasonographic findings,-clinical data and therapeutic options，Vet Radiol Ultra-sound，39（4），357-365（1998）
• Todd R. Tams（廣瀬 昶，福岡 淳 監訳）小動物消化器疾患治療ハンドブック，Elsevier Science（USA），2，264-319，インターズー，東京（2006）
• 西田幸司，水谷 敢太郎，小渡祥之 : 犬における CRP の臨床応用について，Journal of Small Animal，8（5），8-21（2006）
• 福岡 淳，鷲巣月美 : 肝障害にともなう出血傾向，Journal of Small Animal，5（1），34-39（2003）
• 亘 敏弘，辻本 元 : 播種性血管内凝固症候群（DIC）における出血傾向，Journal of Small Animal，5（1），40-47（2003）

短 评

肝脓肿的形成与门静脉中的细菌和胆道感染扩散直接相关。人肝脓肿常见的基础性疾病包括糖尿病、恶性肿瘤、胆囊胆管疾病。引发动物肝脓肿的风险较高的疾病有免疫不全或糖尿病。另外，消化道疾病和肿瘤扩散导致的门静脉血栓栓塞症也是肝脓肿的诱发原因。这次报道的两个病例均为高龄犬，作为肝脓肿潜在的诱因可能与胆道的炎症或感染有关。多数单纯性肝脓肿病人的临床症状为嗜睡、食欲不振、体重下降等非特异的症状，上腹部触诊时有压痛感。动物肝脓肿时多数病例表现为发热或原因不明的肝酶活性升高等症状，伴随末梢血球左移，间歇性发生嗜中性粒细胞增多，或中毒性嗜中性粒细胞和单核细胞增多，通常还伴随炎症反应蛋白（CRP）增加。

腹部超声波和CT检查是诊断肝脓肿的重要手段。超声波检查时肝脓肿形状不规则，内部不均一。用多普勒超声检查不到其内部的血流信号。但是，能查出点状的高回声气泡，也可通过X光确定异位钙化灶或气泡。超声波检查虽然可以检出5mm以上的病变灶，但是，难以鉴别粟粒状肝脓肿和其他肝实质疾病。单用CT检查，可以扫描出肝脓肿内部的低吸收性囊泡状病变。造影CT检查人的肝脓肿，其早期相显示脓肿中心低吸收，而被膜呈造影状，且其外侧有淡淡的高吸收域而形成双靶征。肝脓肿后期相可以看到被膜及其周围的造影效果。

此病的治疗包括引流或肝叶的切除。并取脓肿内样本进行革兰氏染色，和好氧或厌氧培养。首先投服广谱抗菌药物，进一步同时使用克林霉素或甲硝唑这些对厌氧菌有效的氨基糖苷类抗菌剂。

（宇野雄博）

第8章
肝胆系统

8. 猫巨形肝囊肿

A case of large hepatic cyst in cat

织动物医院

儿玉龙成、佐佐木隆博、织顺一

日本猫，2岁，因腹胀入院就医。腹部X光检查发现前腹部有巨形肿瘤样阴影像，超声波检查确认有积液。开腹探查发现巨形肝囊肿，并切除囊肿。术后囊肿和腹部积水未再复发，情况良好。病理学检查结果是单发性肝囊肿。

关键词：猫、肝囊肿、外科切除

引言

肝囊肿是肝组织中形成的单发性或多发性囊肿。多数病例没有症状，仅经超声波检查时偶被发现。据其病因可以分为先天性和后天性两大类。本节仅就猫因巨形肝囊肿致腹胀时，经本院外科处置，并取得良好疗效进行分析讨论。

病例

日本猫，雌性，2岁，体重3.75kg。6个月前腹围开始慢慢增大，为此到本院就诊。

● 初诊时一般临床检查

· 身体检查

腹部严重膨胀，有波动感。另外，食欲和精神无异常，心脏无杂音。

· 血液检查

没有发现特别的异常结果。

· X光检查

腹部X光检查发现前腹部有直径约8cm大小、质度均一的巨形肿瘤阴影，小肠和结肠的

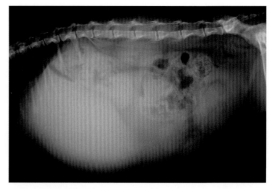

图1 腹部X光图像（RL）

尾部移位（图1，图2）。

· 超声波检查

肿瘤周边有清晰的膜性回声覆盖，但是没有液体回声（图3）。经穿刺吸取了一部分积液进行检查。液体黄色透明，TP4.6g/dL，相对密度1.034。取其沉淀涂片检查发现散在小淋巴细胞、中性粒细胞和红细胞。

从以上的检测结果分析，怀疑腹腔内囊肿。但是，难以确定发生囊肿的脏器，因此进行了开腹手术。

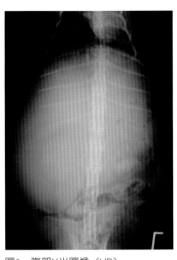

图2 腹部X光图像（VD）

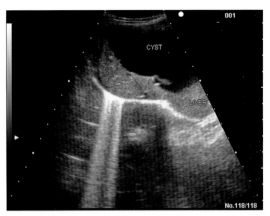

图3 腹部超声波图像

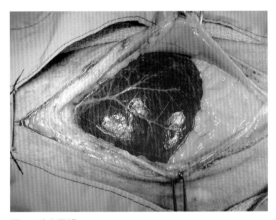

图4 手术图像

图5 囊肿内腔的肉眼图像

●手术

全身麻醉，仰卧保定，从腹部正中线切开腹腔，在肝脏外侧左叶发现囊肿，囊壁薄且血管丰富（图4，图5）。而且，肝外侧左叶萎缩，呈扁平细条状（图6）。吸出囊积液（250mL）后，切除囊壁及其附着的一部分肝脏外侧左叶，常规方法缝合腹腔。手术第2天出院，10天后拆线。术后30天，没有发现腹围膨胀现象，腹部超声波检查结果显示肝囊肿和腹腔积液均未复发。

·病理组织学检查

病理组织学检查巨形囊肿，显示其囊

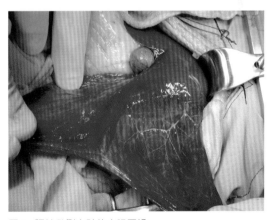

图6 肝脏外侧左叶的肉眼图像

壁由纤维性结缔组织组成，内腔一侧的上皮组织结构清晰，没有发生坏死，也没有纤维蛋白脱落。而且，囊肿周围的肝组织萎缩，伴有小叶间结缔组织的增生或胆管增生等病

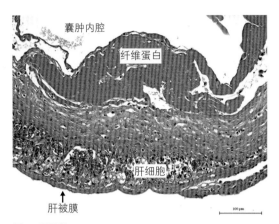

图7　肝囊肿

变，是单发性肝囊肿（图7）。

讨论

多数肝脏组织内发生囊肿的病例通常无临床症状，但是，本病例从肝脏长出如此大的囊肿，并紧贴肝组织，实属罕见。囊肿应是胆管扩张后的产物。虽然不能清晰地看到胆道内壁的上皮细胞，而难以辨明它的由来，但是由于未发现肿瘤、炎症或寄生虫等诱因，因此，应为先天性的肝囊肿。该病例发生肝脓肿的肝外侧左叶眼观呈长条萎缩状，但是组织的颜色并无异常。为了进行病理组织学检查，切除了囊壁和肝外侧左叶的一部分。术后，存在肝囊肿和腹腔积液复发的可能性，但是状态良好，病情没有复发。

出处：第30届动物临床医学会（2009）

参考文献
· Stephen JB,Robert GS（長谷川篤彦 翻译）:Saunders manual of small animal practice,Third edition（日语版），1,763-764,文永堂，東京（2009）
· Hilton AS,Thomas CJ,Ronald DH:Veterinary pathology,Forth edition,1234,Lea & Febiger,Philadelphia（1972）

短 评

肝囊肿通常衍生自管腔组织，尤其是胆道和连续性欠缺的胆道组织。这种罕见的肝囊肿均可见于犬和猫。后天性肝囊肿通常单发，而先天性肝囊肿一般呈多发性。发生多发性肝囊肿时，肝脏以外的脏器也可能伴发囊肿，且多见于肾脏。先天性多发性囊肿曾见于石冢犬和波斯猫的肝脏和肾脏。曾有中年以上病人发生肝囊肿，除单纯性肝囊肿，还有肝囊肿腺瘤和囊肿腺癌。

肝囊肿通常没有症状，触诊时才发现存在可以摸到的异物，但是，很少恶化为肝功能衰竭。有时，腹部会有不适感，或因横膈膜前顶而影响呼吸。

超声波检查时，单纯性肝囊肿呈现结节状，囊肿腺癌的囊肿壁较平滑等。因受超声波检查的鉴别能力所限，所以穿刺吸液分析或对切除囊肿物进行病理组织学检查就很重要。

治疗过程中，如果囊肿内的液体被穿刺吸出后，很快又出现蓄积，就有必要反复实施穿刺吸引术，或者是囊肿切除。囊肿内容物通常透明，但是，也有混杂胆汁或血液的罕见病例。此时，就要考虑外伤、炎症或肿瘤等是否为囊肿诱因。

（宇野雄博）

9. 猫巨形胆管囊肿

A case of giant binary cyst of a cat with frequent vomiting

岸上兽医院

今田 惠、片冈秀生、古田真介、藤本武悟、见目香织、秋山 Nozomi、岸上义弘

日本猫，雌性，12岁，绝育。因频繁呕吐和食欲不振入院就医。血液检查结果显示肝酶活性显著升高，并轻度黄疸。腹部X光检查发现上腹部有巨大肿瘤样异物。超声波检查显示肝脏后缘存在无回声的液体潴留像。开腹手术确认肝脏发生巨形囊肿，外科切除病变组织。病理组织学检查结果显示为胆管囊肿。手术后状态良好，6个月过去后没有复发，现在仍在接受观察。

关键词：猫、频繁呕吐、胆管囊肿

引言

肝脏内的小型囊肿多见于剖检时偶然发现，而大型囊肿因压迫周围的脏器，从而引起各种各样的临床症状。

本节简介1例因巨形胆管囊肿出现食欲不振和频繁呕吐的诊疗过程。

病例

日本猫，雌性，12岁，体重4.5kg，绝育。因突然食欲不振和频繁呕吐而入院就诊。

● 初诊时一般临床检查

· 身体检查

体温35.0℃以下，心率72次/分，口腔黏膜苍白，呈虚脱状态。腹部膨胀，触诊上腹部有拳头大小的肿瘤样异物，有波动感。

· 血液检查

AST>1 000U/L、ALT>1 000U/L，以及肝酶活性显著升高，BUN36.6mg/dL轻度升高。

白细胞数11 700/μL、RBC768×10⁶/μL、AL-P143U/L、NH₃19μg/dL、Glu102mg/dL。血浆轻度黄疸。

· X光检查

肝脏后方有X光不能透过的巨形肿瘤样异物，消化管向背侧移位。难以确认囊肿与脏器间的关联性（图1）。

· 超声波检查

肝脏后缘存在巨形囊肿，内部无回声，囊肿壁薄而没见增厚，不能确认囊肿与肝脏间的关联性。肝实质、胆囊和左右肾未见任何异常。

● 治疗经过

初诊以后的两天时间里，作为呕吐的对症治疗进行了醋酸林格氏液的皮下注射，并投予氨苄青霉素和法莫替丁药物。第3天呕吐症状平息，食欲恢复。但是腹胀仍旧缓慢恶化，因此第4天进行了开腹手术。

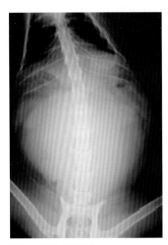

图1 腹部X光图像
腹腔内有巨形肿瘤样病变

●手术（就诊第4天）

全身麻醉后，取右侧卧保定，用18G留置针从肿瘤样病灶处穿刺取液，共吸出350mL血浆状的积液。之后，从腹中线开腹，确认从肝脏小叶的一部分派生出的囊肿。除肝脏病变处外未见其他部位有囊肿，其他脏器也未见异常。

肉眼下，沿着囊肿和正常肝叶交界处，从正常肝脏侧切除囊肿。褥式缝合后，有微量出血，因此将大网膜缝合在出血处。最后用500mL生理盐水清洗腹腔后缝合腹壁。

囊肿的壁薄。囊肿内积液为暗红色，相对密度1.102、Cre0.7mg/dL、Na154mmol/L、K4.2mmol/L、Cl121mmol/L。取沉淀物涂片镜检，主要是红细胞，没有发现异常的细胞成分。

●治疗经过

术后状态良好，用林格氏液静脉点滴，使用氨苄青霉素和法莫替丁3天。术后第2天的血液检查结果显示，血浆黄疸消失，肝酶活性值（AST138U/L、ALT638U/L）比术前低了。第6天出院，精神和食欲都慢慢地恢复。第26天的血液检查结果显示AST（27U/L）、ALT

（31U/L）和肝酶活性都恢复到正常。6个月过去了，没有再发。

·病理组织学检查

病理结果显示，肝脏中有几个巨形囊肿。其内壁存在一层类似立方体样或圆形的胆管上皮细胞。囊肿壁主要由正常肝脏组织形成。内壁上皮细胞未见异常，但是，内壁局部存在上皮细胞缺失。与囊肿壁相连的肝脏实质广泛出血，也存在坏死灶。而且，肝脏实质的淋巴管轻度扩张，部分小叶间胆管轻度增生。病变部位被诊断为胆管囊肿。

讨论

肝脏囊肿通常是在附带检查时被诊断出来的。但是，大范围多囊肿置换了肝实质，或由于囊肿引起机械性的挤压时，以及囊肿受到二次感染时，就会出现临床症状。临床表现多种多样。对于人来说，肝囊肿的一般症状为腹痛。但是，猫的腹痛症状难以察觉，多表现为食欲不振和精神萎靡。

另外，血液检查结果也没有特异性。临床症状和血液检查的结果，比起囊肿本身来说，更多的是取决于因囊肿的挤压而受到影响的相关脏器。胆管囊肿因为囊肿较小而不出现症状，多数都属偶尔发现。但是，像该病例如此巨大的胆管囊肿，机械性地挤压正常的肝脏、胆总管和消化管，引起了血浆黄疸，肝酶活性的显著升高。因此，表现出呕吐、食欲不振等临床症状。接下来，因切除了胆管囊肿，机械性的挤压消除后，症状消失，肝酶活性恢复正常。另外，如果腹腔内巨大囊肿内的积液被快速抽出时，有可能会引起血压降低，一定要注意。

胆管囊肿分为先天性和后天性两种，单发性囊肿一般是先天性。先天性的胆管囊肿来自于胎儿期的胆管，囊肿内不仅仅含有胆汁还有一些透明的浆液性的液体。后天性的胆管囊肿是由某种未知的病因导致胆管的连接部分阻塞而形成。

　　胆管囊肿和胆管囊腺瘤的区别非常困难，即使用X光和超声波检查，很难鉴别。该病例使用了以上检查手段，还是难以确认囊肿来自肝脏。胆管囊肿腺瘤是一种罕见的良性肝脏肿瘤，或单发或多发。病例基本都在10岁以上，多见于短毛品种。人中女性多发，但是猫中却以公猫多见。另外，囊肿的大小有1~15mm的小囊肿到15cm以上的大囊肿等。最终的诊断依赖病理组织学检查。本病例的囊肿的结构单一，大部分囊肿壁来自于正常的肝脏组织，因此诊断为非肿瘤性的胆管囊肿。

　　另外，本病例中的巨形胆管囊肿因挤压周围的脏器，出现了临床症状，血液检查也出现异常值。但是，巨形胆管囊肿切除后，6个月过去了，没有复发，恢复良好。从这一点看，对于胆管囊肿腺瘤和巨形胆管囊肿的治疗，采用外科切除的方法可以取得良好的疗效。今后是否还会复发，应定期跟踪复查。

出处：第27届动物临床医学会（2006）

参考文献
- Nyland TG, Mattoon JS: Small Animal diag-nostic ultraound, W. B. Saunders Company: 100（1995）
- 小出和欣, 小出 由紀子: 胆管癌を伴った囊胞性胆管腺腫の猫の 1例, 動物臨床医学, 11（1）33-37（2002）
- Berry CR, Ackerman N, Charach M, Lawrence D: Iatrogenic biloma（biliary pseudocyst）in a cat with hepatic lipidosis. Vet-Radiol Ultrasound, 33:145-149（1992）
- Adler R, WilSon DW: Biliary cystadenoma of cats, Vet Pathol, 32, 415-418（1995）

第8章

肝胆系统

10. 犬气肿性胆囊炎

Emphysematous cholecystitis in a dog

鸟取县动物临床医学研究所

鸟取县动物临床医学研究所·东京农工大学农学院兽医学科家畜外科学教研室

野山顺香、片冈智德、政田早苗、白川 希、毛利 崇、高岛一昭、小笠原 淳子、佐藤秀树、长久 Ayusa、冢根悦子、福泽 真纪子、坂井尚子、山根 义久

杂种犬，雄性、12岁。因食欲不振入院就诊。X光检查显示胆囊有气体滞留像，因此诊断为气肿性胆囊炎，并投予了抗菌药等。但是，第2天发现气体滞留像消失，怀疑是胆囊穿孔，因此实施急诊手术摘除胆囊。打开腹腔，发现胆囊确实穿孔，胆汁已经外漏。采集腹水进行细菌培养后检出梭菌。经胆囊病理组织学检查，结果诊断为坏死性胆囊炎。之后状态良好。

关键词：气肿性胆囊炎、梭菌、胆囊摘除术

引言

气肿性胆囊炎是非常罕见的疾病，由产气荚膜梭菌、大肠杆菌等致病菌产生气体后引起。虽然临床症状多见呕吐，但是缺乏特征表现，病发后症状急剧恶化，因此死亡率较高。本节简介犬气肿性胆囊炎的诊治过程。

病例

杂种犬，雄性，12岁，体重15.75kg。几年来都没有接种混合疫苗和预防丝虫。因精神萎靡和食欲废绝，入院就诊。

●一般临床检查

·身体检查

体温40.6℃，可听到心脏收缩杂音（Levine Ⅰ/Ⅵ）。

·血液检查

Mf（++），白细胞数轻度增加，ALP轻度升高（表1）。

·X光检查

初诊时肺水肿、左右心脏肥大。就诊第3天胆囊处有气体滞留像（图1）。第4天发现头一天的气体滞留像已经消失（图2）。

·超声波检查

心脏轻度的二尖瓣闭合不全症。另外，

表1 血液检查结果

WBC（/μL）	19,900	RBC（×10⁶/μL）	7.07	BUN（mg/dL）	38
Band-N	199	Hb（g/dL）	15.1	Cre（mg/dL）	1.7
Seg-N	18,109	PCV（%）	40	AST（U/L）	26
Lym	1,194	MCV（fL）	60	ALT（U/L）	31
Mon	398	MCHC（%）	35.7	ALP（U/L）	42
Eos	0			TP（g/dL）	7.0
		Plat（×10³/μL）	32.2	Glu（mg/dL）	83
				Na（mmol/L）	147
				K（mmol/L）	3.9
				Cl（mmol/L）	113

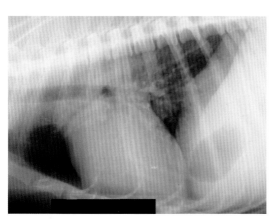

图1 胸部X光图像（RL）
患病第3天胆囊处有气体滞留像，诊断为气肿性胆囊炎

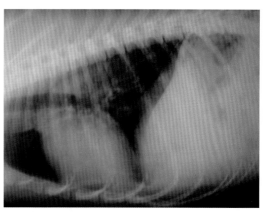

图2 胸部X光图像（RL）
患病第4天气体滞留像突然消失，怀疑是胆囊发生穿孔破裂

胆囊内有高回声像。

●治疗经过

入院后发现呼吸急促，频繁呕吐。这期间，一边注意呼吸状态，同时采取点滴、抗菌药、利尿剂和强肝剂等的治疗，就诊第3天开始出现食欲，且病情向好的方向发展。但是，就诊第4天X光检查后怀疑胆囊穿孔，因此进行了腹腔穿刺术。虽然没有收集到腹水，但是可以确认腹腔中存在大量中性粒细胞，提示腹膜炎，因此开展急诊手术。

●手术

麻醉过程中先用阿托品，导入氯胺酮和氟硝西泮，气管内插入导管，在使用多巴胺的同时用异氟醚维持麻醉状态。

手术从上腹部正中线开腹。打开腹腔后可以看到少量橙色的腹水，胆囊周围有胆砂和胆汁漏出。胆囊的颈部有穿孔，胆囊内部有胆泥和胆砂。因为黏膜呈现黑褐色，因此从胆管处插入导管，经反复冲洗将胆管内容物导入十二指肠，然后实施胆囊的摘除手术。胆囊摘除后，用生理盐水清洗腹腔，用常规方法缝合腹腔。另外，肉眼未见胰脏异常。

·病理组织学检查

摘除的胆囊诊断为坏死性胆囊炎。胆囊整体存在明显坏死，残存的黏膜面也存在超急性炎症。

另外，胆囊邻近的肝脏组织存在强烈的炎症反应。

·细菌培养检查

采集腹水厌氧培养后鉴定为梭菌属菌。

●治疗经过

手术后，曾出现肾功能不全症，BUN和Cre短暂升高，不过术后第3天得到改善。到现在手术已过7个月，状态良好。

讨论

胆囊炎包括因胆汁酸等化学作用和结石等物理作用而导致的非感染性炎症，以及由病原体导致感染性炎症。胆囊炎的原因之间密切相关。该病例中，胆汁淤滞或产气菌产气导致胆囊扩张压迫血管，另外浓缩的胆汁酸等引发黏膜的超急性炎症和坏死，最终导致了黏膜的穿孔。

作为人的急性胆囊炎的治疗宗旨，尽管

第8章
肝胆系统

手术被认为是最合适的方法，但是手术时机的选择，一般要求在确保手术前状态稳定的前提下，尽早实施手术。该气肿性胆囊炎，虽然具有需要紧急手术的坏疽性胆囊炎的特征，但是，因为该病例伴有丝虫病和二尖瓣闭合不全症，以及食欲开始恢复，因此，采用了内科治疗合并24h不间断病情观察。如果再早一些决定实施开腹手术，胆囊穿孔可能就不会发生，术后的恢复也可能会快一些。

另外，诊断为气肿性胆囊炎之前，利胆剂的使用以及给动物喂食，这些举措可能使病情恶化，这一点需要反省。

出处：第23届动物临床医学会（2002）

参考文献：
• Juile AA,Susan MT,Kim AT,Carl DP:Emphysematous cho-lecysti-tis in a suberian husky.Can Vet J,41,60-62（2000）木本誠二,和田達雄:新外科学大系,肝臟・胆道の外科 II,151-162（1988）

　　气肿性胆囊炎是由荚膜梭菌、大肠菌、克雷伯氏杆菌等产气菌引起，其特征为胆囊内、胆囊壁和胆囊周围有特征性气体滞留。随着各种成像诊断技术的进步，确诊犬和猫气肿性胆囊炎的机会在增加。

　　只用腹部的X光检查，就像本病例一样可以看到胆囊内或者胆囊壁有气体像。CT检查更能清晰地看到这个结果，但是腹部超声波检查时，因气体滞留，多数情况不能清楚地扫描出胆囊结构。由此，前一天刚刚检查出来的胆囊突然间就消失的时候，一定要怀疑胆囊破裂或气肿性胆囊炎。气肿性胆囊炎的CT检查，胆囊壁或胆囊内可以看到气体滞留。另外，作为因坏死而导致胆囊破裂的结果，在胆囊周围一般会有气体出现，以及胆囊壁连续性消失。就像本病例一样，通常会见到胆汁性腹膜炎导致的腹腔渗出液。在扫描时间较短的多层CT检查中，可以根据动物的病情实施无麻醉的CT检查。

　　作为治疗，在细菌检查结果出来之前，先使用抗菌药。气肿性胆囊炎可选择以下抗菌药进行治疗：阿莫西林、甲硝唑、克拉维酸以及青霉烯系列、氨基糖苷类系列（丁胺卡那霉素、地贝卡星）与甲硝唑合用，或者克林霉素和喹诺酮类或喹诺酮类合用等。

（宇野雄博）

11. 犬细菌性胆囊炎黄疸在腹腔镜下实施胆管清洗和胆囊摘除后康复

A case of bacterial cholecystitis with icterus in a dog successfully treated with laparoscopic biliary drainage and cholecystectomy

金井动物医院

金井浩雄、渡边尚树、金井裕子

贵宾犬，体重2.0kg，患胆管闭塞性黄疸，腹腔镜下胆管清洗和胆囊摘除，状态良好。

关键词：腹腔镜下胆囊摘除、胆管闭塞、细菌性胆囊炎

引言

腹腔镜下胆囊摘除术作为一种微创手术，在人类医疗中较为普及。但是，在兽医中报道很少，而且这些报道主要是未出现临床症状的胆囊黏液囊肿。本节简介用腹腔镜下胆管洗净和摘除胆囊治愈黄疸犬。

病例

贵宾犬，雌性，1岁10个月，未绝育，体重2.0kg。就诊前1周食欲不振，可视黏膜黄疸。在别的医院接受了内科治疗，但是病情没有好转。为了精密检查到本院就诊。

● 初诊时一般临床检查

· 身体检查

消瘦、可视黏膜黄疸。

· 血液检查

ALT（172IU/L）、T–Bil（3.9mg/dL）、LP（3281IU/L）值升高。

· 超声波检查

胆囊扩张，胆囊内有高回声区域（图1）。

● 手术

从以上的结果分析，怀疑胆总管闭塞，腹腔镜下从胆囊管处插入导管清洗胆管（图2至图4）。在C形臂透视下，确认胆总管到十二指肠畅通。接着，腹腔镜下摘除胆囊（图5）。摘下的胆囊被放入腹腔内的回收袋中（图6），经从长约1cm的切口处取出（图7）。

术后情况良好，手术当天就有食欲（图8）。对胆囊进行病理组织学检查，诊断为胆囊炎。采集胆汁，经细菌培养检出肠球菌。

● 治疗经过

基于药物敏感性试验结果，术后进行约1个月抗菌治疗，血液检查结果显示，所有的异常均得到改善。术后1年至今，健康状态良好。

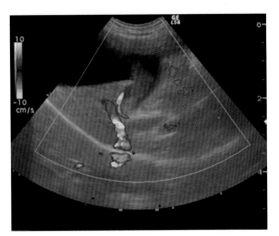

图1 超声波图像

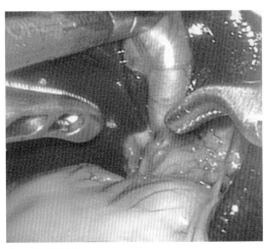

图2 手术照片①
腹腔镜下确认胆囊管和胆总管

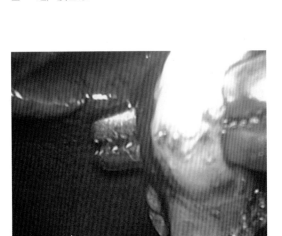

图3 手术照片②
剥离胆囊管和胆囊动脉的背侧

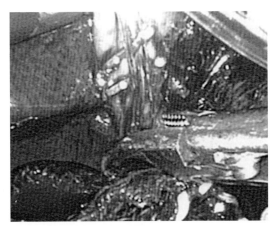

图4 手术照片③
切开胆囊管并插入导管后洗净胆管

讨论

腹腔镜下的胆囊摘除术在兽医中还未普及。特别是对黄疸等临床症状的病例，确实需要胆总管的洗净或粘连剥离等先进技术，而过去基本上没有这方面的报告。本院对重症病例开展了腹腔镜下胆管洗净和胆囊摘除术。对低体重动物施行该手术的难度较大，

但是，其优点在于对胆囊管、胆总管、胆囊动脉等微小区域进行手术时，通过腹腔镜能够扩大视野，能够使手术操作更加可靠。另外，因为在腹壁上切出几处5.0~10mm大小的切口后，借着腹腔镜就能在腹腔内完成所有的手术操作，所以可以保持脏器的湿润环境，而且创伤小，对动物的伤害极低。因此，腹腔镜下胆囊摘除术应该是今后动物临床广泛使用的方法。

出处：第32届动物临床医学会（2011）

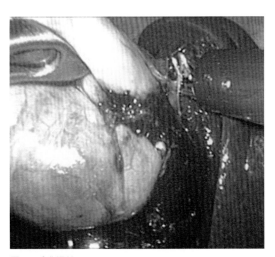

图5　手术照片④
用钩形电动手术刀把胆囊从肝脏上剥离出来

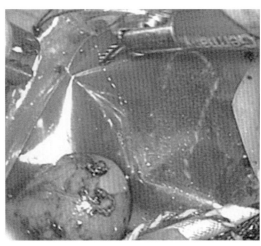

图6　手术照片⑤
摘下的胆囊被放入回收袋中

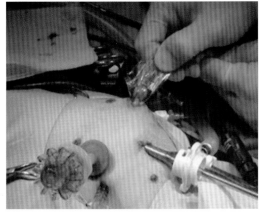

图7　手术照片⑥
从切开的小口处把胆囊取出体外

图8　术后5小时照片
食欲旺盛

参考文献

• Center SA:Disease of gallbladder and biliary tree. In:Guilford MG, Center SA, Strombeck DA, editors. Strombeck's small-animal gastroenterology. 3rd edition. Philadelphia, WB Saunders, 860-888 (1996)

第8章

肝胆系统

12. 犬坏死性胆囊炎致胆囊破裂

Gallbladder repture due to necrotizing cho 1 ecystitis
in three dogs

Myuu 动物医院、千里新城动物医院、小仪动物医院

栗崎 聪、穗满康弘、佐藤昭司、小仪 升、本田善久

　　腹部超声波检查发现3例胆囊内有静止滞留物。均表现为胆囊破裂导致的继发性腹膜炎症状。其中的2例实施了紧急胆囊摘除术，治疗效果良好。另外1例因畜主不接受外科治疗，仅进行了内科治疗，结果是在确诊后第4天死亡。

　　关键词：坏死性胆囊炎、胆囊破裂、胆囊摘除术

引言

　　犬胆囊破裂是罕见的急诊疾病中的一种，必须进行早期诊断和治疗。目前，关于胆囊黏膜囊肿致胆囊破裂的发病原因或发病率等的信息不足。本节简介因胆囊黏液囊肿引起犬胆囊破裂的超声波诊断和治疗过程。

病例

【病例1】波美拉尼亚犬，雄性，6岁5个月。因精神萎靡、食欲低下、触摸腹部时会叫而入院就诊。

●初诊时一般临床检查

　·身体检查

　　触诊发现腹部紧张。

　·血液检查

　　ALT和ALP值高，分别达到414U/L和913U/L。

　·X光检查

　　上腹部有X光不透过性阴影（图1，图2）。

　·超声波检查

　　胆囊扩张，内部有高回声且不动性阴影，胃部发现阴影（图3）。

●治疗经过①

　　动物状态良好，根据畜主的意见，为了确认胃内异物自然排出而住院观察。但是，入院第3天X光检查发现不透过性阴影消失，腹部肌肉紧张状况也有所改善，因此决定出院回家观察。第6天又发现精神萎靡和食欲下降，以及腹部紧张，因此采取皮下补液进行对症治疗。第8天精神委顿和食欲废绝，呕吐，腹泻，身体检查发现腹部膨胀和紧张，因此进行血液检查和X光检查。

●患病第8天一般临床检查

　·血液检查

　　ALP325U/L、T-Bil0.9mg/dL、Alb2.4g/dL。

　·X光检查

　　腹腔脏器下沉，因此怀疑腹腔积液，而进行腹腔穿刺和腹部超声波检查（图4，图5）。

　·腹水性状检查

　　腹水呈深黄色，相对密度1.025，TP2.6g/dL、T-Bil9.8mg/dL、细胞数6200/μL，腹水涂片镜

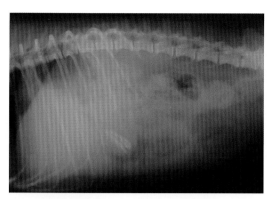

图1 病例1：患病第1天的X光图像（RL）

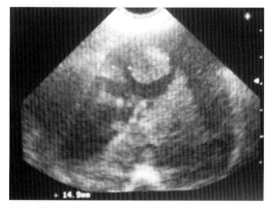

图3 病例1：患病第1天的超声波图像

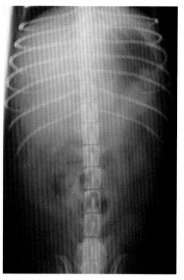

图2 病例1：患病第1天的X光图像（VD）

●治疗经过②

从手术后第2天开始，精神和食欲有所改善，腹部肌肉紧张现象消失。胆红素值和肝酶活性也得到改善。手术后3个月过去了，直到现在情况良好。

【病例2】喜乐蒂牧羊犬，雄性，5岁5个月。因1周前精神萎靡和食欲废绝，入院就诊。

●初诊时一般临床检查

· 身体检查

就诊前1天开始呕吐，初诊时腹部膨胀。

· 血液检查

以下检查指标发现异常：WBC29 100/μL，BUN131mg/dL，Cre5.2mg/dL，ALT169U/L，ALP357U/L。

· X光检查

腹部脏器下沉，怀疑腹腔积液。

· 超声波检查

胆囊膨大，且内部有放射状高回声的滞留物存在（图7）。为确认腹腔积液后，实施腹腔穿刺术，共吸出670mL的腹水。

因担心胆囊的黏液囊肿会导致胆囊破

检主要是红细胞、中性粒细胞和单核细胞。

· 超声波检查

胆囊膨胀，胆囊内部有呈放射状的高回声滞留物存在（图6）。腹腔积液，腹水中有大量漂浮物。

从以上结果看，怀疑因胆囊黏液囊肿引起的胆囊破裂和腹膜炎，因此紧急实施开腹手术。

●手术

腹腔内有大量腹水，其中有一个2cm大小的深绿色明胶状物质。胆囊壁坏死破裂后与肝叶严重粘连，因此将胆囊和肝脏方叶及内侧右叶摘除。同时，也取出胃内的胶状异物。

· 病理组织学检查

诊断为坏死性胆囊炎和慢性胆管肝炎。另外，胆囊黏膜形成过度。

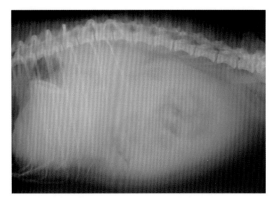

图4　病例1：患病第8天的X光检查图像（RL）

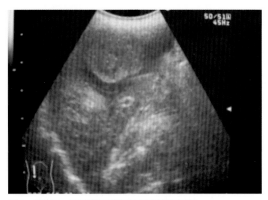

图6　病例1：患病第8天的超声波检查图像

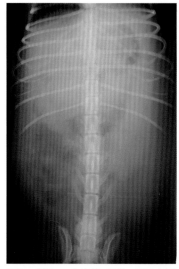

图5　病例1：患病第8天的X光检查图像（VD）

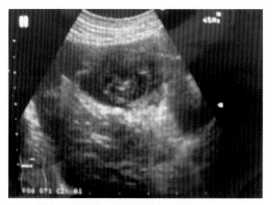

图7　病例2：患病第1天的超声波检查图像

裂，所以实施腹腔急诊开腹手术，切除胆囊。

●手术中观察

胆囊壁坏死，腹腔积液，腹水中漂浮浓稠血样黏性物质。

●经过

术后情况良好，到现在3个月了，健康状态良好。

【病例3】贵宾犬，雌性，13岁5个月。3天前开始精神萎靡和食欲废绝，黏液状腹泻，来本院就诊。

●初诊时一般临床检查

·血液检查

WBC109 600/μL、PCV26%、BUN

100.8mg/dL、Cre2.7mg/dL、ALT678U/L、ALP>3 500U/L。

●治疗经过

在院进行补液和抗菌药对症治疗，虽然高氮血症得到改善，但是精神和食欲仍不稳定。就诊第15日，精神委顿和食欲废绝，腹部膨大，为此开展多种检查。

●患病第15天一般临床检查

·X光检查

腹腔积液（600mL）。

278

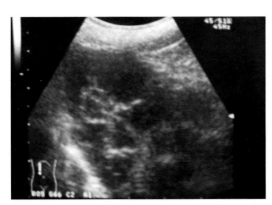

图8 病例3：就诊第15天超声波检查图像

· 超声波检查

胆囊扩张，胆囊内有呈放射状的高回声滞留物（图8）。

从以上结果分析，胆囊黏液囊肿可能会导致胆囊的破裂，建议畜主接受紧急开腹手术未获同意，只进行了补液和抗菌药的内科治疗，至就诊第19天死亡。

讨论

坏死性胆囊炎是病理组织学术语，就像该病例临床表现，胆囊内有明胶状物质，称之为黏液囊肿、黏液瘤或囊肿。黏液囊肿报道少、且原因不明，胆汁淤滞和胆囊黏膜过度形成都被认为是其第一要因。

黏液囊肿的超声波检查特征为，放射状或清晰的线状不动性的胆汁图像。

本节3病例，虽然没有典型的放射状图像，但是存在明显区别于胆泥的不动性滞留物。胆囊黏液囊肿及其并发症胆囊破裂会引发继发性腹膜炎，恶化临床表现。

病例1和2实施了胆囊切除，腹膜炎症状和身体状况得以改善，证明了外科治疗该病的效果。病例3中，在引发明显腹膜炎的症状以前，尽管已经实施了抗菌药和利胆药

的治疗，但是没有疗效，以动物死亡告终。因此，从以上结果看，目前来说对该病的治疗还是外科治疗（胆囊摘除术）的效果比较好。只是，有关内科治疗的报告病例本身就比较少，在胆囊破裂引发之前开展内科治疗的意义也不能完全被否定。

回顾病例1，在初诊时反复考虑过胆囊内有不动性的黏液囊肿存在，但是对临床信息的分析不充分，延迟了诊断，没有进行相应的内科治疗，结果发生了腹膜炎，最终不得不采取急诊手术，这值得反省。今后，随着超声波检查机器性能的升级，以及兽医们对该病的重新认识，可以在胆囊破裂前早期确诊该病。因此，对该病早期内科治疗效果的评价，以及向畜主充分说明胆囊即将破裂的可能性很重要。

出处：第25届动物临床医学会（2004）

> **短评**
>
> 从本病例至今数年已经过去，对胆囊黏液囊肿的治疗还是首选外科。内科治疗该病的效果至今还是不太明确，因此不推荐使用。随着病情的发展，胆囊黏液囊肿发生胆囊破裂的风险为50%~60%。但是，对于无症状的病例，向畜主说明胆囊切除后存在并发症的风险，选择内科治疗的情况也比较多，因此，在评价胆汁排泄或肝功能时，需要增加内科性管理。

参考文献

· Besso JG, Wrigley RH, Gliatto JM, Webster CR:Ultrasonograph-ic appearance and clinical findings in 14 dogs with gallbladder mucocele, Vet Radiol Ultrasound, 41, 261-271 (2000)

· Bromel C, Leveille R, Scrivani PV, Smeak DD, Podell M, Wagner SO:-Gallbladder perforation associated with cholelithiasis and cholecystitis in a dog, J Small Anim Pract, 39, 541-544 (1998)

· Svanvik J, Pellegrini CA, Allen B, Bemhoft R, Way LW:Transport of Fluid and biliary lipids in the canine ganbladder in experimental cholecystitis, J Surg Res, 41, 425-431 (1986)

13. 犬胆囊扩张

A case of gall bladder expansion in the dog

北里大学附属动物医院
越田雄史、福岛 潮、伊藤伸彦

喜乐蒂牧羊犬，雌性，因呕吐来院就诊。血液检查结果未见特别异常，X光和超声波检查显示胆囊重度扩张。在超声波介导下进行胆囊穿刺以及胆囊造影X光检查，诊断为无菌性不完全闭塞引起的胆囊扩张，实施了内科治疗。内科治疗后胆囊扩张的临床症状并未明显改善，因此进行胆囊切除，病情得到改善。

关键词：不完全闭塞性胆囊扩张、胆囊造影、胆囊切除术

引言

胆囊扩张是因肿瘤或胆结石、胆泥等引发胆总管闭塞，使胆汁排泄障碍而引发该病。胆囊过度扩张并不会引起血胆红素升高，但是会引发胆囊破裂，或破裂导致胆汁性腹膜炎的风险会升高。本节简介不完全闭塞性胆囊扩张病例的诊治过程。

病例

喜乐蒂牧羊犬，雌性，10岁。就诊前1天反复呕吐来本院就诊。虽然有食欲，但是明显沉郁。摄食前后1~2小时内呕吐。

● 初诊时一般临床检查

· 血液检查

ALT（795U/L）、T-Cho（459mg/dL）、TG（159mg/dL）和磷脂（617mg/dL）值升高。T-Bil（0.21mg/dL）和D-Bil（0.05mg/dL）值正常。

· X光及超声波检查

胆囊重度扩张（图1）。

● 治疗经过

考虑其临床症状后，开处方：胃复安（0.1mg/kg，1天2次）、西咪替丁（10mg/kg，1天2次）和熊去氧胆酸（10mg/kg，1天2次），观察病情发展。就诊第13天时，虽然呕吐等症状有缓解倾向，但是胆囊扩张仍然存在，因此通过胆囊穿刺术抽吸胆汁，并用泛影葡胺进行胆囊照影X光检查（图2）。

· 细胞学诊断

取胆汁沉淀镜检，发现立方圆柱状上皮

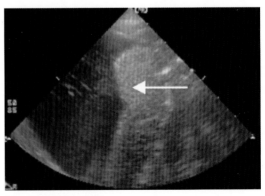

图1 胆囊超声波图像
有胆泥状物质（白色箭头处）

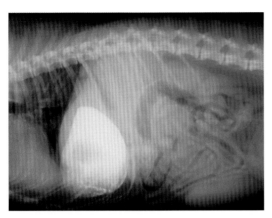

图2 胆囊造影X光图像（RL）

细胞和类圆形细胞个个呈小块状，未发现细胞核质异常等肿瘤指征。另外，发现中度胆结石晶体。

· 胆囊造影X光检查

扩张胆囊内没有发现缺损等异常现象，在形态上是光滑的椭圆形。

就诊第46天，偶尔出现呕吐，考虑到可能由于胆囊扩张而引发胆囊破裂的危险性，实施了胆囊切除。

●手术（就诊第46天）

胆囊与肝脏方叶粘连，因而将胆囊和1/3的方叶同时切除。未见胆总管和十二指肠开口部存在狭窄或物理压迫。

术后状态大致良好，到现在约7个月了，健康良好。

讨论

在本病例中，从包含临床症状等的各项检查结果分析，作为引起胆囊扩张的一个病因可能是牧羊犬种的高胆固醇血症。喂给犬高胆固醇食物实验报告指出，犬胆内形成了人黑色胆结石样的色素结石和胆泥。从这一点看，慢性高胆固醇血症犬的胆囊内形成结石或胆泥的可能性会增高。实际上本病例的胆汁中不存在胆结石，但是存在中等大小的结晶和黏稠度较高的胆汁。另外，引发不完全闭塞性胆囊扩张的疾病还有甲状腺机能低下或胆囊黏液囊肿等。本病例不存在脂质异常，也未见指示甲状腺机能低下症的检查结果。胆囊黏液囊肿的诱因被认为是胆汁的慢性淤积，本病例也有这种可能性。

本病例中，必须考虑由胆囊破裂或扩张胆囊对其他器官的损伤的可能性，但因缺乏显示出特异性的症状，因而要想把握住外科处置的时机非常困难。这次，为了进行胆囊造影X光检查，进行了透肝胆囊的穿刺术，了解胆汁性状后，实施了胆囊切除，这样做比较合理。

出处：第26届动物临床医学会（2005）

参考文献
• Dawes LG, Nahrwold DL, Roth SI, Rege RV: Reversal of pigment gallstone disease in a canine model, Archives of Surgery, 124, 463-466 (1989)
• Laukkarinen J, Koobi P, Kalliovalkama J, Sand J, Mattila J, Turjanmaa V, Porsti I, Nordback I: Bile flow to the duodenum is reduced in hypothyreosis and enhanced in hyperthyreosis, Neurogastroenterol Motil, 14 (2), 83-188 (2002)
• Worley DR, Hottinger HA, Lawrence HJ: Surgical management of gallbladder mucoceles in dogs: 22 cases (1999-2003). J Am Vet Med Assoc, 225 (9), 1418-1422 (2004)
• Besso JG, Wrigley RH, Gliatto JM, Webster CR: Ultrasonographic appearance and clinical findings in 14 dogs with gallbladder mucocele, Vet Radiol Ultrasound, 41 (3), 261-271 (2000)

第8章

肝胆系统

14. 猫胆管肝炎并发胆囊黏液囊肿

Cholangiohepatitis with gallbladder mucocele in a cat

ASAP动物医院

藤本晋辅*、进之口义哲、藤冈崇伯、楠濑周永、山口明子、山口润

*现在所属：大津动物诊所（熊本县）

11岁老龄猫，因食欲不振和重度黄疸入院就医。各项检查结果显示无超声波阴影而伴有高回声的肿瘤样病变，导致了胆总管闭塞。因此，入院就诊第4天实施了外科治疗以解除胆总管闭塞。打开腹腔，发现肝脏黄疸并有出血斑，以及胆囊硬化和胆总管闭塞。因此切除胆囊，并冲洗十二指肠乳头至胆总管的部位，像胆结石样的黏弹物被冲洗出来，解除了胆总管闭塞。术后黄疸和一般病情得到改善，到现在3个月了，情况良好。

关键词：胆管肝炎、黄疸、胆囊黏液囊肿

引言

猫的胆管炎和胆管肝炎是常见病，及时肝活检等恰当检查或治疗，大多预后良好。本节简介猫胆管肝炎并发胆囊黏液囊肿以及胆总管闭塞，实施开腹手术后得到良好疗效的诊疗过程。

病例

杂种猫，雌性，11岁，体重3.1kg，未绝育。来本院就诊前6天呕吐和食欲不振。

●初诊时一般血液检查

·身体检查

皮肤和可视黏膜黄疸。

·血液检查

肝酶活性值高（ALT>1000U/L、AST546U/L、ALP670U/L、GGT24U/L）以及T-Bil值也偏高（7.5mg/dL）。

·超声波检查

肝脏有高回声多发性小结节性病变，胆囊壁肥厚，胆囊内充满胆泥。另外，胆总管扩张（直径5.5mm）和其十二指肠开口处存在高回声无阴影的肿瘤样病变（直径5.2mm）。

从以上的结果分析，诊断为因胆管和胰脏肿瘤或炎症导致胆总管闭塞，首先尝试了内科治疗。但是，就诊第3天T-Bil升高到12.5mg/dL，因此就诊第4天为了解除胆管闭塞，实施外科的治疗。

●手术

打开腹腔，观察到肝脏呈现黄疸和出血斑，触摸后发现胆总管开口部周围硬结。

首先，把硬结且扩张的胆囊（图1）剥离摘除。然后，为了解除胆总管闭塞，切开扩张的胆总管，清洗内部（图2），尝试疏通从胆总管侧到十二指肠的通道，但是失败了，没能消除胆总管的闭塞。为此，切开十二指

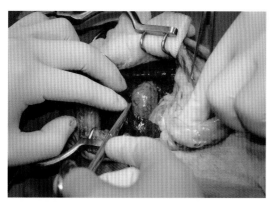

图1　手术照片①
黏液囊肿化的胆囊

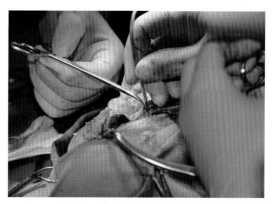

图2　手术照片②
洗净扩张的胆管

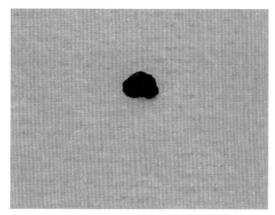

图3　让十二指肠乳头处闭塞的胆结石

肠，疏通从十二指肠乳头侧到胆总管的通道，冲出像胆结石样的黏弹物，闭塞得以消除（图3）。疏通胆总管后，从十二指肠乳头到胆总管处慢慢插入4Fr营养导管，没有留置胆管支架，缝合胆总管和十二指肠，在胃中设置了PEG管并实施了肝活检，最后缝合腹腔。

● 治疗经过

手术后第1天出现贫血症状，考虑到可能是肝脏表面严重出血，输血治疗，贫血得到缓解，之后未发现PCV降低。术后第3天开始，通过胃PEG管给食。分析胆结石样黏弹物的成分，胆红素钙占40%，蛋白成分占60%。另外，由于怀疑本病例的原发症为胆管肝

炎，就对胆汁进行细菌培养，结果为阴性，术后第4天开始追加强的松。

手术后第10天（就诊第14天）自我进食能力开始增加，T-Bil值也有所改善，为1.0mg/dL。由于肝脏的病理组织学检查诊断结果也是胆管肝炎，因此继续使用强的松治疗。第18天，肝酶活性得到改善，AST26U/L、ALT61U/L、ALP83U/L、GGT5U/L，T-Bil基本正常，为0.6mg/dL。第37天，拔出胃PEG管，到现在90天了，情况良好。

讨论

引起猫的肝外胆管闭塞的原因，多为胆管和脾脏的肿瘤或炎症，因胆囊黏液囊肿和胆结石造成的肝外胆管闭塞的报告较少。

本病例中，超声波检查时发现高回声而无阴影的肿瘤样病变导致胆总管闭塞，担心将发生胆管和胰脏肿瘤或炎症而进行了手术。但是，结果是引起肝外胆管闭塞的原因是胆结石样黏弹物，胆囊切除和胆结石样黏弹物取出后，得到良好疗效。另外，经肝活检和病理组织学检查诊断为胆管肝炎，因此，本病例的原发病是胆管肝炎，后来可能继发胆囊黏液肿瘤，最终引起肝外胆管闭塞。另外，术后贫血症状通过输血治疗后迅

第8章

肝胆系统

283

速得到缓解，应是血液中的凝血因子或AT Ⅲ（抗凝血酶Ⅲ）起到了止血的作用。为此，下次处理类似本病例肝损伤为主要症状的病例时，手术前最好测定凝血功能或AT Ⅲ指标。如果出现异常，或者手术中肝脏观察到出血斑时，积极的手术全程输血治疗较好。今后，治疗胆管肝炎，有必要探讨在病情恶化前甾族化合物或抗菌药的使用量。

出处：第31届动物临床医学会（2010）

参考文献

• WSAVA Liver Standardization Group（鷲巢誠，鷲巢月美　監訳）:WSAVA グローバル スタンダード犬と猫の肝臓疾患の臨床的組織学的診断 1,53-87,インターズー,東京（2007）
• 小動物外科専門誌 Surgeon 67 肝外胆道系の外科 1,14-70,インターズー,東京（2008）
• Dominique Penninck,Marc-Andre d'Anjou:Atlas of Small Animal Ultrasonography（茅沼秀樹　監訳）小動物の超音波診断アトラス 1,213-259,文永堂出版,東京（2009）
• Maynew PD,Holt DE,Mclear RC,WaShabau RJ:Pathogen-esis and outcome of extrahepatic biliary obstruction in cats,J Small Anim Pract,43,247-253（2002）

短　评

　　胆囊黏液囊肿（GM）多见于犬，胆囊底部含有黑绿色的胆汁，或潴留半固体至不动性黏稠块状物。不仅胆囊有黏液性胆汁，同时胆囊管、肝管和胆总管中也广泛存在，并引发不同程度的肝外胆管闭塞。

　　另外，迄今，猫GM只报道3例，因此本病例极为珍贵。只是，本病例的超声波检查结果显示，胆囊壁肥厚和胆囊内充满胆泥，但是缺乏手术时观察到的胆囊内滞留物性状描述，对比较分析犬和猫的GM有些可惜。依据胆总管无阴影诊断为结石引起的胆汁淤滞，因此招致了胆道系统黏液分泌亢进，但是本病例依据猫肝脏的病理组织学检查诊断为胆管肝炎，并投予了强的松，因此，应该存在"淋巴球性胆管炎"或者"混合性胆管炎"。本病例提示了猫炎症性胆管炎可能和GM的发生有关，因此是珍贵的病例报告。

（宇野雄博）

15. 犬胆囊黏液囊肿和胆总管闭塞并发胆结石

Colelithiasis with obstruction of bile duct and gallbladder mucocele in two dogs

小出动物医院

小出和欣、小出由纪子、矢吹淳、浅枝英希

2例闭塞性黄疸玩具犬，影像检查诊断为肝外胆管扩张和胆总管末端胆结石闭塞。两例病例均并发了胆囊黏液囊肿，取出胆总管内的胆结石，并清洗胆总管和切除胆囊。手术后黄疸逐渐地退去，但是肝活检发现还存在慢性肝病。

关键词：胆囊黏液囊肿、胆总管闭塞、胆结石

引言

犬胆结石罕见，根据发生部位分为肝内胆结石、胆管胆结石以及胆囊胆结石。多数有胆结石的动物无明显症状，因X光和超声波检查时偶然发现。但当胆结石引起胆总管闭塞时，就会引发典型的闭塞性黄疸。

本节简介因胆结石导致胆总管闭塞，引发闭塞性黄疸后，并发胆囊黏液囊肿的两例玩具犬的诊治过程。

病例

【病例1】马尔他犬，雄性，去势，10岁，体重3.0kg。就诊前4天尿色异常，到别的医院就诊，发现黄疸和肝酶活性异常，以及胆总管扩张，为了做进一步的检查，第2天由这家医院介绍来本院就诊。

●初诊时一般临床检查

·身体检查

BCS3。皮肤和可视黏膜黄疸。

·血液检查

由于中性粒细胞增多，致使白细胞总数增多，胆红素血症（T-Bil7.7mg/dL），肝酶活性显著升高（AST551U/L、ALT1 989U/L、ALP26 106U/L、GGT155U/L）、以及高胆固醇血症（T-Cho582mg/dL）。

·X光检查

轻度肝肿大，肝门附近存在小豆至大豆大小的多个胆结石的阴影，同时一部分胆管已经钙化。

·超声波检查

肝内胆结石，胆管扩张，胆囊内存在高回声（图1①）。

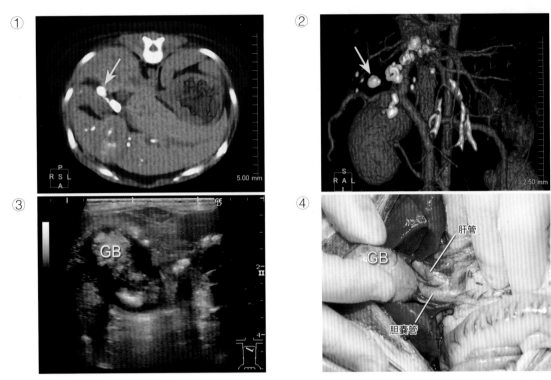

图1　病例1：术前的3D-CT图像（①：单纯的轴向图，②：造影腹侧观），胆囊的超声波图像（③），以及手术照片（④）

●手术

入院后使用了抗菌药、法莫替丁、布托啡诺，静脉注射复合水溶性维生素，同时也静脉点滴注射添加萘莫司他、维生素K_2，脱水纠正后在全麻下进行CT检查。

·CT检查

肝外胆管扩张，多个胆结石以及胆总管终末端因胆结石闭塞（图1①，图1②）。

从腹正中线打开腹腔，剥离胆囊后切开胆囊，除去胆囊内充满的黏液状物，经过胆囊管尽可能去除胆管内的结石，并洗净胆总管。结扎胆囊管并切除胆囊。另外，还发现整个肝脏表面存在多量粗糙的小突起。胆囊内容物细菌培养阴性，胆管内胆结石的成分98%以上为碳酸钙。

·病理组织学检查

胆囊有胆囊炎，肝脏内胆汁淤滞。胆管纤维化和变性坏死，并伴发胆管增生。

●治疗经过

术后状态大致良好，高胆红素血症和高胆固醇血症迅速缓解，但是手术后第149天仍遗留有轻度到中度的肝酶活性异常，因此继续服用甲硝唑、熊去氧胆酸、法莫替丁和左甲状腺素钠。到现在9个月过去了，情况良好。

【病例2】吉娃娃犬，雌性，6岁，体重1.5kg，绝育。因为黄疸再次复发，为了做详细检查经别的医院介绍到本院就诊。就诊前两个月本病例在其他医院发现肝酶活性异常和黄疸，经过内科治疗黄疸得到一过性缓解，但肝酶活性持续异常。

就诊前一个月进行开腹手术，肝活检诊断为门静脉发育不全，同时也发现胆总管扩张。

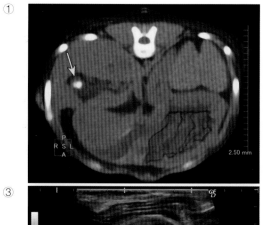
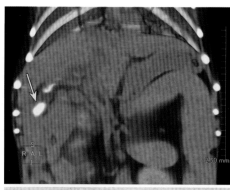
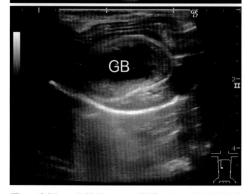
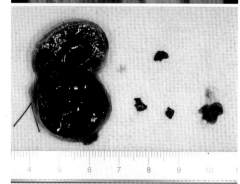

图2 病例2：术前的3D-CT图像（①：单纯的轴向图，②：单纯的冠部图），胆囊的超声波图像（③），以及切除胆囊的切面和胆总管内取出的胆结石照片（④）

●初诊时一般临床检查

·身体检查

BCS2。中度消瘦，皮肤和可视黏膜黄疸。

·血液检查

高胆红素血症（T-Bil8.3mg/dL），肝酶活性中度升高（AST252U/L、ALT2 357U/L、ALP2 522U/L、GGT139U/L），以及高胆固醇血症（T-Cho457mg/dL）。

·超声波检查

胆囊壁肥厚，除胆囊中心以外存在弥漫性高回声，肝外胆管显著扩张（图2③）。

住院后开展了与病例1相同的治疗，纠正脱水后进行CT检查。

·CT检查

胆囊管、肝管和胆总管扩张，胆总管末端因胆结石闭塞（图2上段箭头处）。就诊第2天实施外科手术。

●手术

从腹正中线打开腹腔，肝脏呈微暗红色，表面粗糙，胆囊和肝外胆管扩张，且胆囊壁和胆管壁重度肥厚，有的部位发生粘连。切开胆总管后，除去胆结石，清洗胆总管并切除胆囊。摘除的胆囊以及胆囊管内，充满高度黏稠的黏液，胆囊管闭塞。胆囊内容物细菌培养阴性，胆总管内的胆结石成分98%以上为蛋白质。

·病理组织检查

胆囊黏膜上皮过度形成昭示黏液产生亢进，十二指肠轻度炎症性细胞浸润，肝小叶不规则且小，肠淋巴管扩张和纤维化显著，

287

以及毛细胆管内有多个胆汁栓。

● 治疗经过

手术后，高胆红素血症和高胆固醇血症迅速得到缓解，但是肝酶活性还稍微有些异常。现在术后6个月，一直服用甲硝唑、熊去氧胆酸、法莫替丁和泼尼松龙等药物。

讨论

本节两个病例都因胆总管内胆结石导致闭塞和黄疸。从病情的发展过程以及手术时看到的肝外胆管肥厚或扩张的结果分析，应由慢性不完全胆总管闭塞所致。病例1中，用X光或超声波检查，结果显示多处存在明显的胆结石，但是病例2只有少量的胆结石且仅局限于胆总管远端部位，通过CT检查才确诊为胆结石。一般认为胆囊黏液囊肿因慢性的胆汁排泄障碍引起，但是由于胆囊黏液囊肿导致术前缓解闭塞性黄疸的胆囊穿刺吸引术难以完成，因此尽早开展手术治疗很必要。两病例胆囊内容物的培养结果均为阴性，但是由于存在慢性肝炎或胆囊炎，特别是病例1中胆结石的成分主要是碳酸钙，所以细菌感染应该是其基础疾病。两病例都为慢性肝病，因此要进行持续的内科治疗。

出处：第31届动物临床医学会（2010）

16. 猫胆总管闭塞治疗

Treatment of a cat with bilary obstruction

并木动物医院、日本兽医生命科学大学病理学教研室

长谷往明、江上阳子、村山由纪、中山和宣、山田公治、并木 诚、高桥公正

杂种猫，2岁6个月，因黄疸来本院就诊。各项检查后诊断为胆总管闭塞性黄疸。内科疗效不明显，求助外科治疗。手术确认胆囊、胆囊管和胆总管内有多颗黑色胆结石。切开胆囊，用生理盐水清洗胆囊、胆囊管和胆总管，确认胆总管已经疏通后，缝合腹腔。胆结石由胆汁浓缩所致。术后胆总管闭塞没有复发，到现在状态良好。

关键词：猫、胆总管闭塞、胆结石摘除术

引言

猫胆总管闭塞的原因，包括：管腔外的压迫（胆总管、胰脏和十二指肠的肿瘤，外伤、胰腺炎和十二指肠炎并发的胆总管狭窄，肝外胆管先天性畸形）和管腔闭塞（结石、浓缩的胆汁、肝吸虫）。本节简介比初诊黄疸更严重，超声波检查诊断为胆管闭塞性黄疸猫的外科治疗过程。

病例

杂种猫，雄性，去势，2岁6个月，体重4.5kg。就诊前一周皮肤变黄，未呕吐，精神和食欲一般。

●初诊时一般临床检查

·身体检查

口唇、眼球结膜以及全身皮肤重度黄疸，轻度脱水。

·血液检查

如表1所示，肝酶活性明显升高。

·超声波检查

胆囊内充满高回声物，高回声物中无阴影。另外，胆囊壁肥厚（2mm），但是胆囊没有扩张，胆总管扩张至6mm。肝实质的回声没有特别的异常（图1）。没有发现十二指肠壁的肥厚和胰脏的肿大。

从以上检查结果分析，诊断为胆总管闭塞引发的黄疸。

●治疗经过①

除黄疸外无其他临床症状，所以首先开展内科治疗。考虑到有可能并发胆囊炎和胆管肝炎，用5%葡萄糖液进行点滴治疗。用抗菌药、泼尼松龙、噻哌溴铵等药物进行治疗。但是，就诊第3日的血液检查结果显示，肝酶活性没有得到改善。

超声波检查结果显示胆总管进一步扩张（7.6mm）。考虑到内科疗法难以改善黄疸，因此于就诊第4天实施开腹手术。

表1 血液检查结果

	第 1 病天	第 4 病天（术前）	第 5 病天	第 20 病天	第 84 病天
WBC（/μL）	13,200	19,800	12,900	14,900	12,800
RBC（×10⁶/μL）	6.21	5.98	6.00	5.18	5.32
PCV（%）	34.2	31.1	30.8	25.2	27.9
AST（U/L）	300	364	154	55	<10
ALT（U/L）	983	785	398	43	34
ALP（U/L）	78	67	<50	<50	<50
GGT（U/L）	61	26	18	<10	<10
T-Bil（mg/dL）	13.7	13.2	3.7	0.7	0.3

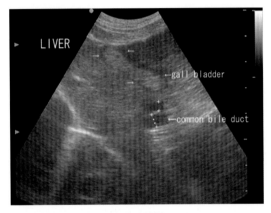

图1 就诊第1天的肝脏超声波图像
胆囊壁肥厚（2mm），胆囊内充满高回声物，胆总管明显扩张（6mm）

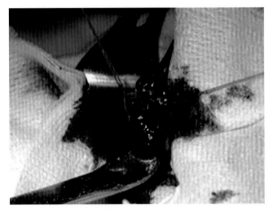

图2 胆囊切开手术的照片

● **手术**

用氯胺酮、布托啡诺、阿托品进行预处理后，用面罩导入异氟醚，插入导管后持续导入异氟醚。从上腹部正中线处开腹，确认胆囊，发现胆囊没有扩张但已硬化。另外，把附着在肝脏上的胆囊剥离出来，切开胆囊后发现胆囊壁肥厚，且胆囊内有多颗大小不一的黑色胆结石（图2）。胆结石脆弱，表面粗糙。通过触诊确认从胆囊开始到胆囊管和胆总管的内部充满胆结石。因此用生理盐水从胆囊切开部位开始清洗，让胆囊到胆总管的胆结石漂浮上来然后抽走，并重复该操作。

另外，从胆囊切开处通过生理盐水加压，疏通胆囊管和胆总管，用可吸收线缝合胆囊的切开部位，最后缝合腹腔。胆囊周围脏器未见异常。手术时，采集了胆囊壁的一小部分和肝脏的一小部分作为活检材料，同时无菌采集胆汁，进行需氧和厌氧培养检查。

· **病理组织学检查**

结果为慢性胆囊炎、小叶中心性肝细胞肿大、胆管炎。

· **细菌培养检查**

需氧菌和厌氧菌均没有检出。

· **胆结石成分分析**

胆结石由胆汁浓缩形成（图3）。

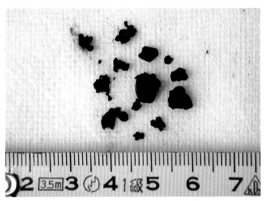

图3　取出的胆结石照片

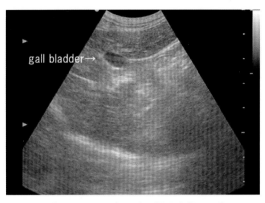

gall bladder→

图4　就诊第84天的肝脏超声波图像没有发现异常

● 治疗经过②

作为内科疗法，直到出院为止一直使用抗菌药、熊去氧胆酸、噻哌溴铵等药物。手术后几天中，食欲时好时坏，上腹部有压痛感，反复出现发热症状。可能是胆囊炎所致，从就诊第10天开始，包括食欲均稳定了，就诊第21天出院。

出院后，恢复得非常好，就诊第84天时体重增加到5.5kg，血液检查和超声波检查结果没有发现异常（图4）。

讨论

作为猫的胆管闭塞性黄疸的原因，胆结石罕见。本病例由于慢性胆囊炎，引发胆囊内到胆囊管和胆总管的胆汁淤积，使得胆汁浓缩，最终形成胆结石。而胆管炎、肝细胞肿大应是胆总管闭塞所诱发。

本病例中选择使用胆囊切开术，没有必要再实施内科治疗，到现在状态良好。①病理组织学检查认为胆囊炎是病因；②术后10天内可能是因胆囊炎引发了一些临床症状；③今后，胆囊炎可能复发，因此选择胆囊切除术也许比较合适。

出处：第32届动物临床医学会（2011）

参考文献
· Christopher S. Eich, Lori L. Ludwig: The Surgical Treatment of Cholelithiasis in cats: A Study of Nine Cases, J Am Anim Hosp Assoc May-Jun, 38（3），290-296（2002）
· Richard W. Nelson, C. Guillermo Couto: 小动物内科（長谷川 篤彦，辻本 元 翻译）9-531（2001）

第8章

肝胆系统

17. 猫胆管空肠吻合术

A case of hepatico-jejunostomy in a cat

宇野动物医院

樋笠正晃、尾中千春、大西克幸、宇野雄博

苏格兰摺耳猫，雌性，6岁，因重度黄疸来院就诊。血液检查显示肝酶活性和胆红素值升高，结合影像检查，诊断为胆汁排泄障碍伴发胆管重度扩张。开腹手术进行了十二指肠切开和胆总管开口处的扩张处理，同时清除充满肝外肝管的胆汁，但是症状仅暂时缓解。怀疑胆囊管闭塞，因此再次打开腹腔，实施了肝外肝管与空肠的侧吻合术，而不是胆囊与十二指肠的吻合术。手术后情况良好，到现在仍在观察胆管炎或吻合部位的情况。

关键词：猫、黄疸、胆管空肠吻合术

引言

猫胆管闭塞的原因包括：管腔外主要是胆管、胰脏、十二指肠的肿瘤，胰腺炎、十二指肠炎并发胆管狭窄，以及胆管的先天畸形；管腔内的胆结石、胆泥和肝吸虫等。本节简介重度黄疸，内科治疗无效的胆管闭塞猫，实施了胆管空肠吻合术的治疗过程。

病例

苏格兰弯耳猫，避孕雌性，6岁，体重3.0kg。就诊前几天食欲下降和恶心，在其他医院接受治疗后症状没有得到缓解，怀疑是胆管闭塞，经介绍来本院就诊。

●初诊时一般临床检查

·身体检查

体温39.6℃。精神萎靡，食欲低下，口唇、眼球结膜和全身的皮肤重度黄疸。另外，身上寄生大量跳蚤。

·血液检查

肝酶活性上升（ALT80U/L、ALP350U/L、GGT38U/L），胆红素值升高（T-Bil9.5mg/dL、D-Bil7.8mg/dL、I-Bil1.7mg/dL），以及血清总胆汁酸浓度升高（TBA131.2μmol/L）。血液凝固检查结果显示，活化凝血酶时间延长（APTT/73.6sec）。猫胰腺特异性的脂肪酶没有发现异常（Specf-PL1.7μg/L）。

·超声波检查

发现肝实质的回声增强。没有发现胆囊扩张，但是肝外肝管和胆总管的连接部位有4~7mm的显著扩张现象，因此，怀疑胆汁排泄很可能发生了障碍。

·X光检查

只用X光检查时，发现肝脏有阴影。用石墨烯对消化管进行造影X光检查，却没有发现异常。

·CT检查

开展了两种CT检查：静脉滴注胆管造影

图1 手术照片①
肝外肝管扩张（箭头处）

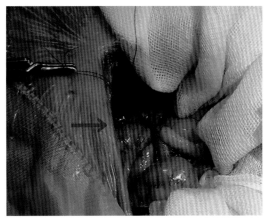

图2 手术照片②
实施肝外肝管和空肠的吻合（箭头处）

（Drip Infusion Cholanglography：DIC）CT检查（以后写作DIC-CT），以及用造影剂快速静脉注射的动态CT检查。CT检查结果显示肝管和胆总管重度扩张。另外，DIC-CT检查中，造影剂注射完毕50分钟后扫描结果显示，没有造影剂流入胆囊和十二指肠。

从以上的结果分析，估计胆管的某个地方发生了闭塞，因此，第2天实施开腹手术。

●手术①（患病第2天）

从上腹部的正中线位置切开腹腔，发现肝管和胆总管高度扩张（图1），胆囊并未扩张，怀疑这是因胆囊管的闭塞而引起胆汁向胆囊内的流入发生障碍。视诊和触诊均不能发现胆管和胆囊内有结石或肿瘤，但是发现了胆管与胰腺管的合并部位有轻度的隆起。

另外，十二指肠没有肥厚等异常。切开十二指肠后，在胆总管的十二指肠开口处进行插管疏通处置，同时，也从胰腺管的一端插入导管。对胆总管开口部进行扩张处置，除去充满胆管的胆汁，但是只能把胆总管内的少量胆汁吸取出来，而未处理胆管的扩张。tabako缝合胆管，并用22G注射针穿刺吸

引，充分洗净腹腔内后缝合腹腔。

●治疗经过①

术后的腹部超声波检查依然发现胆管扩张，术后第1天血液检查显示指标有所改善（ALT406U/L、ALP159U/L、T-Bil4.5mg/dL），术后第2天开始出现食欲。但是，第3天，胆红素值再次升高（T-Bil5.2mg/dL），第4天食欲废绝，胆红素值进一步升高（T-Bil5.2mg/dL），为此，第4天实施第二次上腹部正中线切开的开腹手术。

●手术②（患病第6天）

上次手术对扩张进行的处置只是一时的得到改善，另外，从各项检查和上次手术时的结果上分析，判断胆囊没有行使正常的功能，因此，实施胆管和空肠的侧吻合术。肝外肝管的一部分与空肠用6-0的尼龙线实施吻合（图2），大网膜包裹后，用常规方法进行清洗，最后缝合腹腔。

●治疗经过②

手术后第1天血液检查结果显示，大部分指标得到改善（ALT171U/L、ALP248U/L、

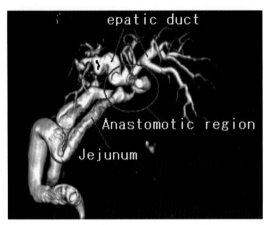

图3 术后的3D-CT图像
造影剂可以从空肠中排出

T-Bil2.2mg/dL），第5天降低到正常值范围（ALT47U/L、ALP87U/L、T-Bil0.9mg/dL），同日，为了更精确地检查吻合部位，再次进行DIC-CT检查。

· 术后CT检查

同上次一样，这次也实施了DIC-CT的检查，并确认造影剂可以排入空肠。另外，也发现胆管直径缩小，通过胆管与空肠的吻合术消除了胆管闭塞（图3）。

有食欲，没有发现呕吐，开据奥比沙星和熊去氧胆酸处方药，手术后第7天出院。

讨论

作为胆总管闭塞的外科治疗方法，可以开展胆管系统与消化管的吻合术，或胆总管开口部的括约肌切除术等。但因猫的胆总管比较小，存在着吻合强度差的问题，因此胆囊、十二指肠吻合术被认为是最常用的手术方法。

另外，本病例中与胆管相比，胆囊基本没有发生扩张，由此怀疑胆囊管发生闭塞。因此，胆囊、十二指肠吻合术对症状的改善可能不太好，所以选择用胆管与空肠的吻合术。手术后，没有发现变狭窄和胆管炎等，且大概情况良好。但是，今后也要注意观察胆管炎是否复发或吻合部位是否变狭窄。

作为胆管闭塞的原因，有胰腺炎、胰腺肿瘤、胆总管附近发生的其他肿瘤、胆管癌、浓缩胆汁栓、胆总管处的脓肿或者是肉芽肿、胆结石症、胆总管结石症、胆囊炎、十二指肠异物以及寄生虫移行等。

本病例中，没有发现以上病因，而且引发胆管闭塞的原因也不清楚。但是，手术时发现胆管与胰腺管合流处有隆起，而且进行插管疏通处置时，不能轻松地将导管插入胆管，因此，推测胆管与胰腺管合流部附近有炎症是其中的一个原因。像前面所述的，猫胆管闭塞时作为外科治疗，胆管与空肠的侧吻合术不是常用的技术，但是像本病例这样，胆囊没有行使功能，且胆管扩张的情况下，可以实施这样的手术。

出处：第30届动物临床医学会（2009）

18. 两次胆管引流治疗犬胆总管闭塞症

One case of the dog which carried out the gallduct drainage
twice for the choledochal obturation

白永动物医院
石川浩三、本山祥子、小见山 刚英、白永纯子、白永伸行

　　袖珍达克斯猎狗，雌性，5岁，未绝育。因呕吐、昏厥和强直性痉挛来院就诊。经多种检查，判断是闭塞性黄疸，内科治疗没有取得疗效，因此就诊第3天实施开腹手术。由于发病原因是胆总管结石，所以通过胆总管切开术摘除结石和胆管引流，术后情况良好。但是，手术后2年零8个月，再次患闭塞性黄疸，因此又进行开腹手术，发现胆管内胆汁过度黏稠引起胆汁的淤积，最后导致胆总管严重扩张。清洗胆管后，再一次实施胆管引流术。术后半持续地使用利胆剂，到现在术后已经450天了，没有复发。

　　关键词：胆管引流、胆总管结石、胆汁淤积

引言

　　胆结石或胆泥的积存导致管腔内闭塞，是犬的肝外胆管闭塞症（EHBO）的发病原因之一，但是它的形成与从十二指肠的上行性感染而引起的胆道系统的炎症或胆汁淤积等因素有关。当内科治疗疗效不理想时，需要尽快求助外科治疗，这种判断在临床上比较让人头疼。本节简介对因胆总管结石症而引起的闭塞性黄疸的犬的诊治过程。包括实施了胆总管切开术和胆管引流术，曾取得良好效果，但是2年8个月后再次患闭塞性黄疸，因此，再次实施胆管的引流术。

病例

　　袖珍达克斯猎狗，雌性，5岁。出现呕吐、昏厥和强直性痉挛症而急诊入院治疗。每年都开展疫苗接种和丝虫防疫。

●初诊时一般临床检查

　·身体检查

体温40.9℃。可视黏膜黄疸和腹部紧张。

　·血液检查

白细胞数、AST、ALT、ALP、T-Bil、T-Cho、Amy、血清总胆汁酸浓度（TBA）值升高。

　·X光检查

没有发现肝脏肿大，但是肝脏边缘钝圆。

　·超声波检查

胆囊内有少量的胆泥潴留，胆总管扩张，呈蛇形状。

　　从各项检查结果分析，怀疑闭塞性黄疸，首先使用内科治疗，但是病情没有好转，因此在就诊第3天进行开腹手术。

●手术①（就诊第3天）

　　打开腹腔后，发现胆囊肿大，检查胆

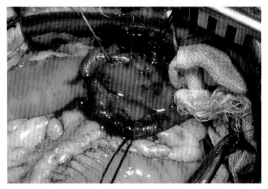

图1　十二指肠的引流设置（第1次）照片

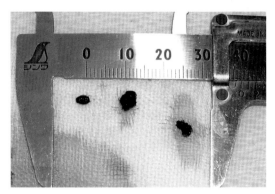

图2　胆总管结石的照片

管系统的闭塞原因，发现胆总管内有结石。首先，切开胆囊后去除内容物，从胆囊侧和十二指肠乳头侧冲洗，除去胆总管内的结石，但是结石静止不动，于是直接切开胆总管取出米粒大的结石。之后，用5-0Maxon缝合胆总管。然后，从十二指肠乳头处设置了5Fr的营养导管作为支架，并用可吸收线将其固定在十二指肠黏膜内，以达到引流的作用（图1）。同时，切除胆囊。

·胆汁胆结石的性状检查

对胆汁进行细菌培养检查，检出*Enterococcus*属细菌。胆结石直径为4mm，90%成分为蛋白质，碳酸钙占10%，是炎症性结石（图2）。

●治疗经过①

手术后黄疸迅速退去，状况良好，因此根据药物敏感性试验结果，2个月间持续口服抗菌药UDCA。之后定期进行血液检查，均没有发现任何异常。

病例在2年零8个月后出现精神萎靡，食欲低下，以及褐色尿和呕吐等症状，再次入院诊疗。

●一般临床检查

·身体检查

发热和可视黏膜轻度黄疸。

·血液检查

白细胞、AST、ALT、T-Cho值升高，ALP、T-Bil有显著升高。

·超声波检查

胆道内出现胆囊状明显扩张。

病例作为急性闭塞性黄疸症而立即开始治疗，就诊第2天实施开腹手术。

●手术②

打开腹腔，发现肝脏与横膈膜粘连，腹腔有少量内出血，胆总管明显扩张（图3）。因此，该扩张处应是用超声波检查时扫描出像胆囊样的部分。从十二指肠乳头开始到胆总管处可轻松插入导管，但是，因胆汁高黏稠性，淤滞到肝内胆管处，难以通过外部压迫自然排泄。因此，反复冲洗胆管确保自然排泄。之后，和上次一样，用可吸收线实施胆管引流术（图4）。同时，还发现肝实质的内侧左叶变成黑绿色，外侧左叶表面有出血，病理组织学检查结果显示只是坏死灶和胆汁栓，并没有炎症病变。进一步，胆汁中检出*Escherichia coli*（*E.coli*）和*Prevotella*属的两种菌。

●治疗经过②

术后因出现低白蛋白血症，因此实施内科治疗改善，就诊第7天恢复。第40天时，血

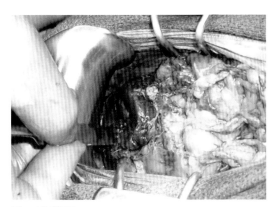

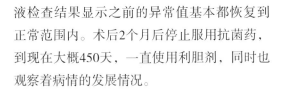

图3　手术照片
病情复发后扩张的胆总管呈胆囊样

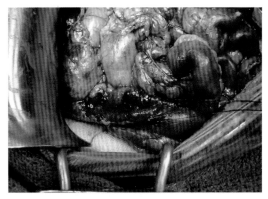

图4　十二指肠的引流设置（第2次）照片

液检查结果显示之前的异常值基本都恢复到正常范围内。术后2个月后停止服用抗菌药，到现在大概450天，一直使用利胆剂，同时也观察着病情的发展情况。

讨论

胆管引流术是因胆道或其周边脏器的肿瘤等引起了不可逆的变化，为了确保胆道的通畅而实施的手术，包括安置永久性引流管和用可吸收线设置的可脱落临时装置两种。前者的有利点在于可根据疾病的严重性、复发性和患者的状况等情况而实施固定的方法，并且适合各种可预测病况，但是像本病例，病因可消除而且有望痊愈时，即使采用临时性装置，也可起到较好作用。第1次处置时，切开胆总管，兼用支架作为留置术，能够防止术后胆总管的狭窄。第2次由于胆汁的过度黏稠性而淤滞，清洗胆管后设置引流装置，预测几天到几周后就可以脱落，其间能够发挥足够的疗效。

本病例在2年零8个月后再次复发闭塞性黄疸，只是做摘除胆囊的处理是不充分的。因此，第2次治疗相较于根据胆汁的性状采用引流的永久处理来说，如何保持胆汁黏稠度低下才是问题所在。虽然本病例中引发急性闭塞性黄疸的原因，可能是由于胆汁的过度黏稠，和来自于十二指肠的感染，但是它的背景还是不清楚。为此，像本病例，除了持续使用利胆剂之外，也许再无其他的办法。

另外，摘除的结石是含有碳酸钙的炎症性结石，胆囊切除后有重度的胆汁淤积，同时也检出感染细菌。在犬结石形成的原因中，有文献指出，可能是由于来自于大肠菌的β-葡萄糖醛酸酶导致胆红素的不可溶性，最后造成容易与钙相互结合所致。但是，假如来自十二指肠的上行感染被控制后，仍不能获得预期的疗效，就必须采取包括去除牙齿结石或绝育手术等这些消除感染来源的积极对策。

出处：第30届动物临床医学会（2009）

参考文献
• Mehler SJ（西村亮平ら　監訳）：犬の肝外胆道疾患と手術，J-VET, 234, 26-36（2006）
• 小出和欣：肝外胆道系疾患に対する外科的治療，Surgeon, 67, 34-53（2008）
• Birchard SJ, Sherding RG（長谷川　篤彦　監訳）：サウンダース小動物臨床マニュアル, 717-780, 文永堂出版, 東京（1997）

第8章

肝胆系统

19. 犬肝叶切除术后观察

Postoperative course of the 3 dogs underwent hepatic lobectomy

东京农工大学农学院兽医学科家畜外科学研究室

福岛彰子、清水美纪、岛村俊介、小林正行、平尾秀博、田中绫、山根　义久

对3例犬的肝脏单发性肿瘤（肝细胞癌、肝细胞坏死）实施肝叶切除术后，影像诊断显示无复发迹象，但是术后很长一段时间，肝酶活性值（ALT、ALP）偏高。因此，在采用肝酶活性值作为肝细胞癌复发的评价指标时，要谨慎。

关键词：肝酶活性值、肝叶切除、术后观察

引言

多数肝脏原发性肿瘤被称为肝细胞癌，如为局限性癌症，可行外科切除。多数肝细胞癌病例都是经血液检查时，存在肝酶活性异常而被诊断，因此作为疾病复发的指标，肝酶活性值（AST、ALT和ALP）可以与影像诊断一起使用。但是，本节介绍的病例，包括2例肝细胞癌在内的3例肝叶摘除手术，虽然影像诊断无疾病复发的迹象，但术后很长时间其肝酶活性值仍然偏高。因此，作为术后复发的评价指标，需要探讨血液检查结果的适用性。

病例

【病例1】比格尔犬，雄性，9岁，体重23.0kg。因腹痛和轻度的凝血异常入院诊治。

●初诊时一般临床检查

·血液检查

图1~图3所示。

·超声波和CT检查

肝脏内侧左叶有直径约5cm的囊肿状局限性肿瘤。

●手术

确认内侧左叶有肿瘤，发病开始约1个半月后实施肝叶切除手术。

·病理组织学检查

诊断为肝细胞癌。

●治疗经过

使用强肝剂和利胆剂。刚做完手术AST值稍微有些升高，但是术后第5天时恢复正常。ALT和ALP值术后一直偏高，术后2个月的检查发现有些缓解，但仍偏高。不过，术后4个月ALT和ALP值基本趋于正常，到现在9个月过去了，情况良好，无复发迹象。

【病例2】柴犬，雄性，12岁，体重9.85kg，绝育。因腹泻和恶心来院治疗。

●初诊时一般临床检查

·血液检查

图1~图3所示。

·超声波和CT检查

外侧左叶处有约10cm×7cm大小的囊肿

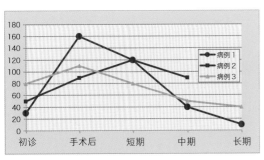

图1 AST的随时间变化图

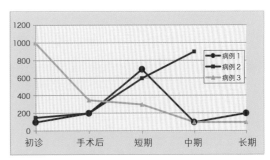

图2 AST的随时间变化图

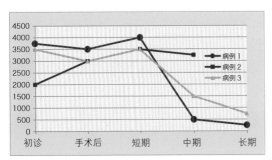

图3 ALP的随时间变化图

院治疗。

● 初诊时一般临床检查

· 血液检查

图1~图3所示。

· 超声波检查

肝脏右侧肝叶处发现有直径约为9cm的局限性肿瘤。

● 手术

确认内侧右叶有肿瘤存在，发病开始约2周后实施了肝叶切除手术。

· 病理组织学检查

诊断为肝细胞的大范围坏死。

● 治疗经过

使用强肝剂。AST值在术后稍微上升，但是术后第8天恢复正常。ALT和ALP值术后显示高值，术后1个月和4个月的检查发现缓慢地恢复，但是依然还是偏高。到现在术后9个月，情况良好（图1~图3）。

状局限性肿瘤。

● 手术

确认外侧左叶的肿瘤，病发约2个月后实施肝叶切除术。

· 病理组织学检查

诊断为肝细胞癌。

● 治疗经过

使用强肝剂。AST值在手术后稍微有些上升，但是在术后第2天时恢复。ALT和ALP值术后一直偏高，术后1个月的检查显示有所改善但是依然偏高。到现在术后3个月了，肝酶活性值（ALP和ALT）还是偏高，但是情况良好，也没有发现复发迹象（图1~图3）。

【病例3】杂种犬，雌性，10岁，体重19.66kg。因精神沉郁，食欲减退以及呕吐入

讨论

虽然AST不是肝脏特异的酶，但是比起ALT来说，AST的半衰期短（5小时），其值升高表明肝细胞受到持续、重度的损伤。另外，ALT是肝脏高特异性的酶，因为它存在于细胞质中，所以可以反映出肝细胞的损伤程度，但是半衰期较短（48小时），因此短暂

第8章

肝胆系统

性肝损害发现ALT值的升高比较困难，持续性肝障碍中ALT值将会升高。另外，ALP在肝脏以外的各种组织中均存在，并非肝脏特异性的酶，因为犬中来自肝脏以外的ALP的半衰期较短（来自肝脏的半衰期为3天，其他组织为几分钟），所以在实际的病例中ALP值的升高多数情况下是可以反映肝脏的病情。来自于肝脏的ALP向胆汁中排泄出现障碍时，会导致在血液中的淤积，而显示出比较高的值。

本节的3个病例，术后经过很长时间仍然发现ALT和ALP偏高。术后短时间内的AST、ALT和ALP值的升高可以认为是受手术微创的影响。AST在3个病例中同时出现了术后轻度升高的现象，不过比较快地又恢复到了正常值范围内，显示它们受到手术创伤的影响。病例1和2中，术后ALT和ALP值升高，经过长时间后依然维持高值。病例3术后ALT和ALP值开始的时候降低，用术后创伤影响的观点解释比较困难，是缓慢地降低。考虑本节3个病例的术后ALT和ALP在长时间范围内一直

偏高的原因，可能是肝细胞绝对数量的减少而致补偿性的肝酶合成增加。因为肝叶的摘除，导致肝脏容积的减少，从而每个肝细胞的肝酶合成量和含有量就增加，在正常细胞周期中向血液中的排出量就增加。这种情况下，显示为高值的ALT和ALP，可以说是肝细胞在再生的同时也伴随着它的正常化。另外一个可能性是由于肿瘤导致的术前受损肝组织，可能仍有部分残留在剩下的肝组织中。如果肝细胞癌具有局限性，应有倾向长成巨大肿瘤，因而多数肿瘤都会压迫周围组织。因此，残存的肝组织由于受到压迫而造成慢性功能不全，进而导致术后肝酶活性升高。

对于肝叶切除术后的肝酶活性值的升高，在肿瘤性病变和非肿瘤性病变中有何差异，现在还不是很清楚，但是，如果肝细胞癌的病情无复发迹象，而肝酶活性长期保持较高的值，这些事实提示把血液检查结果作为肝细胞癌复发指标时要慎重。

出处：第25届动物临床医学会（2004）

20. 血管内手术治疗犬肝脏肿瘤

Trans arterial infusion and transcatheter arterial embolisation
therapy for hepatic cancer in a dog

Atsuki动物医院、千里桃山台动物医院
山城德之、去来川肇、根本洋明、中村嘉宏、岛崎 等、井尻笃木

约克夏梗犬，11岁，因患肝脏肿瘤可能性高，经他院介绍来本院就诊。CT检查结果显示肝脏上有两个巨形肿瘤。考虑到外科摘除术的风险，权衡各种疗法的利弊后，选择动脉塞栓术（TAE：Transcatheter Arterial Embolization）和动脉灌注化学疗法（TAI：Transcatheter Arterial Infusion）。到现在术后300天过去了，肿瘤没有增大，情况良好。

关键词：动脉灌注化学疗法（TAI）、动脉塞栓术（TAE）、腹腔内肿瘤

引言

血管内手术是在血管内插入导管的治疗方法，因为其创伤小，治疗病谱广，因此近年来在人类医疗中也受到广泛关注。然而，现在的兽医学中，只适合一部分的动脉管开放症或门静脉短路症。本院长期致力于小动物的血管内手术，这次对肝脏肿瘤实施了动脉塞栓术（TAE：Transcatheter Arterial Embolization）和动脉灌注化学疗法（TAI：Transcatheter Arterial Infusion）。虽系恶化程度较高的肿瘤，但是治疗后情况良好，在这作简要报告。

病例

约克夏梗犬，雌性，11岁，体重4.1kg。附近诊所检查发现ALT和ALP值升高，超声波检查发现肝脏上有肿瘤，因此来院做进一步的检查。

● 初诊时一般临床检查

·CT检查

大小为11.21cm×5.4cm×11.6cm和5.8cm×3.4cm×6.8cm的两个肿瘤（图1、图2）。

因此，第2天实施血管内手术。

● 手术

手术时使用可以进行血管扫描的DSA装置和4列多层CT组合在一起的IVR-CT，实时开展血管扫描和CT扫描。

首先，仰卧保定动物，从右大腿动脉处插入并设置套管，然后将导丝钩插入肝动脉，接下来用该导丝钩将导管前端导入肿瘤的营养血管。首先，利用这根导管进行TAI术。TAI中使用5-氟尿嘧啶（5mg/kg）和阿霉

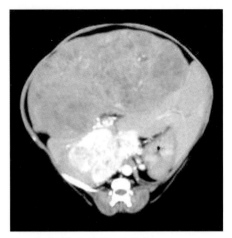

图1　初诊时的CT图像（大肿瘤）

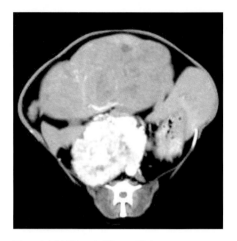

图2　初诊时的CT图像（小肿瘤）

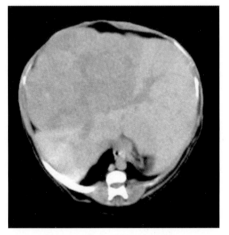

图3　术后49天时的CT图像（大肿瘤）

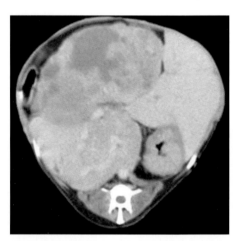

图4　术后49天时的CT图像（小肿瘤）

素（1mg/kg）。接下来开展TAE术后，手术完毕。TAE中作为塞栓物质使用了明胶微粒。

●治疗经过

术后第1天，出现呕吐、腹泻、ALT和ALP值上升等症状，但是慢慢有所缓解，到术后20天时出院。第49天一般情况良好，只是ALT和ALP值稍微有些升高。同天也进行了CT检查，发现肝脏处的肿瘤范围缩小（图3，图4）。到现在已经是术后300天了（图5，图6），继续开展内科治疗，情况良好。

讨论

兽医学中，肿瘤一般在相当恶化的阶段才被发现，且多数情况下，即使发现了也开展不了积极的治疗。本病例中发现的肝脏肿瘤是大型的，多处散在，血流丰富，难以用外科手段切除。因此，采用与之相适应的血管内手术治疗可以得到良好的预后，使用血管内手术对于本病例来说取得了良好的功效。今后，随着各种各样的病例的出现，兽医治疗中将会逐步认识到血管内手术的实用性。

出处：第29届动物临床医学会（2008）

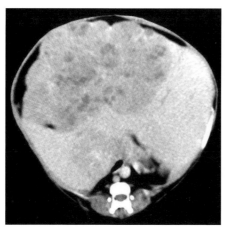

图5　术后300天时的CT图像（大肿瘤）

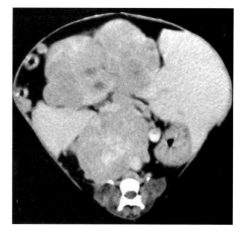

图6　术后300天时的CT图像（小肿瘤）

参考文献

・中村仁信，沢田　敏，村上卓道，谷川　昇：IVR の技法，南江堂，東京（2002）
・Gregory KO、Antory SM（桃井康行　監訳）：犬の腫瘍，インターズ一，東京（2008）

・Weisse C et al:Percutaneous arterial embolization and chemoembolization for treatment of benign and malignant tumors in three dogs and a goat.J Am Vet Med Assoc. 221, 1430-1436, 1419（2002）

　　动脉塞栓术（TAE）或动脉灌注化学疗法（TAI）是近年来在人类医疗中普及的，属于介入性放射学（Interventional Radiology：IVR）疗法。在人中已经开展了以下的治疗：①使用导管在出血病变的血管中注入栓塞物达到止血治疗目的；②针对从肝动脉吸收营养的肝细胞癌，将导管插入到肝动脉内，直达肿瘤的附近，最后注入抗癌药物或栓塞物质；③在肝细胞癌附近的肝动脉内留置细的导管，并将蓄药器连接到导管后，将蓄药器埋置于皮下，往蓄药器中注入抗癌药物；④在血管或胆管、尿管、尿道、气管等设置支架，防止闭塞或狭窄，确保药物到达治疗组织。

　　根据人"肝癌诊疗指南"中的肝细胞癌治疗步骤，可以按照如下顺序进行治疗方法参考选择：对3cm以内的单发到2、3个肝细胞癌灶，采取切除或者是放射疗法；3cm以上3个以下的癌灶进行切除或者是肝动脉化学栓塞疗法；4个以上的癌灶选择肝动脉化学栓塞疗法。对于犬的动脉灌注化学疗法治疗，就像上述的②中描述的那样，已有医院使用抗癌药物和栓塞物进行肝动脉化学栓塞疗法治疗肝癌。有使用报告的抗癌药物有：柔比星、卡铂、顺铂、紫杉醇、多西他赛等。另外，已有将明胶微粒与肝动脉栓塞术造影剂混合后经导管注入方法。

　　本病例中患病动物是11岁高龄，且体重只有4.1kg的小型约克夏梗犬，对其成功地开展肝动脉化学塞栓疗法，显示了在小动物中实施类似的手术是可行的。这些治疗在现在的情况下，虽然不能根治癌症，但是它对患癌动物的QOL的改善和生存时间的延长值得期待，并期待着将来从临床现场积累更多的病例，探讨其适应症或药物使用，及其疗效和手术实施的间隔等，以及其急治疗法。

（宇野雄博）

第8章

肝胆系统

21. 犬多发性肝细胞癌的动脉灌注化学疗法

A case of multiple hepatic cellar carcinoma in dog treated with tans arterial injection

松原动物医院、Narukawa动物医院

井上理人、小山田 和央、齐藤秀行、中川正德、三宅刚史、萩 清美、神吉 刚、佐藤 辽、高智正辉、齐藤 遥、辻田裕规、生川干洋

对难以用外科切除手术治疗的多发性肝细胞癌，采用碘油和阿霉素进行了动脉灌注化学疗法。

关键词：犬、动脉灌注化学疗法、肝细胞癌

引言

肝门部出现的单发性肝细胞癌（HCC）或多发性HCC，多数病例难以外科切除。作为人肝细胞癌的治疗方法，动脉灌注化学疗法（TAI）或动脉塞栓术（TAE）、放射疗法等都是常用方法。本节介绍的尾状叶肝门部HCC病例，之前进行了外科切除术，但是术后1年复发，尝试了用碘油的TAI治疗。

病例

杂种犬，雌性，15岁，体重12.2kg，绝育。14岁时曾摘除右肾上腺腺瘤，诊断右肾上腺腺瘤时用腹腔镜进行了肝脏肿瘤的活检，那时就发现在尾状叶肝门部有HCC存在。

随后定期检查中发现HCC逐渐增大，因此14岁的时候进行了HCC摘除，且切除组织边缘为HCC（+）。

术后1年，超声波检查发现病情复发，因此使用CT动态扫描（造影剂静脉注入后15s、30s和90s），确认HCC已经遍及肝脏整个区域，且为复发的多发性HCC（图1）。CT的结果显示不管是动脉还是门静脉，只要造影后CT值低，就应是HCC血管增生较少的区域，参考人类医疗中的普遍使用的方法，尽力实施了碘油合并TAI术。因为本病例HCC已经遍及整个肝脏，因此可判断TAE不适合本病例。

● TAI结果

用塞尔丁格法穿刺右大腿动脉，经皮设置4F套管。借着0.035英寸的导丝，一直将4F导管（其造型能与腹腔动脉形状吻合）插到腹腔动脉。然后，用高流量型微导管和0.016英寸的微导丝，按左侧区域、右外侧区域、右内侧区域的顺序推进微导管，并注入药物。使用的药物有，阿霉素10mg用2.5mL的碘海醇（350）溶解后，与5mL碘油混合成乳胶状，总体积为7.5mL。左侧区域动脉用4.95mL，右外侧区域动脉用1.5mL，右内侧区域动脉注入0.975mL。

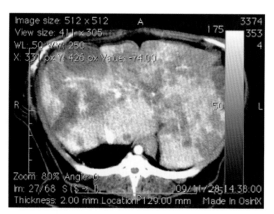

图1　TAI后20天的CT图像（静脉造影的门静脉图）
CT值低的地方为HCC区域

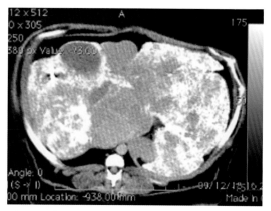

图2　TAI完成时的CT图像
可看到碘油的蓄积

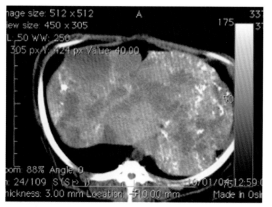

图3　TAI后17天的CT图像
碘油还有一些残留

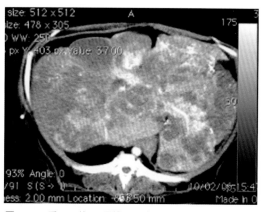

图4　TAI后50天的CT图像（静脉造影的门静脉图）
CT值低的地方为HCC区域

往各动脉中注入药物时，用微导管一边进行造影一边进行CT扫描（CTA），确认导管头部正确地到达目标位置后，注入药物，当注入药物形成的回流出现在导管口时停止注药（图2）。压迫止血大腿动脉的穿刺部位20min。

●治疗经过

TAI术后第1天，AST和ALT同时升高，精神和食欲没有变化。TAI术后第7天开展了动态CT检查。肝实质内有碘油的蓄积残留，可看到HCC扩散减弱（图3）。TAI术后50天，开展动态CT检查，几乎看不到残留的碘油，

HCC的区域增大了（图4）。

T-Bil为1.0mg/dL。TAI术后第63天，突然发生虚脱后来医院。这时Ht为17%，Plat41×10³/μL、T-Bil5.7mg/dL，怀疑HCC处有出血和DIC倾向，使用低分子肝素输血。但是TAI术后第69天发生痉挛，死于家中。

讨论

在人医上，对于有强烈增大倾向且血管分布较多的恶性低分化型HCC，选择TAI或TAE作为治疗方法效果较好。但是，犬HCC的血管分布较少，因此该类方法的疗效较差。

第8章
肝胆系统

305

虽然用动态CT检查后知道本病例属于没有血管分布的HCC类型，实际上仍然开展了导管延伸到肝动脉为止的CTA术，一直造影到动态CT不能造影的地方为止，以确认TAI术后HCC内蓄积了一部分碘油。HCC分布区域的基本特征是肝总动脉增粗，流向肝脏的动脉血增多，还有新血管不断增生。也就是说，与全身化学疗法相比较，肝动脉灌注疗法对于即使是血管分布较低的HCC，肿瘤内抗癌药物浓度也会显著增加。

但是，因为正常肝细胞也能蓄积碘油，因此，对于碘油的使用方法，应该进行充分的探讨。碘油的用量或其与抗癌药物的使用种类或剂量，及其注入的速度，使用蓄药器高频实施TAI或TAE等，这些都是今后应该讨论的内容。

出处：第31届动物临床医学会（2010）

　　本病例是高龄犬肝细胞癌，是复发的多发性癌，因难以切除，尝试性地对其进行了动脉灌注化学疗法（TAI）。就像文中讨论所说，肝细胞癌的恶性程度高，消耗了高比例的肝动脉血流养分。与人肝细胞癌相比，犬肝细胞癌消耗的肝动脉血流较少。因此，对于犬的肝细胞癌，我们关心的是是否与人类的治疗类似，使用TAI或TAE后也能取得良好的功效。

　　本病例中，从肝动脉流入到肿瘤中的造影剂（抗癌药物）比基于术前动态CT检查结果预测的更多，并确认针对肿瘤而选择的抗癌药到达了肿瘤组织。实施TAI后63天可能是由于肝脏的出血，病犬突然出现了虚脱。本病例如果较早地实施TAI术，就有接受多次TAI术的机会，也许可以将动物的寿命稍微延长一些。

　　对TAI或TAE适应症的标准或治疗开始时机，抗癌药物的种类和投予方法等，期待今后在这些方面有更多的研究成果。

（宇野雄博）

22. 犬局限性肝原发血管肉瘤

A dog of localized primary hepatic hemangio- sarcoma with long term survival by surgical treatment and chemotherapy

小出动物医院

矢吹淳、小出和欣、小出由纪子、浅枝英希

柴犬，雌性，10岁8个月，在其他医院诊断为红细胞增多症和肝内肿瘤，为了进一步的检查和治疗经介绍来本院。根据血液检查、超声波检查、CT检查的结果，确认红细胞增多症和肝外侧右叶肿瘤，实施了外侧右叶的完全切除。病理组织学检查的结果显示肿瘤为血管肉瘤。术后第10天开始约3周内，共计使用阿霉素6次。另外，术后红细胞增多症迅速缓解。到现在术后4年过去了，体况良好。

关键词：犬、血管肉瘤、长期存活

引言

血管肉瘤是来自于血管内皮的恶性肿瘤，占犬恶性肿瘤的5%，占犬间叶细胞恶性肿瘤的12%~21%。易发部位是脾脏，其他的还有皮肤、右心房、肝脏等部位。犬的血管肉瘤会随血循发生高频转移。除了皮肤真皮层处发生的局限性血管肉瘤外，其他部位的血管肉瘤均预后不良。本节简介病例为局限性肝原发血管肉瘤犬的诊治过程，包括外科切除和化疗后没有复发和转移，动物长时间存活。

病例

柴犬，雌性，10岁8个月，体重11.15kg。10天前到外院接种疫苗，因半年前开始不愿意行走和多饮多尿，接受了检查，发现红血细胞增多症（Ht77.1%）和肝脏内有肿瘤。希望做进一步的检查和治疗。另外，到本院就诊前，该病例接受了外院10天治疗。每2~3天接受放血治疗1次，每次放血20~160mL，一共放血4次（共计420mL）。每年都接种混合疫苗和丝虫预防。

● 初诊时一般临床检查

· 身体检查

体温38.5℃。左侧第4乳腺处有小豆大小的肿瘤。心肺音和可视黏膜未见异常。

· 血液检查

RBC（$10.63 \times 10^6/\mu L$）和PCV（61%）值偏高，MCV（55.3fL）和MCH（18.3pg）值偏低。另外，未见红细胞的再生像。ALT（91U/L）、GGT（11U/L）、CK（150U/L）、BUN（33.2mg/dl）和TIBC（405μg/dL）的值轻度偏高，以及Fe（70μg/dL）轻度偏低。凝血功能检查肝促凝血活酶试验为18.2s（正常范围：13~18s），有轻度延长。另外，在外院进行放血前血清红细胞生成素（EPO）浓度的测

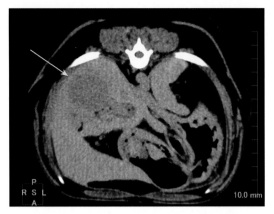

图1　腹部单纯CT图像①（轴向图：箭头处为肿瘤）

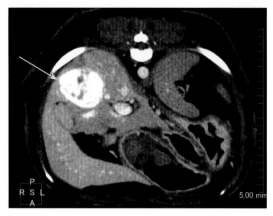

图2　腹部造影CT图像②（轴向图：箭头处为肿瘤）

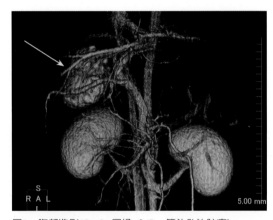

图3　腹部造影3D-CT图像（VD：箭头处为肿瘤）

定结果为24.8mIU/mL（正常范围：2.8～17.2mIU/mL），动脉血氧分压为93mmHg柱。

・X光检查

轻度的肝肿大。

・超声波检查

腹部超声波检查显示，肝脏内有40mm×30mm低回声肿瘤，内部有跳动性血流丰富。胸部超声波检查未见特别异常。

・CT检查

肝脏外侧右叶有约45mm×30mm的低吸收区（图1），在造影CT检查的门静脉主干部位有深层染色（图2）。同时，这个部位的界限清晰（图3）。另外，胸部CT检查没有发现任何异常。

●治疗经过

从以上的检查结果分析，怀疑右叶外侧的单发性肿瘤，为了开展外科切除术而住院，持续静脉注射抗菌药、H_2阻断剂、水溶性复合维生素等，住院第5天实施手术。

●手术

从腹部正中线打开腹腔后，右叶外侧中央有浅黄色隆起物。用超声波外科吸引装置，切除整个外侧右叶，并对尾状叶进行肝活检和用14G活检针对两侧肾脏进行活检，以及摘除卵巢子宫，再用温生理盐水洗净腹腔后缝合。最后，摘除乳腺部的肿瘤后手术完成。切除的外侧右叶内的肿瘤大小为60mm×50mm×40mm，内部实质呈暗红色（图4）。

・病理组织学检查

外侧右叶的肿瘤为血管肉瘤，乳腺部肿块是乳腺肿瘤，卵巢子宫和肝尾状叶，以及肾脏没有发现异常。

●治疗经过

术后的治疗同术前治疗，从手术第2天开始增加皮下注射盐酸吗啡和持续静脉点滴甲磺酸萘莫司他。

术后一过性血尿，精神沉郁和食欲消

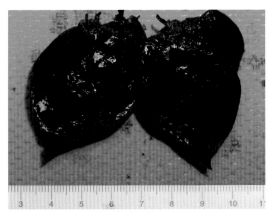

图4　切出的外侧右叶的肿瘤切面

失，都慢慢恢复。术后第10天投予阿霉素（DOX）30mg/m²，第11天开据10天用量的处方药：抗生素、H₂阻断剂和利胆剂后出院。出院后也继续用药DOX，3周共计使用6次。第1次使用DOX时，出现呕吐和腹泻，经对症治疗后恢复。另外，红细胞增多症在术后迅速得到改善，之后没有复发。DOX系统用药完后终止所有治疗，只跟踪观察。术后第17个月进行血液检查、腹部超声波检查和胸部X光检查均没有发现异常。术后第4年，与畜主电话联系后，得知状况良好。

讨论

　　红细胞增多症分为相对的和绝对的两大类，绝对的红细胞增多症又可进一步分为一次性和二次性的两类。二次性红细胞增多症的原因可列举为低氧血症或肾病，以及EPO合成肿瘤。本病例的EPO浓度稍微偏高，动脉血氧分压正常，肾脏未见异常，术后红细胞增多症也得到改善。所以就像人肝脏肿瘤的报告一样，本病例也是肝脏肿瘤产生的异位性EPO所致。

　　人血管肉瘤的造影CT特征，肿瘤中心存在不均一的浓染，造影效果不强。犬中也有同样报道。但是，本病例的血管肉瘤是门静脉主干上的肿瘤，几乎所有区域都呈浓染。到目前为止，报告病例中多数的血管肉瘤是因肿瘤内部血肿或坏死而形成囊肿，但是本病例中肿瘤内部基本都是实质性组织。

　　对于脾脏的血管肉瘤，需要同时采用外科手术和化学疗法治疗，治疗后的生存时间平均为141~179天，生存时间超过12个月的病例不到10%。还没有关于肝脏原发血管肉瘤犬存活时间的统计结果，恐怕与脾脏血管肉瘤生存时间的数据大致相同。但是，本病例中同时使用了外科手术和DOX单一药剂的化学疗法，病犬的生存时间长达4年以上，而且直到现在疾病也没有复发的迹象。因此，可以认为肿瘤没有发生转移，或者肿瘤仅局限于肝脏的外侧右叶，所以为完全切除肿瘤提供了可能，或者是切除后即使有肿瘤细胞残存，但是DOX的使用发挥了治疗功效。尽管多数报告认为内脏血管肉瘤预后不良。但是，本病例证明了内脏血管肉瘤经过治疗后，动物能够长期存活。因此，本病例治愈成功具有非常重要的意义。

出处：第31届动物临床医学会（2010）

23. 犬胆囊类癌

A cartinoid tumor in the gallbladder of a dog

田中动物医院

田中正行、一之濑 三惠、森本裕子、筒井 孝太郎、市川直纪

　　蝴蝶犬，雄性，11岁5个月，发现胆囊内富含血液，诊断为肿瘤。因该病例既往病史有心脏瓣膜病，决定先观察病情发展。但是，肿瘤继续增大，初诊15个月后实施了切除手术。胆囊内的肿瘤通过病理组织学检查诊断为类癌，免疫染色显示五羟色胺阳性。

　　关键词：胆囊、类癌、五羟色胺

引言

　　类癌是来自于神经内分泌细胞的肿瘤的统称。肿瘤细胞同时拥有内分泌细胞和神经细胞功能。除了像下垂体、甲状旁腺、肾上腺髓质和胰岛等脏器，以及形成集块的细胞能够分泌激素外，还像呼吸道、消化道、胆道、尿道黏膜、皮肤、子宫颈部、前列腺等，以及其他通过上皮细胞散在孤立分布的细胞分泌黏液。多种肿瘤细胞能产生多种激素，已经知道人的肿瘤细胞会分泌五羟色胺、组胺和缓激肽。而且，发现了因为人肿瘤细胞分泌这些激素导致的腹泻等消化系统症状。

　　犬胆囊发生类癌的病例，在2002年有1例，2008年伴随着血性胆囊有2例，2009年在动物临床兽医学会报道了疑似胆囊原发类癌1例，因为报告病例数量少，是极为珍贵的肿瘤病例。本节简介的病例被诊断为胆囊内的原发类癌，手术切除了胆囊和与其邻近富含血液的肝脏组织，积累了诊治类癌和类癌浸

图1　患病动物

润肝组织的经验。到现在术后1年多过去了，病犬状态良好。

病例

　　蝴蝶犬，雄性，11岁5个月，体重7.7kg（BCS3.5，图1）。因后肢摇晃入院诊治。既往病史是10岁时左侧会阴处实施了疝气手术，同期因二尖瓣关闭不全而咳嗽，使用马

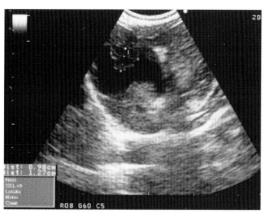

图2 初诊时超声波图像

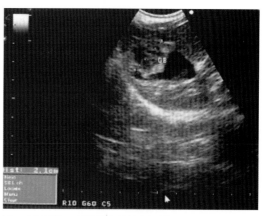

图3 患病第295天的超声波检查图像

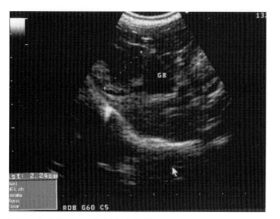

图4 患病第429天的超声波图像

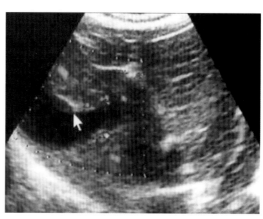

图5 患病第429天的超声波多普勒图像

来酸依那普利内服持续治疗。

● 初诊时一般临床检查

· 身体检查

神经学检查没有发现任何异常。

· 超声波检查

胆囊内有富含血液的直径约为1cm的肿瘤病灶。

● 治疗经过①

针对后肢的异常，用非罗考昔（Firocoxib，又称富罗可昔，解热镇痛抗炎药）内服治疗5天后有所改善。但是对于胆囊的病变，考虑到动物的年龄和患有心血管疾病，决定先观察病情，再采取措施。但是，胆囊内的肿

瘤，随着时间的推移慢慢地在增大，就诊后295天直径为2cm（图3），429天时为2.2cm，占据了胆囊内的很大空间（图4），与肿瘤相邻的肝组织也出现了血流异常现象（图5），因此在528天时实施了外科切除手术。

● 患病第528天一般临床检查

· 血液检查

肝酶（AST33U/L、ALT39U/L、ALP107U/L）在正常值范围，APTT（37.4秒）有轻度延长，未见其他异常。

● 手术

麻醉时，先用盐酸吗啡和咪达唑仑做前处理，然后静脉注射硫戊巴比妥钠，并用异

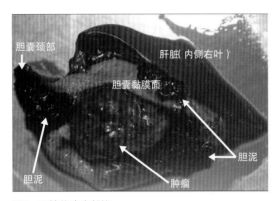

胆囊颈部
肝脏（内侧右叶）
胆囊黏膜面
胆泥
胆泥
肿瘤

图6　切除的病变部位

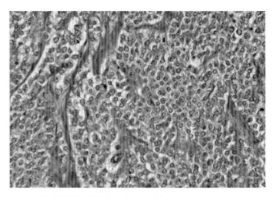

图7　病例组织检查图片（HE染色）

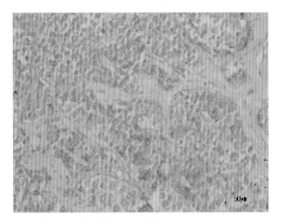

图8　病例组织检查相片（免疫染色）

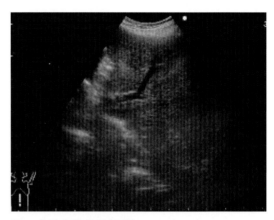

图9　术后1年的超声波图像

氟醚维持。

从腹部正中线处开腹，没有发现胆囊或胆囊邻接的肝脏外观或硬度有异常。

考虑超声波检查的结果，手术方式采取不把肝脏内侧右叶从胆囊处剥离，而是一起切除。首先，将胆囊颈部的血管和胆囊管一起进行二重结扎。然后，从胆囊处剥离方叶，从内侧右叶的中间分割与胆囊邻接的内侧右叶，最后同胆囊一起切除（图6）。

手术耗时68min。术后12h内，持续定量点滴芬太尼2μg/kg/h，进行镇痛。术后第2天食欲恢复，一般状态良好，当天出院。

· 胆汁细菌培养检查

结果为阴性。

· 病理组织学检查

胆囊黏膜下有结节样增生的肿瘤形成。肿瘤细胞含有丰富的微细颗粒状细胞质，类圆形到椭圆形的异形核，大小不一，诊断为类癌（图7）。虽然只有少数的细胞处于细胞分裂期，但是肿瘤细胞已经向周围的血管内浸润，摘除肝脏的一部分的淋巴管内也有肿瘤结节性增生。另外，次日进行免疫染色，确认肿瘤细胞为五羟色胺阳性（图8）。

●治疗经过②

术后7天内服用马波沙星。到现在已是术后1年了，定期的腹部超声波检查没有发现肿瘤转移和复发等异常现象（图9）。

讨论

胆囊类癌的报告病例，ALP值一般偏高，AST和ALT值也偏高，但是本病例中这些肝酶活性值全都在正常值范围内。可能是因为本病例中的肿瘤是经过15个月的时间缓慢增大，对周围肝组织的影响较小，但是具体原因还是不明确。

胆囊类癌非胆囊原发，而是肝脏原发性的类癌，由胆道上皮内的神经外胚层细胞产生，10岁以下的犬多发，且具有高度转移性。

本病例经过切除手术治疗1年后，没有复发的迹象。因此与肝脏原发性类癌的侵袭性相比，胆囊原发性类癌可能要稳定一些。

出处：第31届动物临床医学会（2010）

参考文献
· 松川拓哉ら:胆囊原発が疑われた犬のカルチノイド腫瘍の1例,第29回動物臨床医学会年次大会プロシーディングNo. 2,157-158（2008）
· Lippl NJ,Williams JE et al:Acute Hemobilia and Hemocholecystin 2 dogs with Gallbladder Carcinoid,J Vet Intern Med,22（5）,1249-1252（2008）
· Morrell CN,Volk MV et al:A carcinoid tumor in the gallbladder of a dog,Vet Pathol,39（6）,756-758（2002）
· 犬と猫の腫瘍:学窓社,東京,523-531（2004）

第8章

肝胆系统

犬的肝胆系统的原发性肿瘤有肝细胞癌、胆管癌、肝细胞腺瘤、胆管腺瘤、类癌以及肝脏原发性的肉瘤（平滑肌肉瘤、血管肉瘤、纤维肉瘤、横纹肌肉瘤、脂肪肉瘤、组织细胞肉瘤）等。但是，犬的胆囊原发性肿瘤报道的极少，只有少数几篇类癌、腺癌、胆囊腺瘤和肝细胞癌的报告。

就像本病例一样，胆囊肿瘤的有效检出一般通过腹部超声波检查。但是，用超声波检查时，胆囊内息肉和肿瘤图像特征为胆囊壁上会出现连续的高回声。所以用影像诊断的方法无法判断这些肿瘤的恶性程度。区别胆泥和息肉或肿瘤的超声波检查，需要变换动物的姿势，如从站立姿势到仰卧姿势等后再检查，以评价胆囊内可疑物的可动性，以及判断肿瘤内有无血流。

有报告指出，胆囊肿瘤会因为胆囊内的持续出血而引起慢性的失血性贫血或出现黑便的症状，另外，使用腹部超声波开展常规检查，这个习惯对胆囊疾病的早期诊断很重要。

（宇野雄博）

24. 外科治疗猫肝外胆管内肿瘤致重度胆管扩张伴发肝外胆管闭塞

surgical treatment of extrahepatic billary obstruction with severe cholangiectasis caused by extraphepatic bile duct tumor in a cat

小出动物医院、南动物医院

矢吹淳、小出和欣、小出由纪子、浅枝英希、加藤太司

杂种猫，雄性，6岁6个月。因黄疸、肝酶活性异常以及胆管扩张，为了做进一步的精细检查，经介绍到本院就诊。各项检查后，诊断为因肝外胆管内肿瘤致肝外胆管闭塞。实施肿瘤切除，肝活检以及胆囊与十二指肠吻合术。病理组织学检查显示肿瘤是淋巴管内浸润性类癌，肝脏还有慢性胆管肝炎。术后1个月状态时好时坏，出院后采用内科的支持疗法，情况良好。但是，术后第438天（14个月）确认类癌已向肝内转移。术后18个月左右病情恶化，713天（23个月）后死亡。

关键词：肝外胆管闭塞、类癌、慢性胆管肝炎

引言

胆总管内外或十二指肠乳头周围发生的肿瘤，是由于肝外胆管闭塞（EHBO）导致的，其中多数预后不良。本节简介猫病例诊治过程，胆总管内肿瘤引发EHBO，进而导致闭塞性黄疸和重度胆管扩张。摘除肿瘤，并实施胆囊与十二指肠吻合术，QOL得到改善，寿命得到延长。

病例

杂种猫，雄性，6岁6个月，体重4.05kg，绝育。就诊前7个月食欲减退、呕吐和体重降低。在外院就诊时，发现黄疸和肝酶活性异常，胆管扩张，持续接受内科治疗后病情时好时坏。因此，为了做进一步的精细检查和

治疗，经介绍来到本院。每年都接受混合疫苗接种。

● 初诊时一般临床检查

· 身体检查

体温38.0℃。可视黏膜黄疸，皮肤轻度脱水，以及肝肿大。

· 血液检查

肝酶活性升高（AST490U/L、ALT1 065U/L、ALP852U/L、GGT30U/L），T-Bil4.0mg/dL、D-Bil2.6mg/dL、TBA675.9μmol/L、T-Cho319mg/dL、CK7 641U/L）。另外，FIV抗体和FeLV抗体为阴性，FIP抗体效价不到100。

· X光检查

肝脏有轻度的肿大。

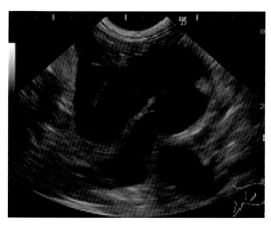

图1 初诊时的腹部超声波图像

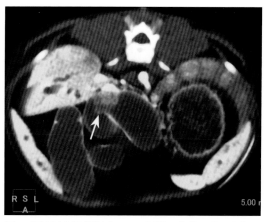

图2 初诊时的腹部造影3D-CT图像（箭头：肝外胆管内的肿瘤）

・超声波检查

胆管和胆囊管明显扩张呈蛇形（图1）。

・CT检查

造影3D-CT检查发现肝内胆管轻度扩张，以及肝外胆管和胆囊管明显扩张呈蛇形，使用造影剂后扩张肝外胆管内明显的肿瘤样病灶（图2）。

根据以上检查结果，诊断为胆管内肿瘤引起的EHBO。需实施手术，因而住院治疗。

●治疗经过

静脉持续点滴甲磺酸萘莫司他和维生素K，同时也通过静脉注射抗生素、强肝剂、H₂受体阻滞剂、水溶性复合维生素等药物，住院第2天后实施手术。

●手术

从腹部正中线打开腹腔后，发现胆囊、胆囊管以及胆管明显扩张，胆囊管呈蛇形（图3）。十二指肠侧的胆总管没有发生扩张，但是扩张胆管内的胆总管起始部有硬结。切开胆囊管和胆管结合部远端后，发现胆总管起始部的黏膜上有暗红色大豆大小的肿瘤。为了切除这个肿瘤，先结扎并分离胆总管后，把扩张的胆管和胆囊管的一部分连同肿瘤一起切除。胆管切开部位缝合后，接

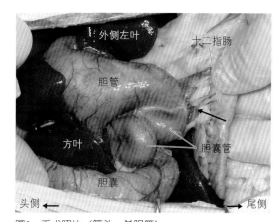

图3 手术照片（箭头：总胆管）

下来剥离出胆囊，进行了胆囊十二指肠吻合术，肝活检后结束手术。手术中采集胆汁进行细菌培养，结果为阴性。

・病理组织学检查

胆管内肿瘤是向淋巴管内浸润的胆管癌，并且肝脏有慢性胆管肝炎。

●治疗经过

术后虽然发现黄疸有所改善，但是呕吐或黑色腹泻频繁发生。术后第4天发现腹水潴留，腹水培养后分离出3种对多重抗生素耐药性的细菌（*Enterococcus* sp.、*Klebsiella pneumoniae*、*Escherichia coli*）。针对这些，在术前治疗方案的基础上，增加止吐药或止

第8章

肝胆系统

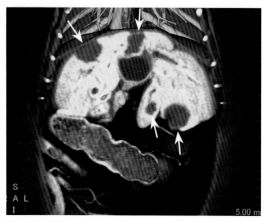

图4 术后第438天的腹部造影3D-CT图像（箭头：肝脏内的结节病变）

泻药，同时针对药敏试验结果，使用亚胺培南、西司他丁钠或万古霉素等强效抗生素。但是，之后呕吐或腹泻仍持续，食欲不稳定，体重开始减轻。为此于术后第21天，在中央静脉处留置导管，同时也是因为有贫血症状，而进行输血治疗。病情得到稳定，术后第33天，开据抗生素、利胆剂、H₂受体阻滞剂、止吐药、止泻药等药物后出院。

出院后1个月左右还是偶尔出现食欲下降、呕吐和腹泻。在介绍转院的医院里进行了细致的支持护理后，食欲慢慢稳定下来，体重有所增加。另外，术后3个月，为了治疗慢性胆管肝炎，开始使用泼尼松龙。之后状态良好，但是术后第438天（14个月）的CT检查结果显示，肝内有多处结节性病变（图4），肝活检发现类癌扩散至肝。同时，对第1次手术时的胆管内肿瘤进行再检查，确认为

类癌。之后短时间内病情稳定，但是术后18个月病情开始恶化，术后713天（23个月）死亡。

讨论

本病例是胆总管起始部的肿瘤引发的EHBO。但是，从在其他医院初诊到来本院手术中间经历7个月，不清楚起初的EHBO是否因肿瘤引发。对于诊断，3D-CT检查对胆总管内肿瘤的鉴定极其有用。

类癌会分泌组胺或五羟色胺等物质，这些物质会引起腹泻或呕吐等类癌综合征。已报道的猫肝胆系统发生的类癌病例，基本上都出现呕吐的症状。本病例术前或术后发现的消化系统症状，其原因也许是因胆管炎或肠炎，但是很有可能是类癌综合征的一部分。

胆囊与十二指肠的吻合术在术后容易产生感染症为主的并发症，常给术后的管理带来各种麻烦。Buote等人报道，对22只患有慢性肝外胆管闭塞症的猫，实施胆囊与十二指肠吻合术，术后早期死亡的有8只（占36%），而诱因为肿瘤的9只猫，其术后存活时间平均仅仅14天。但是，本病例有较好的QOL，以及与到目前为止报道的病例相比，其寿命大大延长了。究其原因包括：从开始手术就针对术后合并症采取了积极的治疗，和针对慢性胆管肝炎的内科治疗，以及出院后的定期检查和介绍畜主来本医院的原来医院的细致的支持疗法等措施。

出处：第30届动物临床医学会（2009）

25. 伴发肝浸润的猫脾脏浆细胞瘤

Splenial plasmacytoma with hepatic metastasis in a cat

杜鹃花之丘动物医院

菅井 龙、田边京子、越川成美、岩间 丰、曾田蓝子

杂种猫，雄性，8岁，因后肢摇晃来院就医。腹部X光检查发现脾脏阴影扩大；腹部超声波检查发现脾脏有直径2.5cm的肿瘤病变，用针吸取脾脏浆细胞后活检。就诊第10天进行骨髓穿刺，结果显示浆细胞没有显著增多；第21天时实施脾脏摘除和肝脏活检。病理组织学检查的结果显示，摘除的脾脏肿瘤是浆细胞瘤，同时切除的肝脏也存在肿瘤性浆细胞浸润。第27天开始使用马法兰和泼尼松龙治疗，到现在48天过去了，仍然维持着较高的QOL。

关键词：猫、浆细胞瘤、脾脏

引言

浆细胞瘤定义为隶属于B淋巴细胞浆细胞系统的肿瘤样增殖。可分为多发性骨髓瘤（MM）、单发性骨形成浆细胞瘤（SOP）以及髓外性浆细胞瘤（EMP）。与犬相比猫浆细胞瘤的发生比较少，特别是脾脏的浆细胞瘤的报道非常少。本节简介的病例如下：对猫脾脏肿瘤病变进行针吸活检后，检测到浆细胞，之后对肿瘤进行病理组织学检查，诊断为浆细胞瘤。

图1 患病动物

病例

杂种猫，雄性，8岁，体重7.35kg（图1），绝育。约两周前开始多饮多尿，初诊的前一晚上因后肢震颤倒地，而来院就诊。

● 初诊时一般临床检查

· 身体检查

左右后肢定位感觉轻度降低，能独立行走，触摸股动脉未发现异常。听诊时没有发现心脏杂音和心律失常。

· 血液检查

血液黏稠性高，采血时间为正常的2~3倍。贫血（PCV25.1%），TP（>11g/dL）和Alb（4.4g/dL）值增加，双峰性高γ球蛋白血症，以及AST、ALT、BUN、P、T-Cho、Ca值均上

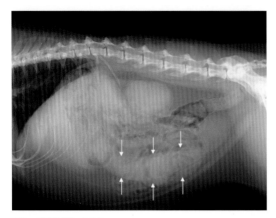

图2　X光图像（RL）

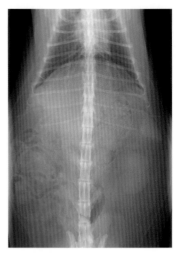

图3　X光图像（VD）

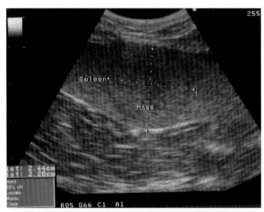

图4　超声波图像

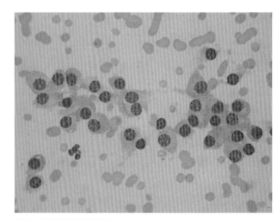

图5　细胞学检查图片

升。FCoV的抗体效价小于100。

· X光检查

腹部X光检查RL像中，发现脾脏阴影扩大，未见骨组织中有特别的异常（图2，图3）。

· 超声波检查

脾脏肿大，脾脏尾部有直径约为2cm的球形占位性肿瘤病变（图4）。

· 细胞学检查

核染色质中富含圆形的核，嗜碱性的细胞质丰富的细胞作为单一的细胞群收集起来，后来诊断为浆细胞瘤（图5）。

●治疗经过①

从神经学检查上看，怀疑是骨髓疾病，用泼尼松龙（2mg/kg）治疗。之后，脾脏针吸活检的结果强烈怀疑浆细胞瘤，继续使用泼尼松龙治疗的同时等待细胞学检查的确诊。就诊第4天，异常步态基本消失，一般状态良好，因此出院回家疗养。第10天进行了左大腿骨的骨髓检查，发现浆细胞没有明显增加。另外，TP值依然很高，大于11g/dL，超声波检查显示脾脏的肿瘤病变大小没有变化。

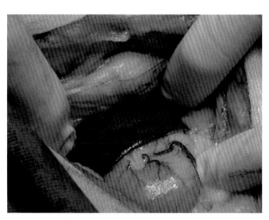

图6　肝脏的肉眼照片

图7　脾脏的肉眼照片

尽管实施了内科治疗，但是高蛋白血症没有缓解，并且脾脏病变组织没有缩小的倾向，于是就诊第21天进行脾脏摘除手术，同时也实施肝脏切除活检和右上腕骨骨髓穿刺术。

● 手术（图6）

发现靠近脾脏尾部处有直径约为2cm的隆起病变突起（图7）。

· 病理组织学检查

在脾脏中形成的肿瘤病变，呈现出清晰的车轴核状的肿瘤性浆细胞，它把脾脏的固有组织构造完全替换了。肝脏的组织切片中有肿瘤性的浆细胞向窦状隙内浸润和增殖。

● 治疗经过②

术后情况良好，就诊第24天顺利出院。从第27天开始使用泼尼松龙10mg（1.3mg/kg）和马法兰0.5mg（0.067mg/kg）。第20天时TP值高达11g/dL以上，超出了本院仪器的检测范围，但是第29天时TP为10.7g/dL，Glb7.2g/dL，第35天时TP9.8g/dL，Glb6.4g/dL，第48天下降到TP8.8g/dL，Glb5.2g/dL。到现在患病第48天，情况良好。

讨论

犬和猫的MM从发病率和症状到临床上

看都是重要的浆细胞瘤。关于猫的EMP报道极为罕见，脾脏浆细胞瘤的生物学表现还不太清楚。目前知道的是，EMP的临床症状与肿瘤病变发生的解剖学院位相关，后眼球后、胃肠管以及皮肤的浆细胞瘤是单克隆癌（单克隆丙种球蛋白病）。本病例的临床症状包括双峰性的高γ球蛋白血症、肝功能的异常、贫血、高钙血症、轻度的高氮血症等。患浆细胞瘤时，存在单克隆癌，骨溶解性病变，并有本斯·琼斯氏蛋白尿和多发性骨髓瘤（MM）。特别是在猫中除了存在骨溶解性病变外，发现3个症状中的2个以上的症状可诊断为MM。本病例中发现高γ球蛋白血症，但无骨溶解性病变，两次的骨髓穿刺检查均未见浆细胞有明显的增加，脾脏有肿瘤病变，从这些现象可以诊断为脾浆细胞瘤。只是没有开展本斯·琼斯氏蛋白尿的检查。

初诊到患病第10天，给予泼尼松龙（2mg/kg）后，后躯体的麻痹得到缓解。后躯体麻痹的具体原因不是太清楚，但是考虑到脾脏肿瘤的病变组织的大小基本上没有变化，难以想象得到引起麻痹程度的肿瘤性病变，通过使用泼尼松龙药物可以使肿瘤缩小，所以暗示了导致麻痹的原因应该是肿瘤以外的因素。

本病例中考虑到是脾脏的单发性病变，

所以进行了脾脏的摘除手术，同时进行了肝活检，发现肿瘤性浆细胞已浸润肝脏。回首初诊时血液检查的结果显示肝功能有异常这一点，应该反省的是，忽略了术前的肝活检。

术后继续给予泼尼松龙和马法兰，作为治疗效果的监控，在临床检查中加入TP和Glb的实时监测。就诊第20天时TP超过11g/dL，这个值超过了本院的仪器检测范围，因此不能计算出正确的Glb浓度。但是到了第29天下降到仪器可检测范围内，TP为10.7g/dL，Glb为7.2g/dL。这些测定值在以后又逐渐降低，到了48天时Glb值降低到了5.2g/dL，考虑到血清中的免疫Glb的半衰期为15~20天，因此，显示了良好的治疗效果。

猫EMP的生物学表现因其皮肤性EMP和其他部位的EMP对器官功能的影响不同，而有明显不同。皮肤中发生的EMP多数情况下良性，其他部位发生了EMP要注意其预后。本病例到现在经过48天了，状况良好。

出处：第29届动物临床医学会（2008）

　　猫的浆细胞瘤通常多见于高龄猫（平均年龄8.5岁），没有性别差异。猫皮肤浆细胞瘤多发，但是眼、消化道、肝脏、皮下组织、脑中也发现过。迄今，猫的浆细胞瘤的报告明显低于犬。犬的皮肤或口腔浆细胞瘤以良性多见，局部切除后多数都能够控制住病情。但是，有病例报告猫皮肤髓外性浆细胞瘤会波及全身。另外，猫多发性骨髓瘤多见于老龄雄猫。没有发现本病与FeLV、FIV和冠状病毒有任何关联，但是有同窝生的猫同患此病的报告。用马法兰和泼尼松龙治疗猫的多发性骨髓瘤时，治疗有效性约为40%，平均存活时间约为170天。与犬相比，使用化疗治疗效果较差。

　　与猫髓外浆细胞瘤（EMP）的治疗经过相关的数据比较贫乏，因此本病例的信息非常珍贵。在本病例治疗开始前，发现两后肢定位感觉轻度下降，但是经过10天的泼尼松龙治疗后有所改善。由于血清的黏稠性增加，会出现行为失控或旋转等神经症、视网膜出血、视网膜脱落等症状，可推测两后肢的不完全麻痹可能是由脊髓神经系统的血液循环发生障碍而引起。

（宇野雄博）

26. 洛莫司汀治疗犬组织细胞肉瘤

Histiocytic sarcoma with CCNU in a dog

Topia动物医院

佐藤秀树、井上恒和

秋田犬，雌性，5岁8个月，因精神沉郁和食欲不振来院就诊。根据各项检查结果，怀疑肝脏内有肿瘤。尊重畜主的意愿，实施对症治疗后病情有所缓解。但是，就诊第97天再度食欲不振，102天进行手术。在以肝脾为中心的器官广泛存在肿瘤。摘除脾脏并进行肝脏活检，病理组织检查结果诊断为组织细胞肉瘤。考虑到可能会预后不良，从第115天开始，使用洛莫司汀（CCNU）治疗，QOL得到改善。到现在，已经完成了6次治疗，动物一直维持着比较良好的状态。

关键词：组织细胞肉瘤、洛莫司汀（CCNU）、犬

引言

组织细胞肉瘤是从单核吞噬细胞系统衍生的肿瘤性疾病。可分为多发性和弥散性组织细胞肉瘤。最初报道的脾脏组织细胞肉瘤，因当时尚未建立有效的治疗方法，因此认为它是致死性肿瘤。但是近年来，有报告显示单功能烷基化药物洛莫司汀（CCNU）对该病有一定功效。

本节简介了肝脾组织细胞肉瘤的诊治过程。虽然对该病例实施了手术，但是因为肿瘤波及的范围较广，不可能完全摘除。因此，术后使用CCNU治疗，得到良好的QOL。

病例

秋田犬，雌性，5岁8个月，体重27.4kg。就诊前4天开始精神沉郁，食欲不振而来院就诊。

●初诊时一般临床检查

· 身体检查

体温38℃，没有发现其他特别的异常。

· 血液检查

白细胞数升高（27 300/μL）。PCV（40%）没有发现异常。另外，ALT（170U/L），ALP（884U/L）以及GGT（15U/L）值偏高。

· X光检查

脾脏和肝脏肿大。

· 超声波检查

肝脏内有圆形的高回声区域，胆囊壁也有高回声。此外，脾脏超声波检查未发现特别的异常。

●治疗经过①

从以上检查结果分析，怀疑肝脾肿瘤性疾病。建议开腹手术，但是没有得到畜主的同意。因此采取对症疗法，阿莫西林（18mg/kg，

图1　手术照片
脾脏存在大小不同结节

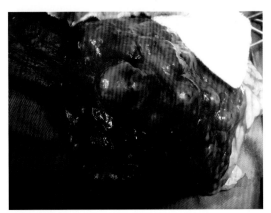

图2　手术照片
肝脏也有和脾脏一样的结节（照片显示的是内侧右叶，
在其他肝叶也同样存在）

口服，1天2次），熊去氧胆酸（3.7mg/kg，口服，1天2次），以及增加食欲的药物赛庚啶（4mg，口服，1天2次）。因动物不喜欢口服药物，故实际摄入的药量不到处方的一半。之后，虽然容易出现疲劳，但是食欲多少还是得到改善。血液检查发现ALT、ALP和GGT值进一步升高。

随后，根据畜主的要求停止治疗，病情没有明显的变化，到了就诊第97天再次出现食欲不振，又来医院进行检查。

● 患病第97天一般临床检查

· 身体检查

比以前更消瘦，但是没有发现其他特别的异常现象。

· 血液检查

白细胞数（29 400/μL）升高，PCV（30%），稍微有些贫血。另外，ALP（1 708U/L），GGT（26U/L）和T-Bil（0.7mg/dL）值偏高。

· X光检查

肝脏和脾脏进一步肿大。

· 超声波检查

脾脏出现不均一回声，显示存在多个结节。同时，肝脏内也有同样的结果。另外，初诊时发现的肝脏内高回声区域在这次的检查中同样存在。

从以上的结果分析，由于肿瘤肿大导致临床症状恶化，征得畜主同意后，就诊第102天实施手术。

● 手术（患病第102天）

手术取仰卧保定，从腹部正中线开腹。打开腹腔看到脾脏肿大，而且有大小不同的多个乳白色结节（图1）。同样，肝脏处也有多个大小不同的结节，整个肝叶完全被肿瘤侵占（图2）。为此，摘除整个脾脏，为了肝活检采集小部分肝脏。另外，仔细观察腹腔，发现多个淋巴结肿大，考虑到预后不良的可能性，没有摘除淋巴结。然后常规缝合腹腔，结束手术。同时，术中术后输血约200mL。

· 病理组织学检查

肝脾病变均诊断为组织细胞肉瘤。

●治疗经过②

手术所见为明显预后不良，考虑到患病动物的健康状况，在患病后第104天出院。第114天拆线时，还是食欲不振，持续消瘦。因此，从第115天开始使用CCNU（60mg/m 2/21天）治疗。此时，白细胞数显著增多，达62 100/μL，且以中性粒细胞为主。PCV为28%，贫血继续加重。

第123天（使用CCNU第8天）时，白细胞数（11 500/μL）恢复到正常，精神和食欲有所改善。第135天，第2次使用CCNU治疗，动物运动中出现意识丧失。第158天时第3次，179天第4次，201天第5次和231天第6次使用CCNU治疗。第3次用药时发现鼻梁部有直径约为1cm大小的肿瘤，不清楚肿瘤是否为转移而致，到现在肿瘤仍然存在。而且，还出现间歇性的左前肢跛行，运动中意识丧失等症状。血液检查结果曾经恢复到正常值的PCV，ALT和ALP值再度出现恶化的倾向，QOL维持比较好的状态。

讨论

此病例从初诊开始，大约经过了8个月的时间，从使用CCNU治疗开始也有4个月的时间。通常，组织细胞肉瘤原发于脾脏，然后波及肝脏。而该病例在初诊时超声波检查未见脾脏任何异常，分析诊疗的经过，初诊时整个脾脏应该存在原发性肿瘤，而且肿瘤已经向肝脏转移。

与组织细胞肉瘤的预后相关的因素包括：贫血、血小板减少以及低白蛋白血症等。本病例中，虽然存在贫血的症状，但是其他预后因素都正常，CCNU的治疗效果也较好。实际上，从术前开始一般状况就不好，尽管术后还出现了恶化，但是使用CCNU治疗后，临床症状得到迅速改善。因此，对于组织细胞肉瘤的治疗，CCNU有较好的功效。另外，作为CCNU的副作用，有报告指出会出现蓄积性的肝损伤或骨髓抑制等。但是本病例中到现在为止还没有发现特别严重的副作用，动物依然维持着良好的精神和食欲状态。但是，后来发现鼻梁部有肿瘤，左前肢跛行，运动中意识丧失和血液指标恶化等症状，在今后的治疗中应充分注意，仔细观察。

最后，要对在病理组织诊断，并从病理学角度给予治疗建议的难波动物病理检查实验室的难波裕之先生表示深深的感谢！

出处：第30届动物临床医学会（2009）

参考文献
• SkorupskiKA,CliffordCA,PaoloniMCetal:CCNU for the treatmentofdogswithhistiocyticsarcoma,JVet InternMed,21（1）,121-126（2007）

小出动物医院
小出和欣

‖‖ 胰腺的解剖和生理 ‖‖

● 胰腺的构造与机能

胰腺是一个连接十二指肠和胃的飞镖形腺体组织，根据部位不同，分为胰左叶、胰体和胰右叶3部分（图1）。

胰腺有两项功能：作为外分泌腺产生胰液；作为内分泌腺分泌胰岛素。由胰脏产生的含有消化液的胰液其中有可以分解蛋白质、碳水化合物和脂肪的强效酶，通常由胰腺管或副胰腺管分泌至十二指肠。狗的胰腺管开口于胆总管旁，朝向离幽门数厘米的十二指肠背侧内壁上的十二指肠大乳头。狗的副胰腺管比胰腺管粗，开口于距十二指肠大乳头数厘米的尾侧的十二指肠小乳头。猫的胰腺管是最大的导管，与胆总管共同开口于十二指肠大乳头的膨大部（图1，图2）。猫的副胰腺管合并细小分支，开口于十二指肠大乳头后方约2厘米的十二指肠小乳头上（图1）。

内分泌功能则是由散在于胰实质中的胰岛（朗格汉斯小岛）产生胰岛素，并直接分泌于血液中。胰岛素是一种调控血糖的非常重要的激素。

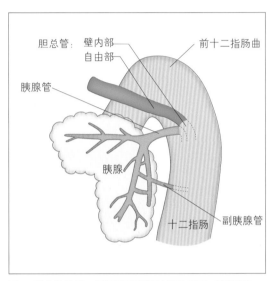

图1　猫的胰腺管、胆总管和副胰腺管的位置（背侧观）

‖‖ 胰腺的疾病

胰腺的疾病中比较有代表性的有急性或慢性的胰腺炎（第9章-1）、胰脓肿（第9章-2）、胰伪囊肿、胰腺外分泌功能不全、糖尿病、胰腺癌、胰岛素瘤（第9章-4）等。

● 胰腺炎

胰腺炎的诊断通常由临床症状、临床病理学检查和影像诊断来综合判断。

急性胰腺炎通常伴有中性粒细胞增多及核左移。作为炎症指标的C反应蛋白（CPR）目前只适用于狗。

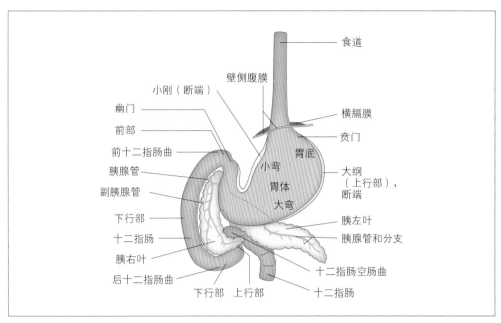

图2　猫的胰腺和消化管道（腹侧观）

过去多用淀粉酶和脂肪酶的活性作为胰腺炎的血清学诊断标志，但因存在特异性和灵敏度的问题，仅以这两项指标还难以确诊为胰腺炎。特别是对于猫胰腺炎而言，由于这种检测的灵敏度不高，患胰腺炎的猫很多时候也不会出现脂肪酶活性上升的现象。特异性和灵敏度更好的血清学标志有胰蛋白酶样免疫活性（TLI）和胰特异性脂肪酶免疫活性（PLI），已有商用试剂盒可以检测。另外需要注意的是，在人的检查中心无法测定狗和猫的这些项目。虽然TLI在胰腺炎中会上升，但由于其特异性和灵敏度并不是那么高，更多的是根据其呈现的低值用于诊断后面将叙述的胰腺外分泌功能不全。另外，血清PLI与通常的血清脂肪酶不同，不受肾脏疾病的影响，且有报道称其对诊断胰腺炎的诊断灵敏度高达80%以上。目前，作为猫和狗的胰腺炎的共同血清学标志来说，PLI是可信度最高的。

就影像诊断而言，怀疑胰腺炎的时候，

虽然通常最先做X光检查，但是由X光检查出相关病变的概率并不很高。超声波检查在近年来随着高频探针的开发和图像处理技术的进步，分辨率在不断上升，这对于胰腺炎的诊断比X光检查更为有效。特别是在急性胰腺炎时，对于胰腺肿大、胰腺部分低回声、腹水等胰腺炎伴随病变可以做出高效评价。另外，超声检查有时也可查出诸如胰脓肿、胰伪囊肿等胰腺炎的合并症。在患胰腺炎的狗和猫身上通常也可以查出闭塞性黄疸，此病要与由其他原因引起的肝外胆管闭塞症进行辨别诊断，这对于决定治疗方针来说非常重要。

胰腺活检是诊断胰腺炎的种种检查中可信度最高者。过去是打开腹部下侧进行检查，近来则多使用低创的腹腔镜检查。细针针吸检查（FNA）可在无麻醉状态下由超声波指导进行，但是正确施行检查需要熟练的技术并且其检查的灵敏度不如活检。另外，胰腺炎有时并发肠炎、胆管肝炎、胆囊炎等。特别是在猫中，常见被称为"三脏器炎"的病况，进行精密检查时，对那些脏器的检查也很有必要。

急性胰腺炎的治疗以减缓疼痛、呕吐和体液分泌为主，给予静脉点滴、止吐药、镇痛药、抗生素以及阻碍蛋白质分解酶的药。急性期禁食，出现高血糖时，必要时应给予胰岛素。慢性胰腺炎，应自始至终给予低脂饮食十分重要。胰腺的出血坏死性胰腺炎、伪囊肿、脓肿一类的病况恶化时，用内科治疗无法控制胆总管闭塞症的情况下，适用于外科治疗。

● 胰腺外分泌功能不全

因为体重减轻和腹泻来医院的情况很多，所以需将胰外分泌不全与消化道内寄生虫症、肠道炎症以及糖尿病进行辨别。

针对胰外分泌不全的检查，过去常以定性检查为主，如用X光胶片消化试验来检测粪便中的消化酶活性，或使用TLI的简易定性试剂盒（clearguide TLI，2012年后停止销售）等。而近年来则可以使用之前在胰腺炎部分讲到的商用试剂盒定量的检测TLI。对于胰腺外分泌功能不全的治疗，虽然给予消化酶就可以轻易地控制住病情，但在伴有胰腺萎缩的情况下，因为胰腺外分泌组织很少再生，所以需要终生用药。

● 糖尿病

糖尿病根据多饮多尿、体重减轻等临床症状、空腹时血糖增高、尿检时出现尿糖阳性比较容易确诊。但是，始发病（库欣综合征、胰腺炎、发情期、卵巢囊肿、子宫蓄脓症等），或者并发症（尿路感染、慢性肾病、白内障、皮肤炎等）的确诊也对治疗和预后非常重要。

对糖尿病的特殊检查，可利用商业试剂盒可检测血中胰岛素值和糖化白蛋白值（糖化血清蛋白，GA）。血中胰岛素值的测定也可用于判断胰岛素抗性。糖化血清蛋白是血清蛋白的糖化产物，由于血清蛋白的半衰期大约是20天，因此糖化血清蛋白的值可反映过去2周~1个月内的平均血糖值。据报道，血清蛋白与糖的结合率是同样作为标志的糖化血红蛋白A1c（HbA1c）的10倍左右。胰岛素控制时，以狗≤25%，猫≤30%为目标。糖化血清蛋白与HbA1c相比，因血糖值的变化所产生的反应更快更强。对于人来说，HbA1c是糖尿病诊断和治疗监控的基准，也有报道指出HbA1c对于猫和狗适用。另外，过去也有用果糖胺来诊断，现在却无法测定其含量了。

糖尿病基本都是慢性疾病，狗大多需要给予胰岛素治疗；猫则有与人Ⅱ型非胰岛素依赖型糖尿病相类似的经历。在使糖尿病安稳下来后，通常可以知道其胰岛素耐受性。在难以使糖尿病充分稳定下来时，比起彻底调查其原因来说，除去潜在因素更为重要。另外，并发糖尿病性酮症酸中毒时需要急救，此时应以输液疗法和给予胰岛素为主进行治疗。

● 胰岛素瘤

根据反复低血糖和血中高浓度的胰岛素可以怀疑为胰岛素瘤，但是，根据影像确认肿瘤原发病灶未必容易。肿瘤病灶很小的情况下，很多时候别说超声波检查，就连CT都会漏检，这一定要注意。

通过内科和外科治疗可以缓和胰岛素瘤的症状，然而预后还是需要注意。据报道，多数狗术后还会复发，术后平均复发时间为12个月（范围：4~16个月），术后平均寿命是14个月（范围：10~33个月）。对于术后复发病例和不适用外科治疗的病例，则采取内科治疗，通过调控进食控制低血糖并给予泼尼松和氯苯甲嗪是比较有效的方法。

●胰腺癌

胰腺癌是很少见的疾病，并且预后非常不好。发现时多已向肝转移，其治疗则以缓解疼痛和闭塞性黄疸为主。对于胰腺癌的外科治疗有胰腺摘除术、胆囊十二指肠吻合配合胃空肠吻合术一并进行的Billroth Ⅱ法，但因操作困难，并发症多，总体预后大都不好，因此必需慎重地做出适当判断并充分说明取得畜主同意。

1. 犬急性胰腺炎的内科治疗及其预后观察

The medical therapy and prognosis in 36 dogs diagnosed
as acute pancreatitis

（鸟）取县动物临床医学研究所

才田祐人、高島一昭、小笠原淳子、水谷雄一郎、松本郁实、和田优子、山根刚、野中雄一、山根香菜子、大野晃治、藤原梓、杉田圭辅、横山望、山根义久

胰腺炎是小动物兽医界的常见疾患。轻度的急性胰腺炎对内科治疗的反应良好，但症状缓解所需时日因个体而异，再次出现症状的情况也不少见。本研究以36例诊断为急性胰腺炎的犬作为对象，对初诊时各种血液检查情况，症状完全消除所需时间及再发与否之间的关联性做了回顾性调查。通过内科治疗，36只犬的症状全部得以改善，但19.4%（7/36）有呕吐、腹泻等复发现象，另外，研究表明初诊时的白细胞数（WBC）及血尿素氮（BUN）与复发与否存在相关性。

关键词：急性胰腺炎、白细胞数（WBC）、血尿素氮（BUN）、预后

引言

胰腺炎是小动物兽医界的常见疾患。虽然急性胰腺炎可能致死，但通过适当的内科治疗和禁食等处理，轻度胰腺炎的预后大致良好。另外，症状暂且改善后，胰腺炎复发的情况很多，并且症状完全消除所需要的时间具有较大的个体差异。然而，以至今的临床表现和血液检查情况表现等为基础所得出的临床评分与胰腺炎严重程度的相关性已被证实，但胰腺炎发作时的检查所见及治疗方法与症状的缓解及再次发作的有无的关联性尚不明确。因此，我们将对病例犬初次血液检查结果及治疗方法与再次发作的情况进行调查，并探讨其相关性。

病例

在2005~2009年，以呕吐、腹泻和食欲不振为主要症状来院就诊，血液检查显示血浆中淀粉酶（Amy）和脂肪酶（Lip）高于参照值（分别为 > 1 500U/L和 > 1 800U/L；VetTest8008；IDEXXLaboratories制），胰蛋白酶样免疫活性（TLIH，明治制果株式会社制）显示阳性的病历中，随机抽取36只犬。对其初诊时的白细胞计数（WBC）、P325淀粉酶（Amy）、肺泡的低位拐点（Lip）、血尿素氮（BUN）、肌酐（CRE）、谷丙转氨酶（ALT）、谷草转氨酶（AST）、碱性磷酸酶（ALP）以及葡萄糖（Glu）值与完全治愈所需时日以及复发与否的关联性做了回顾性调查。此外，对血液检

查参数与完全治愈所需时间及复发与否之间的相关系数，如风险率、优势比和95%可信区间（CI值），根据算出的值在统计学上对其差异进行了评价。对血液检查参数间的相关性进行了单回归分析，$P < 0.05$，统计学上表明差异显著。

结果

●病例

所有36例病患犬的详细情况如下，犬种：迷你腊肠犬（n=12）、杂种犬（n=5）、狮子犬（n=3）、柴犬（n=3）、长卷毛犬（n=2）、蝴蝶犬（n=2）、威尔士矮脚犬（n=1）、金毛猎犬（n=1）、雪特兰牧羊犬（n=1）、吉娃娃（n=1）、八哥犬（n=1）、法国斗牛犬（n=1）、巴塞特猎犬（n=1）、马尔济斯犬（n=1）以及约克夏梗犬（n=1）。

性别为雄性（n=16），雌性（n=20）。初诊时的年龄和体重分别为6.13 ± 3.77岁和7.82 ± 5.06kg。

●治疗

对各患犬的治疗分为：非住院治疗（n=27）和住院治疗（n=9），均以乳酸或醋酸林格氏液为主，给予皮下注射或静脉输液，配合抗生素、改善消化功能的药物和B族维生素混合剂。住院治疗的患犬还加以使用甲磺酸加贝酯或甲磺酸萘莫司他治疗。

●治疗效果

36例患犬的症状均得到改善，完全缓解的平均时间24.1日（1~281日），完全缓解日数的中位数为4.0。7/36（19.4%）的犬出现了呕吐、腹泻等复发症状。

●血液检查和完全治愈所需时日以及复发的关联性

WBC与复发与否的关系如表1所示，风

表1 初诊时的WBC与有无复发现象

项目	复发	
	有	无
WBC（< 10,000, < 17,000/μL）	6	10
WBC（10,000 ≤ , ≤ 17,000/μL）	1	19

险率和优势比分别为7.5和11.4，其CI值分别为1.0~56.1和1.2~108.2，表明具有相关性。

另外，血液Amy、Lip、BUN、Cre、AST、ALT、ALP以及Glu值，是否住院治疗、乳酸或醋酸林格氏液的使用等各个参数均未见与完全治愈所需时间以及复发与否有明显相关性。然而，BUN < 7.7mg/dL或者 > 52.7mg/dL的患犬有3/6（50%）复发，而BUN ≥ 7.7mg/dL且≤52.7mg/dL的情况下，有4/30（13.3%）复发，86.7%的患犬没有复发。并且，初诊时的WBC与BUN呈负相关（$y = -0.0006x + 28.3128$，$r = -0.3634$，$P < 0.05$）（表1）。

其次，WBC < 10 000/μL或WBC > 17 000/μL，同时BUN < 7.7mg/dL或BUN > 52.7mg/dL的个体与有无复发现象的调查结果如表2所示，风险率和CI值分别为8.3和3.3~20.7，表明它们之间存在相关性。

讨论

文献报道胰腺炎急性期的平均时间为2.75日（0.5~7.0）。本研究中所有的病例，来院数日后症状均大幅改善，完全治愈所需时日的中位值近似4.0，与报道值相近。然而，因为有治愈后复发的病例，完全治愈平均所需时间上升到了24.1日。

特别需要说明的是，因调查发现发病初期BWC和BUN与复发与否有相关性，提示其可作为有用的指标。BUN呈现低值的原因，可能是由于胰酶的外分泌受阻，伴随营养物质的消化吸收不良，导致的血液中蛋白质供

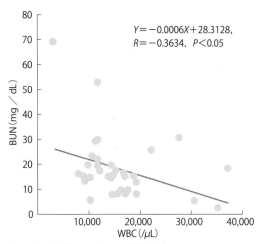

图1 初诊时的WBC与BUN的相关性
WBC与BUN呈负相关

$Y = -0.0006X + 28.3128,$
$R = -0.3634,\ P < 0.05$

表2 WBC和BUN与复发现象相关性

项目	复发	
	有	无
U	3	0
☒	4	29

※ U $\begin{cases} \text{WBC} < 10,000/\mu\text{L} \ \text{または WBC} > 17,000/\mu\text{L} \\ \text{かつ BUN} < 7.7\text{mg/dL} \ \text{または BUN} > 52.7/\text{dL} \end{cases}$

给不足。这样引起的营养不良会促使肠道细胞释放炎症细胞因子,细菌由肠道向组织的通透性上升,加重组织的感染和炎症。因此,这可能是导致BUN减少和WBC上升的一个原因。

本研究表明,对于急性胰腺炎,以输液为主的对症疗法较为有效。但是,要注意的是,发病时WBC < 10 000/μL或WBC > 17 000/μL同时BUN < 7.7mg/dL或BUN > 52.7mg/dL的个体在症状改善后会有复发的危险,并有可能转变成慢性炎症。

出处:第30届动物临床医学会(2009)

2. 猫胰脓肿

A cat with pancreatic abscess

麻布大学
竹内祐子、成田刚、久末正晴、茅沼秀树、斑目广郎、小方宗次

杂种猫，雌性，11岁，以精神不佳、食欲不振为主要症状来院就诊。腹部X光检查显示腹腔清晰度降低，有腹水潴留，肝脏肿大。超声波检查显示，肝内囊肿样无回音，并发现幽门尾侧有充实性肿块，疑为胰脓肿或胆管闭塞。疑为胰腺囊肿而进行了开腹手术后，确认为胰脓肿，因此切除了病变部位并进行了胆囊穿刺。胰脓肿摘除后，为了防止胰腺炎的发生，积极地给予止吐剂并预防弥散性血管内凝血（DIC）的发生，术后恢复良好。

关键词：胰脓肿、胆总管闭塞、胆囊穿刺、胆囊空肠吻合术

引言

胰脓肿，在人医上定义为胰腺和毗连胰腺的腹腔内有脓潴留，以人的报道较多，多在出现急性胰腺炎症状后确认为此病。而狗的报道很少，猫则未见报道。狗的胰脓肿有呕吐、腹泻、发热等胰腺炎特有症状，且上腹部触及有肿块，这是胰脓肿的特有体征。然而，由于猫的症状不明显，甚至连胰腺炎的确诊都很困难。对此症采用通常的胰腺炎内科疗法的治愈率非常低，有报道指出在狗适合用手术摘除脓肿。这次，我们对1例患胰脓肿的猫进行了外科手术切除病灶，并给予积极的内科治疗，从而取得了良好的效果，因而将相关内容报道如下。

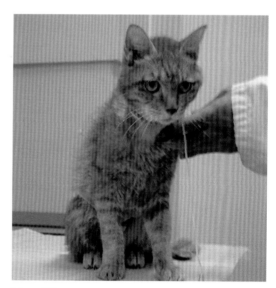

图1 病猫

病例

患者为杂种猫，雌性，结扎，11岁（图1）。以4天前开始精神不佳、食欲不振为主要症状到附近医院就诊。检查结果显示白细胞增加，转氨酶升高，且腹部超声检查表明有肝内囊肿，怀疑是脓肿性疾患，因此来本院治疗。

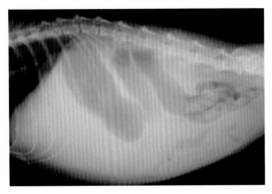

图2 X光照片（RL）

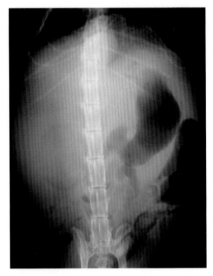

图3 X光照片（VD）

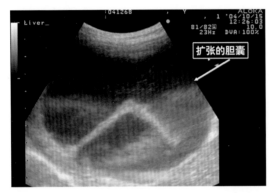

图4 超声波照片①

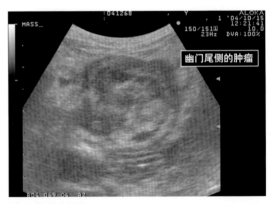

图5 超声波照片②

● 初诊时一般临床检查

· 身体检查

可见精神不佳，呼吸急促，布—加综合征2级、消瘦，腹膨隆及可视黏膜轻度黄疸。

· 血液检查

可见白细胞数增加、贫血。并检查出高胆红素血症。

· X光检查

可见腹腔清晰度降低，胃轴向尾侧移位及肝脏肿大（图2、图3）。超声波检查可见肝边缘钝化，肝内囊肿样无回音，考虑由胆囊肿大造成（图4）。另外，在右上腹部幽门尾侧，边缘部回声高并观察到内部带有混合回声的充实性肿块，怀疑是脓肿（图5）。

· 腹水检查

腹水相对密度为1.208，WBC为9.030/μL，RBC为2.470/μL，TP为19.0mg/dL，提示有渗出液。其主要细胞成分是中性粒细胞，提示有可能存在腹膜炎（图6）。

由以上结果推测为胰腺炎继发的胰脓肿、胆总管闭塞和腹膜炎。与饲主商量过后，决定试行开腹手术。

● 手术

在全身麻醉状态下进行开腹手术。开腹可见，囊肿存在于胰左叶，尾端存在肿块，因为反转后有与十二指肠肠翻转和肠粘连，所以用灭菌棉签进行钝性剥离（图7）后，将

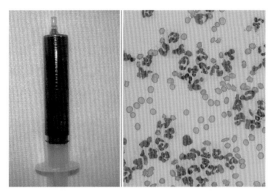

图6　腹水肉眼照片（左），细胞检查照片（右）

图7　手术照片

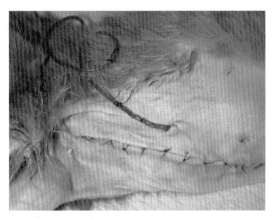

图8　胆囊穿刺照片

病灶及周围的部分胰脏结扎并切除病灶及病灶周围的部分健康组织。

因肝尾状叶突起基部的肝管破裂，有胆汁漏出，于是对肝尾状叶进行了全部切除。并且为了除去滞留的胆汁，我们进行了腹壁外胆囊穿刺术（图8）。

发病第7天，再次进行腹腔手术，拔除胆囊穿刺管。因为胆总管依然闭塞，进行了胆囊空肠吻合术。

●治疗过程

为了预防胰腺炎及DIC，给予了肝素钠和甲磺酸萘莫司他治疗。并且，应对呕吐给予盐酸昂丹司琼和质子泵阻碍剂。以抗生素和输液作为支持疗法，必要时进行了输血。

术后没有出现呕吐、胰腺炎、胆管闭塞的复发，来院第16天后，全身状态良好，出院。

・病理组织检查

胰腺的脓肿是累及胰腺的不完全被被膜覆盖的脓肿。在肝脏为伴有多发性坏死病的慢性胆管肝炎，在腹膜则为化脓性肉芽肿腹膜炎。

讨论

由于猫的胰腺炎症状并不明确，通常难以诊断。猫很少出现呕吐、腹泻等消化道症状，其临床症状一般是嗜睡、食欲不振和黄疸。而这些症状并不是胰腺炎的特有症状，并且血清TLI也无法测量，因此猫胰腺炎的诊断就显得越发困难。并且由于猫的解剖学特征，胰腺炎经常引发胆总管闭塞。

对于狗胰脓肿的治疗，手术切除脓肿十分恰当。对胰腺的外科处理的重点在于与胆管、胰腺管及各血管的走向，与胰腺、十二指肠的位置关系。根据不同情况，必要时需将部分胰腺和脾一并摘除。猫和狗的解剖结构不同，要知道胆总管和胰管的开口位置十分重要。

本病例存在胆管闭塞，但因预计手术和麻醉时间延长会引起创伤、胰腺炎、腹膜炎从而导致吻合部位愈合不全，所以初次手术仅进行了胆囊腹腔外穿刺，日后才实施了胆囊空肠吻合术。

与治疗胰腺炎相同，本病例也给予了输液、输血、抗生素、止吐剂等充分的支持治疗。此外，为了治疗胰腺炎及预防DIC，在治疗第1天开始就使用了低分子肝素及蛋白质酶抑制剂。

幸运的是本病例预后良好。这是因为对于临床症状不很明确的猫，通过影像学检查确诊为胰脓肿，确诊后迅速实施外科手术并在术后给予了积极的内科治疗。

出处：第26届动物临床医学会（2005）

参考文献
· 伊佐知　秀司, 上本伸二:感染性膵壊死と膵膿瘍の診断と治療, 消化器画像, 6（5）:618-622（2004）
· Fossum TW（鷲巣　誠　訳）:膵臓の手術In, Small Animal Surgery, 2nd ed. 523-546, インターズー, 東京（2003）
· Washabau RJ:Feline acute pancreatitis-important species difference. J Feline Med Surg, 2, 95-98（2001）
· Salisbury SK, Lantz GC, Nelson RW, Kazacos EA:Pancreaticabscess in dog:six cases, J Am Vet Med Assoc, 193, 1104-1108（1988）
· Garcia CF, Gutierrez SC, et al:Pancreatic abscess Extraperitonealdrainage, Rev Gastroenterol Mex, 54（2）77-78（1989）
· Ruaux CG:Diagnostic approaches to acute pancreatitis. Clin-Tech Small Anim Pract, 18（4）245-49（2003）
· Gerhardt A, Steiner JM, et al:Comparison of the sensitivity of different tests for pancreatitis in cats. J Vet Intern Med, 15（4）327-328（2001）

3．獾胰腺线虫（Tetragomphius sp.）感染肉芽肿

A case of pancreatic verminous granuloma caused
by Tetragomphius sp. in a badger

松尾动物医院、饭盛动物医院、东京农工大学、日本兽医生命科学大学

松尾史朗、大仓真纪子、松尾叶月、饭盛真生、町田登、森田达志、池和宪、今井壮一

市区一只受保护的獾因外伤来院就诊，触诊检查可触及腹部肿块。估计腹腔内有肿瘤而实施开腹手术，发现胰腺中有肿块。摘除后，通过病理组织检查，从肿块中检出线虫。形态学观察结果表明是Tetragomphius sp.。

关键词：獾、胰腺肿块、线虫

引言

有鸟兽保护员的野生鸟兽指定医院接收了由市农林水产科职员送来的一只毗邻市区繁华地段受保护的獾，因此我们得到了诊治该病患的机会。诊查可见皮肤脱毛和多处外伤。为了掌握其全身状态进行触诊，在前腹部触及肿块。通过开腹手术摘除了部分有肿块的胰腺（前叶部）。由于病理组织检查查出线虫，概要报告如下。

病例

患者为雄性壮年獾（图1）。

● 初诊时一般临床检查

· 身体检查

非常衰弱，身体表面遍布擦伤，右后肢前腿部有约1cm×4cm大小的皮外裂伤，暴露出骨头，骨膜已干燥。被毛全部脱去后，可见全身皮肤发红，怀疑感染疥疮。马上给予

獾镇静处理，实施全身触诊，可触及前腹部有约1cm×3cm的肿块。未触到体表淋巴结。

· 血液检查

如表1所示。

· X光检查

确认了前腹部有肿块（图2）。

图1 病獾
保护动物獾

表1　血液检查结果

WBC（/μL）	7,200	BUN（mg/dL）	79
Band-N	72	Cre（mg/dL）	0.71
Seg-N	4,680	AST（U/L）	2500
Lym	1,800	ALT（U/L）	422
Mon	648	ALP（U/L）	200
		GGT（U/L）	2.0
RBC（×10⁶/μL）	9.08	T-Bil（mg/dL）	1.2
Hb（g/dL）	10.3	TBA（mmol/L）	0.4
MCV（fL）	42	T-Cho（mg/dL）	193
MCH（pg）	11.4	TP（g/dL）	7.0
MCHC（g/dL）	26.6	Alb（g/dL）	3.2
		Glb（g/dL）	3.8
Plat（×10³/μL）	411	Glu（mg/dL）	129
		Ca（mg/dL）	7.7
		P（mg/dL）	13.3
		Na（mmol/L）	148
		K（mmol/L）	5.0
		Cl（mmol/L）	113

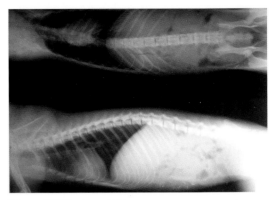

图2　X光照片（RL·VD）

图4　胰腺肿块的病理组织照片（HE染色，稍微放大）

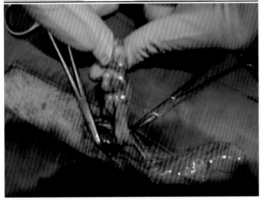

图3　手术照片

●治疗过程①

从皮肤脱毛状况看，怀疑感染了皮肤寄生虫中的疥螨，因此隔着笼子给予伊维菌素皮下注射。

●手术

肌内注射氯胺酮、氯丙嗪和阿托品，将维生素和抗生素在乳酸林格氏液里混合并进行静脉滴注。

这一阶段，触及了前腹部肿块，趁外伤创口还新鲜时对其缝合。之后，通过开腹手术确认胰腺部分区域形成肿块，并将其切除（图3）。仔细检查腹腔，确认无其他异常后封闭腹腔。

·病理组织检查

在胰腺中心发现线虫，并在其周围检出嗜酸性粒细胞和巨噬细胞，在其外侧检出淋巴细胞和实质细胞，并有丰富的纤维结缔组织包裹，形成典型的异物肉芽肿，共由6~7个肉芽肿集合成一个大型病灶（图4）。

·寄生虫检查

对从肿块分离出的寄生虫进行形态学观察，结果鉴定为*Tetragomphiussp.*（*Nematoda，Ancylostomidae*）（图5，图6）。粪肠球菌检查为阴性。

●治疗过程②

从麻醉中清醒后，精神、食欲、排便排尿都很正常。拆线后归还于市职员放生，救助时间为3周。

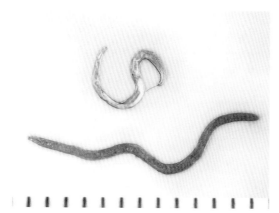

图5　从肿块中得到的虫体照片（刻度为1mm）
雄性（上）细小，尾端有交配刺出现，雌性（下）经乳酚液着色呈琥珀色，头部在左侧

图6　虫体头部照片，可见口腔、齿、颈乳突

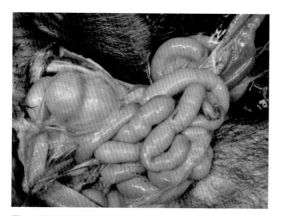

图7　野生貛的解剖照片

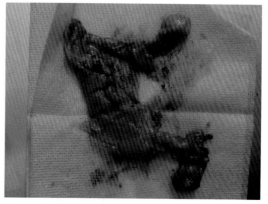

图8　野生貛的胰腺肉眼观

讨论

　　该病例根据最初捕获地区及其粗硬的体毛，疑为国外输入而被遗弃的宠物。最近确认的野生种的皮毛和营养状态都没有问题。

　　据第132次日本兽医学会柴田等人报告，西多摩地区野生貛的胰腺可见重度寄生虫感染。另外，在2009年5月兵库县宍粟市曾有机会得到了野生种的胰腺（图7，图8）。病理组织检查诊断为寄生虫性慢性胰腺炎。胰腺和貛本身在外观上并无问题，但病理组织检查可见胰腺的胰腺管内大量线虫寄生，并形成炎性肉芽组织。增生的纤维结缔组织侵入周围胰实质内，外分泌腺组织大多脱落、减少。胰门部的淋巴结中出现淋巴滤泡活化并可见大量嗜酸性粒细胞，呈现寄生虫感染的典型特征。

　　粪便检查并未检出虫卵。在关东和关西均发现该寄生虫寄生于胰腺内从而形成寄生虫性肉芽肿。西多摩地区的病患尽管有胰腺病变，但并未出现消瘦和营养不良。据此，曾有报告指出该寄生虫对宿主的影响较小。并且，这次得以观察该貛3周时间，未出现任何临床问题。不论是否对于野生种，我们都再一次认识到了肿块病变的病理组织检查的必要性和寄生虫疾病的特异性。

出处：第30届动物临床医学会（2009）

4. 通过部分切除胰岛素瘤及内科治疗而改善犬生活质量

A case of canine insulinoma to which quality of living was able to be maintained by partial excision and medical treatment

宫下动物医院

前田克志、村川大辅、宫下聪子、宫下胜幸

雪特兰牧羊犬，雄性，12周龄，以失禁为主要症状来院就诊。因来院时站立困难，故进行了各项检查。显著低血糖，腹部超声检查可见胰腺右叶肿瘤性病变，怀疑为胰岛素瘤，以静脉输液、泼尼松及少量多次的给饵改善了其临床症状。为防止低血糖再次发生，采用了给予氯苯甲嗪的内科疗法。然而，低血糖症状未得到改善。病程的第11天，为缓和临床症状，开腹对胰腺进行了部分切除。肉眼可见胰腺右叶末端明显的肿瘤病变，因而切除了右叶的1/3。另外，肝脏遍布白色小结节，因此进行了活检。病理组织检查结果是胰岛素瘤及胰岛素瘤的转移，故判定为胰岛素瘤Ⅲ期。术后继续进行内科疗法，病程第14天（术后第4天），临床症状得到了改善。第25天（术后第15天）血糖升高。之后，逐渐减少泼尼松和氯苯甲嗪的用量。至病后第122天（术后第112天）死亡之前，生活质量良好。

关键词：胰岛素瘤、胰腺部分切除、生活质量

引言

胰岛素瘤是机能性的胰岛素分泌性胰腺B细胞的肿瘤。肿瘤细胞过度分泌胰岛素是导致低血糖的原因。临床症状是低血糖伴随肾上腺素的分泌，或者神经系统的低血糖症状。另外，由胰岛素瘤导致的长期低血糖也可引起末梢多发性神经障碍。

这一次，我们对有显著低血糖症状的狗同时进行了胰腺部分切除及内科治疗，改善了其生活质量，因此概要报告如下。

病例

病患者为雪特兰牧羊犬，雄性，12周龄，体重为16.4kg。接种过联合疫苗、狂犬疫苗并做过丝虫病的预防。既往病历有膝关节的关节炎、慢性外耳炎。这次以失禁为主诉来院就诊。

● 初诊时的一般临床检查

· 身体检查

左前肢CP低下，会阴反射低下，后肢下运动神经元（LMN）及右膝有疼痛感。

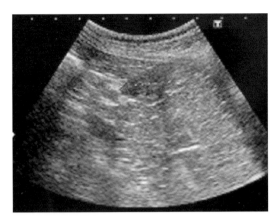

图1　超声波照片

图3　肝脏的肉眼观

· 血液检查

葡萄糖（Glu）29mg/dL、糖化白蛋白6.1%、总胆固醇（T-Cho）>450mg/dL、血清铁蛋白（FT）40.8ng/dL、胰岛素4.50ng/dL（标准值0.27～0.65ng/dL）。修正胰岛素：葡萄糖比（AIGR）≥30。

· 超声波检查

胰右叶有界限比较清晰的呈混合模式直径为2cm的肿瘤（图1）。

●治疗过程

怀疑是胰岛素瘤，初诊时给予5%的葡萄糖静脉输液，泼尼松每日1mg/kg，少量多次饲喂。犬状态得到改善，于第4天出院，第8天因再度食欲低下、眩晕、下腭震颤等低血糖症状住院治疗。直到第11天，均在之前治

图2　胰腺肉眼观

疗的基础上并用氯苯甲嗪每日18mg/kg，但低血糖症状和生活质量（QOL）并未改善，因此实施了开腹手术。

●手术

手术从腹正中切开。在腹腔内发现了胰腺右叶远端的硬结肿瘤病灶，故对右叶1/3进行切除（图2）。另发现肝脏遍布白色小结节（图3），故对其进行活检。

· 病理组织检查

恶性胰岛素瘤。大型立方、圆柱状或多角形胰岛细胞（由B细胞而来）呈栅索状，腺泡管状或鹅卵石状充实性肿瘤样增生。由明显的纤维样膈膜划分成充实性的小到大型肺泡状结构。肿瘤边缘有肿瘤细胞向周围正常组织浸润，浸润范围只有一部分。高倍率观察了10个视野，仅1~2个核分裂像。另外，肝上的病灶为胰岛素瘤的转移灶。由以上结果判断本症为Ⅲ期（胰腺和远程转移）胰岛素瘤。

●治疗过程

术后给予抗生素、甲氧氯普胺、法莫替丁，早期给予少量多次饲喂。术后，血糖值在病程第13天（术后3天）在25~51mg/dL间变化，有低血糖发作。然而，在病程第14天（术后4天），尽管仍为低血糖（Glu26mg/dL），但是临床症状得以改善，故出院。病程第25

第9章

胰脏

天（术后15天），血糖值上升到92mg/dL。此外，因正常生活质量得以维持，故之前给予的泼尼松每日0.6mg/kg和氯苯甲嗪每日14mg/kg的用量逐渐减少。此后，未出现临床症状，生活质量良好。在病程122天（术后112天）死亡。

讨论

初诊时给予静脉滴注、泼尼松和少量多次的饲喂使其临床症状得以改善。然而，第8天因低血糖再次发作入院，虽然这次在之前治疗的基础上，并用了氯苯甲嗪，但是血糖值仍低于20mg/dL，低血糖症状也频频发作。因此，怀疑是胰岛素瘤，仅用内科治疗会预后不良。通过腹部超声检查确认了胰腺右叶的肿瘤病变，因而与饲主商量并得到了开腹手术的许可，以缓和临床症状为目的切除部分胰脏。在术中对胰腺进行最小限度的操作，并使用非吸收线（尼龙线）对胰管、胰腺内动静脉结扎，为了防止胰液漏入腹腔，

将胰腺实质小心地钝性分离，并充分清洗腹腔。术后血糖值并未改善，考虑是因为残存的胰腺组织中弥漫性浸润的胰岛素瘤或转移的胰岛素瘤还在分泌胰岛素。病程第25天（术后15天），血糖值开始上升，减少泼尼松的用量后血糖依然稳定。血糖平稳是因为胰腺的肿瘤部分已被切除，B细胞数量减少，末梢组织对葡萄糖的消耗被抑制，促进了肝糖原新生，内科治疗效果提高。

文献报道对Ⅰ~Ⅲ期的胰岛素瘤进行外科手术，术后并用内科治疗的情况下，可存活12.5个月，其他文献指出Ⅰ、Ⅱ和Ⅲ期的胰岛素瘤术后存活1个月的概率分别为70%、55%和42%，也有文献报道术后呈低血糖病例的生存时间是90天。本病例术后具有低血糖却生存了112天，并且生活质量得到了改善。由此，提示对于确认为Ⅲ期的胰腺有明显肿瘤病变的患者，采取部分切除和内科治疗并用的方法，可改善其生活质量。

出处：第32届动物临床医学会（2011）

松本动物医院
松本英树

||| 腹膜与腹腔的解剖生理 |||

● 腹腔与腹膜的构造

腹腔是由板状横膈膜（diaphragm）所分割的尾侧（后方）的最大的体腔，并且其后方以耻骨前缘为界，与骨盆腔相连（图1）。

横膈膜是与呼吸运动相关的板状筋膜（胸腔面覆盖着胸内筋膜和胸膜；腹腔面覆盖着横膈筋膜和腹膜），是哺乳类动物特有的膈壁。

在横膈膜上，从背侧开始有主动脉、食管和迷走神经、后腔静脉穿过的孔存在（分别是主动脉裂孔、食管裂孔、后腔静脉裂孔），由靠近体腔的边缘为肌肉部，相应的中央为中心腱（central tendon）所组成，是呈巨蛋状的构造物（图2）。横膈膜的腹膜是以系膜与肝脏紧密地相结合。

大网又叫大网膜，是腹膜中最大的间膜（系膜），从胃大弯处起始（图3），伸延到膀胱附近（大网膜浅层），再折转返回到胰腺的腹侧面附着（大网膜的深层）（图1，图4）。大网膜中富含脂肪组织，其特有的单一构造倾向于腹膜，但实质上有较大的区别，由①大网膜的血管周围的脂肪组织，②由胶原纤维所组成的薄而疏松的网状部分，以及③大网膜乳斑（milky spots）等

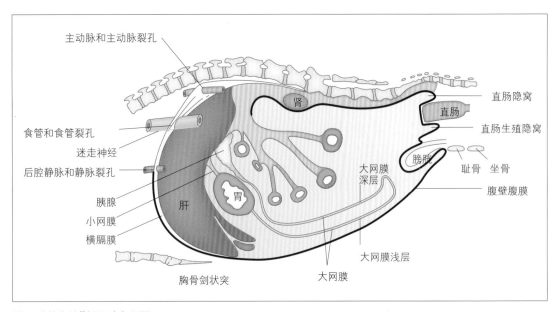

图1 犬的腹腔侧面正中矢切面

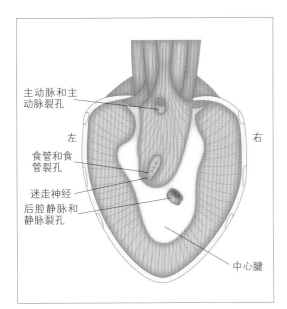

主动脉和主动脉裂孔

左　　　　　右

食管和食管裂孔

迷走神经

后腔静脉和静脉裂孔

中心腱

图2　犬的横膈膜

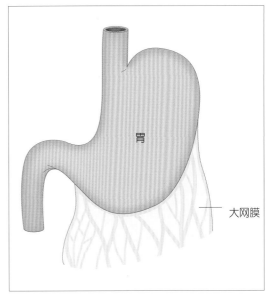

胃

大网膜

图3　犬的胃与大网膜

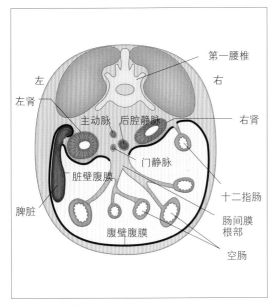

第一腰椎

左　　　　　右

左肾

右肾

主动脉　后腔静脉

门静脉

脏壁腹膜

脾脏

十二指肠

肠间膜根部

腹壁腹膜

空肠

图4　犬的腹部横断面模式图

3个部分构成。小网膜是从胃小弯起始，连接十二指肠，所指的是肝与胃的间膜（系膜）和肝与十二指肠的间膜（系膜）。

● **横膈膜的机能**

　　横膈膜是由左、右膈神经（phrenicnerve）所支配。膈神经起始于第5（4）~7颈神经，

走行于颈外静脉附近，通向膈神经继续行走。膈神经是横膈膜上唯一分布的运动神经（左右各一，分别分为腹侧枝、外侧枝和背侧枝进行分布）。一旦膈神经被切断，所支配的横膈膜就会弛缓；如果是犬，即使两侧膈神经被切断，适度的运动下降的话，被认为不会对呼吸有重大的影响。

　　横膈膜是呼吸运动的主角，其收缩造成吸气，其舒张结合肺泡的弹性造成呼气。

　　在横膈膜的腹腔侧中，存在着被称作stomata的腹膜间皮细胞的间隙（孔），成为腹水异物被横膈膜淋巴系统吸收时的功能性通道。但是，巨噬细胞以及淋巴细胞的聚积没有被确认，作为单纯的生理功能，参与腹水的吸收（异物等所对应的是，来自大网膜乳斑的巨噬细胞、淋巴细胞为主所承担的角色）。

● **大网膜与小网膜的机能**

　　大网膜具有非常好的流动性，在很多腹腔内脏器的损伤时，对防止损伤部位的炎症粘连起作用。此时，作为多数巨噬细胞等的动员据点，大网膜乳斑扮演着重要的角色。

大网膜乳斑沿着血管周围脂肪组织边缘存在，是腹腔巨噬细胞的重要供应源，有时形成淋巴滤泡，也被认为是免疫学反应的重要角色。构成大网膜乳斑的细胞，多是巨噬细胞和淋巴细胞，还有少数的浆细胞、嗜酸细胞、肥大细胞、成纤维细胞等，毛细血管也混杂其中。

在腹腔中所侵入的异物，随着腹水的流动被横膈膜吸收外，大网膜也能吸收，大网膜乳斑起主要作用，理由是因为淋巴管起始于大网膜乳斑。

作为腹腔内的体内平衡维持的第一线防御组织，大网膜乳斑发挥着作用。

然而，在肿瘤向腹膜转移（播种）时，大网膜乳斑是经淋巴移行性转移癌细胞的重要地点。为此，在腹膜上容易转移（播种）的腹腔肿瘤转移（播种）时，有可能实施大网膜的全切除或部分切除。

最近，人们认为在大网膜内，可分泌促进血管新生的因子。还有，暗示着在大网膜内存在间质干细胞的可能性，源于大网膜中被鉴定培养的干细胞，向脂肪和骨、软骨方向分化能力已被确认。并且，除了大网膜的带蒂移植（在胸外科等）外，大网膜的游离移植也被尝试，如果局部缺血时间达到3~4小时，就清楚明了地看到大体上（动物）可以完全成活的事实。这是在兽医医疗领域中，未来很有趣的一项分科。

▮▮▮ 腹腔与腹膜中所见的疾病 ▮▮▮

● 横膈膜疝

很多横膈膜疝是外伤性的，此外也有先天性的和原因不明的。在先天性横膈膜疝中，有不少是心包横膈膜疝或者食管裂孔疝的报告病例，在日本国内静脉裂孔疝的报告

病例，就像本病例这样的只有数例被口头发表的报告。

在第10章-1中是作为口头发表后以论文的形式报告的例子。含有3例口头发表的4例本病症中，有2例是偶然发现。并且，本病例中所包含的2例，是长期轻度的活动率低下和摇摆、气喘吁吁、可见不定期的精神懒散，也有观察到压迫后腔静脉的相关报告。

横膈膜疝是在胸腹部的单纯的X射线检查中，从横膈膜向胸腔突出的异常阴影而被怀疑的疾病。然而，也有根据疝的程度检查不出来的病例。作为疑似病例，即使在空腹时不能检查出来，而在采食后也有很容易检查出来的情况，在采食后进行X光摄影，影像方向上也有RL与LR影像、VD与DV影像等摄影方向上的改变，以及在吸气时的影像和呼气时的影像等的实施都有所不同。并且，作为非干涉性的检查，有人使用了腹部超声波检查。另外，作为麻醉状态下检查的X射线和CT检查，明确了更为立体的结构。目前，在兽医诊疗中，腹腔镜检查或者胸腔镜检查的实行可能性的设施正在逐渐增加，期待着兼有诊断与治疗并施的手术案例，出现在未来的报告中。

关于治疗，现在的方法就是开胸，以及开胸与开腹同时进行，其外科整复的病例已经被报告。说不定未来兼检查和治疗的使用胸腔镜的报告会出现，但现在适用于犬尺寸的（胸腹腔镜）装置还受到限制。

● 腹腔内脓肿

像第10章-2中的例子一样，在幼猫腹围呈现胀满的情况下，从缩小所描述情形的疾病开始，实施检查要考虑多一些。但是，像本病例这样的"被保护的别的猫的幼崽"这样背景的病例来看，像以前诊治那样先不进

行充分的检查，而是先进行观察FIP的发病症状和临时诊断的一般认为不在少数。本病例也是猫的冠状病毒的抗体效价达到400倍，如果消极治疗，当时猫的生命就会失去。

在幼猫中，腹腔内所形成的肿瘤，被认为是由先天性肠管狭窄/闭塞的肠道扩张（主要是巨型结肠病）、肾脏的肿瘤（先天性的肾肉芽肿、膀胱的扩张、脓肿、肉芽肿等所引起。

在体重不满1kg重的幼猫，发现有发烧、腹部疼痛、触诊腹腔内有肿块、贫血和白细胞数量增加等情况下，用细针活体探查以外的检查，是被认为限制于尽可能的较少干涉的检查（腹部单纯的X射线和超声波检查）。在猫的状态稳定后，可以考虑进行必要相应的麻醉下的检查，不能确定其充分原因的情况较多，在最终像本病例这样有必要进行试验性开腹检查的情况也较多。

本病例中，不限定必要的外科治疗的情况下，含有抗生素治疗及输血这样的充分的内科治疗，试图改善猫的状态是必须的。另外对于低体重的幼猫，在手术中的维持体温就成了最优先的课题，所以应用温水垫、暖风加温的体温维持装置。并且，应该一边注意阿片类药物等对呼吸的抑制的同时，一边进行积极的镇痛处理。要注意惯用的麻醉方法一般麻醉太深，也要将先天性疾病放在心上的同时，一边开腹检查以确认病因。兼顾处置中的可能性情况，实施外科治疗。

● 犬和猫的腹腔内肿瘤

● 恶性间皮瘤

间皮瘤容易发生在心脏（特别是在心包内壁居多）、肺叶的基部、胸腔的胸膜、肠系膜淋巴结及其周围、大网膜、膀胱外侧。犬比猫的这种病例报告要少，而且胸腔内发生的病例要比腹腔内原发病例，被认为像第10章-3这样的是相当少。从高龄的猫来看，40%以上的胸腹水，被认为是间皮瘤的来源。

一般的积存液（心包液、胸水、腹水等）的细胞诊查中，被诊断出的情况较多，由于间皮细胞受各种各样的刺激，发生丰富多彩的形态变化的情况较多，因而与病态细胞的鉴别诊断，出现困难的情况较多。病理组织学上的HE染色的观察诊断也是这样困难重重，本病例报告中的病理组织学检查也是进行了一部分，人类间皮瘤指标中的抗波形蛋白抗体（Antivimentin antibody）、抗细胞角蛋白抗体（Anticytokeratin antibody）、抗人类上皮细胞膜抗原（Humanepithelial membrane antigen，HMA）抗体等，使用于犬和猫的诊断中的研究正在进行。对于腹腔内间皮瘤，使用腹部单纯的X射线和腹部超声波检查时，对于腹膜的肥厚和大网膜的肿瘤影像等可以推测。X射线CT也被认为能够用于对间皮瘤的原发部位和其扩展进行搜索。而且，间皮瘤中，间皮细胞所含有的黏多糖类的透明质酸，还有胸水中的血液的透明质酸值的研究正在进行。人类患有胸膜间皮瘤的胸水中透明质酸值是1.0×10^5ng/mL作为截止值，有报告称其特异性约为98%。

在猫的腹腔内所发生的恶性间皮瘤中，和本病例报告相同的诊断之后，在实行治疗之前死亡，或者被处以安乐死。笔者检索了到目前为止的文献，没有找到有效治疗方法。大部分间皮瘤因为是弥漫性的，不能切除的病例较多，外科切除后也有必要增加化学疗法。在人类中的间皮瘤标准治疗，一般实行手术疗法、放射线疗法、化学疗法、温热疗法，以及这些的组合疗法，治疗效果不一定较好。对于猫，作为胸腔内以及心膜的恶性间皮瘤的缓解疗法，采用顺羧酸铂

（Carboplatin）胸腔投药进行尝试，胸水积存的减少或消失已被报告。此外，顺羧酸铂与紫杉醇（Paclitaxel）合并使用，人类的腹膜恶性间皮瘤的长期生存的病例已被报告。对于犬的胸膜以及腹膜间皮瘤，顺羧酸铂法等的体腔内投药观察到治疗效果后，用紫杉醇在胸腔内投药有非常有效的报道，这被认为是未来所期待的治疗方法。

● 髓外浆细胞瘤

浆细胞性肿瘤是体内过多的浆细胞而造成的疾病，分良性和恶性两种。在犬的皮肤等处所发生的浆细胞瘤几乎全部是良性，用外科切除可完全治愈。但是，腹腔内的髓外性的浆细胞瘤、多发性骨髓瘤、巨球蛋白血症（Macroglobulinemia）都是恶性的。并且，即使实行治疗，持续增加浆细胞时，被称为具有难治性。

犬的髓外浆细胞瘤是罕见的肿瘤，在腹腔内的消化管、肝脏、脾脏、肾脏、子宫、所属的淋巴结上，都有发生的报道，基本上所有部位都能发生。对于髓外浆细胞瘤，使用一般的骨骼X射线检查时多数情况下表现正常，骨髓检查也是浆细胞的数量正常。在第10章-4中，在空肠、肝脏、脾脏中形成了多发性肿瘤，胰腺和大网膜中也确认形成了肿瘤，肠系膜淋巴的肿胀也被确认。

浆细胞性肿瘤是骨髓中或骨髓外，不能发挥正常机能的浆细胞（骨髓瘤细胞）过度地增多而看到的肿瘤，诱发贫血和易出血性，变得易患传染病。异常的浆细胞在骨和软组织中形成肿瘤，生成M蛋白，在骨髓内增加黏稠化的血液，引起肾脏障碍。

髓外浆细胞瘤，与以前所叙述的多发性骨髓瘤的病情几乎完全不同，其诊断是根据肿瘤的细针吸引活组织检查，来确认浆细胞的增加，全身的X射线检查（严格地说是X

射线CT检查）和骨髓检查呈阴性是必要的。本病例中所实施的血清蛋白分离、免疫电泳（M蛋白的重链以及轻链类型的鉴定）、BenJones尿蛋白的定性等对诊断也有益。另外，在消化管所发生的髓外浆细胞瘤，发生转移的较多，被认为有可能引起了黏滞综合征（Viscosity syndrome）。

髓外浆细胞瘤有根治的可能性，但腹腔内浆细胞的早期发现较为困难，由于绝大部分不可能完全切除，即使使用外科切除法、化学疗法以及两种方法并用也很难根治。

对于犬的腹腔内髓外浆细胞瘤的治疗，在本病例中即使肿瘤病变已经大范围地转移（播种），使用阿德利亚霉素（Doxorubicin）、长春新碱（Vincristine）、脱氢皮质醇（Prednisolone）、氨甲叶酸（Methotrexate）、环磷酰胺（Cyclophosphamide）、美法仑（Melphalan）等药物，获得了使犬生存达到253天为止的珍贵病例。另外，已确认是肠系膜淋巴结转移的胃髓外浆细胞瘤的犬，使用外科切除法和使用阿霉素（Doxorubicin）的化学疗法时，取得了控制存活超过了30个月的病例报告，本病例也同样是多个脏器中形成肿瘤病并可见转移的报告，也有使用美法仑（Melphalan）和脱氢皮质醇（Prednisolone）能生存维持9个月的报道。

目前，作为人类的难治性的多发性骨髓瘤和其他的浆细胞性肿瘤的标准治疗方法，如表1所示。

在人类的髓外浆细胞瘤所对应的标准疗法中，实施了对肿瘤及其周围淋巴结的放射疗法、通常放射疗法后的手术疗法、初期治疗后的待机疗法，此后肿瘤的增殖为止可见症状情况下的放射疗法、手术疗法和化学疗法等。还实行了化学疗法和肾上腺皮质类固醇疗法、治疗淀粉样变性的支持疗法等。

●肉芽肿（Granuloma）

放射菌病肉芽肿（Actinomycosis granuloma）

肉芽肿往往显示出2~3层的层状结构，还伴随着内部的病原微生物的栖息。一般来说，被器质化的异物和弥补组织缺损的时候，在相邻的脏器组织中生理性存在的毛细血管以及其周围的间质开始新生，所延长的幼小的毛细血管和纤维芽胞细胞开始构成组织，并进一步有巨噬细胞和嗜中性粒细胞等出现于其中。另外，由于微生物的刺激，浆细胞以及淋巴细胞也出现于其中。在猫的腹腔中，最一般的微生物是猫传染性腹膜炎（Feline infectious peritonitis，FIP）病毒所引起的化脓性肉芽肿或者肉芽肿性病变，形成于大网膜、肝脏、肾脏、肠管等腹腔内脏器的浆膜面上、腹腔内淋巴结以及肠管的黏膜下组织中。

放线菌常存在于自然界的土壤和动物的口腔中，是一种很难判断出是否是传染病的病因菌的病原菌，放线菌症（Actinomycosis）是一种慢性化脓性肉芽肿性疾病。除了分枝杆菌病（Mycobacteria）菌种以外，被称为放线菌（革兰氏阳性菌），使动物呈现病变的是厌氧性放线菌（Actinomy cosis属）和需氧性诺卡菌（Nocardia属）。在第10章-5的病例中，在腹腔内形成了较大的肿瘤，是Actinomy cesnaesulundi作为病因菌的慢性化脓性肉芽肿性腹膜炎。当猫的白血病病毒（FeLV）和猫的免疫缺陷病毒（FIV）没有被检查出来时，就会预想到有某种易感染性的状况发生。预测有不良结果，被确定诊断的病例就是非常新奇且珍贵的病例。

腹腔内肉芽肿的检查，像本病例所实施的那样，超声波检查更好。另外，相比腹部单纯X射线检查和X射线CT检查，可推测周围脏器和其大致的位置关系。为了进一步诊断实施了细针吸引活检等，像Actinomycosis等的放线菌症中，革兰氏阳性菌的分离、培

表1 难治疗的多发性骨髓瘤和其他的浆细胞性肿瘤的标准治疗方法（人类）

化学疗法
其他药物疗法
肾上腺素皮质激素、反应停（Thalidomide）、来那度胺（Lenalidomide）
靶向治疗
蛋白酶阻碍剂疗法（硼替佐m，Bortezomib）、单株抗体疗法（利妥昔单抗，Rituximab）
干细胞移植，结合大量的化学疗法和放射疗法并用
生物学疗法
放射线疗法
手术疗法
待机疗法
血浆交换疗法
指示疗法

养、鉴定的困难之处较多。在Actimomycessp.菌属中，除像A.myeri菌等这样的偏厌氧菌的部分菌株外，大部分菌株都是共性的厌氧菌。厌氧菌在血液培养基中，所厌氧培养出来的Actinomyces菌群，在3日左右着色呈红色，还有呈黑色的A.odontolyticus、呈臼齿状的菌落的A.naeslunndii菌和A.israelii菌、呈正圆形的不透明的A.myeri等，以及一些其他菌落形（Colonytype）。在厌氧菌的鉴定中，多使用市售的试剂盒，但不能被确切地鉴定的例子较多。最近，人们尝试进行了以基因作为指标的细菌鉴定。另外，即使可以实施肿瘤的切除活检，像本病例这样为了鉴定菌种所做的免疫染色等手法就变得有必要了，理所当然地有必要依赖于检测部门。一般在厌氧放线菌中，从病灶中凝固的菌丝，被观察到具有特征性的"硫黄样颗粒（sulfur granule）"，可帮助进行诊断。本病例的报告中，也被确认了在肿瘤的切割面上有"微细的硫黄样颗粒"。

假设，如果术前可以诊断的话，就有必要对放线菌症长期使用安比西林（Ampicillin）或氨苄青霉素（Amoxicillin）这样的青霉素类抗生素，以及氯洁霉素（Clindamycin）、红霉素（Erythromycin）、氯霉素（Chloramphenicol）等抗生素。尽管如此，对于腹腔内残存的肿瘤切除是最理想的。但是，像放线菌症这样的术前诊断，有较多的困难情况，一般在切除后使用抗生素。

像本病例这样，从初诊开始发烧，预想到伴有腹膜炎的并发，充分考虑到了像败血症等的术前以及术后的管理是必要的。

化脓性肉芽肿（Pyogenic granuloma）

化脓性肉芽肿所指的是人医治疗中的易出血性皮肤的良性肿瘤，也被称作血管扩张性肉芽肿或者毛细血管扩张性肉芽肿。

但是，在犬中是由异物和细胞性免疫反应所引起的不溶性微粒而诱导的，由很多炎症细胞所组成的巢状病变。与第10章-6的一样，大部分是常见于迷你腊肠犬（Miniature Dachshund），所报告的也主要是以缝合线反应性肉芽肿为基础的研究。

本病例是既往所经历过的在去势手术中使用的丝线，所对应的缝合线反应性肉芽肿，而在没有经历过开腹手术并在腹腔内所形成的化脓性肉芽肿，是非常新奇的病例报告。

所选择的检查是，像一般腹腔内肿瘤检查中的腹部单纯X射线检查和腹部超声波检查，以及考虑到向消化管内浸润的消化管钡餐造影和内窥镜检查。中田等人（2012年）在同样的腹腔内化脓性肉芽肿的术前诊断中，使用了超声波引导下的细针吸引活检。而且，X射线CT检查中，能描绘出与周围组织的关联。在血液检查中，确认了白细胞数的轻微上升和CRP的显著上升。

作为治疗，在过去的迷你腊肠犬等的缝合线反应性肉芽肿的治疗中，据报道脱氢皮质醇（Prednisolone）和环孢灵（Cyclosporine）对肿瘤的缩小有效，但只要引起病因的缝合线不去除就会反复发作。在本病例中，腹腔内状况的掌握和核心活体检测中的氢皮质醇和环孢灵使用，可能减轻了腹腔内的肿瘤。由于大量的肉芽肿卷入了肠管部位，有必要实行外科的切除和修正，在手术后可逐渐减少、停止使用脱氢皮质醇，环孢灵可继续使用直到肿瘤长时间不再复发，本病例是非常贵重的病例。在中田等人（2012）的报告中，在初次的手术中大部分的肿瘤已被切除，在此后的治疗中没有使用脱氢皮质醇和环孢灵的缘故，在就诊第43天观察到了发烧和CRP的上升。之后，使用了脱氢皮质醇（2mg/kgBID）的免疫抑制量，确认了症状的消失和CRP的下降。此后，环孢灵也结合并用，并且只有环孢灵继续使用直到经过长时间后向良性好转。

从这两个报告可以看出，作为腹腔内的化脓性肉芽肿的Approach治疗法，初次用手术切除大部分的化脓性肉芽肿，接着用免疫抑制剂尽可能地去除肿瘤缩小后残留的肿块，之后继续使用环孢灵等的免疫抑制剂治疗，是有效的治疗法之一。

另外，对于在迷你腊肠犬的下腭部皮肤所发生的化脓性肉芽肿，有报告称使用Takurorimu软膏就可改善。并且，川野等人（2005年）对于4例犬的无菌性脂肪组织炎使用低量的他克莫司（Tacrolimus）内服（0.03mg/kgSID）和脱氢皮质醇（Prednisolone）并用，效果良好。从2010年他克莫司水合物（Prograf®胶囊0.5mg，1mg，5mg）开始被销售，在小动物临床上也可以使用，期待着今后这种免疫抑制剂应用于本病上。

● 雪貂的腹腔内肿瘤

在雪貂的腹腔内肿瘤中，在第10章-7中的肾上腺肿瘤（肾上腺皮质腺癌、肾上腺皮质腺瘤）被报告的较多。此外，胰岛细胞瘤（胰岛瘤，Insulinoma）和淋巴瘤也较多。本病例中的淋巴瘤，发生于肠系膜淋巴结、胃、肝脏中，在腹腔内也只有脾脏、小肠、肾脏以外很多部位都有发生的可能性。在本病例中，胰岛细胞瘤有2例，其中1例是和肾上腺皮质腺癌并发。肾上腺疾病和胰岛细胞瘤并发以及肾上腺疾病和淋巴瘤并发，已被较多地报道，应充分注意认真诊断。

MiwaY等人（2009年）的报告中也指出，在日本945例雪貂的肿瘤病例中，胰岛细胞瘤为22.3%、肾上腺肿瘤为21.9%、淋巴瘤为16.1%，这被称为雪貂的三大肿瘤。

可以看到本病例报告的半数是肾上腺腺瘤或腺癌，一般的临床症状中可见脱毛、瘙痒、外阴部肿大，据此表明了诊断上的方向性。进一步充分的腹部触诊等的身体检查、血液检查、X射线检查和腹部超声波检查（如果可能，使用10Mz以上的高频探头），对饲养主表明可能的治疗选择方案。雪貂有肾上腺疾病的情况下，因皮质醇没有上升，性激素的测定就变得很有必要。在小动物用专业的临床检查中心的整体治疗中，在被称作"肾上腺套餐"的治疗设施中，可实施雌二醇（Estradiol）、脱氢异雄酮（Dehydroepiandrosterone，DHEA）、雄烯二酮（Androstenedione）、17α-羟孕酮（17α-hydroxyprogesterone）的检查，可能对诊断有一些帮助。

胰岛细胞瘤在血液检查中的低血糖就被怀疑，肝功能衰竭、败血症、黑素贮积病（Addison's disease）、其他肿瘤等的诊断除外，更进一步利用血液中胰岛素浓度、胰岛素与葡萄糖的比值（IGR）、修正的胰岛素与葡萄糖的比值（AIGR）来进行临时诊断。一般来说，血糖值低的血液中胰岛素浓度比正常值高时，被怀疑为胰岛细胞瘤。但是，在图像诊断中以腹部超声波检查来描绘出本病较困难。在X射线检查或CT检查中，根据肿瘤的造影来描绘出本病并非不可能，但被认为是有限的。

腹腔内的淋巴瘤中，较大的淋巴瘤可在体表用针进行活检。但是，米粒状的肿瘤可在试验性开腹情况下，有必要切除后进行活检。

本病例报告是肾上腺肿瘤、胰岛细胞瘤和淋巴瘤3种类型的腹腔内肿瘤，其各自的治疗方法不同。

关于肾上腺肿瘤的内科治疗，目前使用性腺激素分泌抑制有效果的亮丙瑞林（Leuprorelin，

第10章

腹腔与腹膜

Liupudding®）进行注射，据报道有良好的效果。除此之外，对雄性激素受体起作用的比卡鲁胺（Bicalutamide，Casodex®），在雌性只有使用可能的雌激素，来产生有阻碍效果的芳香酶（Aromatase）抑制剂的阿纳托唑（Anastrozole，Arimidex®）等在国内可能获得的药物。但是，这些药物是对症疗法，是在高龄以及由于其他理由不能选择外科摘除的情况下，考虑实施的方法。肾上腺肿瘤的基本治疗，是摘除异常的肾上腺，在解剖学上摘除右侧的肾上腺很困难。因此，常使用超声波凝固切除装置和液氮的冻凝手术。特别是冻凝手术：①可缩短手术时间，②容易控制出血，③肾上腺摘除的残留物很少再发病。

在胰岛细胞瘤的内科治疗中的目的，不是使血糖值正常化，而是预防低血糖的发作。在预防中基本上是高蛋白、低碳水化合物的食物以多频次的饲喂，尽可能地限制增加葡萄糖要求量的运动和兴奋。通常选择脱氢皮质醇（Prednisolone，0.5~2mg/kgBID），氯苯甲嗪（Diazoxide，5~30mg/kgBID）等药物，其他药物在国内很难购得。此外，作为所期待效果的药物是链氮霉素（Streptozocin，2011年在人类医疗中开始临床试验），也有长期使用困难的奥曲肽（Octreotide，Sandostatin®）也在犬中使用（1μg/kgSCTID）。但是，在内科治疗中，需要持续投药，并且随着病情的推进，几乎是很难控制病情。

胰岛细胞瘤的外科治疗，是在肿瘤病变的情况下，使用切除术，但多数是弥散性浸润的情况较多，在这种情况下只能实行部分切除。另外肿瘤向肠系膜和大网膜浸润，多数向区域内的淋巴结和肝脏转移。即使实施外科治疗，大多数在术后几周到数月间可见再次发病，也有结节性病变被切除的雪貂平均生存时间达462天（14~1207天）的报告。

淋巴瘤的治疗，在内科中与犬和猫的治疗相同，使用化学法的生存时间可期待延长。特别是，在5~7岁以后发病的类型，不是2岁以下所见的急性进行性发病，而是慢性经过性发病。使用细针吸引活体检查中诊断出淋巴瘤的情况下，使用脱氢皮质醇（Prednisolone）、长春新碱（Vincristine）、L-天冬酰胺酶（L-asparaginase）、环磷酰胺（Cyclophosphamide）、阿霉素（Doxorubicin）、洛莫司丁（Lomustine）等药剂组合治疗。今后，按照人医的标准治疗，在犬中也可见到有效性的分子靶标药物利妥昔抗体（Rituximab，Rituxan®）等，期待着这种药物的交叉的化学疗法和免疫细胞疗法的报告出现。作为本病例所报告的腹腔内肿瘤所发现的内容，也使用了外科治疗并组合了化学疗法。但是，像脾脏和肾脏（限于单侧）这样可以全部摘除更好，而在本病例报告的3例中所见的只是部分切除，预后（手术后）还是不太好。

参考文献
· 松本 香菜子, 高島一昭, 佐藤秀樹, 塚根悦子, 白川 希, 小笠原淳子, 毛利 崇, 安武 寿美子, 山根 剛, 野中雄一, 河野優子, 華園 究, 浅井由希子, 山根義久, 下田哲也:大静脈孔ヘルニアが認められた犬の1例,第26動物臨床医学会プロシーディングNo.2, 211-212（2005）
· 田中 那津美, 浅野和之, 萩原直樹, 原 暁, 関 真美子, 菅野信之, 枝村一弥, 田中茂男:大静脈孔ヘルニアの犬の2例, 獣医麻酔外科学雑誌, Vol.39（Supplement 1）, 190（2008）
· 野中雄一, 高島一昭, 山根 剛, 山根義久:大静脈孔ヘルニアの犬の1例,動物臨床医学, Vol.17, 81-85（2008）
· 松崎和美, 谷口直樹, 井上健一, 竹谷慶子, 横山友紀, 小谷猛夫, 谷 憲一郎, 北新秀一, 大橋文人:猫の腎芽細胞腫の1症例,獣医麻酔外科誌, 29, 91-99（1998）
· 吉田 真由美, 熊谷昇一, 夏掘雅宏, 吉川 尭, 椿 志郎, 川村清市, 星 史雄:猫の腎芽腫の1例,第22動物臨床医学会プロシーディングNo.2, 235-236（2001）
· 後藤直彰:悪性中皮腫,獣畜新報, 63, 418-419（2010）
· Suzuki Y, Sugimura M, Atoji Y, Akiyama K:Lymphatic metastasis in a case of feline peritoneal mesothelioma, Jpn J Vet Sci, 47, 511-516（1985）
· Bacci B, Morandi F, De Meo M, Marcato PS:Ten cases of feline mesothelioma an immunestochemical and ultrastructureal study, J Comp Pathol, 136, 347-354（2006）
· Heerkens TM, Smith JD, Fox L, Hostetter JM:Peritoneal fibrosarcomatous mesothelioma in az cat, J Vet Diagn Invest, 23, 593-597（2011）
· 町田 登（代表者）:犬と猫に急増している悪性中皮腫の診断技術

確立に関する臨床病理学的研究, 科学研究費助成事業, 研究課題番号17580278, 2005 年度-2006 年度

- Frebourg T, Lerebours G, Delpech B, Benhamou D, Bertrand P, Maingonnat C, Boutin C, Nouvet G:Serum hyaluronate in malignant pleural mesothelioma, Cancer, 59, 2104-2107（1987）
- Hillerdal G, Lindqvist U, Engströ m-Laurent A:Hyaluronan in pleural effuseons and in serum, Cancer, 67, 2410-2414（1991）
- Welker L, Muller M, Holz O, et al.:Cytological diagnosis of malignant mesothelioma-improvement by additional analysis of hyaluronic acid in pleural effuseons, Virchows Arch, 450, 455-461（2007）
- Sparkes A, Murphy S, McConnell F, Smith K, Blunden AS, Papasouliotis K, Vanthournout D:Palliative intracavitary carboplatin therapy in a cat with suspected pleural mesothelioma, J Feline Med Surg, 7, 313-316（2005）
- 白永伸行, 本山祥子, 石川浩三, 小見山　剛英, 白永純子:心膜悪性中皮腫の猫の1例, 第29動物臨床医学会プロシーディングNo.2, 317-318（2008）
- Eltabbakh GH, Piver MS, Hempling RE et al.:Clinical picture, response to therapy, and survival of woman with diffuse malignant peritoneal mesothelioma, J Surg Oncol, 70, 6-12（1999）
- Ogura O, Noguchi T, Nagata K, Noma H, Maemura M, Higashimoto M, Takebayashi Y, Maeda S:A Case of malignant peritoneal mesothelioma successfully treated with carboplatin and paclitaxel, Gan to Kaguku Ryoho, 33, 1001-1004（2006）
- 西村力也, 浅野和之, 駒崎瀬利, 寺崎絵里, 大橋慎也, 青木　ひろみ, 石垣　久美子, 飯田玄徳, 関　真美子, 手島健次:カルボプラチンに抵抗性を示した中皮腫に対してパクリタキセルの胸腔内投与により治療した犬の1例, 第32動物医学会プロシーディングNo.2, 57-58

（2011）
- Brunnert SR, Dee LA, Herron AJ, Altman NH:Gastric extramedullary plasma in a dog, J Am Vet Med Assoc, 200, 1501-1502（1992）
- Trevor PB, Saunders GK, Waldron DR, Leib MS:Metastatic extramedullary plasma of the colon and rectum in a dog, J Am Vet Med Assoc, 203, 406-409（1993）
- Sharman MJ, Goh CS, Kuipers von Lande RG, Hodgson JL:Intra-abdominal actionetoma in a cat, J Feline Med Sur, 11, 701-705（2009）
- 望月雅美:イヌとネコの細菌感染, 動薬研究, Vol.12（No.50）, 10-16（1994）
- 千々和　宏作, 西村亮平, 中島　亘, 大野耕一, 佐々木　伸雄:卵巣子宮摘除後に縫合糸反応性肉芽腫が疑われた犬22 症例における長期予後と併発疾患の臨床的解析, 獣医麻酔外科雑誌, 39, 21-27（2008）
- 土田靖彦, 朴　天鎬, 安家義幸ら:犬の術後縫合糸肉芽腫に関する病理学的研究, 日獣会誌, 62, 388-394（2009）
- 中田美央, 秋吉秀保, 湯川　尚一郎, 針間矢　保治, 桑村　充, 山手丈至, 清水　純一郎, 大橋文人:非異物性化膿性肉芽腫の犬の1例, 日獣会誌, 65, 370-373（2012）
- 川野浩志, 小沼　守, 関口　麻衣子:タクロリムス軟膏を使用した犬の無菌性肉芽腫/ 化膿性肉芽腫症候群の1例, 獣医臨床皮膚科, 15, 89-90（2009）
- Hillyer EV, Quesenberry KE:Ferrets, Rabbits and Rodents Clinical Medicine and Surgery, 1st ed. 93-107, W. B. Saunders（1997）
- Miwa Y, Kurosawa A, Ogawa H, Nakayama H, Sasai H, Sasaki N:Neoplasitic diseases in ferrets in Japan:a questionnaire study for 2000 to 2005, J Vet Med Sci, 71, 397-402（2009）

第10章

腹腔与腹膜

351

1. 犬后腔静脉裂孔疝

A case of caval foramen hernia in a dog

鸟取县动物临床医学研究所，东京农工大学，田中动物医院

野中雄一、高岛一昭、山根刚、毛利崇、河野优子、 松本香菜子、冢根悦子、小笠原淳子、浅井由希子、水谷雄一郎、大野晃治、山根义久、田中博二

约克郡犬（Yorkshire terrier）年龄为4岁零4个月，主诉从幼龄开始没有精神，血色不良在其他医院受诊，以接受详细检查为目的被介绍到本院就诊。在胸部X射线检查中，确认右肺后叶的后腔静脉区域中的肿瘤阴影；在超声波检查中，确认在横膈膜上附着有肿瘤。此后CT检查后，实行开胸手术，发现肿瘤是从横膈膜后腔静脉裂孔突入的肝脏。病例手术后，症状也消失了，具有良好的经过性。

关键词：后腔静脉裂孔、疝、肝脏

引言

所谓的疝，被定义为是器官或其一部分从本来存在的部位，通过壁的缺损部位而突出。在横膈膜上，存在着主动脉裂孔、后腔静脉裂孔、食管裂孔，通过各自的裂孔腹腔内的脏器向胸腔内突出是罕见的。这次遇到了犬的，通过横膈膜的后腔静脉裂孔突出肝脏，而形成的后腔静脉疝1例，经过外科治疗，得到了良好的结果，其简要报告如下。

病例

病例是约克郡犬（Yorkshireterrier），雌性，4岁零4个月，体重3.8kg。幼龄时开始不活泼，血色不良，以心脏检查等的详细检查为目的，由其他医院介绍来本院诊治。已接种混合疫苗，实施了寄生虫（Filaria）的预防。

●初诊时一般临床检查

· 身体检查

BCS3，可见黏膜颜色和呼吸状态为正常。在听诊中听到心杂音Levine I /Ⅵ。其他，未见外伤等异常。

· 血液检查

没有发现特别的异常。

· X射线检查

在胸部X射线检查中，在RL图像中的后腔静脉区域中，发现了肿瘤阴影（图1）。在DV图像中的右肺后叶的后腔静脉区域，确认了肿瘤的阴影，也确认了右心的扩大。在腹部的X射线检查中，见到了肝脏的肿大。

· 心电图检查

心率为150次/分的窦性节律；P波为0.04sec，0.3mv；PR间隔为0.1sec；QRS波群为0.04sec，1.5mv；QT间隔为0.17sec；平均电轴为+65°，未见异常。

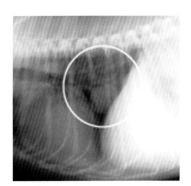

图1 胸部X射线照片
在后腔静脉领域确认了肿瘤阴影

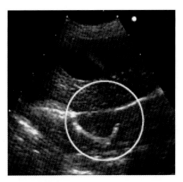

图2 腹部超声波照片
确认了在与横膈膜相邻的肝脏和同回生源性的肿瘤

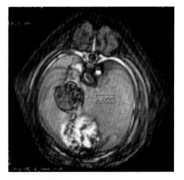

图3 CT照片
确认了在后腔静脉的下部、与横膈膜相邻接的肿瘤

· 超声波检查

腹部超声波检查中，确认了超越横膈膜的肝实质和同回波源性的1.8cm×1.2cm的肿瘤（图2）。在心脏超声波检查中，没有发现特别的异常。

怀疑是胸腔内的肿瘤或疝，决定日后实行CT检查和手术。这期间定期地接受医生诊断指示。

就诊第64天的一般临床检查

· X射线检查

胸腔内肿瘤的大小，没有明显的变化。

· 血液检查

没有发现明显的异常。

· CT检查

麻醉使用阿托品（Atropine）和异丁烯二酸乙酰丙嗪（Acepromazine）作为前处理，将异丙酚（Propofol）导入经脉中，插管以后用异氟醚（Isoflurane）维持。在胸腔一侧的后腔静脉下部，确认了与横膈膜邻接的肿瘤。肿瘤介于后腔静脉裂孔，与肝脏相连接（图3）。

●手术所见

手术从右侧的第7~8肋间开始实行Approach治疗法，摘除胸腔内的肿瘤。开胸时，间歇性使用了琥珀酰胆碱（Succinylcholine）。在后腔静脉裂孔的下方，确认了后腔静脉以及横膈膜相粘连的直径2~3cm的肿瘤。在粘连处剥离，摘除了肿瘤。这个肿瘤介于后腔静脉裂孔，与肝脏相连。此后，置留胸腔的引流管，用常用的方法进行闭胸缝合。

●治疗及其经过

在术后（就诊第72天）的X射线检查所见中，未见特别的异常。

· 病理组织检查

被摘除的肿瘤，是正常的肝脏组织。

根据以上的结果，诊断出是从后腔静脉裂口所脱出的肝脏，而形成的后腔静脉疝。

犬自实行手术后紧接着慢慢开始增加了活跃性，能见到黏膜颜色也向良性转化。出院后，与术前相比也增加了活动性。

讨论

在本病例中，从幼龄期开始经历，按照X射线和超声波检查，怀疑是在后腔静脉裂孔肝脏的部分脱出的后腔静脉疝。作为追加检查所实行的手术前的CT检查，肿瘤是肝脏的可能性被提高的同时，掌握肿瘤的后腔静脉以及横膈膜所对应的位置关系，可以更安全地进行手术。

此次，通过手术摘除了脱出的肝脏后，

第10章

腹腔与腹膜

犬活动率低下等的症状很快消失。从手术前腹部X射线检查中所确认的肝脏的肿大中，能考虑到脱出的肝脏对后腔静脉的压迫，而产生的各种各样症状的可能性。

在横膈膜上的疝，被确认的最一般的是外伤性横膈膜疝。在本病例中所确认的来自于后腔静脉裂孔的肝脏的疝，虽然在本研究所中过去只遇到过1例，但在兽医治疗中是没有其他报告的贵重病例。肝脏的疝是先天性还是后天性发病尚不明确，病例呈现出从幼龄期开始活动性低下的症状，另外，出生后疝的发病原因是外伤性的病例也没有过，所以认为是先天性的可能性较高。

出处：第27届动物临床医学会（2006）

2. 幼猫腹腔中的巨大肿瘤

A giant abdominal mass in a kitten

赤坂动物医院

冈田真美、柴内晶子、松尾佳子、斋藤龟一、今井理衣、柴内裕子、石田卓夫

主诉因腹围胀满而来院的幼猫，约75日龄时被确诊为非退回性的脐疝和腹腔内的巨大肿瘤。细胞学及血液检查的结果，怀疑腹膜炎，实行了紧急的开腹手术。从病理组织学方面检查了肿瘤，发现有输尿管的残留，是由脐疝的感染及其所引起的化脓性溃疡而形成。

关键词：脐疝，化脓性肉芽肿，金黄色葡萄球菌

引言

在其他医院的诊断已暗示了猫传染性腹膜炎（FIP）的发病，可见到腹围胀满的幼猫被确认是巨大的腹腔内肿瘤。在超声波检查中，怀疑是FIP干型（Drytype）和肾细胞瘤，其他检查中，被认为有腹膜炎的存在。

病例

病例是杂种猫，雌性，判断年龄为75日龄，体重为782g，是在其他县内被保护的野猫的幼子，被保护后100%在室内饲养，以市售的罐头为主食。未接种疫苗，没有特别的既往病史。在保护前就发现了腹部的肿大，来本院就诊。

●初诊时一般临床检查

·身体检查

脉搏240次/min，体温41.0℃。有精神，脱水6%，营养状态90%消瘦。可见黏膜苍白、干燥，讨厌腹部触诊。有腹部的疼痛，可触知较大的腹腔内肿瘤。被认为是腹部直径约3cm的脐疝而造成的膨胀隆起部，其尖端呈红紫色的变色，有波动感。在其他医院检查中，FeLV、FIV都呈阴性。

·血液检查（表1）

伴随着重度的向左移动，被确诊为成熟嗜中性白细胞增加症、单核细胞增加症、贫血（PCV21%），TP为7.4g/dL。在血液涂片标本中，可见嗜中性白细胞的颗粒和轮状核等的中毒性变化。

表1 血液检查

WBC（/μL）	27,600	RBC（×10^6/μL）	3.78
Band-N	3,036	PCV（%）	21
Seg-N	15,640	Hb（g/dL）	7.3
Lym	3,772	MCV（fl）	59
Mon	2,208	MCHC（%）	32.9
Eos	1,196	Plat	enough
Bas	0	Ret（%）	1.0
TP（g/dL）	7.4	Ret（×10^3/μL）	37.8
II	< 5	NRBC（%）	3
		Met	276

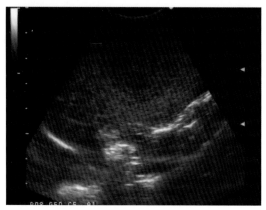

图1　超声波照片

腹部超声波检查中，确认了在正中线偏左处的直径5cm的肿瘤

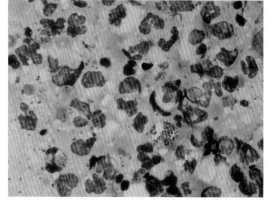

图2　细胞诊断学照片

被认为的病变是伴有坏死的嗜中性白细胞和巨噬细胞为主体的炎症反应。发现嗜中性白细胞的细胞核呈玻璃样的熔融像，并多次观察到球菌的吞噬像

· 超声波检查

腹部超声波检查中，确认了腹腔内的若干腹水和在正中线偏左处的直径5cm的肿瘤。中央部有稍低的回声，也类似于肾脏的髓质（图1）。因不能直接确认左肾，起初怀疑是肿大的左肾，考虑到是FIP的干燥类型和肾芽肿的可能性。

· 追加检查

施行了腹水检查、肿瘤的细胞诊断、腹水和腹部脓液的细菌培养。细胞诊断结果，判断为伴有球菌感染的化脓性肉芽肿炎（图2），一边输血一边进行摘除手术。

●手术

发现了腹水的积存，确认了胃、肠、大网膜、膀胱的粘连。肿瘤与其周边组织已经粘连，肾脏和其他所有的内脏器官被确认完整。并且，肿瘤是从脐疝部分开始到膀胱尖端部为止是连续的，将膀胱尖端部分实行部分切除，摘除肿瘤，也实施了疝轮廓的修复。肝实质中所确认的结节也被切除，肿瘤块的重量有72g（图3）。切除后的肿瘤内腔充满了脓液。

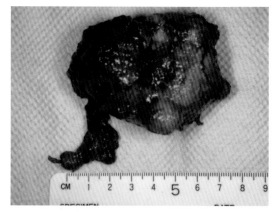

图3　肉眼观察照片

通过试验性开腹手术，占大部分腹腔的肿瘤被摘除。肿瘤与周边组织已经粘连

●治疗及其经过

手术后，进行抗生素的口服和静脉点滴，由于未接种疫苗而进行了干扰素（Interferon）的点眼和点鼻。可见到精神与食欲良好、体重增加顺畅，可能是由于严重的慢性炎症所造成的贫血还在持续，继续进行监视观察。

· 追加检查

腹水和肿瘤内的脓液培养结果显示，被检查出来的都是金黄色葡萄球菌Staphylococcus

aureus（S.aureus）。FIP抗体值为400。

· 病理组织检查

被确诊为由细菌感染所引起的化脓性肉芽肿性炎。腹腔内肿瘤，是由多个融合性的化脓性肉芽肿所构成。局部性的肉芽肿是由未成熟的纤维组织的薄带分割而成。在每个肉芽肿中，观察到的是中心为细菌菌落、不定形的嗜酸性物质和凝固的坏死组织。细菌菌落被包裹着致密的嗜中性白细胞的集群，末梢部向上是类似于上皮细胞样的巨噬细胞，偶尔有多核巨细胞所形成的鞘膜（Sheet）存在。在肝脏中，包含了上述所见类似的细菌菌落为中心的，界限不明显的化脓性肉芽肿性炎症结节。

讨论

本病例是其他医院暗示为FIP的可能性而来本院诊治的。异常的腹围膨大和腹水，在腹水中所见的是细菌性腹膜炎。身体检查时观察到在脐疝的尖端部，变色和坏死，巨大的肿瘤中心部被S.aureus菌感染，确认了被认为的脓液的积存，这可能是由于脐带感染所造成。另外，由于从脐疝开始到膀胱尖端部为止的连续的组织，形状已经变形，因而也可考虑为尿膜管遗迹的存在。在幼猫的腹水积存和腹腔内肿瘤的鉴别诊断中，往往最初考虑到FIP，而对于年幼动物的细菌感染的存在也必须考虑。

出处：第24届动物临床医学会（2003）

3. 猫恶性间皮瘤

Malignant mesothelioma in a cat

石堂动物医院

石堂真司、德永有喜子

主诉因健康与食欲都废绝而来院诊断的猫，确认由腹水积存而腹部膨胀，超声波检查中确认有子宫疾病，施行了开腹手术，确诊了在大网膜和脾脏后部的肿瘤变性。根据病理组织学的检查，诊断为大网膜的恶性间皮瘤。已考虑使用化学疗法治疗，但在就诊第17天死亡。

关键词：猫，腹水，恶性间皮瘤

引言

间皮瘤（Mesothelioma）是覆盖在体腔的浆膜面上，侵犯来自中胚层的间皮细胞层的罕见的肿瘤。临床症状是自肿瘤表面的渗出液，引起胸腔和腹腔的液体积存，导致呼吸困难等症状，到发现症状为止的无症状的情况较多。关于间皮瘤的报告，猫的报告较少，由于此次遇到了通过病理组织学检查所确诊的猫的病例，所以简要报告如下。

病例

病例是美国短毛猫（American shorthair），雌性，年龄11岁零9个月，体重1.9kg。主诉从两天前开始食欲废绝来本院诊治。

● 初诊时一般临床检查

· 身体检查

体温39.9℃，听诊中没有异常。严重消瘦，确认腹部膨胀。

· 血液检查

根据嗜中性白细胞增多症，确认了白细胞数的增加，没有其他的异常。FeLV和FIV都呈阴性。

· X射线检查

确认了腹水的积存。胸部的心脏阴影不明显，未见胸水的积存。

· 超声波检查

确认了腹水和子宫内部的液体积存。

为了探求子宫蓄脓症和腹水的原因，在就诊的第1天就实施了开腹手术。

● 手术所见（就诊第1天）

麻醉是在阿托品（Atropine）的给药后，导入硫戊比妥钠（Thiamylalsodium），以异氟醚（Isoflurane）吸入麻醉维持。在开腹时，在腹腔内存在着大量的血样腹水。子宫呈水肿样肿大（图1），左子宫颈管部被确认为自身性毁坏，子宫内容物是水样性的液体。但是，卵巢没有呈现出异常的外观。另外，大

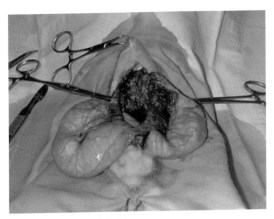

图1 子宫的肉眼观察照片

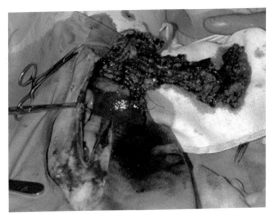

图2 大网膜肉眼观察照片

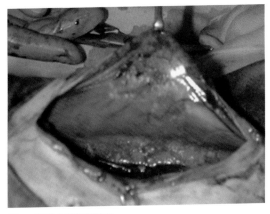

图3 腹壁肉眼观察照片

网膜在脾脏的后部，显示出萎缩样的肿瘤样变性（图2），在腹壁和脾脏的表面，也有少量的白色小结节状病变（图3）。卵巢和子宫被全部摘除，大网膜也尽量限制性切除摘除。腹腔内实行充分的清洗之后，通过常规方法缝合腹部。

・腹水细胞诊断

细胞数量较多，嗜中性白细胞也被确认为多半是稍稍大型的圆形的细胞，形成了板状的集块。被认为是恶性间皮瘤的细胞没有找到。

・病例组织学检查

在大网膜中，所显示恶性间皮瘤的异性细胞被确认，向血管内正在浸润的图像也

被发现。另外，在免疫染色中，显示出抗Keratin染色和抗Vimentin染色的阳性。由此看出，上皮样形态较强类型被认为是间皮瘤。在子宫中诊断出子宫内膜息肉。

●治疗及其经过

手术第2天开始，精神和食欲都恢复，就诊第3天出院。就诊第14天，再次确认腹水积存。病理组织学检查中，诊断出恶性间皮瘤之时，对饲养主提示了治疗的选择方案。但是，在就诊第17天，显示出了状态骤变，胸腹水的积存激增，呼吸急促，意识水平下降，低体温等症状。按照饲养主的愿望出院，当天夜里死亡。死后没能实施剖检。

讨论

猫的间皮瘤，是体腔内渗出物稀少的原因。与犬相比，猫中发生少。加上本病例报告也只有8例，在1~17岁的年龄范围内，暹罗猫（Siam）有3例，杂种猫有5例，没有性别间的差异。另外，人与犬的发生是与石棉（Asbestos）有关，而与猫的关联，由于在免疫学的调查中病例较少，因而还不清楚。

在本病例的试验开腹中，可以确认间皮瘤的原发点和所认为的病变，在病理组织学检查中，能够观察其病理学的形态，确定诊

第10章
腹腔与腹膜

359

断了这种罕见的情况。

作为猫的间皮瘤的治疗法，有效的化学法尚无报告；作为支持治疗，为了症状的减轻，采用液体的穿刺清除、镇痛、营养补给都已被展示。对于犬的间皮瘤，向体腔内投入氯氨铂（Cisplatin）的治疗法已被证明，而对于猫这种药剂是致死性肺水肿的原因，不可能使用。在本病例中，作为治疗的选项是：①组织浸润性，不如氯氨铂的效果，不过顺二氨洛铂（Carboplatin）在腹腔内和静脉内各半量投入的化学疗法，可期待着具有同样的效果。②从具有上皮样形态的优势类型上看，在抗癌作用以及QOL维持的目的上，提示了饲养主使用吡罗昔康（Piroxicam）

等。然而，由于病情进展快，病例在尝试这种疗法之前就死亡了。

最后，对于此次的病例给予指导的Multi-tech（株）的野村耕二先生表示感谢。

出处：第24届动物临床医学会（2003）

参考文献
• Oglvie GK,Moore AS（冈公代 訳,松原哲舟 監訳）:動物の癌患者治療管理法,404-407,LLL セミナー（1996）
• Stephen JW,MacEwen EG（冈 公代 訳,松原哲舟 監訳）:小动物の臨床腫瘍学第2 版,538-541,LLL セミナー（2000）
• 和泉谷 研ら:猫の悪性中皮腫の1例,第21動物臨床医学会プロシーディング,No.2,185-186（2000）
• Oglvie GK,Moore AS:Feline Oncology,Veterinary Learning Systems,393-395（2001）
• MooreAS,Kirk C,Cardona A,Intracavitary cisplatin chemotherapy experience with six dogs,J Vet Intern Med,Jul-Aug,5（4）,227-231（1991）

被覆于腹腔（胸腔也一样）表面大部分的间皮细胞【静止状态时呈扁平的膜状（Sheet），很难剥离】，根据某种刺激（炎症、循环障碍等）改变成反应性间皮细胞（呈立方状、圆柱状、假乳头状）。并且通过物理性刺激可被剥离，游离于腹腔内。在腹腔内积存液的细胞诊断中，经常能见到间皮细胞中掺杂有反应性间皮细胞时，有可能造成迷惑是不是恶性间皮细胞。

反应性间皮细胞的出现形式，一般是以散在孤立形式——到集群块状形式，大多是呈平面排列。重叠到2层为止，在结合部位细胞看上去像直线状，或看上去像空泡状。细胞的图像上，N/C比有可能变得稍高些，具有细胞质肥厚化的特征。细胞核类似于圆形，位于中心，大小不同的较少，核间距较均一。再有核仁有肿大化，通常小型的类圆形的核仁有一两个的情况较多，两三个的情况也经常能见到。并且细胞核边缘没有突出的肥厚，染色质（Chromatin）均匀分布不呈浓染。细胞质很厚，其边缘周边性地被染色呈网眼状。

以上展示了反应性间皮细胞的基准，与恶性间皮细胞的判别不容易的情况也较多。

（松本英树）

4. 犬形成多数腹腔内肿瘤的髓外浆细胞瘤

A dog case of extramedullary plasmacytoma formed multiple masses in the abdomen

山阳动物医疗中心

大东勇介、松本秀文、安川邦美、政次英明、长崎铁平、下田哲也

杂种犬，雄性，未去势，6岁，主诉有间歇性软便、呕吐，来院就诊。由于2周的对症治疗没有反应，而实施详细检查。在X射线检查中，确认了中腹部内的肿瘤块，根据针吸引活检，怀疑是髓外浆细胞瘤（EMP）。打开腹腔，在空肠、肝脏、脾脏等形成了多量的结节样病变，未能全部切除。此后，采用了多药剂并用的化学疗法，得到了缓解，再次发病后，于就诊第253天死亡。

关键词：髓外浆细胞瘤（EMP），细胞诊断，多药剂并用化学疗法

引言

浆细胞肿瘤，是在骨髓内所显示的增殖物质，叫做浆细胞骨髓瘤（多发性骨髓瘤），起源于软组织的物质，称为髓外浆细胞瘤（Exra medullary plasmacytoma，EMP）。犬发生EMP比较罕见。在皮肤及口腔内所发生的EMP，在生物学上是良性肿瘤的情况较多。另外，消化管的EMP，在食道、胃、小肠以及大肠上发生的已被报道过，所属器官的淋巴结上的转移是一般存在的，而骨髓浸润和单克隆丙球蛋白（Monoclonal gammopathy）等一般并不存在。展示出非特异性的消化器官的症状较多。这次，我们是在所含多种腹腔内脏器的消化管上，见到的肿瘤形成，诊断为犬的髓外浆细胞瘤，得到了治疗的机会，简要报告如下。

病例

病例是杂种犬，未去势的雄性，6岁龄，体重13.56kg。混合疫苗，寄生虫预防是每年实施。既往病历没有特别有价值的记录。主诉可见到间歇性下痢、呕吐，而来本院诊治。

●初诊时一般临床检查

·身体检查

体温39.3℃。粪便检查中没有见到特别的异常，粪便也良好。除此之外身体检查所见也没有特别的异常。

采用对症疗法经过观察，在2周过后病情恶化，由于没有见到病情改善的倾向，所以进行详细检查。

·血液检查

由于嗜中性白细胞增加（Stab-N26/μL、Seg-N29，177/μL），观察到了白细胞数量的

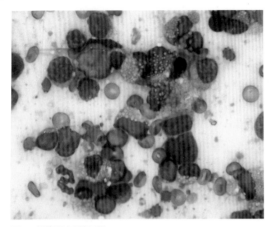

图1　细胞诊断学图片
确认有鲁塞尔体（Russell bodies）的浆细胞

增加，确认了ALP（1 156U/L）的增加，以及TP（4.6g/dL）和Alb（2.1g/dL）的减少。

·X射线检查

见到了中腹部的肿瘤块的阴影，在右尾侧偏转处，确认了肠管内的气体和被认为是气体的阴影。

·超声波检查

X射线检查中所确认的中腹部的肿瘤内含有液体，呈囊泡样结构。于是实施了对肿瘤的针吸引活检。

·细胞诊断

伴随着淋巴样干细胞（Lymphoblastoidcell），具有鲁塞尔体（Russellbodies）的多数浆细胞被采集。据此，怀疑是浆细胞瘤（图1）。

·追加检查

作为追加检查，测定了LDH（乳酸脱氢酶）同工酶（Lactate dehydrogenaseis ozyme）和蛋白分段（Protein fraction）。LDH（732U/L）已增加，而蛋白分段没有显著变化。另外，在蛋白分段中α-2球蛋白（α-2 globulin）分段可见增加，所显示的单克隆丙球蛋白（Monoclonal gammopathy）的波峰（Spiking）没有见到。

·造影X射线检查

为了调查消化管与肿瘤病变的关系，进行了消化管造影X射线检查，在腹侧观察到了（在单纯X射线检查中没有被确认的）新的肿瘤病变。钡剂（Barium）口服90min后，见到了由造影剂扩张的肿瘤内腔被充满的影像，认为这个肿瘤破裂了，实行第2天的试验性开腹手术。

●手术

在肝脏和回肠中，已经形成了多发性的肿瘤病变。另外，脾脏肿瘤以及脾脏与大网膜粘连起因不明的肿瘤病变也被确认。还有，肠系膜淋巴结也呈蚕豆大小的肿胀。切除部分肝脏的肿瘤，摘除脾脏，然后切除发生病变的回肠肿瘤病变，提交病理组织学检查。在回肠中所形成的小肿瘤病变未被切除。

·病理组织学检查

肿瘤细胞呈现出类似圆形、大小不等的淋巴样干细胞（Lymphoblastoidcell），染色质（Chromatin）粗糙而丰富，带有大小清晰的核小体，核分裂图像也可看到。除淋巴样干细胞以外，还含有丰富的浆细胞、少数的巨噬细胞、小淋巴细胞，已经看到带有鲁塞尔体（Russell body）的浆细胞较多。

<诊断：怀疑是淋巴瘤>

●治疗及其经过

细胞诊断所见与病理组织学检查所见综合到一起，确定诊断为髓外浆细胞瘤，实施化学疗法。从就诊第3天开始使用脱氢皮质醇（Prednisolone），从每天2mg/kg开始递减。在就诊第7和43天静脉内注射长春新碱（Vincristine），在就诊第14和37天点滴静注阿霉素（Doxorubicin）。另外，在就诊第22天肌内注射氨甲叶酸（Methotrexate），在就诊第30

天静脉注射环磷酰胺（Cyclophosphamide）。并且在手术后第55天口服美法仑（Melphalan），药量递减。

就诊第11天消化器官的症状消失，精神和食欲也逐渐恢复。化学疗法开始后，经过调理，在就诊第131天软便没了。再次发病后，尝试对症治疗也无反应，所以实施经肛门的内窥镜检查。

经肛门的内窥镜检查中，在肛门附近的直肠黏膜上确认了肿瘤病变。进行细胞诊断可知，与所形成的肿瘤及腹腔内肿瘤是同样的细胞，由此诊断为浆细胞瘤再次复发。再次使用多药剂并用疗法后症状缓解，在就诊第236天发现了下颌淋巴结肿大和直肠黏膜的肿瘤病变，确认浆细胞的增殖。就诊第253天并发了DIC（弥散性血管内凝血），病犬死亡。

讨论

消化管型EMP（髓外浆细胞瘤），使用外科切除和全身性化学疗法，使很多病例长期生存已被报道。迄今被报告的消化管型EMP，是食管、胃、小肠、大肠上发生的，几乎所有的病例都实施了化学疗法。在这些病例中，向所属淋巴结等转移，或形成弥散性的肿瘤的病例也有数例。但是，在这些病例中，由于实行了美法仑（Melphalan）和脱氢皮质醇（Prednisolone）的并用疗法，以及阿霉素（Doxorubicin）的单独疗法，得到了最长33个月的长时间缓解期。

在本病例中，过去的报道中没有见到的是，肿瘤正广范围地转移，因此切除所有肿瘤病变是不可能的。为此，也选择了比过去的报告药剂强度更高的化学疗法。对于化学疗法的反应较好，但重复的病症复发也被确认。到现在为止被报告的良好的病情经过所展示的浆细胞瘤，每个病例都出现了病症复发。据此，对于复发性髓外浆细胞瘤，可能不会有良好预后。

出处：第27届动物临床医学会（2006）

鲁塞尔体（Russell body）：在浆细胞中和骨髓瘤细胞中可见的球状、长圆状（杆状）的包涵体（Inclusion body），吉姆萨染色中被染成紫青色、淡粉色。这种物质，被认为是粗面内质网中分泌不全而积存的免疫球蛋白（Immunoglobulin）。

（松本英树）

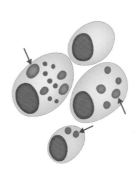

第10章
腹腔与腹膜

5. 猫腹腔内形成肉芽肿的放线菌病（Actinomycosis）

A case of actinomycosis with abdominal granuloma in a cat

藤原动物医院
藤原明、藤原元子

　　杂种猫，去势雄性，3岁零8个月，主诉食欲废绝、精神消沉、举止可疑而来院就诊，据触诊、X射线和超声波检查，确认有腹腔内肿瘤。对于内科治疗缺乏反应，采用外科治疗切除，手术约6小时后死亡。被切除的肿瘤，大小为10.7cm×8.2cm×7.7cm、重量为270g。肿瘤根据病理组织学检查，诊断为以 Actinomyces naesulundii 为病因菌的 Actinomycosis（放线菌病）。

关键词：腹腔内肿瘤，Actinomycosis（放线菌病），
Actinomyces naesulundii（A. naesulundii）

引言

　　Actinomycosis（放线菌病），由厌氧菌或者微需氧菌的Actinomyces属所引起，慢性化脓性肉芽肿性疾病。在猫的放线菌病中，有化脓型（皮下脓肿、脓胸）和化脓性肉芽肿型两种基本类型。偶尔，也有所引起的Mycetoma（菌肿，足分支菌病）。Actinomyces属的病变可以说在①皮肤和皮下，②胸膜和肺的两侧或一侧，③腹膜，④中枢神经系统，⑤骨骼等5个场所中的任意场所发生。猫的放线菌病的报告随处可见，但正确地进行鉴定的报告极为少见。另外，在猫腹腔内的放线菌病更为罕见，腹腔内所形成肿瘤的报告到目前为止尚未见到。

　　此次，笔者对由Actinomyces naesulundii（A.naesulundii）所引起，在腹腔内所形成的肿瘤，与患有放线菌病的猫相遇，获得了若干的见识，因而简要报告如下。

病例

　　病例是杂种猫，去势雄性，3岁零8个月，体重4.3kg。没有既往病历，FVRC-P和FeLV定期接种。饲养环境是室内群养。1周前开始食欲减退，不够稳重，变得神经质。主诉今天早上开始食欲废绝，精神沉迷而来院诊治。

●初诊时一般临床检查

·身体检查

　　确认为消瘦、轻度脱水。体温上升到40.6℃，呼吸紧迫。听诊心率为256次/分，没有心杂音。触诊中触摸到腹部中央较大肿瘤。

表1 血液检查结果

WBC（/μL）	19800	BUN（mg/dL）	24.8
		AST（U/L）	35
PCV（%）	38	ALT（U/L）	3
		ALP（U/L）	48
Ⅱ	4	NH₃（μg/dL）	50
		TP（g/dL）	7
		Alb（g/dL）	1.9
		CPK（IU/L）	170
		Na（mmol/L）	150
		K（mmol/L）	4.1
		Cl（mmol/L）	118

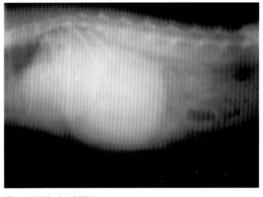

图1 腹部X射线照片

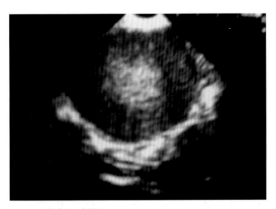

图2 腹部超声波照片

· 血液检查

如表1所示，确认为ALT和Alb低下，白细胞数量稍上升。

· X射线检查

在腹部中央，有较大的肿瘤阴影（图1）。

· 超声波检查

中心部有高回声，在整个腹部中高回声部和无回声部混杂，可确认较大的肿瘤（图2）。

● 治疗及其经过

就诊第1天，怀疑是肿瘤而住院，规劝饲养主实行外科手术但未得到同意，使用脱氢皮质醇（Predrisolone）和抗生素皮下注射。就诊第3天，体温39.3℃，与前日相比食欲增加，再次使用脱氢皮质醇和抗生素。

但是，就诊第4天呕吐1次，第5天傍晚呈现了食欲废绝。得到饲养主的同意在就诊第6天实施手术，使用脱氢皮质醇和抗生素皮下注射。

● 手术（就诊第6天）

确保静脉回流，在使用乙酰丙嗪（Acepromazine）、阿托品（Atropine）、克他命（Ketamine）进行前处理之后，在氧异氟醚（Oxygenisoflurane）的麻醉下进行手术。从剑状软骨尾测到脐尾测约5cm处正中切开腹腔，因肿瘤使胃脾系膜、大网膜、腹膜粘连，因而实施钝性分离。因大网膜和一部分腹膜粘连严重，实施钝性分离后，切除部分大网膜，摘除肿瘤。洗净腹腔后，采用常用的方法缝合腹壁。被摘除的肿瘤大小10.7cm×8.2cm×7.7cm、重量270g。

病例在手术后约6小时死亡。

· 肉眼

有被覆在大网膜上的结节状物质，其剖面上确认有微细的硫黄样颗粒存在。

· 病理组织学检查

肿瘤以血管丰富的结缔组织包裹，多数已经开始了肉芽肿性病变。在各自的肉芽肿性病变中，其中心部含有细菌菌落（球菌）和嗜中性白细胞，并以含有类上

第10章

腹腔与腹膜

皮细胞、淋巴细胞、浆细胞以及有时有多核巨细胞等的肉芽组织，包围了中心部。这些肉芽组织进一步再与纤维结缔组织结合，再包围于外层。在细菌菌落的周围是嗜酸性放射状的Splendor-Hoeppli物质已被确认，在血管周围有时可看到淋巴细胞的聚集群。细菌是革兰氏染色呈阳性，格罗科特染色（Grocottstaining）显示为丝状、串珠状构造，在免疫染色中呈抗内氏放线菌Actionomyces naeslundii阳性、抗Staphyrococcus aureus阴性，在电子显微镜图像中呈多形性分枝丝状的形成已被确认。

　　<诊断：放线菌病（由Actinomyces naesulundii菌所引起的慢性化脓性肉芽肿性腹膜炎）>

讨论

　　引起肉芽肿性腹膜炎的细菌，常有Staphylococcusaureus、Nocardiaasteroids、Actinomycessp.、Mycobacteriumtuberculosis/bovis等。在本病例中，病因菌具有肉眼可见硫黄样颗粒物质，形成肉芽肿，还形成Splendore-Hoeppli物质，革兰氏阳性，呈多形性丝状或串珠状构造，抗Actinomycesnaeslundii免疫染色阳性，多形性分枝丝状的形成等特征，被鉴定是Actinomyces naesulundii（A.naesulundii）菌。A.naesulundii菌是从人和犬的口腔内被分离出来的常见菌。该菌从相关的猪的流产、人的牙周病、眼感染症等病中被分离出来，在除猪外的动物中，作为病原体的报告尚未见到。另外，在猫的腹腔中，放线菌症罕见，在笔者所调查的有限的肿瘤形成中，还未见到报道。

　　所对应的放线菌症的治疗方法，是使用适当的抗生素（4~5周或更长的时间），同时实施切除和排脓两种方法的任何一种。抗生素的首选药物是青霉素（Pennicillin），其他如四环素（Tetracycline）、红霉素（Erythromycin）、头孢菌素（Cephalosporin）、林肯霉素（Lincomycin）、氯洁霉素（Clindamycin）等。在本病例中，也施行了同样的治疗，但可惜没有救活动物。

　　另外，感染途径尚不明确，但①猫的放线菌病的主要病原灶是口腔。②放线菌病是厌氧菌以及微需氧菌。③病例的皮下脓肿的原因，通常是被其他猫咬伤所致。④肿瘤在腹壁上的粘连被完全确认，而在消化管上的粘连尚未见到。⑤因数只猫同居，时常有猫间的争斗。据此同居猫推测，可能是贯通于腹壁的咬伤造成。

　　最后，对病理组织学诊断所托付的鸟取大学兽医病理学教研室岛田章则教授，深感谢意。

出处：第26届动物临床医学会（2005）

参考文献
• Pedersen NC（石田卓夫　訳）：放線菌症, FELINE INFECTIOUS DISEASES（日本語版）, 179-181, チクサン出版社, 東京（1993）
• P edersen NC（石田卓夫　訳）：嫌気性細菌感染症, FELINE INFECTIOUS DISEASES（日本語版）, 144-147, チクサン出版社, 東京（1993）
• Pedersen NC（石田卓夫　訳）：菌腫, FELINE INFECTIOUS DISEASES（日本語版）, 256-258, チクサン出版社, 東京（1993）

6. 迷你腊肠犬腹腔脏器内夹带化脓性肉芽肿

A case of miniature dachshund showed entrainment of the organs of the abdominal cavity pyogenic granuloma

Azu宠物医院，盐田动物医院，生川动物医院

古田博也、古田绫子、岩田和也、生川干洋

带有缝合线反应性肉芽肿的既往病历，伴随着消化器官症状的迷你腊肠犬（Miniature Dachshund）来院诊治。之后，根据检查，确诊为腹腔内化脓性肉芽肿，开始免疫抑制治疗。然而，这种治疗反应有局限性，没有改善其症状，实行对症的外科手术同时使用免疫抑制剂，具有良好的经过性。

关键词：腹腔内化脓性肉芽肿，搭桥手术（Bypass surgery），环孢霉素（Cyclosporine）

引言

犬的无菌性肉芽肿是免疫反应的一种，通常被认为是对应于异物所形成的情况较多。特别是在最近，对应于缝合线所形成的无菌性皮下脂肪组织炎已有报道，而且迷你腊肠犬好复发此症。

另外，也有在皮下以外腹腔内发生的报道，怀疑是遗传因素干扰。

此次，由缝合线所引起的无菌性肉芽肿的治疗而得到缓解的犬中，无手术经历在腹腔中伴有消化器官症状，在数年后形成无数个化脓性肉芽肿，实行外科和内科治疗，效果良好，因此简要报告如下。

病例

迷你腊肠犬，去势雄性，6岁龄，体重4.98kg（图1）。主诉精神与食欲消失、呕吐、

图1 病例照片

体重减少（半年前是9.4kg）而来院就诊。5年前实施了去势手术，那时使用了丝线而发生了缝合线反应性肉芽肿，使用环孢霉素（Cyclosporine）可见症状得到部分缓解，其两年后进行摘除手术而得到彻底治疗。

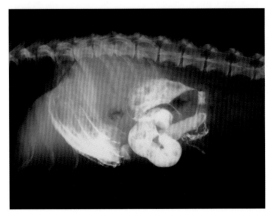

图2　消化管造影X射线照片（RL）

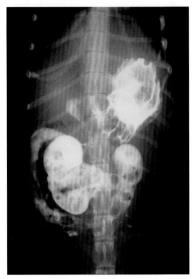

图3　消化管造影X射线照片（DV）

● 初诊时一般临床检查

· 血液检查

RBC为5.29×106/μL，PCV32.5％是非再生性贫血，ALP为361IU/L，Glu为30mg/dL、Spec–CPL为187μg/L，其他指标没有显著变化。

· X射线检查

单纯X射线检查中，十二指肠扩张；造影X射线检查中，上部小肠区域的狭小可见其有通过性障碍（图2，图3）。

· 内窥镜检查

胃与十二指肠扩张，内腔没有显著变化。

· CT检查

脾脏、胰腺、十二指肠、上部小肠粘连成肿瘤状，确认为形状不整的实质性病变（图4）。

根据以上检查所见，在就诊第3天实施试验性开腹手术。

● 手术①（就诊第3天）

开腹后可见，腹腔内脏器几乎与不整齐的肿瘤粘连在一起，由于切除困难只是采样后进行腹腔缝合。

· 病理组织学检查

在炎症病变中，一部分是化脓性肉芽肿，呈肿瘤性的变化。另外，用犬的淋巴细胞克隆性分析呈阴性。

根据以上结果，诊断为迷你腊肠犬中特有的缝合线反应性肉芽肿，在腹腔内也形成化脓性肉芽肿，全身性状态的恶化，引起消化器官症状等。

● 治疗及其经过

就诊第4天，使用环孢霉素（Cyclosporine）5mg/kg、脱氢皮质醇（Prednisolone）1mg/kg、恩氟沙星（Enrofloxacin）5mg/kg以及阻害药质子泵（Protonpump）2mg/kg，见到了症状的经过性。此后，虽然可见暂时的症状改善，但呕吐与体重的减少仍持续，到就诊70天Spec–CPL达到260μg/L，食欲废绝，通过与饲养主的相谈尽可能切除肿瘤，实施包括搭桥手术的对症缓和手术。

● 手术②（就诊第70天）

作为剖检所见，粘连虽然得到改善，但不整齐的病变仍然散在，特别是在空肠区域中，形成了卷进肠管的肉块（图5）。与棉棒（丝线）粘连，双极慎重地剥离使消化管游离。但是，经判断所卷入空肠的肉块不可能剥离，所以肿瘤块的胃侧正常消化管和肛门

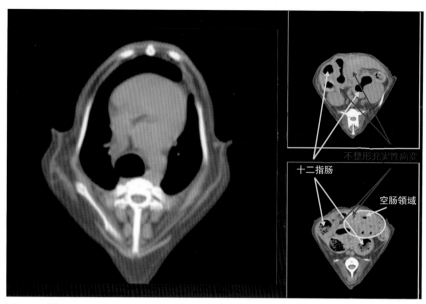

不整形充实性病变

十二指肠

空肠领域

图4　CT照片

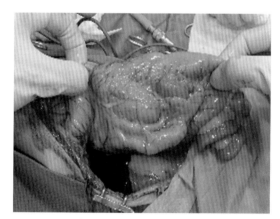

图5　手术照片①

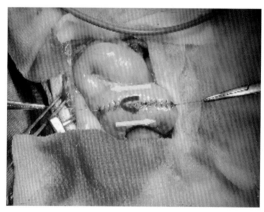

图6　手术照片②
实行搭桥手术。

测的正常消化管，在逆蠕动中实行搭桥手术（图6）

到就诊第84天，仍有呕吐和便血，但这之后全身的状态得到改善，消化器官的症状不见了。第98天，在造影X射线检查中未发现异常。之后，脱氢皮质醇（Prednisolone）的量渐减至停止，环孢霉素（Cyclosporine）和质子泵（Protonpump）和整肠剂继续使用。体重也增加，第371天有良好的经过性，没有见到再次复发。

讨论

由缝合线等所引起的异物性化脓性肉芽肿，到目前为止有较多的病例被报道和讨论。但是，像本病例这样在过去患过缝合线反应性肉芽肿，此后也没有开腹手术，异物或细菌等也没有，就发生了腹腔内化脓性肉芽肿，这样的报道不多，详细的病因不明。

在本病例中，血液检查、X射线检查、超声波检查都不能进行诊断，进行CT检查起初

第 10 章

腹腔与腹膜

其存在不能确认，在试验性开腹中能够得到确切诊断。因此，在迷你腊肠犬中，被认为是一例作为没有误食的梗阻性的化脓性肉芽肿，而有加以考虑的必要。

一般对于化脓性肉芽肿的治疗，优先使用内科治疗，在本病例确诊后的免疫抑制剂的效果有限，长期来看逐渐变成了胶着状态。这种情况下，对症的搭桥手术显示了有效性，病症解除后有1年以上的良好经过性，也被认为是免疫抑制剂的维持效果。因此，环孢霉素（Cyclosporine）维持到什么时候为止较好，有待于讨论。

对应于腹腔内化脓性肉芽肿的CRP值的上升的情况下，有免疫抑制治疗奏效的报告，因此应该测定CRP值值得考虑。

此次，具有缝合线反应性肉芽肿的既往病史，又有腹腔内化脓性肉芽肿的发作，本病例提示，有与病态发生全身性免疫异常相关的可能性。

出处：第32届动物临床医学会（2011）

参考文献
• Papazoglou LG, Tontis D et al: Foreign bodyassociated intestinal pyogranuloma resulting in intestinal obstruction in four dogs. Vet Rec, 166 (16), 494-497 (2010)
• Santoro D, Spaterna A, Mechelli L, Ciaramella P: Cutaneous sterile pyogranuloma/granuloma syndrome in a dog. Can Vet J, 49 (12), 1204-1207 (2008)
• 土田靖彦, 朴 天鎬, 安家義幸ら: 犬の術後縫合糸肉芽腫に関する病理学的研究, 日獣会誌, 62, 388-394 (2009)
• 中田美央, 秋吉秀保, 湯川 尚一郎ら: 非異物性化膿性肉芽腫を認めた犬の1例, 獣医学術学会講演要旨集, 146 (2011)

 短 评

本病例的既往病史中，有缝合线反应性肉芽肿。在这个领域中，青森县弘前市的土田靖彦先生进行了详细的调查。在缝合线反应性肉芽肿和被组织学诊断的44病例中，被使用的缝合线是丝线的占55%，吸收性复线（Multi filament）占11.4%，非吸收性复线（尼龙线，Nylon yarn）占11.4%，吸收性单线（Monofilament）占4.5%，其他不明。在犬种中，也带有地域性，顺序为迷你腊肠犬（Miniature Dachshund）占42.5%，特别多，杂种犬占15.0%，约克郡犬（Yorkshire terrier）占7.5%。其他报告中也是迷你腊肠犬的发病特别多，在海外的报告中拉布拉多巡回犬（Labrador Retriever）的发病也较多。

不使用缝合线止血法，也是不能完全防止术后的肉芽肿，加上动物方面的问题，手术时的各种因素（手套、粉、缝合针的组织损伤、毛的卷入等）也被指出。但是，在有缝合线反应性肉芽肿既往病史的动物中，数年后在缝合部位完全不同的部位上，发生无菌性结节性脂肪组织炎的例子较多，所以有必要注重今后的病情阐述。

（松本英树）

7. 雪貂腹腔内肿瘤

Eight cases of abdominal tumors in the ferrets

枞树动物医院

米泽佳寿美、村田香织、下浦宏美、中村知永、村田元

在过去两年间，来本院被诊断为雪貂（Ferrets）腹腔内肿瘤的共8例，其中肾上腺皮质腺癌1例，肾上腺皮质腺瘤2例，肾上腺皮脂腺癌合并胰岛细胞肿瘤1例，胰岛细胞肿瘤1例，淋巴瘤3例。

引言

近年来，以肾上腺疾病和胰岛瘤（Insulinoma）为首的腹腔内肿瘤为起因，来本院诊治的雪貂疾病正逐渐增加。

此次，我们根据开腹手术以及病理组织学检查，对诊断为腹腔内肿瘤的雪貂8例进行了探讨，简要报告如下。

病例

病例是来本院诊治的雪貂中，根据临床症状、触诊、图像诊断等怀疑为腹腔内肿瘤，之后进行开腹手术和病理组织学检查的共8例，去势雄性5例，避孕雌性3例，诊断时的年龄在3岁零3个月至7岁之间，平均为5岁零1个月。

结果

肿瘤包括肾上腺皮质腺癌1例，肾上腺皮质腺瘤2例，肾上腺皮质腺癌合并胰岛细胞肿瘤1例，胰岛细胞肿瘤1例，淋巴瘤3例。

在肾上腺皮质肿瘤中，被确认有脱毛和瘙痒病变的在4例中有3例，有前列腺囊包的在3例去势雄性中有2例，有外阴肿大的在避孕雌性中有1例。所有病例的肿瘤发生，都出现在左侧肾上腺上，其中1例肾上腺皮质腺癌，是1年零4个月后，又确认了右侧的腺癌和胰岛细胞肿瘤。

在患有脱毛和瘙痒病变的3例中，有1例在术后病情很快得到了改善，有1例未见到病情改善，剩下的1例在第1次的左侧腺癌摘除后病症得到改善，而第2次的开腹时，在手术中死亡，原因不明。

另外，在有前列腺囊包的2例中，有1例没有见到症状的改善，另1例在手术中死亡，原因不明。外阴肿大的1例中，症状迅速得到了改善。

胰岛细胞肿瘤的2例中，确认术前低血糖。其中1例在手术后也没有见到低血糖的明显改善。另1例在手术中死亡，原因不明。

肾上腺皮质腺癌和胰岛细胞肿瘤并发的1例中，为了诊断肾上腺疾病及胰岛瘤（Insulinoma）而正在考虑实施试验性开腹期间，呈现出了原因不明的小肠穿孔所导致的腹膜炎，并在手术中死亡。

3例淋巴瘤所发生的部位是在肠系膜淋巴结、胃、肝脏。在胃上发生的1例中，同时确认了肠系膜淋巴结的肿大和脾脏的白色结节性病变。在肝脏上发生的1例中，见到了胰腺右叶的肿大、硬结和胃壁的硬结、白色化。

在全部病例中，确认了随着病情的进程，白细胞数量减少和贫血，没有确认在周边血中的异常淋巴细胞的出现。另外没有实施骨髓检查。

讨论

雪貂（Ferret）身体的任何脏器以及任何年龄都可患上肿瘤，据报道在3岁以上的雪貂中经常见到肿瘤。此次的8个病例都在3岁以上。

已有报告，雪貂肾上腺疾病的诊断与血液中的激素测定有关。脱毛、瘙痒病变、雄性排尿困难、雌性外阴肿大等，大多来自性激素所引起的特征性症状。所以怀疑本病时，一边参考超声波等检查，一边根据试验性开腹进行确认，是好的诊治方法。

若用外科手术摘除问题肾上腺，则症状会快速改善。此次，采用外科手术，未改善脱毛、瘙痒病变、前列腺囊包等症状的病例只看到1例。这个病例是在左侧肾上腺皮质腺瘤切除时，看到右侧肾上腺的肿大，认为是和左侧同样而引起了变化，仅切除左侧的就期待症状的改善，忽略了残存的右侧肾上腺继续起作用的（没有改善症状）原因。目前有与性腺刺激激素的分泌等有关系的可能性，使用松果体激素中所具有的褪黑激素（Melatonin），再次实施开腹手术部分切除右侧肾上腺，其过程正在观察中。

作为肾上腺摘除手术的术后并发症，会引起其他肾上腺肿瘤的发生。此次也确认1例这种并发症，这一点在手术前充分的知情同意（Informedconset）是必要的。

作为肾上腺疾病的并发疾病，所见到的

胰岛瘤（Insulinoma）较多。此次也在2例肾上腺皮质腺瘤中确认了低血糖（1例是胰岛细胞肿瘤并发的病例，还有1例是胰腺外分泌增加所形成的并发症病例）。

以上2例加上胰岛细胞肿瘤1例，共有3例切除了胰腺的结节，并未改善低血糖症。被认为这是摘除肿瘤时的残留，或者功能性的胰岛过剩，而引起的胰腺慢性增生的存在。在外科手术后，维持正常血糖值的只有14%，今后，关于外科手术技术及内科治疗方法将进行探讨。

3例淋巴瘤所发生的部位不同，但最终的死因都是贫血所致。实行化学疗法和输血等，在确定诊断后分别在就诊第58、第51和155天死亡，雪貂的淋巴瘤所对应的治疗比较困难。由于雪貂是可以进行静脉、输血、骨髓检查的动物，今后采用化学疗法，期待提高QOL。

另外，此次8个病例中，有6例确认为脾脏瘤。雪貂的脾脏瘤是在患有胰岛瘤、肾上腺疾病、心脏疾病、上呼吸道疾病等全身性疾病时并发的，脾脏本身的淋巴瘤和血管肉瘤等的肿瘤性变化也都会出现。在这次的病例中，脾脏肿瘤的存在可认为是腹腔内肿瘤诊断的线索。

最后，对给予病理组织学检查的病理实验室的大町哲夫先生深表谢意。

出处：第23届动物临床医学会（2002）

参考文献

- Elizabeth V. Hillyer, Katherine E. Quesenberry: Ferrets, Rabbits and Rodents Clinical Medicine and Surgery, 1st ed. 93-107, W. B. Saunders（1997）
- Rosenthal K. L., Peterson M. E.: Evaluation of plasma Androgen and estrogen concentrations in ferrets with hyperadrenocorticism, J Am Vet Med Assoc, Sep 15, 209（6），1097-1102（1996）
- 齋藤　聡，村本芽衣，出井雅子ら: 低血糖症に関連したフェレット3例，第22回動物臨床医学会年次大会プロシーディング，289-290（2001）
- 霍野晋吉: エキゾチックアニマルの診療指針2，第1 版，160-202，インターズー，東京（2001）

1. 误吞金属性异物的日本大鲵的救治

A rescue from given a metal foreign body in Andrias Japonicus

石山大道动物医院

斋藤 聪、松田悦朗、三轮皋月、村本芽衣、高桥阳子、北馆 健太郎、大山敦子

水族馆的观赏用自然保护动物日本大鲵，在饲养员给食不注意时吞进了专用的金属给食棒。X射线检查发现腹腔内有20cm左右的金属棒。实施全身麻醉，内窥镜下试图取出异物，但未成功。最后，兽医师从大鲵的口腔伸入手后取出了异物。此后无任何消化道及重金属中毒等症状。大鲵生活如初，返回水族馆供人观赏。

关键词：自然保护两栖类，日本大鲵，麻醉剂FA100

引言

和野生动物一样，在动物园或者水族馆里饲养的动物，由于动物种、稀有度以及生活环境等和一般家畜不同，因此，不能单纯地作为患畜进行兽医治疗。对其治疗方法是否妥当也会被质疑。尤其是自然保护动物，对其生物学有很多不了解的地方。所以，除极少数物种外，我们对动物园的动物几乎没有诊治方面的经验。这次有机会对平时连摸都很难摸到的大鲵进行了治疗。在此，就得到的不同于宠物治疗的经验做个报告。

病例

日本大鲵，属于两栖纲类，有尾目，隐腮鲵亚目，隐鳃鲵科。推定为雄性，40岁。体长1.2m，体重30kg（图1）。5年前从四国动物园接收过来，在北海道水族馆循环式水槽中单独饲养。每天或者食欲较好的时候投食一次冷冻的西太公鱼。具体做法是把鱼固定在金属棒的前端伸到大鲵口边，大鲵便过来吞食。在不注意时金属棒前段折断，被大鲵和鱼一起吞入胃中。次日，大鲵食欲废绝，被带来受诊。本院虽然诊疗过各种各样的动物，但是诊疗大鲵还是第1次。从外观上无法得知病情，只看到呼吸时胸部的起伏。

· X射线检查

腹部后方有直径1cm、长20cm的先端尖

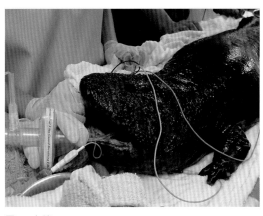

图1 大鲵

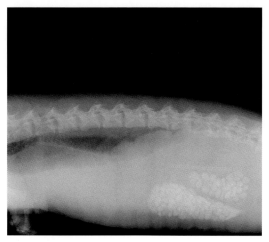

图2 X射线影像（右侧卧）

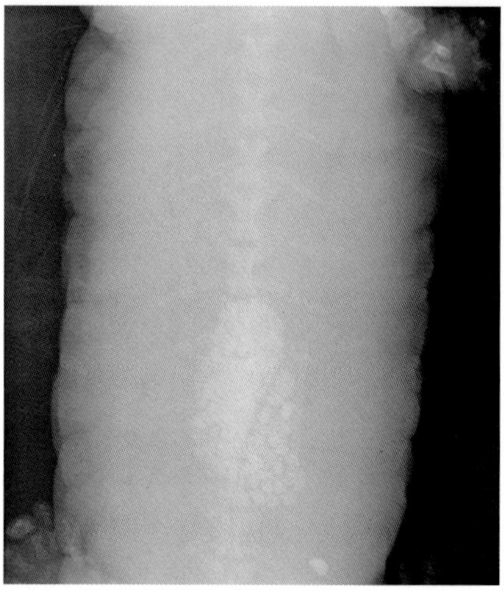

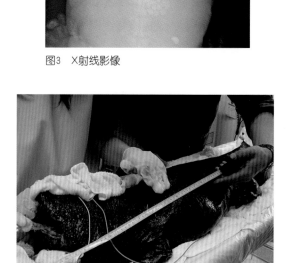

图3 X射线影像

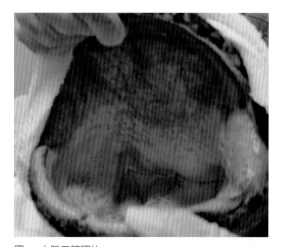

图4 大鲵口腔照片

图5 麻醉管理中

锐的金属棒（图2、图 3 ）。

●**处置**

大鲵动作较迟缓，但是偶尔也会用力摆动尾巴。虽然大鲵的口张大时有人头大小（图4），但是其上下颌力量太大，人力无法打开口腔。因此，和水族馆的管理人员进行了充分的沟通。考虑到自然恢复的不可能性，又是自然保护动物以及金属棒的材料不明等因素，实施了全身麻醉，尝试内窥镜下取出异物。

· **麻醉**

将鱼类甲壳类麻醉药FA100加到15℃水中，浓度调为0.1%。毛巾浸湿后完全包裹大鲵。不时在毛巾上加麻醉液，促进皮肤的吸收（图5）。30min后，待能用手打开口腔时，观察口腔内情况，然后插入5.0Fr人用式气管导管保障气管畅通。调节麻醉机（Drager公司制）的氧气流量到2.0L/min，七氟醚浓度1.5%，维持半闭锁式回路送气。为避免心电图测量仪的电极对体表黏膜造成损伤，用纱

图6　气管插入时口腔

图7　内窥镜检查

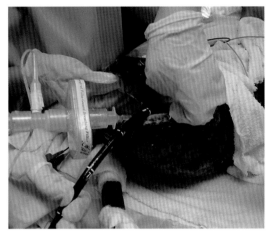

图8　用手取出异物

布包好电极后，实施I导联法进行监视。没有使用任何呼吸辅助器。

·手术

尝试将7.5mm的消化道内窥镜（日本Olympus公司制造）经口和食道插入到胃内

（图7）。两栖类动物的上消化道黏膜的黏性很强，内窥镜很难插入到胃内。因此，将内窥镜用肥皂润滑，从口送入些许水后再次尝试插入，还是未能成功。由此，测出大鲵口到胃内异物间的距离以及术者的手到肩膀的距离，确定术者的手是否能够达到胃内异物所在位置。然后，戴上手术专用长手套，涂上肥皂，从口进入胃内，取出了铁棒（图8）。

讨论

两栖类用麻醉药包括苯佐卡因、MS-222（间氨基苯甲酸乙酯甲磺酸盐）以及本次使用的FA100等。日本大鲵使用FA100和吸入麻醉药后能维持较好的麻醉效果。对于远古野生生物没有使用手术刀就能排除危险、救治生命，这对于近代以来我们过多强调西医确实是个很好的教训和启发。

出处：第24届动物临床医学会（2003）

第11章

其他

2. 曼氏裂头绦虫裂头蚴感染猫形成皮下脓肿

A case of a cat infected with plerocercoids of Spirometra erinaceieuropaei, developing the subcutaneous abscess

（财团法人）鸟取县动物临床医学研究所、（财团法人）鸟取县动物临床医学研究所·东京工业大学、明治药科大学

小笠原 淳子、高岛一昭、冢根悦子、野山顺象、安武 寿美子、山根 刚、河野 优子、野中雄一、佐藤秀树、白川 希、福泽 真纪子、毛利 崇、华园 究、山根 义久、深濑 彻

猫，雄性，主诉腹部有肿瘤来院就诊。根据各种检查结果，诊断为皮下脓肿。对患部进行了排脓处理后，从患部取出2条寄生虫。该寄生虫被鉴定为曼氏裂头绦虫，有猫上极为罕见。

关键词：皮下肿瘤，裂头蚴，曼氏裂头绦虫

引言

曼氏裂头绦虫是犬和猫等的消化道内寄生虫。虫卵孵化后释放出钩球蚴，被作为第一中间宿主的剑水蚤吞食，此后带有原尾蚴的剑水蚤被作为第二中间宿主（常作为转续宿主）的两栖类、爬虫类、鸟类或者哺乳类吞食，在体内发育成裂头蚴。第二中间宿主被犬和猫等捕食后在小肠内发育成成虫。裂头蚴在人体组织内移行会造成组织的损伤，日本每年有数例报道。但是，猫感染曼氏裂头蚴的病例报告较少。在此，我们简要报告1例在猫的皮下寄生并形成肿瘤的曼氏裂头蚴病例。

病例

杂种猫，雄性，年龄不详，体重4.7kg。主诉：3~4日前外出回来后腹部有硬块状物体。1年前被作为保护对象的野猫收养。当时有拉稀便倾向，生长环境为屋内外，未接种疫苗。

● 初诊一般临床检查

• 身体检查

体温38.6℃，身体状况指标为BSC2（消瘦）。后腹部左侧有乒乓球大小的周界不清的肿块。肿块柔软无弹性。此外，全身有擦伤。

• 血液检查

尿素氮（BUN）和丙氨酸转氨酶（ALT）轻度增加，其他无特别异常（表1）

• X射线检查

腹膜线正常，在肿块内未见表征肠道的

表1　血液检查结果

WBC (/μL)	14,000	BUN (mg/dL)	29.0
Band-N	0	Cre (mg/dL)	1.6
Seg-N	6,300	AST (U/L)	33
Lym	7,420	ALT (U/L)	111
Mon	0	ALP (U/L)	69
Eos	280	TP (g/dL)	6.6
		Glu (mg/dL)	107
RBC (×10⁶/μL)	8.86	Hemol.Icterus	(−)
Hb (g/dL)	12.9		
PCV (%)	39	FeLV Ag	(−)
		FIV Ab	(−)
Plat (×10³/μL)	100		

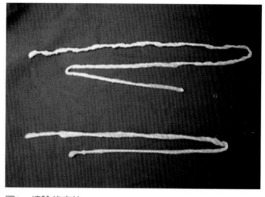

图1　摘除的虫体

气体，排除了腹壁疝气的可能。

  • 超声波检查

肿块内无回声性液体潴留（黑色），可见高回声性无构造浮游物。

  • 细胞检查

用23号针抽取肿块液实施生检（FNAB）。液体呈橙色黏稠状，涂片检查可见以嗜中性粒细胞和细菌为主的化脓性炎性征象。

  • 粪便检查

拉稀便，粪便检查发现曼氏裂头绦虫虫卵。

根据以上的检查结果，诊断该肿块为脓肿，进行了排脓处理。

● 治疗和进展

患部切开时，可见大量的脓液，发现皮下有两只长约20cm的寄生虫。取出虫体，尽量将患部清洗干净。虫体形态都和曼氏裂头绦虫的裂头蚴的形态吻合（图1）。第4日复诊时，患部有硬结感，但无排脓现象。进行了吡喹酮驱虫（成虫）。此后，无再发，预后良好。

讨论

本次摘除的虫体是曼氏裂头绦虫的裂头蚴的可能性很高。在作为转续宿主的人的皮下寄生的裂头蚴病例虽有报告，但是在猫中极其罕见。在本病例中，对于猫皮下出现裂头蚴的原因，可以做如下几种考虑：①猫吞食第一中间宿主；②猫经过皮肤感染裂头蚴；③本来为终末宿主的猫偶然成为中间宿主或者转续宿主，裂头蚴从消化道移行到皮下寄生。另外，蚴虫寄生在人体时，一般无化脓性病变。本病例中却在寄生部位形成了脓肿，确实值得探讨。吡喹酮对于蚴虫是没有杀灭效果的，只能进行手术摘除治疗。这次在取出的虫体以外，身体深部还有可能存在裂头蚴，要注意观察，看是否有再发情况。

出处：第25届动物临床医学会（2004）

参考文献
• 深濑徹：新版獣医臨床寄生虫学（小动物编），63，文永堂，東京（1995）
• 吉田幸雄：図説人体寄生虫学，第4版，190-191，南山堂，東京（2002）
• 深濑徹：寄生虫性臨床ノート（4）マンソン裂頭条虫症，mVm，9，15-20（1994）
• 佐伯栄治：症例13，ネコの避妊手術中に腹腔内に認められた腱状物体について，症例からみた寄生虫感染症，61-62，インターズー，東京（1996）